赵立新 邢 雷 宋民航 等 编著
蒋明虎 审订

旋流分离及其
强化技术

XUANLIU FENLI

JIQI

QIANGHUA JISHU

化学工业出版社

·北京·

内 容 简 介

本书结合对旋流分离技术的最新认识、国内外旋流器结构的创新设计、旋流器研究方法、主要的强化提效手段等内容，全景式介绍旋流分离技术的相关知识。主要内容包括：旋流分离技术概述、水力旋流器结构形式及分离原理、旋流器结构创新设计、旋流分离性能评价指标及影响因素、旋流分离技术研究方法、三相旋流分离技术与装备、微旋流器分离效能增强技术、旋流分离过程的聚结强化、旋流分离过程的颗粒重置强化、旋流分离过程的气携强化、旋流分离过程的颗粒耦合强化、旋流分离过程的电场耦合强化、旋流分离过程的磁场耦合强化、旋流分离过程的动态强化、旋流分离系统工艺提效。

本书可为石油化工行业、市政环保产业、冶金工程等领域提升分离功效提供借鉴，也可为相关专业领域的技术人员，以及高校和研究院所的师生开展分离领域相关技术研究与工艺设计提供参考，还可作为研究生或本科生专业教材。

图书在版编目（CIP）数据

旋流分离及其强化技术/赵立新等编著. —北京：化学工业出版社，2023.6
ISBN 978-7-122-43736-5

Ⅰ.①旋… Ⅱ.①赵… Ⅲ.①旋流分离器 Ⅳ.①TQ051.8

中国国家版本馆 CIP 数据核字（2023）第 115297 号

责任编辑：贾　娜　　　　　　　　　　　文字编辑：赵　越
责任校对：刘　一　　　　　　　　　　　装帧设计：史利平

出版发行：化学工业出版社（北京市东城区青年湖南街 13 号　邮政编码 100011）
印　　装：北京科印技术咨询服务有限公司数码印刷分部
787mm×1092mm　1/16　印张 21　字数 534 千字　　2023 年 11 月北京第 1 版第 1 次印刷

购书咨询：010-64518888　　　　　　　　售后服务：010-64518899
网　　址：http://www.cip.com.cn
凡购买本书，如有缺损质量问题，本社销售中心负责调换。

定　　价：158.00 元

前　言

旋流分离技术是一种利用两相或多相介质之间的密度差来实现的离心分离技术，从国际上出现第一项相关专利至今已有130多年的历史。旋流分离技术最初主要用于采矿等行业，如煤的精选，因其具有设备结构紧凑、安装操作方便、加工及维护成本低、能耗低、分离高效等优点，应用范围逐步扩大到石油、化工、冶金、环保、农业、食品、市政、生物、医药等领域。处理介质也从最初的固液两相，扩展到固固、气固、液液、气液等两相以及气液固、气液液、液液固等三相分离，相应的旋流分离设备结构也由最初的单锥型，发展到后来的双锥型、内锥型、轴流式等多种结构形式。人们通过选用不同的结构形式、改变不同的结构参数、优化操作运行参数等多种方式，努力改善旋流分离性能。近年来，人们也通过微旋流技术、粒径重置技术、聚结技术、动态旋流技术、系统工艺提升等方面，采用电场、磁场等多场耦合方式，以及气泡或颗粒等多相耦合方式，来实现旋流分离过程的强化。

本书力图通过对旋流分离技术、结构及原理、性能影响因素及评价指标等基本内容的介绍，为研究人员提供一个大致的轮廓。通过对主要结构形式和三相旋流分离装备的介绍，为旋流分离器的结构设计提供一些思路。通过管窥多场、多相耦合强化分离技术，为研究人员提供些许启迪。

本书由赵立新（东北石油大学）、邢雷（东北石油大学）、宋民航（华北科技学院）、刘琳（东北石油大学）、张爽（东北石油大学）共同编著，其中，邢雷编写第一、二、五、八章，赵立新编写第三、十章，宋民航编写第四、六、九、十四、十五章，刘琳编写第七章，张爽编写第十一～十三章。全书由蒋明虎（东北石油大学）审订。在本书编写过程中，实验室研究生高波、车中俊、周龙大、司书言等在相关数值模拟、测试分析、试验研究和资料整理等方面也做了大量的前期基础工作，同时也得到了同事和同行们的大力支持与帮助，在此一并表示感谢！

因水平所限，书中不足之处在所难免，敬请广大读者朋友和专家学者批评指正。

编著者

目 录

第一章
旋流分离技术概述

第一节　水力旋流器的发展简史

水力旋流器是借助两相或多相介质之间的密度差,通过结构设计使进入其内部的流体介质围绕旋流器中心轴线做旋转运动产生离心力,进而实现具有密度差的两相或多相介质分离的一种机械装置。关于水力旋流器的研究最早始于 1891 年(E. Bretney, water purifier, US453105,1891),至今已有 130 多年的历史。起初水力旋流器被用作固液两相介质的分离,从水中分离固体介质,如进行煤的精选等,但仅限于在采矿工业中使用。因具有结构小型、安装操作方便、加工及维护成本低廉、能耗低、分离高效、通用性强等优点,其应用范围逐步扩大,被广泛应用于选矿、化工、冶金、环保、石油、农业、食品、市政、生物科技及医疗等多领域。

20 世纪 60 年代末期,英国南安普敦大学的 Martin Thew 等人开始研究用水力旋流器来分离油水两相介质的可行性。经过将近十年的研究,他们终于得出了肯定的结论,并设计出样机。1983 年,他们设计的液液分离水力旋流器在两个公司进行了商标注册,并生产出第一个商用的高压 Vortoil 型水力旋流器。他们利用该旋流器在澳大利亚 Bass Strait 油田的平台上进行试验,取得了满意的结果,从此开辟了水力旋流器应用的另一个新的领域:液液分离。目前,许多国家的油田中,尤其是海洋平台上,由于空间的限制而大量使用水力旋流器作为原油脱水或生产用水的水处理设备。水力旋流器的用途也在不断扩大,已由主要进行固液分离扩展到两种不互溶液体介质的液液分离以及气液分离、气固液三相分离等,如液体的净化、泥浆稠化、液体脱气、固体筛分、固体介质清洗、按密度或形状进行固体分类等许多方面,成为一种多用途的高效分离装置。核工业、船舶工业、食品加工工业、生物工程等领域也开始采用水力旋流器作为重要的分离设备。如用水力旋流器处理船舶的底舱水和油轮的压舱水,使处理后的水完全符合公海排放标准;在核工业中,可用于从均相反应堆中分离出较为粗大的颗粒,如稀土元素和裂变物质等;在生物学领域中,可用于微载体混合物样品的物质分级,如干细胞等。

前面提到的水力旋流器内部无任何运转部件,通常把它称作静态水力旋流器,本书将以大部分篇幅进行介绍。近几年来随着用途的不断扩大以及分离难度的加大,又出现了一种效率更高的水力旋流器,即动态水力旋流器。它是利用外壳旋转来带动液体介质运动的,改善了静态水力旋流器中由于沿轴向液体运动速度衰减引起的液流旋转强度下降的现象,因而使分离效率大幅度提高,同时也极大地扩大了水力旋流器的应用范围。可以说,动态水力旋流分离技术已成为旋流分离技术发展的一个新方向。本书将单独用一章的篇幅来对这项技术进行详细介绍。

20世纪末，在英国召开了四次以水力旋流器为专题的国际会议，交流各国在此领域内的最新研究成果。这几次会议分别于1980年在剑桥、1984年在巴斯、1987年在牛津和1992年在南安普敦召开，对水力旋流器从基础理论到工业应用等各方面的发展起到了很大的推动作用。随着社会的发展，以水力旋流器为专题的会议在国内外逐渐增多，水力旋流器也迎来了发展的黄金时代，逐步向多功能、高效率、高环保等方向进发。

随着环保要求的日益严格和资源的日渐短缺，高效率低能耗的旋流分离设备已在石油、化工、轻工、环保等众多行业获得应用，成为实现"双碳"目标、"节能减排""可持续发展"等战略的关键技术。21世纪以来，学者们对于水力旋流器的研究日益深入。在用途不断扩大的同时，其理论研究、实验与设计、加工制造以及应用技术研究等方面都有了长足的发展，结构形式也逐渐趋于多样化。目前，国内外已有超过900家研究机构进行水力旋流器的相关研究。以中国学术期刊网络出版总库（CNKI）作为数据来源，检索主题为水力旋流器，自2000年以来，国内共发表水力旋流器相关论文1737篇；以Web of Science（WOS）作为数据来源，检索主题为Hydrocyclone，自2000年来国际上共发表相关文献1226篇。2000—2022年的发文量统计如图1-1所示。无论是研究机构的数量还是相关研究的发文量，都充分说明了水力旋流分离技术已得到了长足的发展。通过对近20年发表的水力旋流器相关的2577篇论文进行分析，得知随着流场测试技术、数值模拟技术及高精度实验仪器设备的发展，关于旋流器内部流场特性、离散相介质运移机理、分离性能影响因素等方面的研究均取得了突破性的认识。此外随着3D打印技术的发展，越来越多的复杂水力旋流器结构设计被成功应用到严苛工况条件，实现多相介质的高效分离。同时，随着纳米技术、环境技术发展的驱动，旋流分离处理的介质尺度，拓展到了非均相体系中离子、分子及其聚集体等纳米尺度介质的分离。

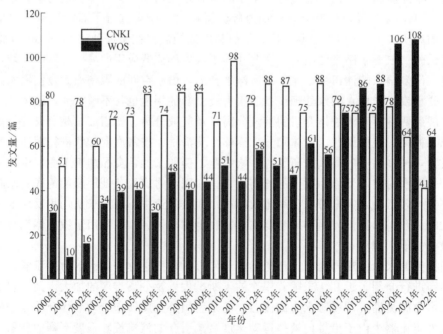

图1-1 自2000年以来水力旋流器相关发文量统计（截至2022年5月）

第二节　旋流分离的技术特点

一、旋流分离的优点

水力旋流器之所以日益被更多的领域所重视并获得越来越广泛的应用，是因为它具有一般的分离设备所不具备的优点。

1. 功能多

在固液分离方面，水力旋流器可用来净化液体，除去液体的悬浮物及固体杂质，可以分离出微米级的悬浮物，这是最普遍的应用之一；它可以用于固体悬浮液的稠化，使其中固体悬浮物的含量达到50％左右，如用在采矿工业中的选矿；它也可以冲洗固体，达到净化的目的；它还能按固体的密度及颗粒形状进行分类等。在液液分离方面，可以用于两种不互溶液体介质的分离，如油水两相的分离，用于原油脱水或含油污水的净化处理等。此外，也可用于液体脱气、气体除尘等方面。目前已研制出一些一体化的旋流分离装备，实现气液固等三相介质一体化分离，同时分离出液体中的气体及固体悬浮物。在气固分离方面，用旋流器除去气体中粉尘的旋风除尘器已使用了多年。动态水力旋流器还可用于介质黏度大、密度差小等极难处理的场合，如油田聚合物驱采出液的分离、重油介质的分离等。多场耦合的水力旋流器可以借助磁场、电场或聚结场等实现特殊工况条件的多相介质深度分离与净化。

2. 结构简单

静态水力旋流器内部无任何需要定期维修或更换的易损件、运动件及密封件，一般通过切向或轴向式的简单入口结构与管柱状的旋流腔结合，即可实现介质分离。无须滤料及化学试剂即可实现高效分离。现场安装时通过管线连接、阀门控制即可操作运行。动态水力旋流器尽管利用电机通过带或齿轮等带动外壳旋转，但其结构也并不复杂，运转时无须反冲洗，可实现连续运行，而且在分离能力上具有明显的优势。

3. 分离高效

由于水力旋流器是利用带压流体进入旋流器后产生的离心力而进行两相介质离心分离的，其离心加速度要比常规依靠重力作用的分离设备（如重力沉降罐等）所产生的重力加速度大几百倍，甚至上千倍，因而在相同时间内具有重力分离设备无法实现的分离能力及效率。

4. 设备体积小，安装方便，运行费用低

在处理量相同的前提下，水力旋流器的体积仅相当于常规重力、气浮等分离设备的1/10～1/40左右，总重量不超过其他分离设备的1/30～1/100。这对于设备安装受到空间及承载能力限制的诸如海洋平台、采油井筒、远洋船舶和土地使用面积十分宝贵的场合都有极其重要的意义。同时，由于重量轻，不需特殊的安装条件，只需管线连接即可运行。此外，水力旋流器的运行费用低，耗电量较其他装置可节省4％～5％。为设备提供0.4～0.5MPa左右的入口压力即可保证水力旋流器正常工作。

5. 使用方便灵活

水力旋流器可以单台使用，也可以多台并联使用以加大处理量；通过两台或多台串联使用来增加处理深度。同时可针对不同的处理要求适当改变其结构形式及参数，从而达到更好的效果。

6. 处理工艺简单，运转连续

在运行参数确定后，水力旋流器即可长期稳定运行，管理方便，具有很大的社会效益与经济效益。另外，水力旋流器的运转过程是连续的，不需进行定期收料、反冲洗等操作，因此可以在不影响整体系统工艺运行的同时，很方便地将水力旋流器加装到某个需要分离的环节与前后工艺相配套使用。

值得指出的是，这种分离过程完全是在封闭的状态下完成的，净化后的液体和被分离介质均可由管路输送或加以回收，实现闭路循环，不产生二次污染，这对于系统工艺的连续运行及满足环保要求十分重要。

7. 可结合性强

随着水力旋流器的发展，其逐步面临着在更为苛刻的分离环境及更为复杂的介质环境下应用。一些研究及现场应用装备相继报道了利用电场、磁场、聚结场等方式与旋流分离场相结合以实现分离强化及复杂工况的多相介质分离。同样，化学法精分离与净化前端的预分离、过滤分离与旋流分离的结合，重力分离与旋流分离的结合等，借助水力旋流器的优势实现分离过程的强化、缩减分离时间、降低化学试剂用量等应用方式逐渐出现在大众的视野，水力旋流器较强的可结合性，很大程度上拓宽了其应用领域及范围。

二、旋流分离的缺点

任何一种分离技术、方法及设备都有其优越性及缺陷，水力旋流器也存在一些不足之处。

1. 对运行条件要求较高

即使是结构形式及结构参数相同的水力旋流器，在不同工况下工作时，其分离特性及分离性能也会有所不同。故需根据处理介质的性质、进料浓度、处理量、入口压力等操作参数对分离性能的影响，设计并确定合适的操作参数，以此保障水力旋流器具有较好的分离效果。例如水力旋流器的进液量并非越大越好，尤其在进行液液分离时，入口速度必须控制在一定的范围内，入口流速过高会产生离散相介质的乳化等其他影响分离的不利状况。

2. 为不完全分离

即使水力旋流器可以做到高精度分离，但不可避免的一点是，其分离仍为不完全分离，在分离出的物质中仍然会掺杂少量难以分离的离散相介质。在固液分离中，切割粒径尺寸是设计的重要参数，在液液分离中，分割值确定后，可分离的液滴直径也随之确定。小于此值的液滴则难以分离，特别是乳化严重的液体介质分离难度更大。另外，水力旋流器的分离过程本身也会造成油水两相的进一步乳化。当然，分割值的大小可根据实际工艺的要求来确定，只要设计合理，尽管不能100%被分离，但也完全可以满足工艺所规定的要求。

3. 内部高速旋转运动对分散相液滴产生剪切破碎

水力旋流器内液体介质是在高速旋转所产生的离心力作用下进行分离的，高速旋转运动必然带来剪应力的作用，这种剪应力的存在会使絮凝体或聚结团块破裂，使油滴等被分离的液体破碎成更小的液滴，加大了分离的难度。所以，水力旋流器的液体入口速度并非越大越好，尤其在进行液液分离时，入口速度必须控制在一定的范围内。

4. 高速旋转对旋流器内壁造成一定的磨损

水力旋流器通过混合介质的高速运动来进行旋流分离，因此水力旋流器的筒体、进料口等部件的磨损较快，且磨损带来的动力损失较大，直接影响水力旋流器的分离性能及使用寿命。如在用水力旋流器处理钻井泥浆时，坚硬的岩屑会极大地损伤水力旋流器内壁，这曾是水力旋流器使用的一大难题。但采取措施，如进出料口处镶铸衬套，可以大大减少磨损。

可见，尽管水力旋流器存在一定的缺点，其应用也受到某些条件的限制，但同时也具有许多其他分离设备所不具备的特点，是一种较为理想的分离设备。有的学者曾把它与生物处理法做了比较。虽然用细菌处理水中的油有成本低、方法简单等优点，但它也受到诸多条件的限制，特别是水的温度与原油密度等的影响较大。而且，它还会使大部分需处理的油无法回收。水力旋流器对温度的敏感性不大，又可对所处理的油进行回收。又如，在处理油田聚合物驱采出液时，水力旋流器可实现沉降、过滤等分离装置无法达到的快速分离效果，成为必备的分离设备。目前，水力旋流器的应用范围日益扩大，已在国民生产中发挥着优势，产生巨大的经济效益和社会效益。

第三节　旋流分离器的基本类型

一、按分离介质分类

水力旋流分离器根据其内部分离的混合介质类型不同，可以分为如下几种：

（1）固液旋流分离器　用于分离由固相和液相组成的两相混合介质，从而得到纯净的液相和高浓度固相。在许多工业领域，产品浓缩、污水澄清以及混合流体的净化等使用这种旋流分离器。

（2）固固旋流分离器　分离不同密度固体或者不同粒级固体组成的混合介质，从而得到高密度的精矿和低密度的尾矿。例如矿物工程中的分级、脱泥和选别作业等使用这种旋流分离器。

（3）液液旋流分离器　分离密度不同并且互不相容的两种液体组成的两相流体，从而得到纯净的两种不同密度的液体。例如石油领域的原油脱水、污水除油和轻油脱水等使用这种旋流分离器。

（4）气液旋流分离器　分离气相中的液相或者分离液相中的气相，从而得到不含液体的高纯度气体或者不含气体的高纯度液体。例如原油脱气、天然气脱水等使用这种旋流分离器。

（5）气固旋流分离器　分离气体和固体粉尘或不同粒级的固体组成的两相流体，从而得到纯净的空气和纯净的固体或不同粒级的两种固体。例如烟道气除尘和含有灰尘气体的净化等使用这种旋流分离器。

（6）气液固多相分离器　将三相密度不同的混合介质进行单独的分离，从而得到纯净的固、液、气三相介质。例如污水处理中复杂工况下多相介质的分离、原油开采中对采出液含气携砂条件进行处理等使用这种旋流分离器。

除此之外，随着社会的发展，气液液三相分离器、油气水砂多相一体化分离器等多种多介质分离旋流器也逐渐出现在人们的视野，诸多学者也开始利用串并联以及其他的复合方式实现旋流器功能的多样化。

二、按结构特点分类

根据水力旋流分离器的结构是否有运动部件，可分为静态水力旋流器和动态水力旋流器。

1. 静态水力旋流分离器

以液液分离为例，常见的四段式（双锥式）静态水力旋流器如图 1-2 所示，内部无运动部件。双锥式水力旋流器主要包括柱段旋流腔、大锥段、小锥段、处理液切向入口、低密度介质流出的溢流管及高密度介质流出的底流管六部分。以双锥式水力旋流器为例，在其工作过程中，液流由切向入口进入，在旋流腔内部产生高速旋转，液流的高速旋转将促使具有密度差的不互溶介质间发生离心分离，使密度小的介质向轴心运动，而密度较大的介质则向壁面迁移，并最终由不同的出口排出，实现分离。水力旋流器内的液流流线大致呈螺旋形，并随着与入口距离的增大，离心分离的切向速度迅速衰减。为了减缓这种切向速度衰减保证分离精度，在距液流入口一段距离处布置了呈渐缩结构的大、小锥段，使液流沿轴向的过流截面积逐渐减小，迫使沿切向的单位面积内液流流量增多，从而增大切向速度，以此补偿切向速度衰减造成的能量损失。此外，为了提高分离效率，部分类型水力旋流器还采用了多锥段式的结构设计。

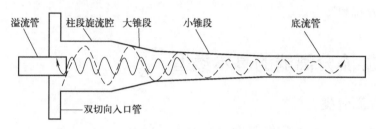

图 1-2 四段式静态水力旋流器结构示意图

2. 动态水力旋流分离器

常见的动态水力旋流分离器如图 1-3 所示，其内部有运动构件。动态水力旋流器有一个混合液入口和轻质相、重质相出口，主要的部件有旋转筒、导向锥、进水通道及电机等。其工作原理是：在电机驱动和带轮传动下，旋转筒做高速旋转。待分离混合液自进口叶片及导管进入旋转筒，在旋流分离腔中由于黏性剪切作用而产生高速旋流的强离心力场，由强离心力场的作用实现混合介质的分离。轻质相趋向轴心，并沿设于轴心的轻质相出口流出，重质相向筒壁外侧移运，并从轴心线外侧的重质相出口流出。调节旋转筒的转速可改变旋流分离腔内的离心力场强度，从而满足混合液的不同分离质量要求。

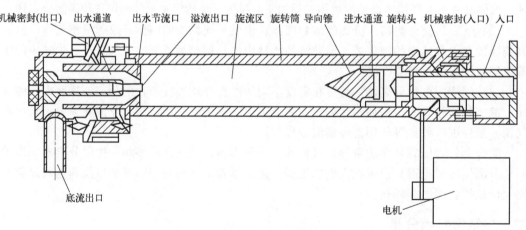

图 1-3 动态水力旋流分离器结构示意图

在不考虑能耗的条件下，动态水力旋流器相比于静态水力旋流器具有以下优点：

（1）对处理量的变化更具灵活性 静态旋流器分离效率受其处理量变化的影响较大，只有在达到其额定处理量时才能有最佳的处理效果，入口流量减少时其效果明显下降。而动态水力旋流器可以在很小的处理量到最大处理量之间的操作条件下运行，并且当流量减小时，其分离效率反而提高。在处理量加大时，其分离效率稍有下降，表现出更强的灵活性。

（2）可分离更细小的油滴　由于静态水力旋流器内液体运动与器壁的摩擦及在入口进液腔和大锥段内没有形成稳定的涡流运动，会出现紊流与循环流，这些干扰，一方面会引起液滴的破碎，另一方面阻碍油滴向中心运动，影响了分离效率。

动态水力旋流器较好地克服了这一缺点，仅在稳定锥及旋转筒壁上残留着摩擦力的作用。而且转动方向与液体运动方向一致，对旋流器运动影响很小。而液体旋转速度又可保持恒定，不随长度方向变化，因此形成的紊流很小。有人将它称为无紊流的旋流器，它可以将更细小的油滴分离出去。如静态水力旋流器很难将 $15\mu m$ 以下的油滴分离，而动态水力旋流器对 $10\mu m$ 的油滴仍有 75% 左右的分离效率。

三、按离散相介质浓度分类

以液液水力旋流器一般应用为例，就油水分离用水力旋流器而言，还可分为脱油型和脱水型两种。脱油型用于处理水包油型乳状液，即在含油量只占油水混合液总量 26% 以下的场合，来脱除混合介质中的油；而脱水型则正好相反，用来处理含油量超过 26% 的油水乳状液，这时的乳状液可能是油包水型，也可能是介于油包水型和水包油型之间的过渡状态。

对于脱油型水力旋流器，还可进一步划分为污水处理型及预分离型两种。污水处理型水力旋流器主要用来处理含油量小于 20000mg/L（近似相当于含油浓度为 2%）的含油污水，这种水力旋流器在环保污水处理方面有很大应用潜力。而预分离型水力旋流器则是用来处理含油量在 5%～20% 的油水混合介质，如可用作油井采出液（含水量为 80%～95% 左右）的预处理。

四、按旋流器尺寸分类

按照不同主直径大小，水力旋流器可分为常规水力旋流器、小型水力旋流器以及微型水力旋流器。一般直径 35mm 以上的水力旋流器为常规水力旋流器，直径为 15～35mm 的水力旋流器称为小型水力旋流器，直径小于 15mm 的水力旋流器称为微型水力旋流器（也称微旋流器）。随着主直径的减小，旋流器可分离的离散相边界粒度减小，微型旋流器可分离的边界粒度甚至可达 2～5μm。同时微型旋流器还可以针对常规水力旋流器所不能涉及的领域进行拓展，如化妆品的分级、医学上微生物细胞的分离等。

五、按安装方式分类

按照不同的安装方式，水力旋流器可分为正装、倒装、斜装以及平装，如图 1-4 所示。

1. 正装

旋流器的轴线垂直于水平线，溢流口在上，底流口在下。分级、脱泥、浓缩、澄清和洗涤作业的旋流器多用正装，特别是单台用的旋流器。

2. 倒装

旋流器的轴线也垂直于水平线，但溢流口在下，底流口在上，同正装正好相反。选别作业中的重质旋流器有时采用倒装。

3. 斜装

旋流器的轴线同水平线成某一角度。多台成组配置的旋流器（特别是放射状配置）或选别作业中的重质旋流器多采用斜装。

4. 平装

旋流器的轴线同水平线平行，处理纤维状浆体带有螺旋排矿装置的旋流器多采用平装，油水分离用的小型水力旋流器也多采用平装。

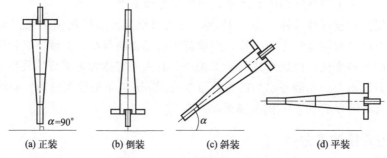

图 1-4　旋流器的不同安装方式

六、按分离场域特性分类

1. 磁场-旋流场耦合式水力旋流器

磁场与旋流场耦合分离的水力旋流器，简称磁旋耦合分离器，是利用旋流场的离心力和磁场辅助的作用来进行多相介质分离的设备。关于磁旋耦合分离的研究，最早始于 1963 年，В. В. Троцчкцй 开展了磁场旋流器和普通旋流器处理矿浆的试验研究。随着社会的发展，磁场强化分离的技术越发成熟，赵立新等人探索设计了一种在旋流场中添加磁芯的水力旋流器，其结构原理示意图如图 1-5 所示。在对油水混合液分离前，需在混合液中加入一定量密度和轻质油相相近的固体颗粒。磁芯未通电时油水-磁性颗粒三相混合液通过双切向入口进入做螺旋运动，通电后，磁芯通过磁力带动磁性颗粒向中心运动，磁性颗粒在运动的过程中会携带或者推动油相向中心聚集，从而达到强化旋流分离性能的目的。

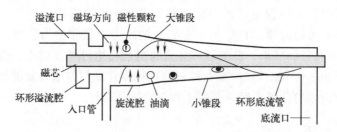

图 1-5　磁场-旋流场耦合式水力旋流器结构原理示意图

2. 聚结-旋流场耦合式水力旋流器

聚结场与旋流场耦合的水力旋流器主要是利用水力聚结器增大混合介质中离散相粒径，以及对介质分布状态进行重构的方式，实现强化旋流分离器分离性能的目的。图 1-6 所示为油水分离用聚结-旋流场耦合水力旋流器，均匀分布的油水两相混合介质由入口进入聚结器内部，在切向入口的作用下液流发生旋转运动。在聚结腔内，由于油水两相间存在密度差，径向位置的轻质油相在离心力的作用下由边壁向轴心移动至聚结内芯表面，后贴近壁面旋转，在此过程中离散相油滴间由于轴向、径向及切向上均存在速度差致使相互碰撞聚结，粒径由小变大，并沿着聚结器出口管流入后端旋流器内。聚结器出口连接旋流分离器入口，从聚结器出口处流出的液流呈油相在内侧、水相在外侧的分布状态，致使聚结后粒径增大的油滴进入旋流器后距旋流器溢流口径向距离更小，进一步缩短分离时间，从而提高油水分离效率。

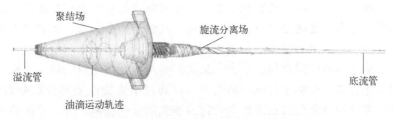

图 1-6 聚结-旋流场耦合式水力旋流器

3. 电场-旋流场耦合式水力旋流器

电场-旋流场耦合式水力旋流器也被称作电旋流器，主要用于气固及油水分离。例如，Pratarn 等人针对常规的水力旋流器，在旋流器的底部加入了一个除尘盒，除尘盒由电极、内部金属倒锥以及外部的金属圆筒组成，其结构原理示意图如图 1-7 所示。气固两相通过入口进入水力旋流器内部进行旋流分离，轻质相气相向中心聚集，从溢流口逸出旋流器，重质相固相会向边壁跑去，从而顺着边壁由底流口流出。给中心处的内部金属倒锥施加正电极，外部的金属圆筒施加负电极以形成电场，固相颗粒在电场的作用下会更加迅速地向边壁逃逸，从而达到增强旋流器分离效率的目的。除此之外，相关学者对正负极的变化与电压、电流等参数关系的研究，推动了电旋流器的发展。

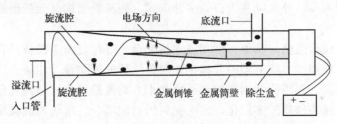

图 1-7 电场-旋流场耦合式水力旋流器结构原理示意图

第四节 旋流分离技术的研究现状及发展方向

长时间以来，水力旋流器的理论研究与应用研究都未受到足够的重视，但是近几十年来，旋流分离技术已得到了突飞猛进的发展。

首先在理论研究方面，许多学者深入研究其分离机理，从而能更合理地进行水力旋流器的设计计算、结构优化及特性预测等。很多研究借助二维及三维流场测试技术专门对水力旋流器内部的流场进行了测试，用电测、光测等方法测定其内部各点、线及面上的速度（包括切向、径向及轴向速度）、流线及涡量分布特性，分析微粒（固体颗粒或液滴）在连续相液体介质中的受力状态，从而掌握微粒在水力旋流器内的运动规律，建立相应的数学模型。这样就可以进行水力旋流器的优化设计或对现有水力旋流器做出特性预测，推出其级效率曲线等。值得说明的是，在理论研究方面，目前对固液水力旋流器的研究要比液液水力旋流器深入得多，这是因为固体颗粒在连续相液体介质中的运动容易测定，也便于计算。特别是固体浓度较小的液体中，颗粒运动时相互间的影响很小。许多学者根据颗粒在液体介质中运动的基本原理，结合试验数据已整理出相应的数学模型。有些数学模型已能很好地预测水力旋流器的级效率曲线或切割点。而液液水力旋流器的理论研究基本上是从 20 世纪 80 年代开始的，起步较晚。同时，液滴的运动较固体颗粒的运动要复杂许多，不但没有确定的形状，而且在高速旋转中容易破碎，因而研究难度较大。在液液水力旋流器流场测试方面，包括切向速度、轴向速度、径向速度测定以及压力场分析、液滴受力分析等，诸多学者都进行了许多有益的研究，促进了液液水力旋流器的飞速发展，在后面的章节中将对其进行详细介绍。

其次，水力旋流器的应用领域已扩大，从其可分离的介质上看，除了对完全溶解于液体介质中的物质不能分离（溶解于液体中的气体可以通过水力旋流器部分地分离出去），以及对乳化液难以分离（针对乳化液也可加入一定的破乳剂以利分离）外，其他的两相或三相介质均可分离，如前面提到的固液、气固、气液、液液分离等。甚至密度不同或形状不同的两种固体颗粒亦可利用水力旋流器来进行分离。同时，许多学者也对水力旋流器的操作特性做了专门的研究，对它的应用场合、运转参数的选择与确定都有了合理的依据。因此，水力旋流器在实际应用中大都取得了很好的分离效果，经济效益十分可观。一些学者还专门研究了水力旋流器各部分几何参数的合理确定问题，研究了几何尺寸变化对分离性能的影响，如出口直径、锥角、尾管长度等。随着优化理论的发展，有研究借助机械系统优化理论及统计分析方法，构建了水力旋流器结构参数及特定结构条件下的操作参数等，与分离效率及压力损失等表征分离性能的指标间的数学关系模型。借助优化算法进行特定范围内的全局寻优，通过最佳参数的精准预测进一步提升旋流分离性能。随着水力旋流器的飞速发展，其结构形式也逐渐趋于多样化，仅旋流器的入口结构就包括渐开线入口、矩形渐变入口、等截面入口、反螺旋入口、螺旋入口、导流叶片入口等多种形式，旋流腔结构又包括倒锥式、内衬式、嵌套式、串接式等。

此外，水力旋流器逐渐与其他方法和技术相配合，进行复杂工况或具有较高精度要求的介质分离工作。如利用水力旋流器的分离特性与聚结器的聚结特性相结合的方式提高微细颗粒或液滴的分离精度；利用化学物质的破乳性和水力旋流器组合，分离乳化严重的含油污水等。结合的方式也越来越趋于多样化，前面提到的磁旋耦合、电场与旋流场耦合等在工程中的应用范围也逐渐扩大，因此也诞生了多种结构形式的新型水力旋流器，旋流分离的分离精度逐渐被提升，适用的介质及工况范围也逐步拓宽。

在水力旋流器的设计与制造方面，固液水力旋流器已有几种固定的经典结构设计，其结构形式与参数经长期应用被证明是合理且高效的。其中以 Rietema、Bradley 和 Kelsall 三种设计结构的应用最为普遍，效果也最好。对于选择与比例放大也有相应的关系式，这些关系式都是通过试验数据整理出来的，具有半经验的性质。液液水力旋流器的结构设计当中，最合理的是 Thew 等人的设计。他们在这一领域进行了大量的试验研究，其效果也十分明显。但液液水力旋流器的选择和比例放大的理论工作目前仍有待提升，至今没有总结出合理的关系式。另外，水力旋流器的制造技术也大大提高了，在保证精度以确保水力旋流器运转特性的前提下，制造方法也在不断改善。世界上许多国家都已用非金属材料（如聚氨酯、工业陶瓷等）替代金属材料或与金属材料组合使用（例如金属旋流器加装陶瓷内衬以增强其耐磨性及抗腐蚀性），采用注塑方法进行加工，降低了水力旋流器的制造成本，增加了水力旋流器的耐磨性，延长了其使用寿命。此外，随着 3D 打印技术的发展，越来越多的可以提升旋流分离性能的复杂构件被相继报道，一定程度上也提高了水力旋流器的适用性。

总之，水力旋流器由于其特殊的分离原理及结构特征已成为一种独具一格的分离装置，在一定的应用场合比任何其他设备更便于使用。特别是在石油工业中，我国主力油田已进入高含水期甚至特高含水开采阶段，在"双碳"愿景下，水力旋流器这种低耗高效的分离装备，显然已成为石油石化行业多相介质分离的首选设备。可以预见，旋流分离技术在今后的很长一段时期内仍然具有很大的研发及应用潜力。针对更多的复杂介质及工况条件，通过与新兴材料制备、加工制造、表面处理、场域耦合、流场测试等方面的技术相结合，进一步提升水力旋流器的分离精度，拓宽其应用范围，仍然是相关领域研究人员致力研究的主要方向。

参 考 文 献

[1] 贺杰，蒋明虎. 水力旋流器 [M]. 北京：石油工业出版社，1996.

[2] Syed M S, Mirakhorli F, Marquis C, et al. Particle movement and fluid behavior visualization using an optically transparent 3D-printed micro-hydrocyclone [J]. Biomicrofluidics，2020，14 (6)：1-12.

[3] 余大民. 水力旋流过程中油水两相的分离与乳化 [J]. 油气田地面工程，1997，16 (1)：30～31.

[4] 冯钰润. 螺道式旋流分离器结构设计及数值模拟研究 [D]. 西安：西安石油大学，2020.

[5] 康万利，董喜贵. 三次采油化学原理 [M]. 北京：化学工业出版社，1997.

[6] 贺杰，蒋明虎，宋华. 水力旋流器液-液分离效率 [J]. 石油规划设计，1995，05：27-29+33+4.

[7] Svarovsky L. 固液分离：第 2 版 [M]. 朱企新，金鼎五，等译. 北京：化学工业出版社，1990.

[8] 车中俊，赵立新，葛怡清. 磁场强化多相介质分离技术进展 [J]. 化工进展，2022，41 (06)：2839-2851.

[9] Mofarrah Masoumeh, Chen Pin, Liu Zhen, et al. Performance comparison between micro and electro micro cyclone [J]. Journal of Electrostatics，2019，101 (C)：1-5.

[10] 宋民航，赵立新，徐保蕊，等. 液-液水力旋流器分离效率深度提升技术探讨 [J]. 化工进展，2021，40 (12)：6590-6603.

[11] 邵海龙，曹成超，严海军，等. 螺旋多锥体旋流器在七角井铁矿选矿中的应用 [J]. 现代矿业，2020，36 (12)：109-111.

[12] 马佳伟，崔广文. 三锥角水介旋流器锥体结构优化及数值模拟 [J]. 煤炭工程，2020，52 (09)：147-151.

[13] Gay J C, T riponey G. Rotary Cyclone Will Improve Oil Water T reatment And Reduce Space Requirement/Weight On Offshore Platforms [R]. SPE 16571：1-20.

[14] 张刚刚，刘中秋，王强，等. 重力势能驱动旋流反应器及冶金特性实验研究 [J]. 过程工程学报，2010，10 (z1)：25-30.

[15] Wp A，Tw B，Hy C. Classification of silica fine particles using a novel electric hydrocyclone [J]. Science and Technology of Advanced Materials，2005，6 (3-4)：364-369.

[16] 庞学诗. 水力旋流器工艺计算 [M]. 北京：中国石化出版社，1997.

[17] 波瓦罗夫，吴振祥，芦荣富. 水力旋流器 [M]. 北京：中国工业出版社，1964.

[18] Thew M. Hydrocyclone redesign for liquid-liquid separation [J]. The Chemical Engineering，1986 (427)：17-23.

[19] Ni Long, Tian Jinyi, Song Tao, et al. Optimizing Geometric Parameters in Hydrocyclones for Enhanced Separations：A Review and Perspective [J]. Separation & Purification Reviews，2019，48 (1)：30-51.

第二章

水力旋流器结构形式及分离原理

第一节　固液分离水力旋流器

固液分离水力旋流器主要应用于采矿工业、废水处理、石油和化工等行业。自从 1891 年 Bretney 在美国申请了第一个旋流器专利后，旋流器在各个领域得到了很大的发展[1]。1914 年，水力旋流器正式应用于磷肥的工业生产，20 世纪 30 年代后期，水力旋流器以商品的形式出现，主要应用于纸浆水处理。而用于选煤行业则是从 40 年代前期，荷兰国家矿产部资助大型选煤厂和进行矿石处理的研究开始的。在 1950—1960 年间[2]，许多研究者对水力旋流器做了大量的基础和应用研究，最具代表性的研究者之一 Kelsall 用不干扰流型的光学仪器测得了水力旋流器内流体的流型。在 70 年代，提出了一系列水力旋流器经验公式，用来描述在模仿工业条件的高浓度悬浮液下，大型水力旋流器的操作性能。这一时期的研究几乎涉及了所有的结构参数和操作参数对水力旋流器的影响，能在高浓度及操作条件变化大的情况下预测其性能。进入 80 年代，随着其他学科的发展，对水力旋流器的研究主要采用宏观系统的观点，避开了水力旋流器中流体和颗粒行为的微观结构复杂性，把注意力放在宏观结构上。国内的一些研究者对水力旋流器的溢流管、底流管、锥段、柱段等结构参数对分离性能的影响都做了比较系统的研究，得出了一些普遍应用的公式[3-8]。目前通过调节旋流器本身的结构参数来提高分离效率和精度，比如改变旋流器的不同结构形式及结构参数来满足不同物料的分离要求，成为提高固液旋流分离性能的主流方式，同时随着研究手段及方法的不断丰富，通过引入第三相介质或引入其他场域来强化旋流分离过程逐渐成为新时期的研究热点。

由于全球能源、环保行业的迅猛发展，固液旋流分离技术也取得了高速发展，广泛应用于各行业固液体系的分离、分级与纯化，液体的澄清，固相颗粒洗涤，液体除砂，固相颗粒分级、分类，以及两种非互溶液体的分离等作业。例如核工业中的铀分离与浓缩，尾矿库环境风险控制，油气开采，油品质量升级，城市污水中的微塑料去除，矿石开采与冶炼，化工生产，食品生产，制药、生物制品工艺，长江、黄河等河流泥沙治理，天然气水合物开采等[9-12]。

一、主要结构

固液水力旋流器的基本结构如图 2-1 所示。第 I 部分是旋流体，也是主体部分，通常由上部的圆柱段与下部的圆锥段组成。圆柱段又称为旋流腔，液体从切向入口进入旋流腔内产生高速旋转的液流。旋流腔的直径 D 是水力旋流器的主直径，直径 D 的大小不但决定了水力旋流器的处理能力，而且也是确定其他参数的重要依据。旋流体长度 l 是旋流腔长度 l_1 和圆锥段长度 l_2 之和。圆锥段的锥角为 θ，其大小直接影响水力旋流器分离固体颗粒的能力。第 II 部分是水力旋流器入口管，其直径用 d_i 表示。它位于旋流腔的切向位置。根据入口管数量不同，有单入口、双入口和多入口之分；根据进入方式不同，入口形式也分为涡线型、弧线型、渐开线型等，其主要是为了减少入口处液流的冲击，使液流更易于在旋流腔内形成高速旋转的涡流，从而使得旋流器内部具有更加稳定的流场；根据入口横截面形式，可将旋流器分为圆形和矩形。当截面为非圆形状时，其入口直径 d_i 则指其当量直径。第 III 部分是水力旋流器溢流管，即低浓度液体介质（固体含量低）出口。它位于旋流腔顶部的中心处，其内径用 d_o 表示。溢流管伸入旋流腔的长度用 l_o 表示，其大小在不同结构设计中也采取了不一样的长度。部分旋流器将其设置为零，即溢流管与旋流腔顶部平齐，不伸入旋流腔内。然而通常情况下应将其伸入旋流腔内，以降低短路流对旋流器分离效率的影响。第 IV 部分是水力旋流器的底流管，即高浓度液体介质（固体含量高）出口。它位于圆锥段的下方，其内径用 d_u 表示，其直径与圆锥段小端直径相等。旋流体、溢流管和底流管位于同一轴线上，在制造上有较高的同轴度要求，以满足水力旋流器的分离性能需要。有时固液分离水力旋流器根据实际情况可以不设置底流管。

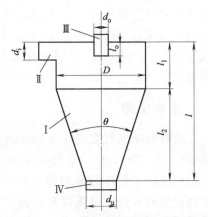

图 2-1　固液水力旋流器结构示意图

在上述结构参数之中，主直径 D 和圆锥角 θ 两个参数最为重要。这是因为常规设计中入口直径 d_i、溢流管直径 d_o 和底流管直径 d_u 均与 D 成一定的比例关系，针对不同应用设计所选用的比例关系也不同，而旋流体长度 l 是由 D 和 θ 决定的。

二、分离原理

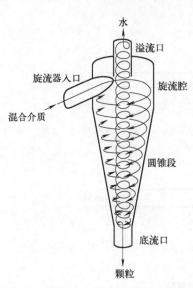

图 2-2　固液水力旋流分离原理示意图

固液分离水力旋流器的分离原理[8] 如图 2-2 所示。当混合介质由切向入口进入旋流腔后，在旋流腔内高速旋转，产生强烈的涡流，在入口连续进液推动下，旋流腔内的液体边旋转边向下运动，其运动路径呈螺旋形。旋转的液体向下进入圆锥段后，旋流器的内径逐渐缩小，液体旋转速度相对加快。由于液体产生涡流运动时，沿径向方向的压力分布不等，轴线附近的压力趋于零，成为低压区，而在器壁附近处压力最高，从而使得轻质相介质向中心聚集。含固体颗粒的悬浮液在水力旋流器内旋转时，悬浮于液体中的固体颗粒及液体均受到了离心力的作用，但由于两相介质之间的密度差，导致两相介质所受的离心力不同，轻质分散相（水及少部分颗粒）向轴线附近的低压区移动，聚集在轴线附近，边旋转边向上做螺旋运动，形成内旋流，最终从溢流口排出；当重质相的固体颗粒受到的离心力大于颗粒运动所承受的液体阻力时，固体颗粒将克服阻力作用向水力旋流器边壁移动，最终从底流口排出，达到与液体分开的目的。

第二节 液液分离水力旋流器

针对液液水力旋流器的研究最早起源于英国。20 世纪 60 年代末期，英国南安普敦大学 Martin Thew 教授开始除油型液液旋流器的研究[13]，1980 年提出了液液旋流分离可行性的观点并公布了除油旋流器结构参数。1984 年，这种旋流器在海洋平台上试验成功。次年在英国北海油田和澳大利亚 Bass Strait 油田的海上石油开采平台使用，从此正式进入工业应用阶段。90 年代初，液液分离水力旋流器逐步传入我国，诸多研究院所和生产部门开始对其进行研究，其在国内迎来了发展的黄金时代。随着其高速的发展与应用，液液旋流分离技术已经涉及了许多领域，除了常规的油田含油污水处理、原油开采、液化气脱氨等生产领域[14]，还在化妆品生产以及医学干细胞分离等生活领域进行了实验性探究。

一、主要结构

液液分离水力旋流器由 Martin Thew 教授率先提出，并研发了三段式和四段式水力旋流器[15,16]（图 2-3），后经过 Rietema[17]、Thew[18,19]、Young[20] 等的改进和优化，水力旋流器的工作性能得到极大提升。目前四段双锥式水力旋流器是最典型的结构形式，上面设置有入口、溢流口和底流口 3 个通道，其中，入口是油水混合物进入水力旋流器的通道，入口一般采取切向入口的形式，如果内置有螺旋流道，则入口可以采用轴向进入；溢流口是分离出的油和少量的水被举升到地面的通道，一般位于水力旋流器上端；底流口是分离出的水到回注层的通道，一般位于水力旋流器下端。水力旋流器的流体域是影响分离效果的关键因素，经过多年发展，双锥形内结构已经成为分离效果较好、应用范围较广的一种结构，其中大锥的主要作用是加速旋流场，提高油、水两相的离心力，小锥的主要作用是稳定流场，实现油、水两相的高效分离。其具有体积小、效率高、成本低、操作及维护方便等优点。

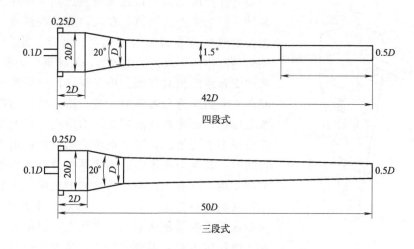

图 2-3 液液分离水力旋流器结构示意图

二、分离原理

液液分离水力旋流器的工作原理示意图如图 2-4 所示。水力旋流器工作时，油水混合物由切向入口进入水力旋流器，并产生高速旋转流场，在离心力作用下，密度相对较大的水被"甩"到外侧，密度相对较小的油则聚集在水力旋流器中心，从而实现油、水两相的分离。该水力旋流器具有体积小、结构简单、分离时间短、效果好等优点，其整个分离过程只需要 $2\sim4$s。

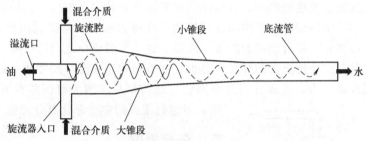

图 2-4 液液分离水力旋流器工作原理示意图

第三节　气液分离水力旋流器

气液旋流分离技术始于 1855 年（John M. Finch，Dust Collector，US325521），因其具备分离效率高、设备体积小、适合长周期运转等诸多优点[21]，已经在诸多领域得到应用。气液分离技术的发展大致经历了三个阶段，最早出现并大量使用的是传统的容器式分离器（立式或卧式）与容器式凝析液捕集器。经过几十年的发展后，该项技术基本成熟。当时研究的重点是研制高效的内部填料以提高其气液分离效率。容器式分离器仅仅依靠气液密度差实现重力分离，需要较长的停留时间，因此容器式分离器体积大、笨重、投资高。但随着海上油气田的开采，传统的分离器已经难以适应现实的工况。进入 21 世纪以来，柱状气液旋流分离器的出现有效解决了大部分气液分离的弊端，目前气液旋流分离的介质逐步趋向于介观以及微观方向发展。

一、主要结构

切向式气液水力旋流器主要包括进气管、柱锥段分离腔、溢流管、底流口以及其他一些特殊的结构部件，其整体结构与固液水力旋流器类似，结构示意图如图 2-5 所示。按照截面形状，进气管可以分为圆形和矩形两种。圆形切向入口的旋流分离器大多数用在小型的采样旋风分离器中。相较于圆形进口形状，矩形进气口的断面紧贴旋流器的柱段壁面，能消除引起进气短路的死区，使进气口处流体的湍动和扰动程度减弱。对这两种具有相同截面面积的进料口进行比较，发现狭长的矩形进料口（长边平行于旋流分离器轴线）能使分离效率得到

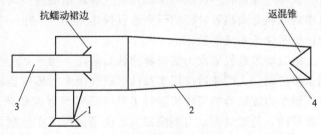

图 2-5 气液水力旋流器结构示意图

1—进气管；2—柱锥段分离腔；3—溢流管；4—底流口

明显改善。进气管的作用是将直线运动的气流在旋流器柱段进口处转变为圆周运动。通常的连接形式为切线型，然而这种形式的进料管局部能量损耗较大。除了切线形式外，还有渐开线、弧线型、螺旋线、同心圆以及多管进料等多种形式。柱锥段主要作为旋流分离器的分离腔，其尺寸大小影响着旋流器中内部流场的强弱，进而对分离性能产生影响。其结构参数主要包括柱段直径（通常作为旋流器的公称直径）、柱段长度、锥段角度、锥段数量等。当柱段直径过小时，气流场在旋流器内湍动性增强，不利于旋流器的分离；而柱段直径过大，离心场便会减弱，也会造成分离性能的降低。水力旋流器的长度亦是影响分离性能的关键尺寸之一。随着水力旋流器长度的增加，其压降会逐渐降低。长度增加后，会导致器壁的面积增加，对流体而言相当于施加了一个附加的摩擦力，摩擦力的增加会降低内旋涡的旋转速度，从而使气体进入溢流管后具有很高的静压，降低了进口与溢流口之间的压降。底流口一般连接直段液封管，其对水力旋流器的分离性能也存在着影响。底流口尺寸减小时，底流气体分流比减小、返混现象严重，造成分离效率降低。底流口尺寸增大时固然有利于提高分离性能，但超过限度时亦会恶化其分离效果。

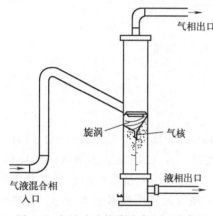

图 2-6　气液水力旋流分离原理示意图

二、分离原理

气液水力旋流分离器的工作基于不同密度差的气液两相之间的离心沉降作用，原理见图 2-6（以 GLCC 为例）。含液气流沿切线从圆筒内壁高速进入，从而在分离腔内高速旋转产生离心力，使气流进一步增速形成螺旋态，当流场逐渐稳定之后，气流在分离腔的中心区聚结成气芯，从气相出口排出；密度大的液滴则会在离心力、介质黏滞阻力、浮力、重力等力场的综合作用下，沿着圆筒边壁向液相出口沉降，从底流口排出。

第四节　气固分离水力旋流器

气固水力旋流器又称旋风分离器，至今已经有一百多年的发展历史[22,23]，并且随着基础科学理论的建立和发展，已经进行了相关理论知识的深入研究，并广泛应用于石油、化工、食品、造纸等行业。气固水力旋流器的发展大致经过了三个阶段[24]。

第一阶段是气固水力旋流器自发使用阶段，始于 19 世纪 80 年代，一直延续到 20 世纪 30 年代。在该时期，将气固水力旋流器的分离机理简单理解为离心力对颗粒作用的结果，对其认识均停留在感性认知阶段，对气体流动的规律均未进行详细的研究。针对气固水力旋流器内颗粒分离临界粒径的研究也仅仅达到 $40\sim60\mu m$，气固水力旋流器内部两相流的运动规律更是缺乏系统的验证。

第二阶段是气固水力旋流器的认知阶段，始于 20 世纪 20 年代，一直延续到 60 年代初。四十多年间，人们通过应用实践认识到气固水力旋流器内的流动规律远比想象的复杂，于是对气固水力旋流器的两相流进行了科学研究与理论概括。最早的实验是由 Prockact 于 1928 年展开的，他对气固水力旋流器内的流场进行了实验测量，发现气固水力旋流器内的气固两相流动是较为复杂的三维流动，开启了气固水力旋流器的新纪元。40 年代初，Shepard 及 Lapple 通过实验给出了气固水力旋流器的压降及分离的极限粒径计算式，其压降计算首次考虑了气固水力旋流器的形状及尺寸的影响，并在极限粒径计算式的推导中提出了著名的转圈理论[25,26]。

第三阶段是超微颗粒的捕集阶段，该阶段始于 20 世纪 60 年代。这一段时期内，人们将重点放在了捕集超细颗粒上。利用量纲分析方法和相似理论，把气固水力旋流器的各部分尺寸表示为以外筒直径 D 为基准的无量纲数群，并进一步把气固水力旋流器的技术经济性能参数也组成无量纲准数进行评价。通过优选法综合技术经济指标，设计出最优化的气固水力旋流器。

一、主要结构

传统旋风分离器主要由进气管、圆柱段、圆锥段、底流管、溢流管、灰斗六部分组成，其结构如图 2-7 所示。气固水力旋流器的主直径 D 是其他几何结构参数确定的依据[27]，其对旋流器的处理量和分离精度影响较大。为了提高气固水力旋流器分离精度以及处理量范围，大多数学者采用串并的方式来实现，但是这也不可避免地会造成加工难度以及成本的增加。

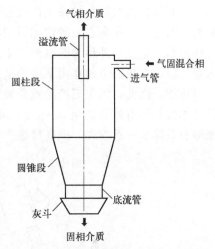

图 2-7 气固分离水力旋流器结构示意图

旋流腔的长度对气液固三相分离旋流器的分离性能也存在着较大影响。当旋流腔的长度加大，旋流器的可达到处理量范围明显加大，适当加长该段的长度有利于稳定内部的流场，但是旋流腔如果过长会导致介质的旋转速度下降，从而降低旋流器的分离性能。

旋流腔下端连接的锥段可以提高混合介质旋转所需的能量，混合相介质经过旋流腔之后会发生能量损失，但到达锥段之后液体向下旋转，因径向尺寸不断变小，混合介质会获得一定程度上的能量补偿，避免产生过大的能量损耗。

二、分离原理

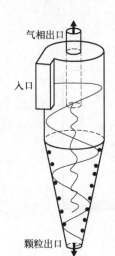

图 2-8 气固水力旋流分离原理示意图

气固水力旋流分离原理示意图如图 2-8 所示。当含粉料颗粒气体由进气管进入旋风分离器时，气流由于筒壁的约束作用由直线运动转变成圆周运动，旋转气流的绝大部分沿器壁成螺旋状向下朝锥体流动，通常称为外旋流。含粉料气体在旋转过程中产生离心力，将重度大于气体的颗粒运向器壁，颗粒一旦与器壁接触，便失去惯性力，靠入口速度的初始动量随外螺旋气流沿壁面下落，最终进入排尘管。旋转向下的外旋气流在到达锥体时，因圆锥体形状的收缩，根据"旋转矩"不变原理，其切向速度不断提高（不考虑壁面摩擦损失）。另外，外旋流旋转过程中使周边气流压力升高，在圆锥中心部位形成低压区，由于低压区的吸引，当气流到达锥体下端某一位置时，便向分离器中心靠拢，即以同样的旋转方向在旋风分离器内部，由下反转向上，继续做螺旋运动，称为内旋流。最后，气流经排气管排出分离器外，一小部分未被分离出来的物料颗粒也由此逃出。气体中的颗粒只要在气体旋转向上排出前能够碰到器壁，即可沿器壁滑落到排尘口，从而达到气固分离的目的。

第五节　固体筛分旋流器

一、主要结构

固体筛分旋流器的主要分离对象[28]是由水和各种不同粒级或密度的固体物料组成的两相流体，所以其结构与固液水力旋流器类似，一般通过多级串联形式以达到高效分离的目的。其可通过分离得到小于指定粒级固体物料的溢流和大于指定粒级固体物料的沉砂，即高密度的精矿（底流）和低密度的尾矿（溢流）。

以某煤矿选煤厂目前采用的无压三产品重介旋流器为例（图2-9），重介旋流器以磁铁矿粉作为介质，在离心力的作用下把精、中、矸分离，由两段旋流器串联而成，第一段外形为圆筒形，第二段外形为圆锥形。第一段底流口排出的中煤和矸石，经过一二段的连通口进入第二段，在离心力的作用下中煤从二段中心管排出；矸石在外螺旋流推动下经另一端的切线口排出。因此，无压三产品重介旋流器有着较宽的入洗粒度范围，对于范围在0～80mm粒度的煤料可有效分选至0.3mm，而且无压给料三产品重介旋流器有着较高的分选精度，能够有效降低矸石损失，提高精煤产率，对于精煤质量有着较高的保证。

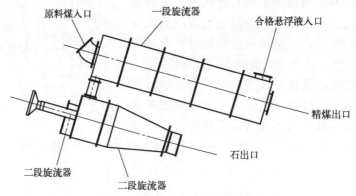

图 2-9　无压三产品重介旋流器

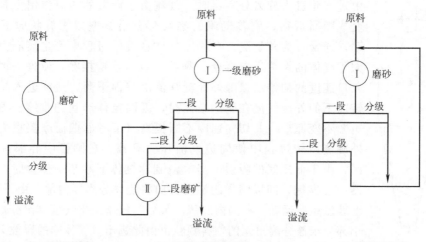

(a) 一段一级原则流程　　(b) 二段二级原则流程　　(c) 一段二级原则流程

图 2-10　分级脱泥作业的多种工作方式

二、分离原理

固体筛分器主要是利用进入筛分器内部的两相固相介质的密度不同，通过旋流，将相对密度较小的固相颗粒推至轴心处通过溢流口排出，将相对密度较大的固相颗粒运送至底流管，然后从底流口流出，例如，矿物工程中的分级、脱泥和重介质旋流器的选别作业等。就分级脱泥作业而言，其分离粒度的范围是 $2 \sim 250 \mu m$。当旋流器同磨机构成闭路分级循环时，常用的选择原则一般为，溢流细度-200目小于65%时，多用图 2-10 （a）的一段一级流程；溢流细度为-200目大于65%时，多用图 2-10 （b）的二段二级流程；除此之外，简化一段二级流程工艺也可达到溢流细度-200目大于65%的目的，其流程如图 2-10 （c）所示。

参 考 文 献

[1] 褚良银. 固液分离用水力旋流器的设计 [J]. 化工装备技术，1995（01）：10-13.

[2] Svarovsky L. Advances in solid-liquid separation-1. Chemical Engineering, 1979, (2): 62-76.

[3] 褚良银，陈文梅，李晓钟，等. 水力旋流器结构与分离性能研究（一）——进料管结构 [J] 化工装备技术，1998，19（3）：1-4.

[4] 褚良银，陈文梅，李晓钟，等. 水力旋流器结构与分离性能研究（二）——溢流管结构 [J] 化工装备技术，1998，19（4）：1-3.

[5] 褚良银，陈文梅，李晓钟，等. 水力旋流器结构与分离性能研究（三）——锥段结构 [J]. 化工装备技术，1998，19（5）：1-4.

[6] 褚良银，陈文梅，李晓钟，等. 水力旋流器结构与分离性能研究（四）——底流管结构 [J]. 化工装备技术，1998，19（6）：12-14.

[7] 褚良银，陈文梅，李晓钟，等. 水力旋流器结构与分离性能研究（五）——柱段结构 [J]. 化工装备技术，1999，20（2）：16-18.

[8] 蒋巍. 新型固液水力旋流器结构设计及分离性能研究 [D]. 大庆：大庆石油学院，2005.

[9] 刘标. 矿井水处理旋流分离器结构分析与研究 [D]. 哈尔滨：哈尔滨工业大学，2017.

[10] 汪华林. 液固旋流分离新技术 [M]. 北京：化学工业出版社，2019.

[11] 张士瑞，薛敦松. 应用微型旋流器脱除催化裂化油浆残留固体的初步研究 [J]. 石油炼制与化工，2007，38（9）：4.

[12] 刘华冰，郑拥军，任思远，等. 固液微型水力旋流器的实验研究与数值模拟 [J]. 精细与专用化学品，2019（2）：7.

[13] 陈磊，金有海，王振波. 液液型水力旋流器应用研究 [J]. 过滤与分离，2007（03）：18-21.

[14] 鲁家驹. 旋流分离技术的现状与应用前景 [J]. 中国石油和化工标准与质量，2012，32（06）：118.

[15] 刘合，高扬，裴晓含，等. 旋流式井下油水分离同井注采技术发展现状及展望 [J]. 石油学报，2018，39（04）：463-471.

[16] 赵庆国，张明贤. 水力旋流器分离技术 [M]. 北京：化学工业出版社，2003.

[17] Rietema K. Performance and design of hydrocyclones-Ⅰ: general considerations, Ⅱ: pressure drop in the hydrocyclone, Ⅲ: separation power of the hydrocyclone, Ⅳ: design of hydrocyclones [J]. Chemical Engineering Science, 1961, 15 (3/4): 298-325.

[18] Thew M T. Hydrocyclone redesign for liquid-liquid separation [J]. Chemical Engineering, 1986 (7/8): 17-23.

[19] Colman D A, Thew M T. Hydrocyclone to give a highly concerned sample of a lighter dispersed phase [C]. Proceedings of International Conference on Hydrocyclones. Cambridge: BHRA, 1980: 209-223.

［20］ Young G A，Wakley W，Taggart D，et al. Oil-water separation using hydrocyclones：an experimental search for Optimum dimensions ［J］. Journal of Petroleum Science and Engineering，1994，11 (1)：37-50.

［21］ 吴瑞豪. 气液旋流分离器结构改进的实验研究 ［D］. 上海：华东理工大学，2014.

［22］ 宋勇. 旋风分离器内气固两相流流场数值模拟 ［D］. 沈阳：东北大学，2011.

［23］ 董超云. 高压大气量旋流式除砂器现场应用研究 ［D］. 西安：西安石油大学，2015.

［24］ 陈绍明，吴光兴，张大中，等. 除尘技术的基本理论与应用 ［J］. 北京：中国建筑工业出版社，1981.

［25］ 岑可法，倪明江，骆仲焕，等. 循环流化床锅炉理论及设计 ［J］. 动力工程，1990，10：20-28.

［26］ 凌志光，黄存魁. 旋流式分离器三维流场测定 ［J］. 力学学报，1989，1 (21)：266-272.

［27］ 王月文. 气液固三相分离旋流器参数优选及流场特性研究 ［D］. 大庆：东北石油大学，2017.

［28］ 王峰. 浅析三产品重介旋流器技改的应用——无压三产品重介旋流器中煤产品带矸原因分析及对策 ［J］. 当代化工研究，2019 (09)：22-23.

第三章

旋流器结构创新设计

旋流器历经百余年的发展，在结构形式上已经有了很大的创新，但无论如何变化，都是围绕功能来设计的，正如工业设计领域的现代主义风格强调的 FFF（form follows function）原则所述——"形式遵循功能"。形式上的创新不是目的，要通过结构设计及优化，实现某种功能，达成特定效果。

第一节 固液分离旋流器

一、经典单锥结构

固液分离旋流器的最初结构为经典的单锥结构，直到目前，仍然是研究和应用最为广泛的结构，即通常为切向单入口、单锥形式、无圆柱段尾管（或底部仅接有一个很短的直管出口），刘培坤、喻九阳、王爽、苏劲等[1-4]采用这种结构旋流器用于钙土矿、石英砂、铝粉、玉米淀粉颗粒、泥沙等的脱除处理，如图 3-1 所示[5]。

为改善旋流内部流场的分布状态，增强对称性，提升对颗粒，尤其是细小颗粒或污水底泥颗粒的处理能力，袁惠新[6]、王云超[7]等采用了切向双入口形式，也有采用切向四入口的结构形式[8]开展对铝粉、黑臭水体原状底泥、油田污泥颗粒、复合塑料颗粒等的处理，如图 3-2、图 3-3 所示。

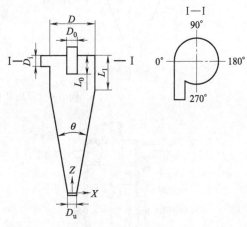

图 3-1 经典的单锥单入口固液分离旋流器结构

二、附加辅助结构

应锐、杨非、刘坤、张亭、崔瑞等通过旋转栅[9,10]、导流器[11]、中心锥[12]等辅助结构形式，甚至采用双锥结构形式[13]，以期获得更佳分离性能，如图 3-4～图 3-7 所示。

三、内锥结构

Zhao Lixin 等设计了内锥式旋流器[14]用于气液两相分离（如图 3-8 所示），近来王玉成

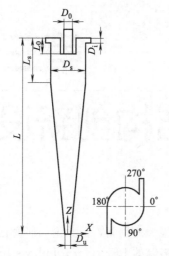

图 3-2　单锥双入口固液分离旋流器

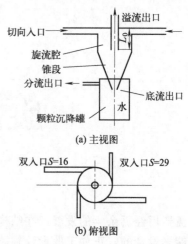

图 3-3　单锥四入口固液分离旋流器

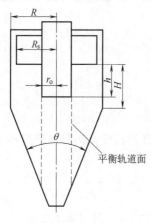

(a) 总体结构形式

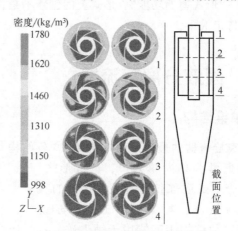

(b) 不同旋向旋转栅对颗粒密度分布的影响

图 3-4　带旋转栅固液分离旋流器

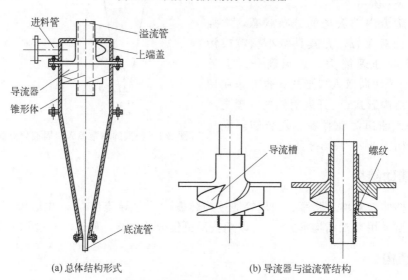

(a) 总体结构形式　　　　　　　　(b) 导流器与溢流管结构

图 3-5　带导流器固液分离旋流器

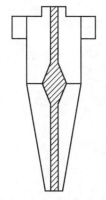

图 3-6　带中心锥固液分离旋流器　　　　　图 3-7　双锥型固液分离旋流器

等人也将内锥式结构用于固液两相分离领域[15]，如图 3-9 所示。由于采用了内锥形式，因此旋流器外筒通常设计成柱状结构。张晋等人[16] 设计了内锥式同向出流的固液分离旋流器，因此将内锥体开锥孔，便于轻质相排出（如图 3-10 所示）。吕斌[17] 将内锥形式应用于双锥旋流器结构（如图 3-11 所示），对混合浆体中的天然气和泥沙进行分离处理。

 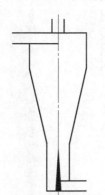  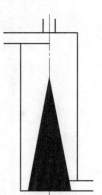

图 3-8　内锥式气液分离旋流器（ICH）的结构设计演变过程

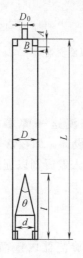

(a) 总体结构形式

(b) 倒锥结构实物

图 3-9　内锥式固液分离旋流器

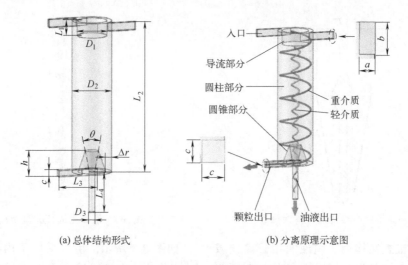

(a) 总体结构形式   (b) 分离原理示意图

图 3-10　内锥式同向出流固液分离旋流器

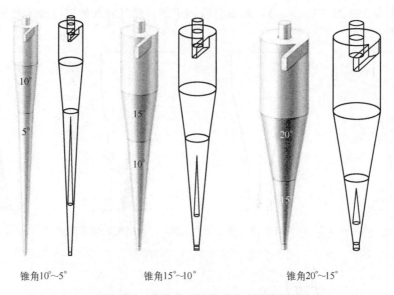

锥角10°～5°　　　　　锥角15°～10°　　　　　锥角20°～15°

图 3-11　内锥式双锥固液分离旋流器

四、防堵结构设计

为克服常规固液分离旋流器不能提供高浓度底流这一弊端，褚良银介绍了两种 Lin I J[18] 设计的适用于高浓度固体排出的旋流器结构设计，即在常规旋流器底流口外套一个增稠器，还可以在底流管壁上加设一个小管，通过加入絮凝剂以促进固相颗粒在增稠器内的沉降，如图 3-12 所示[19]。

五、防磨结构设计

研究人员发现，固液旋流器在工作中固体颗粒对旋流器内壁面会造成一定程度的磨损，因此人们选用耐磨材质[20]，如聚氨酯旋流器，采用氧化铝或碳化硅等耐磨涂层[21]，或者通过结构设计等，改进旋流器的耐磨性能和使用寿命。赵立新等[22] 设计了一种耐磨固液分离旋流器（如图 3-13 所示），在常规旋流器锥段增设一个带排砂孔的内衬小锥。固液混合介质在旋流器内高速旋转，在内衬小锥上端被甩至内壁面附近的固相颗粒可通过排砂孔进入锥间环空内，未分离的细小颗粒在内衬小锥内继续螺旋向下运动并实现旋转分离。内衬小锥的设计一方面可以减缓对旋流器内壁面产生的严重磨损，另一方面也可使混合介质在外锥段下半部分再次发生离心分离，进一步提高分离效率。当内衬小锥磨损严重时可以从外锥段将与内衬小锥相连部位拆除，并更换新的内衬小锥，从而降低旋流器设备的维护成本，同时延长整体使用寿命。

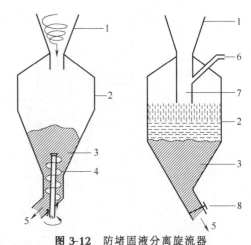

图 3-12 防堵固液分离旋流器

1—旋流器锥部；2—增稠器；3—浓缩固相物；4—排料螺旋；
5—底流排料；6—加化学试剂；7—底流套管；8—气动阀

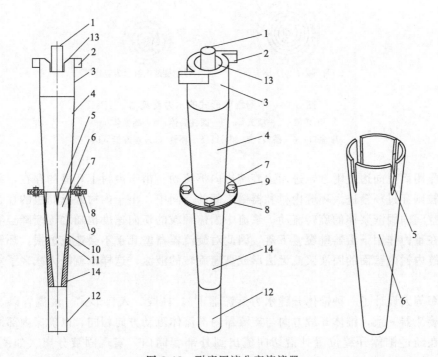

图 3-13 耐磨固液分离旋流器

1—溢流口；2—液流入口；3—旋流腔；4—外锥筒上段；5—排砂孔；6—内衬小锥；7—外锥筒上段法兰；
8—外锥筒下段法兰；9—螺栓；10—锥间环空；11—筋板；12—底流口；13—弧形顶面；14—外锥筒下段

　　根据内衬上设置缝隙的不同形式，旋流器分为环缝内衬和螺旋缝内衬（如图 3-14 所示）。环缝内衬[23] 是在旋流器的筒体和圆锥体内壁增设环缝内衬，即在内衬上设置若干条环缝，内衬外壁竖向垂直焊接有筋板，将环缝内衬连为一体。环缝内衬顶部与旋流器圆柱筒体顶部平齐，底部距底流口一段距离。环缝内衬旋流器壳体和内衬均可采用普通碳钢材质，这样不仅降低了耐磨内衬的成本，同时也解决了内衬和旋流器壳体之间黏结难的问题。固液混合浆体在一定压力下，以一定速度进入旋流器内部旋转，固体颗粒中粒径较大的因受到较

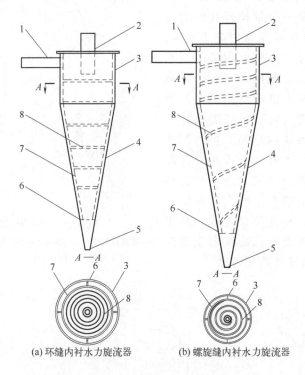

图 3-14 不同缝隙形式的水力旋流器

1—给矿管；2—溢流管；3—圆柱筒体；4—圆锥体；
5—底流口；6—筋板；7—内衬；8—环缝（a）/螺旋缝（b）

(a) 环缝内衬水力旋流器   (b) 螺旋缝内衬水力旋流器

大离心力作用而甩向边壁附近，进而边旋转边向下流动。由于内衬上环缝的存在，靠近边壁的固体颗粒则穿过环缝进入环缝内衬和器壁之间的空间中，由于内衬外壁筋板的存在，阻断了进入该空间内固液浆体的旋转流动，浆流中固体颗粒的切向速度也随之逐渐降至零，然后随着浆流在重力作用下沿器壁缓慢下落，因此对旋流器器壁几乎不会造成磨损。环缝的存在使靠近环缝内衬内壁面的固液浆流无法形成高速旋转的液流，这样也就极大减轻了对内衬的磨损。

段继海等人设计了一种锥体开缝水力旋流器[24]，柱段、入口形式、溢流管以及锥段结构与常规旋流器一致，锥体开缝方向与旋流器内部流体流动方向相同，以确保内部固含率较高的流体在经过锥体开缝位置处沿切向流出到外部套筒内，实现固液分离（如图 3-15 所示）。作者设计的目的是保持水力旋流器内部流场稳定，同时将外旋流分离到锥段内壁面上的颗粒从开缝处分离，可提高分离效率和节约能耗。该结构形式对于降低颗粒对旋流器内壁面的磨损同样会产生一定的效果。

六、固液旋流过滤器

Luiz G. M. Vieira 提出了一种固液旋流过滤器结构[25]，即：将旋流器的锥段替换成微孔结构（如图 3-16 所示），旋流过滤器的出口液流在常规的底流和溢流出口之外，还增加了一个过滤流。研究表明，固液旋流过滤器同常规固液旋流器相比，具有较低的欧拉数和切割粒径，因而改善了分离性能和处理能力。

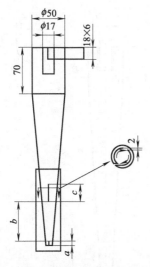

图 3-15 锥体开缝水力旋流器

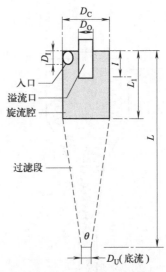

图 3-16 固液旋流过滤器

第二节 液液分离旋流器

20 世纪 60 年代末期，英国南安普敦大学的 Martin Thew 等人开始研究用水力旋流器来分离油水两相介质的可行性[1]。经过近十年的研究，得出了肯定的结论。1983 年，他们设计的液液分离水力旋流器在两个公司进行了商标注册，并生产出第一个商用的高压 Vortoil 型水力旋流器，在澳大利亚 Bass Strait 油田的平台上进行试验，取得了满意的结果，从此开辟了水力旋流器应用的另一个新的领域：液液分离[26]。液液分离旋流器通常有静态、动态和复合式结构之分。本节主要介绍静态液液分离旋流器，即不采用电机等外部动力带动内部液流旋转的旋流器结构。

一、传统双锥结构

传统的液液分离水力旋流器通常为双锥结构[27-31]，即，一般采用切向双入口，以增强流场对称性，改善低密度差的液液两相旋流分离效果。另外，与常规固液分离旋流器不同，液液分离旋流器通常在锥段底部还连接有一个较长的圆柱形底流管，以稳定旋流器内部流场。与旋流腔相连的大锥角的锥段称作大锥段，主要起到加速液流旋转、快速补偿旋转动能的作用；大锥段下方锥角较小的锥段称作小锥段，为液液两相介质的主要分离段，同时也发挥一定的补偿液流旋转动能的作用。传统结构形式如图 3-17 所示[32]。

传统液液分离水力旋流器由于其双锥结构和底流管结构设计，其总体长度较固液分离旋流器要长一些，但因其基于高速离心分离原理，相比于重力沉降式分离装置，液液分离水力旋流器仍是非常紧凑和小巧的。

二、单锥结构

单锥型的液液分离旋流器相对较少，刘海生等针对单入口、单锥型、带尾管段的旋流器开展了油水两相分离研究[33]，油品密度为 831.4kg/m³，入口含油量为 4.5%，取得了较好的试验结果。冯进等[34] 针对单锥液液分离旋流器的压降比-分流比关系开展了试验研究。

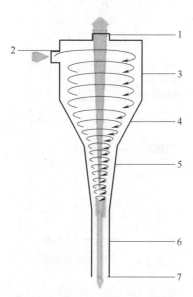

图 3-17　传统液液分离旋流器

1—溢流出口；2—切向入口；3—旋流腔；4—大锥段；

5—小锥段；6—尾管段；7—底流出口

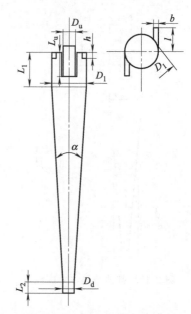

图 3-18　单锥液液分离旋流器

周宁玉等针对单锥、双入口旋流器开展了数值模拟和试验研究[35]，研究中油品密度为 860kg/m³，动力黏度为 3.3mPa·s。徐保蕊等[36] 针对单锥液液分离旋流器（如图 3-18 所示）对比分析了分流比对速度、压力降、压降比和分离效率的影响及其变化规律。

三、柱状旋流器

杨兆铭等指出[37]，最早的柱状液液分离旋流器由 E. Afanador 提出[38]。柱状液液分离旋流器如图 3-19 所示[39]。史仕荧等[40,41]研究了入口形状、进液方式、入口位置以及操作

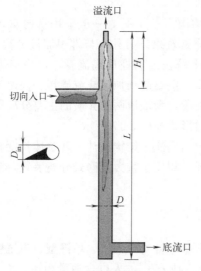

(a) 结构及原理示意图

(b) 旋流器实物照片

图 3-19　柱状液液分离旋流器

参数对柱状旋流器油水分离性能的影响。丛娟等[42]比较了二级柱状旋流器串、并联时的分离效果。

四、轴向进液旋流器

前面提到的液液分离旋流器均为切向进液结构，轴向进液旋流器是另外一种进液形式的旋流器，通常用在径向空间有限的场合，如井下狭小管柱空间内的介质分离。

1996 年，荷兰 Delft 大学的 M. Dirkzwager 发明了轴向进液旋流器[43]，如图 3-20 所示。混合液从左端沿轴向进入装置并通过叶片产生旋流，进而使油水两相介质分离。重相流体沿右端圆管流出，而轻相流体则由安装在叶轮中心的一根导管引出[44]。

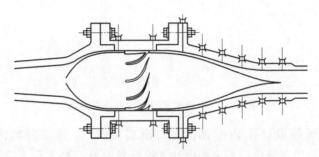

图 3-20 轴向进液旋流器

国内研究人员也对轴向进液旋流器开展了结构创新设计和研究工作。马艺、蒋明虎、赵立新、熊思、白春禄等研究了叶片式、螺旋流道式等不同结构形式的轴向进液旋流器[45-49]，这些结构中，有单锥、双锥不同的锥段结构，也有直接采用轴向入口或外接径向入口等不同形式，都是将进入的轴向液流通过叶片或者螺旋流道转换成切向旋转液流，以实现离心分离的目的（如图 3-21 所示）。轴向进液旋流器在主体结构上具有更紧凑的外形，同等条件下径向尺寸更小；同时由于采用叶片或螺旋流道导流形式，使得进入旋流腔后的多相液流具有更好的周向对称性，有利于形成稳定的旋流场，改善分离性能，亦可降低压力损耗。

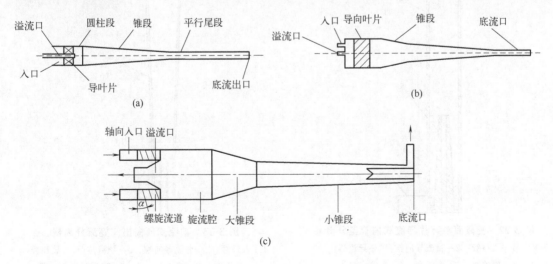

图 3-21

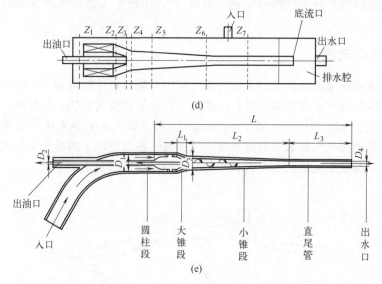

图 3-21 不同形式的轴向进液旋流器

蒋明虎、赵立新等设计了内锥式、同向出流式[50-52] 等多种轴向进液旋流器,如图 3-22、图 3-23 所示。在导流叶片上部设计了稳流导向锥,可实现入口液流由轴向进入导

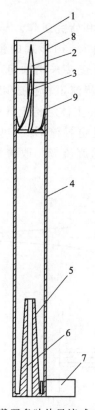

图 3-22 变截面多叶片导流式内锥型分离器

1—入口管;2—稳流导向锥;3—导流体;
4—旋流腔;5—内锥台;6—溢流出口管;
7—底流切向出口管;8—入口腔;9—稳流导向腔

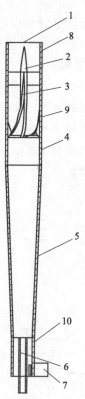

图 3-23 轴流式同向出流旋流分离器

1—入口管;2—稳流导向锥;3—导流体;4—旋流腔;
5—正锥腔;6—溢流出口管;7—底流切向出口管;
8—入口腔;9—稳流导向腔;10—分离腔

流叶片的稳定过渡，减少局部涡流的产生。通过内锥或者正锥结构实现对旋转液流在渐缩环空截面内或渐缩圆截面内的速度补偿，采用切向底流出口可使旋流器内部流体总体上保持切向旋转流动状态，有利于稳定离心分离过程，提高分离效率。

五、入口可调式旋流器

水力旋流器利用非均相混合介质间的密度差进行离心分离，存在一个最佳的流量范围，而在入口结构固定的情况下，入口速度直接影响流量（处理量）大小。入口速度过小，离心力不足，无法有效地将混合介质分离开；而当入口速度过大，虽然离心力加大，但混合介质在旋流器内的停留时间减少，导致部分分离出的介质不能及时经相应出口排出，进而影响分离性能。赵立新等设计了一种入口可调式旋流器[53]，如图 3-24 所示。该设计是在旋流器入口和溢流管部分安装一个可以改变旋流器入口面积的圆弧形挡片，圆弧形挡片通过两片紧贴旋流腔上壁面的连接片与溢流内套管相连，在额定流量下，圆弧形挡片按设计遮挡一部分入口截面，便于流量变化时进行正反向调节。当流量低于额定流量时，通过旋转溢流内套管带动圆弧形挡片旋转，遮挡并减小旋流器入口面积来调高入口速度（即保持在额定流量下的入口速度），当流量高时反转以增大入口面积来调低入口速度，从而使得在不同处理量的情况下旋流器均可达到高效分离的目的。

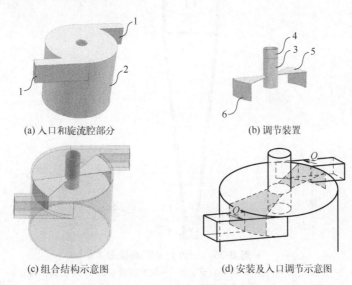

(a) 入口和旋流腔部分 (b) 调节装置

(c) 组合结构示意图 (d) 安装及入口调节示意图

图 3-24 入口可调式旋流器
1—切向入口；2—旋流器（以旋流腔部分为示意）；3—溢流外套管；
4—溢流内套管；5—扇形连接片；6—圆弧形挡片

赵立新等也提出了一种入口和出口均可调的旋流器结构[54]，原理上都是通过挡板实现轴流式旋流器入口面积调节以及底流出口和溢流出口面积的调节。

六、一体化串联旋流器

如希望使用旋流分离器获得更佳处理效果，往往会将两级旋流器进行串联。赵立新等设计了一种一体化串联旋流器[55]，将一级和二级旋流器设计为一体化结构，如图 3-25所示。以油水两相混合液分离为例，工作时，混合液从切向入口进入一级旋流器，边旋转边向下运动，通过二级溢流管锥段和一级旋流管之间的变截面环空对混合液旋转运动速度进行

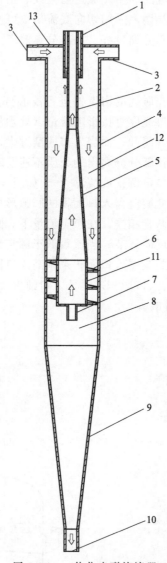

图 3-25　一体化串联旋流器

1——级溢流管；2—二级溢流管；3—切向入口管；4——级旋流管；5—二级溢流锥段；6—导流螺旋叶片；
7—二级集液口；8—二级旋流腔；9—二级锥段；10—二级底流管；11—螺旋片固定管；12——级旋流腔；13—上端盖

补偿，部分油相被分离出并向中心运移，随后由环空结构的一级溢流管排出。分离后的水相和部分未分离的油相则继续旋转并向下运动，经导流螺旋叶片造旋后，改善衰减的流体旋转运动，然后进入二级旋流器。在二级旋流器中，再次被分离出的轻质油相朝中心运移，并向上经二级溢流管排出；水相向边壁运移，最后由二级底流口排出。

第三节　气液分离旋流器

一、柱状气液旋流器（GLCC）

柱状气液旋流器（gas-liquid cylindrical cyclone，GLCC，1994 年由美国 Tulsa 大学提

出）是一种典型的气液分离旋流器结构。通常采用一个倾斜向下的切向入口管，气液混合介质进入 GLCC 后高速旋转，形成一个涡旋结构，气体集中在中心，液体在外围，进而将两相介质分离开。一般在分离器后端分别接计量仪表，以便实现气、液两相的单独计量，如图 3-26 所示[56]。

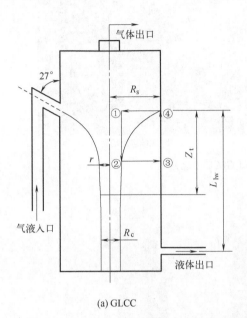

(a) GLCC

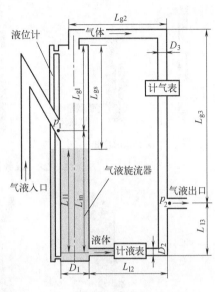

(b) 气液两相计量工艺

图 3-26　GLCC 及气液两相计量工艺

　　GLCC 具有结构简单、成本低、重量轻等特点，维护简便，而且易于安装及操作。同等油气处理规模情况下，GLCC 的外形尺寸仅相当于常规立式分离器的 1/2 左右，或者常规卧式分离器的 1/4 左右。GLCC 性能预测的难度主要是其内部复杂多变的流动形式：在入口上方的流动形式包括气泡流、断塞流、雾状流和带状流，在入口下方的流动形式由一个带有丝状气核的液体旋涡组成；在液面远低于入口时，液体以涡流的形式由入口下落到旋涡当中[57]。

　　影响 GLCC 性能的主要因素包括入口设计、主体结构设计、液面控制、分离系统设计等（如图 3-27 所示）[58]。入口设计方面，主要包括调整入口倾斜角度、改变入口喷嘴结构、改变入口数量（如双倾斜入口）等；主体结构设计方面，包括改变 GLCC 的入口位置、长径比、主体外形等。其中，双倾斜入口（如图 3-28 所示）可使入口液流实现预分离，实质上是将惯性分离同 GLCC 旋流分离有机结合，从而形成底部的富液流和顶部的富气流。双倾斜入口的试验结果

图 3-27　GLCC 分离系统工艺应用

表明，在低气液比或中等气液比时，气体中液体的携带量明显减少，而在高气液比时改善不大。

　　Hamed Safikhani 等[59] 采用数值模拟方法研究了多入口新型管柱式气液分离器（图 3-29），对比了单、双、三入口结构 GLCC 的压力降、分离效率、轴向速度、湍动能等，得出了三入口 GLCC 分离性能更优的结论[60]。

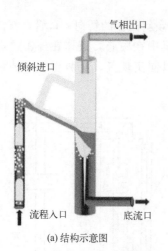

气相出口

倾斜进口

流程入口   底流口

(a) 结构示意图

(b) 现场应用场景

图 3-28 双倾斜入口 GLCC 工艺应用

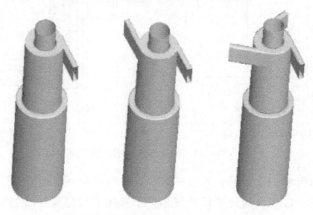

图 3-29 单入口及多入口 GLCC 示意图

杨洋设计了一种向下开口 GLCC 结构（图 3-30）[60]，改变了常见的双倾斜入口 GLCC 中次入口在主入口上方的设计，而是将次入口放在主入口的下方，以便将大部分液体引入分离器筒体靠下区域，进而减少上行的旋流液膜，以抑制液膜向上延展，因此提高了气液分离效率。

倪玲英针对一种锥式 GLCC（图 3-31）开展研究[61]，发现其切向速度高于直筒式 GLCC

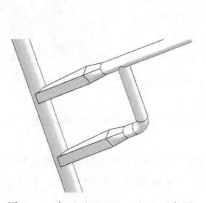

图 3-30 向下开口 GLCC 入口示意图

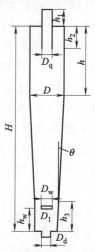

图 3-31 锥式 GLCC 结构示意图

分离器,且腔体空间利用率较大,分离效率提高了近3%。

尤佳丽设计了内锥式 GLCC,针对不同内锥结构开展了数值模拟分析和室内试验研究[62],如图 3-32 所示。可见,提高内锥结构高度有利于改善气液分离效果。

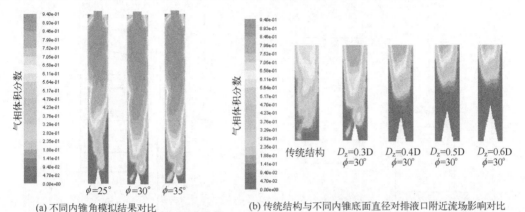

(a) 不同内锥角模拟结果对比   (b) 传统结构与不同内锥底面直径对排液口附近流场影响对比

图 3-32   内锥式 GLCC 数值模拟分析

二、旋流板和螺旋式气液分离器

赵志强[63]、张勇[64]介绍了一种带有伞状旋流板的气液分离器。含有雾滴的气体自上而下进入气液分离器进行分离 [如图 3-33 (a) 所示],气液分离器的主体为一圆柱形筒体,上部和下部均有一段锥体。筒体中部放置的伞状旋流板是除雾核心部件,它由许多叶片组成,叶片具有一定的仰角和径向角 [如图 3-33 (b) 所示],以使上部进入的气流导向为旋转流。在旋流流形成的离心力作用下,气流中含有的雾滴被甩向筒壁,汇集于筒体下部,从排液管排出;分离后的气流运移至筒体中心,由出气筒排出。

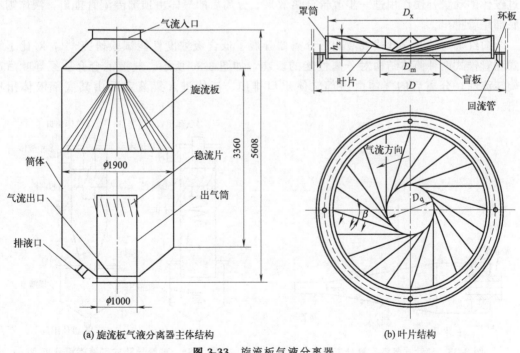

(a) 旋流板气液分离器主体结构   (b) 叶片结构

图 3-33   旋流板气液分离器

张勇针对旋流板和螺旋式气液分离器开展研究[64]。如图 3-34 所示，分别为旋流板和螺旋式气液分离器的逆流式和直流式结构。

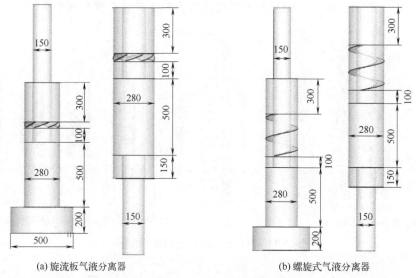

(a) 旋流板气液分离器　　　　　　　(b) 螺旋式气液分离器

图 3-34　旋流板和螺旋式气液分离器的逆流式和直流式结构

三、导叶式气液旋流分离器

王振波等根据气井井下工况特点设计了一种直径为 50mm 的导叶式气液旋流分离器[65]，并进行了模拟分离试验，对叶道出口角度、锥体角度、叶道出口速度及入口含液浓度对分离性能的影响规律开展了分析。分离器结构如图 3-35 所示。气液混合介质轴向进入后，由导向叶道导流为切向旋转流动，进而在离心力作用下进入旋流器内部进行分离，同时通过锥体的动量补偿作用进一步改善分离效果。分离后的气体由顶部溢流管排出，液体则经由底部尾管排出。

金向红等对轴流导叶式气液旋流分离器开展了低含液浓度性能试验研究[66]，对比了管柱式和管锥式两种筒体结构对分离性能的影响，如图 3-36 所示。气液混合介质经导叶后产生旋转流动，分离后的气体由顶部气体出口排出，液体进入集液室后由其底部液体出口排出。

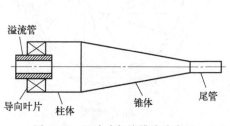

图 3-35　导叶式气液旋流分离器

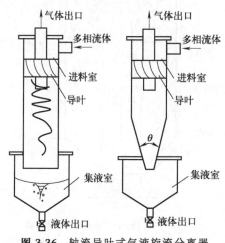

图 3-36　轴流导叶式气液旋流分离器

四、柱锥气液旋流分离器

范大为针对单切向入口的柱锥气液旋流分离器开展了数值模拟和试验研究[67]（如图 3-37 所示），并对比了常规轴向液体排出和切向液体排出两种不同结构的分离性能（如图 3-38 所示）。赵宗和对双切向入口气液旋流分离器（如图 3-39 所示）中气体颗粒粒度的影响开展了数值模拟分析[68]。

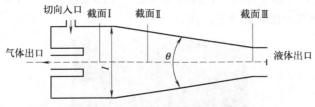

图 3-37 柱锥气液旋流分离器

(a) 轴向排液结构　　　　　　　(b) 切向排液结构

图 3-38 不同排液形式的柱锥气液旋流分离器

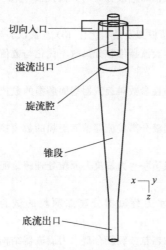

图 3-39 双切向入口柱锥气液旋流分离器

五、内锥式气液旋流分离器

赵立新等基于常规单锥旋流器结构[69]，底部内置一小型柱状结构。为减少内置柱状结构顶部的涡流，改进为内锥结构，并逐步扩大内锥结构尺寸，最终外筒结构变为柱状结构，进而设计出内锥式气液旋流分离器（如图 3-8 所示）。数值模拟分析与试验结果表明，内锥式气液旋流分离器具有良好的脱气效果，在所研究的液体脱气中，可以实现液体出口的零排气（如图 3-40 所示），在油田井口采出液脱气计量、转油站脱气、井下排水采气以及相关行业液体介质脱气处理等方面应用前景广阔。

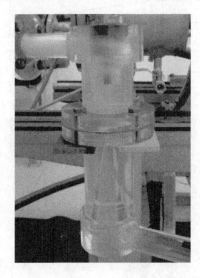

图 3-40 内锥式气液旋流分离器脱气效果

参 考 文 献

[1] 刘培坤，牛志勇，杨兴华，等. 微型旋流器对超细颗粒的分离性能 [J]. 中国粉体技术，2016，22（06）：1-6.

[2] 喻九阳，孟观林，彭康，等. 旋流器固液分离的数值模拟 [J]. 武汉工程大学学报，2021，43（02）：207-211.

[3] 王爽. 水-砂旋流器液固分离数值模拟及结构优化 [D]. 武汉：武汉工程大学，2017.

[4] 苏劲，袁智，侍玉苗，等. 水力旋流器细粒分离效率优化与数值模拟 [J]. 机械工程学报，2011，47（20）：183-190.

[5] 袁惠新，张衍，吕凤霞，等. 物性参数对旋流器壁面磨损的数值模拟研究 [J]. 食品工业，2017，38（04）：233-237.

[6] 袁惠新，殷伟伟，黄津，等. 固液分离旋流器壁面磨损的数值模拟 [J]. 化工进展，2015，34（03）：664-670.

[7] 王云超，杨月明，聂小保. 两级串联水力旋流器原位处理疏浚泥水 [J]. 环境工程，2019，37（12）：120-125，11.

[8] 赵立新，蒋明虎，温青，等. 水力旋流器分离细颗粒的试验研究 [J]. 化学工程，2004（02）：42-46..

[9] 应锐，喻俊志，王卫兵，等. 细颗粒分级复合型水力旋流器结构及工艺参数的优化研究 [J]. 机械工程学报，2017，53（02）：124-134.

[10] 杨非，邱双，刘业勤. 基于 fluent 的新型旋流器内部流场研究 [J]. 内燃机与配件，2017（12）：45-47.

[11] 刘坤. 一种新型水力旋流器的设计 [J]. 化工机械，2021，48（03）：431-435，450.

[12] 张亭，王卫兵，冯静安，等. 水力旋流器固液分离效率优化控制仿真 [J]. 计算机仿真，2016，33（08）：210-213，296.

[13] 崔瑞. 双锥旋流器内流场与颗粒运动模拟及其工业应用研究 [D]. 武汉：武汉科技大学，2015.

[14] Zhao Lixin, Jiang Minghu, Xu Baorui, et al. Development of a new type high-efficient inner-cone hydrocyclone [J]. Chemical Engineering Research and Design，2012，90（12）：2129-2134.

[15] 王玉成. 柱型旋流器 PIV 流场测量及固液分离特性研究 [D]. 武汉：武汉大学，2021.

[16] 张晋，尹文龙，程昱杰，等. 液压油箱用固液旋流分离器分离效率影响规律 [J]. 机械工程学报，2021，57（24）：102-113.

[17] 吕斌. 基于水力旋流器对天然气水合物海底多相分离数值模拟研究 [D]. 成都：西南石油大学，2017.

[18] Lin I J. Hydrocycloning thickening：dewatering and densification of fine particulates [J]. Separation Science and Technology，1987，22（4）：1327-1347.

[19] 褚良银. 固液分离用水力旋流器的设计 [J]. 化工装备技术，1995（01）：10-13.

[20] 蒋明虎，赵立新，李枫，等. 旋流分离技术 [M]. 哈尔滨：哈尔滨工业大学出版社，2000.

[21] 周大伟. 环缝内衬旋流器研发与磨损模拟研究 [D]. 武汉：武汉科技大学，2016.

[22] 赵立新，卢梦媚，王月文，等. 一种耐磨固液分离旋流器：201610503229. 6 [P]. 2018-05-22.

[23] 周大伟. 环缝内衬旋流器研发与磨损模拟研究 [D]. 武汉：武汉科技大学，2016.

[24] 段继海，黄帅彪，高昶，等. 锥体开缝对水力旋流器固液分离性能的影响 [J]. 化工学报，2019，70（05）：1823-1831.

[25] Vieira Luiz G M, Damasceno João J R, Barrozo Marcos A S. Improvement of hydrocyclone separation performance by incorporating a conical filtering wall [J]. Chemical Engineering and Processing：Process Intensification，2010，49（5）：460-467.

[26] 赵立新，李枫. 离心分离技术 [M]. 哈尔滨：东北林业大学出版社，2006.

[27] 贺杰，蒋明虎，宋华. 新型油水分离装置——水力旋流器试验 [J]. 石油机械，1993（12）：26-29，7.

[28] 马卫国，胡泽明，薛敦松. 油水分离水力旋流器的研究与应用综述 [J]. 国外石油机械，1995（02）：71-76.

[29] 袁惠新，俞建峰，刘宏斌. 分流比对油水分离旋流器基本性能的影响 [J]. 石油机械，2000（09）：17-19，2.

[30] Young G A B, Wakley W D, Taggart D L, et al. Oil-water separation using hydrocyclones：An experimental search for optimum dimensions. Journal of Petroleum Science and Engineering，1994，11（1）：37-50.

[31] 琚选择，李自力，孙卓辉. 除油水力旋流器内油水分离过程数值模拟 [J]. 化工机械，2008（05）：278-281.

[32] 彭永刚. 井下油水分离用水力旋流器分离性能适用性分析 [J]. 化学工程与装备，2020（09）：91-93.

[33] 刘海生，艾志久，贺会群，等. 单锥式油水分离旋流器内流场的数值模拟 [J]. 西安石油大学学报（自然科学版），2006（06）：83-86＋118.

[34] 冯进，陈刚，陈海，等. 单锥油水分离旋流器结构参数对压降比-分流比关系的影响 [J]. 过滤与分离，1997（02）：10-13.

[35] 周宁玉，高迎新，安伟，等. 旋流分离器油水分离效率的模拟研究 [J]. 环境工程学报，2012，6（09）：2953-2957.

［36］ 徐保蕊，蒋明虎，刘书孟，等. 分流比对旋流器油水分离性能影响的模拟研究 ［J］. 化工机械，2015，42（03）：399-403..

［37］ 杨兆铭，何利民，罗小明，等. 柱状旋流器在油水分离领域的研究进展 ［J］. 石油机械，2018，46（03）：57-64.

［38］ Afanador E. Oil-water separation in liquid-liquid cylindrical cyclone separators ［D］. Tulsa：The University of Tulsa，1999.

［39］ 杨兆铭，何利民，罗小明，等. 柱状旋流器在油水分离领域的研究进展 ［J］. 石油机械，2018，46（03）：57-64.

［40］ 史仕荧，吴应湘，孙焕强，等. 柱形旋流器入口结构对油水分离影响的数值模拟 ［J］. 流体机械，2012，40（04）：25-30.

［41］ 史仕荧，邓晓辉，吴应湘，等. 操作参数对柱形旋流器油水分离性能的影响 ［J］. 石油机械，2011，39（07）：4-8.

［42］ 丛娟，张剑，郑海军，等. 柱形旋流器油水分离效果研究 ［J］. 化工装备技术，2014，35（01）：20-22.

［43］ Dirkzwager M. A New axial cyclone design for fluid fluid separation ［D］. Delft：Delft University of Technology，1996.

［44］ 俞接成，陈家庆，韩景. 轴向入口油水分离水力旋流器及其数值模拟 ［J］. 北京石油化工学院学报，2009，17（02）：19-23.

［45］ 马艺，金有海，王振波. 两种不同入口结构型式旋流器内的流场模拟 ［J］. 化工进展，2009，28（S1）：497-501.

［46］ 蒋明虎，陈世琢，李枫，等. 紧凑型轴流式除油旋流器模拟分析与实验研究 ［J］. 油气田地面工程，2010，29（09）：18-20.

［47］ 赵立新，宋民航，蒋明虎，等. 新型轴入式脱水型旋流器的入口结构模拟分析 ［J］. 石油机械，2013，41（01）：68-71.

［48］ 熊思，刘美丽，陈家庆. 油井采出液预脱水用轴向水力旋流器的数值模拟 ［J］. 石油机械，2015，43（11）：107-113.

［49］ 白春禄，王春升，陈家庆，等. 油井采出液预分水用轴向水力旋流器的实验研究 ［J］. 化工进展，2020，39（5）：1649-1656.

［50］ 蒋明虎，李枫，赵立新，等. 一种变截面多叶片导流式内锥型分离器 ［P］. 黑龙江省：CN102716819B，2013-12-11.

［51］ 赵立新，蒋明虎，李枫，等. 一种轴流式同向出流旋流分离器：CN102728487B ［P］. 2014-01-15.

［52］ 赵立新，蒋明虎，徐保蕊，等. 轴流式反转入口流道旋流器：CN104815768B ［P］. 2017-03-15.

［53］ 赵立新，蒋明虎，徐保蕊，等. 一种提升旋流器分离效率的调节装置 CN105381891B ［P］. 2017-05-03.

［54］ 赵立新，包娜，张津铭，等. 一种轴流式宽流量适应范围结构可调旋流器：CN107971150B ［P］. 2019-08-23.

［55］ 赵立新，蒋明虎，李枫，等. 一种二次分离旋流器：CN102847618B ［P］. 2013-08-21.

［56］ 刘晓敏，檀润华，刘银梅. 柱状气液旋流器的耦合流变水力特性模型 ［J］. 石油学报，2005（05）：111-114，118.

［57］ 赵立新，蒋明虎，李湛涛. 小型柱状气液旋流分离器的技术发展现状 ［J］. 国外石油机械，1999（04）：46-53.

［58］ Kouba G E，Wang S，Gomez L E，et al. Review of the state-of-the-art gas-liquid cylindrical cyclone (GLCC) technology-field applications ［R］. Society of Petroleum Engineers，SPE 104256，2006.

［59］ Safikhani H，Zamani J，Musa M. Numerical study of flow field in new design cyclone separators with one，two and three tangential inlets ［J］. Advanced Power Technology，2018（29）：611-622.

[60] 杨洋. 双入口 GLCC 气液两相流动数值模拟和结构改进研究 [D]. 北京：中国石油大学，2020.

[61] 倪玲英，吴西，谭哲. SFS-GLCC 分离器结构设计及优化 [J]. 石油机械，2019，47（07）：54-62，70.

[62] 尤佳丽. 内锥式柱状气液旋流分离器结构设计及优化 [D]. 大庆：东北石油大学，2012.

[63] 赵志强. 气液分离器旋流伞叶片断裂原因分析 [J]. 石油化工设备，2006（04）：81-82，85.

[64] 张勇. 旋流式气液分离器的数值模拟对比 [D]. 北京：中国石油大学，2020.

[65] 王振波，金有海. 导叶式气液旋流分离器试验研究 [J]. 流体机械，2006（03）：7-10.

[66] 金向红，金有海，王振波. 轴流导叶式气液旋流分离器的试验研究 [J]. 化工机械，2007（02）：61-64.

[67] 范大为. 气液分离水力旋流器理论与试验研究 [D]. 大庆：大庆石油学院，2009.

[68] 赵宗和. 气体颗粒粒度对气液分离旋流器性能影响的数值模拟 [J]. 石油化工设备，2014，43（06）：10-14.

[69] Zhao Lixin, Jiang Minghu, Xu Baorui, et al. Development of a new type high-efficient inner-cone hydrocyclone [J]. Chemical Engineering Research and Design, 2012, 90 (12): 2129-2134.

第四章
旋流分离性能评价指标及影响因素

针对水力旋流器运行过程的性能评价，涉及处理量、分流比等基本概念，以及质量效率、简化效率、综合效率、级效率、压力降、压降比等分离性能评价指标。本章首先对以上概念及专有名词术语进行系统介绍，在此基础上，对旋流分离性能的影响因素及性能强化路径进行分析总结。

第一节　旋流分离基本概念

一、处理量

处理量即单位时间内通过水力旋流器的液体量的大小，即入口流量，通常用 Q_i 表示，国际单位为 m^3/s，习惯上也用 m^3/h 或 m^3/d 分别表示每小时或每天的流量。对于固定结构的水力旋流器，其处理量是有限的，过高的处理量将会产生过大的压力损失，同时使液体进入水力旋流器的速度过高，有可能使液滴破碎，不利于分离。处理量过低会使液流进入水力旋流器的流速大幅度下降，不能形成足够强度的旋涡，对分离也是不利的。因此，任何一台水力旋流器都有一个合理的处理量范围，即额定处理量区。实际应用要求该额定处理量区越大越好，以利于适应现场工况的变化，具有更高的灵活性。

实际运行时来自入口的液体将全部由溢流管和底流管排出水力旋流器，因此我们定义溢流出口流量（即溢流量）为 Q_u，底流出口流量（即底流量）为 Q_d，且根据物料平衡的原理，应有下式成立：

$$Q_i = Q_u + Q_d \tag{4-1}$$

根据脱油型和脱水型两种水力旋流器的用途可知，脱水型水力旋流器的溢流量要比脱油型大，因此，其溢流口直径也要大一些。并且由于溢流口处的流量增大，所需反力也应大一些，故在结构上锥角的取值也应偏大。

二、分流比

前面提到进入水力旋流器的流量 Q_i 最终从两个出口排出，对应流量分别是 Q_u 和 Q_d。那么如何描述两个出口流量之间的比例关系呢？通常要引入分流比的概念，包括溢流分流比和底流分流比。溢流分流比的定义是：

$$F_u = \frac{Q_u}{Q_i} \tag{4-2}$$

底流分流比的定义是：

$$F_d = \frac{Q_d}{Q_i} = \frac{Q_i - Q_u}{Q_i} = 1 - \frac{Q_u}{Q_i} = 1 - F_u \tag{4-3}$$

可见，溢流分流比和底流分流比是相关的，因此计算其一即可。通常广义上讲的分流比是指少部分液流（次液流，一般也指废液）的排出比，用 F 表示。对于脱油型水力旋流器，溢流为次液流，底流为主液流，因此其分流比也就是指溢流分流比，即：

$$F = F_u = \frac{Q_u}{Q_i} \tag{4-4}$$

而对于脱水型水力旋流器，底流为次液流，故一般所说的分流比是指其底流分流比，即：

$$F = F_d = \frac{Q_d}{Q_i} \tag{4-5}$$

这两个概念都很重要。评价一台水力旋流器性能的好坏，一方面要看其是否具有较高的分离效率，另一方面还要看是否具有较小的分流比。例如，在采用脱油型水力旋流器处理含油污水时，既要求底流管排出的净化水中含油量小于某一允许数值，同时又要求溢流分流比尽可能小，否则会有更多的含油废水从溢流管排出，而这部分液体仍存在二次净化的问题，因此这部分的液量越小越好。另外，即使溢流达到了一定要求，分流比过大的同时也会使净化液体流量变小，综合效率下降。

[例 4-1] 某应用需要利用脱油型水力旋流器处理得到 $100\text{m}^3/\text{h}$ 的合格水，试计算在分流比分别为 5% 和 10% 的情况下，需要多少个单台处理量为 $5\text{m}^3/\text{h}$ 的水力旋流器。

解：因为采用脱油型水力旋流器，因此这里提到的分流比 F 是指其溢流分流比，而底流得到的是合格水，所以底流（合格水）分流比为 $1-F$，设需要 x 个单体旋流器，那么：

$$1 - F = \frac{Q_d}{Q_i} = \frac{100}{5x}$$

$$x = \frac{20}{1-F}$$

当 $F = 5\%$ 时，$x = 21$；当 $F = 10\%$ 时，$x = 22$。

对于同一处理要求，当采用的分流比较大时，所需水力旋流器数量就会增多，这也就意味着投资成本的加大，因此应尽量降低分流比的大小。

当然，降低分流比也是有一定前提的，即应满足对主液流的处理效率要求，否则将无从谈起。有时为了进一步改善主液流的处理效果，甚至需要适当加大分流比的大小。因此，在水力旋流器的实际操作过程中，两出口都需加以控制，即主液流必须达到（简化）分离效率要求，次液流的流量（或者说分流比）应尽量降低，以获得较高的综合效率。

第二节　旋流分离效率及性能评价

通常水力旋流器是用来分离两相介质的设备，其分离过程与其他许多工业上应用的分离设备一样，都是一种不完全分离设备。因而，必须引入分离效率这一概念来评定其分离性能。这里介绍几种常用的水力旋流器分离效率的表示方法。由于脱油处理中的净化相通常是底流，而在脱水处理中的净化相是溢流，所以两者分离效率的具体表达式略有不同，在此以脱油型水力旋流器为例进行讨论。

一、质量效率

总效率是从含油浓度降低的角度出发来评价分离效果的，它包括四个主要的效率概念。

若从净化角度出发，可将分离效率简单定义为溢流中所含油相的质量与水力旋流器入口油相总质量之比，称为质量效率，即：

$$E_z = \frac{M_u}{M_i} \tag{4-6}$$

式中　M_u——溢流中油的质量；

M_i——入口液流中油的质量；

E_z——质量效率。

水力旋流器是连续运行的，因此进料的总质量应等于两种出口物料的质量之和，即：

$$M_i = M_u + M_d \tag{4-7}$$

因而质量效率 E_z 可由三股液流（进料、溢流和底流）中任意两股进行计算。这就给出了质量效率测定时的三个可能的液流组合。如果水力旋流器入口及出口流量及含油浓度分别是 Q_i、Q_d、Q_u 和 C_i、C_d、C_u，则质量效率可进一步写成：

$$E_z = \frac{M_u}{M_i} = \frac{Q_u C_u}{Q_i C_i} = \frac{Q_i C_i - Q_d C_d}{Q_i C_i} = 1 - \frac{Q_d C_d}{Q_i C_i} = 1 - (1-F)\frac{C_d}{C_i} \tag{4-8}$$

下面通过一个例子来加以说明。

[例 4-2]　已知一脱油型水力旋流器入口含油量 C_i 为 1000mg/L，净化水含油量 C_d 为 50mg/L，分流比 F 为 5%，试求此水力旋流器的质量效率。

解：

$$E_z = 1 - (1-F)\frac{C_d}{C_i} = 1 - 0.95 \times \frac{50}{1000} = 95.25\%$$

从式 (4-8) 可以看出，质量效率不但与含油浓度有关，还与分流比的大小有关，即该效率计算中包含了分流的部分，因此用它来衡量水力旋流器的效率具有一定的片面性。因为假设水力旋流器没有任何分离作用，即进口与两出口的浓度均相同，只起到分流器的作用，则旋流器的分离效率应等于零。但此时按该式计算的分离效率 E_z 为：

$$E_z = 1 - (1-F) = F$$

即此时的效率等于分流比 F。这说明用式 (4-8) 表示旋流器的净化效果是不完全的。尤其当分流比较大时，质量效率 E_z 与旋流器实际的分离效果偏差较大。

如果仅希望考察其分离效果，需将分流造成的影响消除掉，从而引入应用最为广泛的水力旋流器的简化效率 E_j。

二、简化效率

简化效率的表达式为：

$$E_j = \frac{E_z - F}{1 - F} \tag{4-9}$$

简化效率 E_j 满足了效率定义的基本要求，因为当没有分离效果（即 $E_z = F$）时，简化效率 E_j 为零，而当完全分离（即 $E_z = 1$）时，简化效率 E_j 为 1。

将质量效率表达式 (4-8) 代入简化效率表达式 (4-9)，得：

$$E_j = 1 - \frac{C_d}{C_i} \qquad (4\text{-}10)$$

该式可很好地表达出水力旋流器的实际处理效果，也是最为常用的水力旋流器效率的表达式。

[例4-3] 计算例4-2中水力旋流器的简化效率。

解：

$$E_j = 1 - \frac{C_d}{C_i} = 1 - \frac{50}{1000} = 95\%$$

但简化效率没有考虑分流比对分离效果的影响。例如有两台水力旋流器，入口含油浓度、出口含油浓度、处理量等其他条件都一样，分流比应当越小越好，所以为综合考虑这一因素，需进一步引入综合效率的概念。

三、综合效率

1980年，Thew等人提出了液液水力旋流器综合效率的表达式，即：

$$E = \frac{Q_d}{Q_i}\left(\frac{1-C_d}{1-C_i} - \frac{C_d}{C_i}\right) = (1-F)\frac{1}{1-C_i}E_j = K(1-F)E_j \qquad (4\text{-}11)$$

式中 K ——仅与入口含油浓度有关的常数，等于 $\frac{1}{1-C_i}$；

C_i，C_d ——水力旋流器入口及底流含油浓度，%。

可见，它由简化效率、分流比及入口含油浓度三者决定。一般说来，只有 $F > C_i$ 时才有可能将水中含油尽可能去除掉，所以 $E < E_j$。在其他条件一致的情况下，分流比越大，综合效率 E 越小，这就修正了简化效率 E_j 表达式中不包含分流比这一因素的缺陷。

[例4-4] 一台预分离水力旋流器，入口含油浓度为15%。分流比为20%时，净化水含油浓度为 2000×10^{-6}；分流比为25%时，净化水含油浓度为 1000×10^{-6}。试对比两种情况下水力旋流器的简化效率和综合效率的大小。

解：

分流比 $F = 20\%$ 时，简化效率

$$E_j = 1 - \frac{C_d}{C_i} = 1 - \frac{0.002}{0.15} = 98.67\%$$

综合效率

$$E = (1-F)\frac{1}{1-C_i}E_j = (1-0.20)\times\frac{1}{1-0.15}\times 0.9867 = 92.9\%$$

分流比 $F = 25\%$ 时，简化效率 $E_j = 1 - \frac{0.001}{0.15} = 99.33\%$

综合效率

$$E = (1-0.25)\times\frac{1}{1-0.15}\times 0.9933 = 87.65\%$$

可见，分流比加大后，尽管净化水含油浓度有所下降，但综合效率也随之降低。因此，在实际应用时，不能一味追求低的底流含油浓度，应考虑综合效率的大小，即在满足净化水处理指标要求的前提下，应尽量降低水力旋流器操作的分流比大小。

四、级效率

从设备设计和物料衡算的角度来说，总效率是基础，但是上述所有效率定义都存在着相

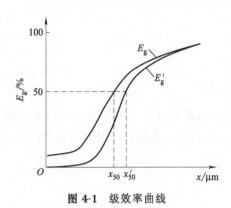

图 4-1 级效率曲线

同的缺陷，即对于任一具体的旋流器，其效率都没有考虑进料的粒径分布，因此用它们作为评定旋流器分离性能的标准还是不够的。因此，有必要引入级效率的概念。级效率概念是在固相分级中首先提出的，目前这一概念在固液分离中得到了广泛应用。它对于液液水力旋流器也同样适用，并且习惯上把它称为迁移率，在本书中我们还是称其为级效率。首先来看一下固液水力旋流器级效率的定义。

进料中粒度为 x_i 的颗粒被分离下来的质量分数叫作级效率 E_g（x_i）。级效率随颗粒粒度的变化而变化，级效率与粒度的对应关系曲线叫作级效率曲线。在以颗粒或液滴的动力学特性为分离原理的水力旋流器中，颗粒或液滴一方面受到与 x^3 成正比的离心力作用，另一方面还受到与 x^2 成正比的各种阻力作用，级效率曲线一般呈 S 形。图 4-1 是典型的固液水力旋流器的级效率曲线。

级效率值具有概率特性。当仅有粒度为 x 的颗粒进入时，它可能被分离掉，也可能随流体离开该分离设备，因此级效率可以是 100% 或 0。当有两个粒度相同的颗粒进入时，级效率可以是 100%、50% 或 0，这取决于分离设备所分离下来的颗粒是一个、两个，还是没有。当具有相同粒度的颗粒进入分离设备时，所分离的颗粒数将达到某一概率值。

级效率具有这种概率特性是由于分离设备的进料口和出料口的尺寸所限，分离设备中不同点的分离条件不尽相同，此外液体的扰动使颗粒产生破碎等，这些因素都影响着分离过程。

五、压力降

由于水力旋流器具有两个出口，因此压力降 Δp 也就包括两个含义。设水力旋流器入口压力为 p_i，底流压力为 p_d，溢流压力为 p_u，那么底流压力降

$$\Delta p_d = p_i - p_d \tag{4-12}$$

溢流压力降

$$\Delta p_u = p_i - p_u \tag{4-13}$$

对于脱油型水力旋流器，底流将排出大量液体，因此 Δp_d 比较重要，更能代表液体流经水力旋流器所损失的能量大小。介质在水力旋流器内的分离过程是依靠压力的损失来获取所需能量的，所以，在处理量相同的前提下，如果能获得相同的分离效果，压力降越低越好。在实际操作中，可以通过调节溢流和底流口径的大小来适当加以改变。而对于脱水型水力旋流器和固液水力旋流器，溢流排出大量液体，故 Δp_u 更为重要。

六、压降比

水力旋流器的压降比 pr 是指溢流压力降与底流压力降之比，即：

$$pr = \frac{\Delta p_u}{\Delta p_d} \tag{4-14}$$

初步研究表明，压降比的大小受溢流管直径 D_u 及分流比 F 等因素的影响，但与处理量 Q_i 无关。压降比的合理确定将有利于水力旋流器分离性能的充分发挥，对水力旋流器的实际应用也是非常有益的。

第三节　旋流分离性能影响因素

在水力旋流器内，切向速度在数值上远大于轴向及径向速度，是决定分散相所受径向迁移力大小的重要因素之一。对于理想流体，双锥水力旋流器内的液流旋转半径 r 与切向速度 v_t 间的关系可表示为 $v_t r^n =$ 常数。图 4-2 给出了沿旋转半径 r 方向的理论切向速度 v_t 分布，图中坐标原点 O 位于旋流器的中心处。根据切向速度变化规律，可将液流流动分为位于内侧的强制涡区与外侧的自由涡区，二者共同形成了位于旋流器内部的组合涡结构。对于强制涡区，其特征为切向速度 v_t 与旋转半径 r 成正比，该区域流速分布主要受流体黏性力影响，整体流动近似刚体旋转，此时，指数 $n=1$。而在自由涡区，随着旋转半径 r 的增大，切向速度 v_t 逐渐减小，属于未有外界能量补充的势流旋转流动，此时，指数 $n=-1$。沿旋转半径方向的整体切向速度分布梯度变化较大，最大切向速度 v_{tmax} 出现于强制涡与自由涡的相接处。由于实际流体自身及与壁面间存在的黏性力和摩擦力等因素共同作用，实际 n 值大小将发生变化[1]，从而改变对分离效率影响较大的 v_t 分布，因此实际切向速度分布与图 4-2 有所差异。此外，对于不同类型的水力旋流器而言，强制涡及自由涡的分布位置及变化规律也存在较大差异。适当增大各涡内的切向速度及增强旋流场稳定性，将有利于提升旋流分离效率。

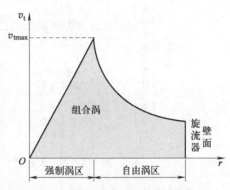

图 4-2　水力旋流器内部典型切向速度分布

在旋流场内，分散相的停留时间 t 及所受到的径向迁移力 F 是决定旋流分离效率的重要参数。其中，分散相停留时间 t 的主要影响因素包括旋流场的几何尺寸、连续相的流速大小及连续相与分散相间的滑移速度等，而以上参数主要取决于水力旋流器的结构及尺寸、布置工艺、运行参数以及处理液自身的物性参数。径向迁移力 F 大小主要由分散相所受到的离心力 F_a、径向压力差产生的径向力 F_p 及斯托克斯阻力 F_s 所决定，径向迁移力 F 可表示为[2]：

$$F = F_p - F_a - F_s \tag{4-15}$$

式中，$F_p = \dfrac{\pi}{6} d^3 \rho_w \dfrac{v_t^2}{r}$；$F_a = \dfrac{\pi}{6} d^3 \rho_o \dfrac{v_t^2}{r}$；$F_s = 3\pi \mu d v_r$；$d$ 为分散相粒径；ρ_o 为分散相密度；v_t 为分散相切向速度；r 为分散相距轴心的径向距离；ρ_w 为连续相介质密度；μ 为多相混合液的动力黏度；v_r 为分散相与连续相的径向相对运动速度。

由式（4-15）可见，在未引入辅助介质（聚合物或气浮等）条件下，对于给定处理液（也就是 ρ_o、ρ_w 和 μ 值确定），决定径向迁移力 F 大小的主要因素为分散相粒径 d、分散相切向速度 v_t 和分散相距轴心的径向距离 r。以上因素将同时影响水力旋流器的整体分离性能。

第四节　旋流分离性能强化路径

从以上影响旋流分离效率的关键物理因素出发，提出了如图 4-3 所示的旋流分离效率深度提升的可行性路径。下文中如无特殊说明，均采用油水两相介质对提升旋流分离效率的思路原理进行说明。

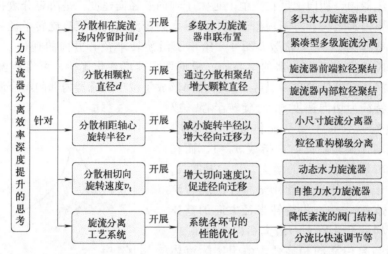

图 4-3　水力旋流器分离效率深度提升的可行性路径框图

一、延长分散相在旋流场内停留时间

旋流器内部液流在旋转过程中的能量衰减，决定了不能单纯依靠增大旋流器轴向长度来延长分散相在旋流场内的停留时间，通常采用的方法是将两级甚至多级旋流器进行串联，从而实现延长分散相停留时间及强化旋流分离过程的目的。在水力旋流器两级串联的典型工艺布置中，入口处理液经第一级旋流器发生分离后，部分未经分离的分散相油滴（以小粒径为主）由底流排出，并进入到第二级旋流器内进行再次分离。通常为了促进对小粒径分散相的分离，第二级旋流器的直径要小于第一级。由于整体工艺通过多段管路及阀门等进行连接，故整体工艺系统占地空间相对较大，难以灵活布置于有限狭小空间内，因此在空间紧凑性和经济性上有待进一步提高。为了实现串联系统的紧凑性，可进一步将两级旋流器进行有机集成，形成更加紧凑的集成型二次分离水力旋流器。

二、增大分散相直径

分散相粒径越大越有利于液流旋转过程中的快速分离，而气携式旋流分离是通过增大油滴复合体的粒径促进其径向迁移过程的典型方法[3]，即在旋流分离的基础上，结合气浮选原理，将微气泡引入旋流场，使气泡与油滴聚集形成油气复合体，相比于纯油滴，复合体的直径增大，同时密度减小，有利于增大油滴自身的径向迁移力及分离效率。针对气携式水力旋流器，其注气方式有：在旋流器入口引入气体；在圆柱段或锥段某处引入气体。圆柱段或锥段壁面采用微孔材料，气流通过微孔形成均匀气泡群。液滴聚结技术也是目前普遍采用的增大分散相粒径的方法。在入口处理液中添加聚合物，促进微粒径分散相间聚结为更大的液滴。除了采用旋流聚结思路增大油滴粒径外，具有亲油疏水性能的高分子材料也能够实现对油滴的聚结效果。英国 Opus 公司开发了一种 Mares Tail 管式聚结器[4]。该聚结器的内部填充了具有亲油疏水性能的聚丙烯纤维介质，能够促进微小油滴在纤维表面的吸附、碰撞及聚结长大。

三、减小分散相旋流半径

在水力旋流器实际应用过程中，入口处理液中分散相的粒径分布往往位于较大的尺寸范围，其中粒径小于 $10\mu m$ 的份额也可能占有一定比重[5]，通常对于这部分微小粒径分散相的旋流分离效率较差，甚至未经分离直接排出，严重制约着整体分离效率的提升。通常，为了促进这部分微小粒径分散相的分离，常设计采用直径较小的水力旋流器，通过减小旋转半径，加大分散相所受到的径向迁移力，促进其快速分离。

四、增大分散相旋流切向速度

理论上增大分散相的切向速度将促使其快速分离，但对于前面所介绍的静态水力旋流器，实际运行中的切向速度过高将使高速旋转流动带来的剪应力增大，这种剪应力会使分散相或聚结体破裂，加大分离难度，尤其对于液液分离，入口速度更需控制在一定范围内[6]。相比之下，动态水力旋流器是通过增大切向速度提升旋流分离效率的成功代表[7]，为了减轻动态水力旋流器中旋转叶片对上游来液的分散扰流作用，Enviro Voraxial Technology (EVTN) 公司在早期设计提出了 Voraxial 叶片诱导旋流分离技术。该技术的主要特征在于采用一种高速旋转的无剪切、无阻塞叶轮诱导产生径向及轴向流动，促进两相或三相介质的旋流分离，且运行过程中，无须对入口含油量、分散相浓度或流量等参数进行连续调整。此外，为了延续动态及轴向涡流水力旋流器在稳定旋流场及促进微小粒径分散相高效分离方面的优势，同时降低设备成本及运行能耗，进一步形成了自旋式旋流分离思路，即在不依赖外界动力情况下，仅依靠液流流经旋流器过程中产生的自身推力，驱动旋流腔内部液流进行高速旋转。

五、优化旋流分离工艺系统

以上分别从单一因素出发，探讨了水力旋流器分离效率深度提升的新思路，而在实际旋流分离工艺中，除了考虑旋流器自身性能外，分离工艺中必要的附属结构，如阀门、取样管及分流比调节装置等也将对整体分离性能产生一定影响。在实际旋流工艺中，油水混合液经泵的增压后，依次流经入口管路、阀门和流量计，进入旋流器内发生旋流分离，而后经分离的富油相和富水相分别由溢流管和底流管流出。为了确定最佳的运行参数，常通过位于出、入口管路上的取样管对液流进行取样以测量油相浓度，计算得出分离效率，之后通过对操作参数的反复调节，达到最优的旋流分离效率。其中，如何避免入口阀门内部紊流造成的液滴破碎、增强取样代表性以及促进更加快速准确的操作参数调节等，是值得深入思考的问题。

① 避免入口阀门内部紊流造成的液滴破碎。如何实现流量调节的同时，最大程度上避免紊流造成的液滴剪切破碎是水力旋流器入口前端的阀门所急需解决的重要问题。

② 增强取样装置对液流取样的代表性。液流取样的准确性决定着对整个分离系统的性能评价，并直接指导系统运行参数的优化调节，以获得最优分离性能。在这个过程中，对取样装置的要求，一方面要防止液流取样过程中，由于液流急速转向造成的分散相液滴发生惯性分离及流场紊乱产生的液滴剪切破碎，另一方面，需结合等面积等速取样方法，使取样液流更能准确反映取样管路的分散相含量及粒径分布。

③ 促进快速准确的旋流器操作参数调节，入口流量及溢（底）流分流比是系统优化过程中的常用调整参数[8]。其中，分流比调整是通过对入口、溢流及底流管路上的阀门开度进行协同调节，以实现对各股液流间的流量比调整。而在实际分流比调整过程中，由于对单根管路流量进行调节时，系统阻力也将发生改变，会直接影响到其他管路内的液流流量，往往需要进行反复调节以获得目标分流比。

参 考 文 献

[1] Li S H，Liu Z M，Chang Y L，et al. Removal of coke powders in coking wastewater using a hydrocyclone optimized by n-value [J]. Science of the Total Environment，2021，752：141887.

[2] 蒋明虎，赵立新，李枫，等. 旋流分离技术 [M]，哈尔滨：哈尔滨工业大学出版社，2000.

[3] 陈德海，魏振禄，蒋明虎，等. 大锥段注气对液-液水力旋流器分离性能的影响 [J]. 化工机械，2014，41（4）：480-483.

[4] Knudsen B L，Frost T K，Willumsen C F，et al. Meeting the zero discharge for produced water [R]. SPE 86671，2004.

[5] 张茂山，朱元洪，肖勇，等. 含油废水处理技术进展 [J]. 中国资源综合利用，2007，25（8）：22-24.

[6] 史仕荧，邓晓辉，吴应湘，等. 操作参数对柱形旋流器油水分离性能的影响 [J]. 石油机械，2011，39（7）：4-8.

[7] 王尊策. 复合式水力旋流器的结构及特性研究 [D]. 哈尔滨：哈尔滨工程大学，2001.

[8] 刘冰，赵振江，韦尧尧，等. 分流比对旋流器影响的数值模拟与试验分析 [J]. 煤矿机械，2020，41（11）：26-29.

第五章

旋流分离技术研究方法

第一节　数值模拟方法

　　任何流体运动的动力学特性都是由质量守恒定律、动量守恒定律和能量守恒定律所确定的。这些基本定律可由数学方程组来描述，如欧拉方程[1]（Euler 方程）、纳维-斯托克斯方程[2]（Navier-Stokes 方程）等。利用数值方法通过计算机求解描述流体运动的数学方程，揭示流体运动的物理规律，称为计算流体动力学[3]（computational fluid dynamics，CFD）。计算流体动力学是近代流体动力学、数值数学和计算机科学相结合的产物，以计算机为工具，应用各种离散化的数值方法，对流体力学的各类问题进行数值实验、计算机模拟和分析研究，以解决实际中的流动问题，揭示新的研究方向。CFD 包括对各种类型的流体（气体、液体及特殊情况下的固体）在计算机上进行数值模拟计算。用 CFD 对流体流动过程进行数学模拟与相应的实验流体力学研究相比，具有以下优点。一是花费少，预测同样的物理现象，计算机运行费用通常比相应的实测研究费用少几个数量级；二是设计计算速度快、周期短，设计人员可以在很短时间内研究若干流动结构，并选定最优设计计算方案；三是信息完整，数值模拟可以全面、深入地揭示流体的内部结构，不存在因测试手段限制而检测不到的"盲区"；四是仿真模拟流动能力强，原则上可以进行任何复杂流动的计算，可模拟任何物理状态和任何比例尺的流动及其变化过程，并可对物理模型中无法实现的纯理想化流动进行模拟，而所需改变的只是计算参数。尽管水力旋流器的结构相对比较简单，但影响其分离效率的结构参数和操作参数却很多，这些参数的最佳值要完全通过实验确定，其实验量是非常大的。随着计算机技术的发展，采用数值模拟的方法来描述旋流器的流场特性，成为旋流器流场研究的重要手段。例如采用欧拉-欧拉方法可以得到旋流器内速度场、压力场、浓度场、分离效率；利用欧拉-拉格朗日方法可以实现对旋流器内离散相运动轨迹、速度及坐标位置随时间的变化等的分析；利用群体平衡模型[4]（PBM）可以实现对旋流器内离散相粒径分布特性分析及聚结破碎特性的预测等。

一、湍流模型

　　水力旋流器在工作时，其内部流体处于一种湍流流动状态，湍流是一种极其复杂的流动现象，也是流体动力学研究的主要问题之一。在采用 CFD 模拟计算旋流过程时，湍流流动过程的正确描述十分重要，建立或选择合理的湍流模型是模拟过程的关键。

　　一般认为，无论湍流运动多么复杂，非稳态的连续方程（5-1）和动量守恒方程（5-2）

对于湍流的瞬时运动是适用的。

连续性方程：

$$\frac{\partial \rho}{\partial t}+\frac{\partial}{\partial t}(\rho u_j)=S_m \tag{5-1}$$

式中，ρ 为流体密度；u_j 为速度在 j 方向上的分量，下标 j 可以取值 1、2、3，分别代表 x、y、z 三个空间坐标；S_m 为质量源项。

根据牛顿第二定律，微元流体的动量对时间的变化率等于作用在该微元体上的各种力之和。由动量守恒定律可以得出流体在各个流动方向上应遵循的动量守恒方程，对于黏性不可压缩的流体通式为：

$$\frac{\partial(\rho u_i)}{\partial t}+\frac{\partial}{\partial x_j}(\rho u_i u_j)=-\frac{\partial p}{\partial x_j}+\frac{\partial}{\partial x_j}\left(\mu_t \frac{\partial u_i}{\partial x_j}\right)+(\rho-\rho_a)g_j \tag{5-2}$$

式中，μ_t 为湍流黏性系数。

若考虑不可压缩流动，使用笛卡儿坐标系，速度矢量 u 在 x、y 和 z 方向的分量分别为 u、v 和 w，单位质量流体湍流瞬时控制方程如下：

$$\text{div}(u)=0$$

$$\left.\begin{array}{l}\dfrac{\partial u}{\partial t}+\text{div}(u\boldsymbol{u})=-\dfrac{1}{\rho}\times\dfrac{\partial p}{\partial x}+v\,\text{div}(\text{grad}u) \\[2mm] \dfrac{\partial v}{\partial t}+\text{div}(v\boldsymbol{u})=-\dfrac{1}{\rho}\times\dfrac{\partial p}{\partial x}+v\,\text{div}(\text{grad}v) \\[2mm] \dfrac{\partial w}{\partial t}+\text{div}(w\boldsymbol{u})=-\dfrac{1}{\rho}\times\dfrac{\partial p}{\partial x}+v\,\text{div}(\text{grad}w)\end{array}\right\} \tag{5-3}$$

引入雷诺（Reynolds）平均法，任一变量的时间平均值定义为：

$$\overline{\phi}=\frac{1}{\Delta t}\int^{+\Delta t}\phi(t)\mathrm{d}t \tag{5-4}$$

因此湍流运动被看作由时间平均流动和瞬时脉动流动叠加而成，即：

$$u=\overline{u}+u' \tag{5-5}$$

代入方程（5-3）后即为时均形式的 NS（Reynolds-averaged Navier-Stokes，RANS）方程：

$$\text{div}(\overline{u})=0$$

$$\left.\begin{array}{l}\dfrac{\partial \overline{u}}{\partial t}+\text{div}(\overline{u}\,\overline{\boldsymbol{u}})=-\dfrac{1}{\rho}\times\dfrac{\partial \overline{p}}{\partial x}+v\,\text{div}(\text{grad}\overline{u})+\left[-\dfrac{\partial \overline{u'^2}}{\partial x}-\dfrac{\partial \overline{u'v'}}{\partial y}-\dfrac{\partial \overline{u'w'}}{\partial z}\right] \\[3mm] \dfrac{\partial \overline{v}}{\partial t}+\text{div}(\overline{v}\,\overline{\boldsymbol{u}})=-\dfrac{1}{\rho}\times\dfrac{\partial \overline{p}}{\partial y}+v\,\text{div}(\text{grad}\overline{u})+\left[-\dfrac{\partial \overline{u'v'}}{\partial x}-\dfrac{\partial \overline{v'^2}}{\partial y}-\dfrac{\partial \overline{v'w'}}{\partial z}\right] \\[3mm] \dfrac{\partial \overline{w}}{\partial t}+\text{div}(\overline{w\boldsymbol{u}})=-\dfrac{1}{\rho}\times\dfrac{\partial \overline{p}}{\partial z}+v\,\text{div}(\text{grad}\overline{w})+\left[-\dfrac{\partial \overline{u'w'}}{\partial x}-\dfrac{\partial \overline{v'w'}}{\partial y}-\dfrac{\partial \overline{w'^2}}{\partial z}\right]\end{array}\right\} \tag{5-6}$$

同时考虑平均密度的变化，采用张量符号重写方程（5-6）如式（5-7）（为方便起见，除脉动值的时均值外，下式中去掉了表示时均值的上划线符号"—"）：

$$\frac{\partial \rho}{\partial t}+\frac{\partial}{\partial x_i}(\rho u_i)=0$$

$$\frac{\partial}{\partial t}(\rho u_i)+\frac{\partial}{\partial x_j}(\rho u_i u_j)=-\frac{\partial p}{\partial x_i}+\frac{\partial}{\partial x_j}\left[\mu \frac{\partial u_i}{\partial x_j}-\rho\overline{u'_i u'_j}\right]+s_i \tag{5-7}$$

这里的 i、j 指标取值范围是 1、2、3，根据张量的有关规定，当某个表达式中一个指标重复出现两次，则表示要把该项在指标的取值范围内遍历求和。可以看到，时均的流动方程里面多出了与$-\rho\overline{u_i'u_j'}$相关的项，它被定义为 Reynolds 应力项，雷诺应力的出现导致了描述湍流的控制方程组不封闭，无法求解，需引进湍流模型才能封闭方程组，进行求解。

关于湍流的工程模式和计算机数值模拟一直是流体动力学中非常活跃的研究领域，湍流数值模拟方法的分类如图 5-1 所示，分为直接数值模拟、大涡模拟和 Reynolds 平均法等。

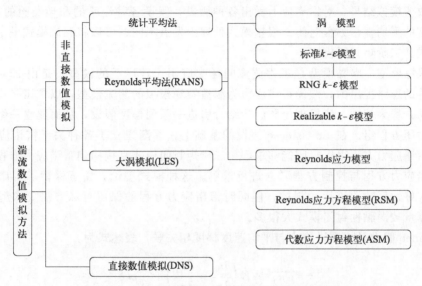

图 5-1 三维湍流数值模拟方法及相应的湍流模型

1. 直接数值模拟（DNS）

直接数值模拟（direct numerical simulation，DNS）是直接用瞬时的 NS 方程对湍流进行描述。它的最大好处就是无须引入任何简化模型，在对湍流无任何简化和近似的基础上提供每个瞬间所有变量在流场中的全部信息。模拟结果可以作为标准数据库来检验现有的湍流模型，可以揭示湍流的细观结构，增加人们对湍流的根本认识。DNS 是目前最精确的数值模拟手段，直接数值模拟不需要对湍流建立模型，对于流动的控制方程直接采用数值计算求解。由于湍流是多尺度的不规则流动，要获得所有尺度的流动信息，对于空间和时间分辨率需求很高，因而计算量大、耗时长，对于计算机内存依赖性强。直接数值模拟只能计算雷诺数较低的简单湍流运动，例如槽道或圆管湍流，现如今它还难以预测复杂湍流运动。

2. 大涡模拟（LES）

由于受计算机能力的限制，有必要寻求一种较 DNS 计算代价低而同时仍能详细考察湍流结构的湍流模型，大涡模拟（large eddy simulation，LES）便应运而生。LES 的基本思想是：湍流运动是由许多大小不同的旋涡组成，大旋涡对平均流动有比较明显的影响，大部分的质量、动量、能量交换是通过大旋涡实现的。而流场的形状和障碍物的存在都会对大旋涡产生比较大的影响，使它具有明显的不均匀性。小旋涡则是通过非线性的作用对大尺度运动产生影响的，它的主要作用表现为耗散。因此它的运动具有共性而接近各向同性，较易于建立有普遍意义的模型。LES 就是采用滤波的方法将瞬时运动分解成大尺度运动和小尺度运动，对大尺度运动直接求解，对小尺度运动则采用亚网格尺度模型模拟。虽然 LES 对计算机能力的要求仍旧很高，但由于其计算量远小于 DNS，所以被认为是一种潜在的可用于工程问题模拟的手段。在计算旋流分离器流场中湍流动能和涡流方面，RSM 模拟丢失了整体的湍动能生成信息，不能得到小尺度涡结构；LES 运用亚格子尺度模型可以更加精确地计算湍动能和小尺度涡结构，具有绝对优势。使用大涡模拟方法可准确有效地捕捉到水力旋流器流场内零轴向速度包络面、溢流口周围循环流及短路流等水力旋流器内特有的流动现象。

3. Reynolds 平均法（RANS）

湍流模式理论是目前能够广泛用于工程计算的方法，它是依据湍流的理论知识、实验数据或直接数值模拟结果，对雷诺应力做出各种假设，假设各种经验的和半经验的本构关系，从而使湍流的平均雷诺方程封闭。根据模式处理出发点不同，可以将湍流模式理论分成涡黏性封闭模式和二阶矩封闭模式。

（1）涡黏模型　涡黏模型是工程湍流问题中应用比较广泛的模型，是由 Boussinesq 仿照分子黏性的思路提出的，假设雷诺应力为湍流统观模拟的湍流模型，以雷诺平均运动方程与脉动运动方程为基础，依靠理论和经验结合引进一系列模型假设，从而建立一组描写湍流平均量的封闭方程组。在 Boussinesq 假设的基础上，逐渐建立了各种关于雷诺应力的模型假设，使雷诺应力方程得以封闭能够求解。二阶矩封闭模式直接构建雷诺应力方程，并将新构建的雷诺应力方程与控制方程联立进行求解。这种模式理论，由于保留了雷诺应力的方程，可以较好地反映湍流运动规律，但同时雷诺应力方程的保留意味着需要求解更多的方程，其计算量较涡黏性封闭模式大很多。

Boussineq 假设是将雷诺应力与平均速度梯度相关联，表达式为：

$$-\rho \overline{u_i u_j} = \rho K \left(\frac{\partial u_i}{\partial x_j} + \frac{\partial u_j}{\partial x_i} \right) - \frac{2}{3} \rho k \delta_{ij} \tag{5-8}$$

式中，K 为张量形式的涡运动黏性系数；k 为湍流动能；δ_{ij} 为克符号，当 $i=j$ 时，$\delta_{ij}=1$，当 $i \neq j$ 时，$\delta_{ij}=0$。

根据决定 K 所需求解的微分方程的个数，可将湍流模型分为零方程模型、单方程模型和双方程模型等。目前比较普遍使用的是双方程模型，其中的 k-ε 系列模型和 RSM 模型应用最广泛。

① k-ε 方程。k-ε 方程使用紊动能 k 和紊动能耗散率 ε 来表示 μ_t，紊动能方程和紊动能耗散率方程分别如下。

k 方程：

$$\frac{\partial}{\partial t}(\rho k) + \frac{\partial}{\partial x_j}(\rho u_j k) = \frac{\partial}{\partial x_j}\left[\left(\frac{\mu_t}{\sigma_{k0}}\right)\frac{\partial k}{\partial x_j}\right] + G_k - \rho \varepsilon \tag{5-9}$$

式中：

$$G_k = \mu_t \frac{\partial u_i}{\partial x_j}\left(\frac{\partial u_j}{\partial x_i} + \frac{\partial u_i}{\partial x_j}\right) \tag{5-10}$$

ε 方程：

$$\frac{\partial}{\partial t}(\rho \varepsilon) + \frac{\partial}{\partial x_j}(\rho u_j \varepsilon) = \frac{\partial}{\partial x_j}\left[\left(\frac{\mu_t}{\sigma_{\varepsilon0}}\right)\frac{\partial \varepsilon}{\partial x_j}\right] + \frac{\varepsilon}{k}(C_{\varepsilon1} G_k - C_{\varepsilon2} \rho \varepsilon) \tag{5-11}$$

式中，$C_{\varepsilon1}=1.44$，$C_{\varepsilon2}=1.92$，$\sigma_{\varepsilon0}=1.3$，$\sigma_{k0}=1.0$。

由紊动能 k 和紊动能耗散率 ε 的定义可以得出 μ_t 的表达式，即：

$$\mu_t = \rho C_\mu \frac{K^2}{\varepsilon} \tag{5-12}$$

式中，$C_\mu=0.09$。

k-ε 模型是基于各向同性的假设推导得出的，认为 μ_t 是一个标量，在流场中的每一个确定的点处对应一个确定的涡黏性，其值与方向无关，这种模型称为标准 k-ε 模型。

② RNG k-ε 模型。RNG k-ε 模型是 Yokhot 和 Orszag 等人应用重整化群（renormalization group，RNG）理论在 k-ε 模型的基础上发展起来的改进形式，它的基本思想是把湍流视为受随机力驱动的输运过程，再通过频谱分析消去其中的小尺度涡，并将其影响归并到涡黏性中，以得到所需尺度上的输运方程。

RNG k-ε 模型的 ε 方程中多了一个附加项，增加了对快速流动的计算准确性。在 RNG k-ε 模型中考虑了旋涡对湍流的影响，即湍流的各向异性效应，提高了对旋转流动的预报结果。同时，RNG k-ε 模型中的系数由理论公式算出而不是靠经验来确定，因此其适应性更强。

RNG k-ε 模型，其湍动能和紊动能耗散率的输运方程为：

$$\frac{\partial}{\partial t}(\rho k) + \frac{\partial}{\partial x_i}(\rho u_i k) = \frac{\partial}{\partial x_j}\left[\left(\mu + \frac{\mu_t}{\sigma_k}\right)\frac{\partial k}{\partial x_j}\right] + G_k - \rho\varepsilon \tag{5-13}$$

$$\frac{\partial}{\partial t}(\rho\varepsilon) + \frac{\partial}{\partial x_i}(\rho u_i\varepsilon) = \frac{\partial}{\partial x_j}\left[\left(\mu + \frac{\mu_t}{\sigma_\varepsilon}\right)\frac{\partial\varepsilon}{\partial x_j}\right] + C_{1\varepsilon}\frac{\varepsilon}{k}G_k - C_{2\varepsilon}\rho\frac{\varepsilon^2}{k} - R_\varepsilon \tag{5-14}$$

式中，$R_\varepsilon = \dfrac{\rho C_\mu \eta^3 (1 - \eta/\eta_0)\varepsilon^2}{1 + \beta\eta^3} \times \dfrac{\varepsilon^2}{k}$。

式中，$\eta = Sk/\varepsilon$，$\eta_0 = 4.38$，$\beta = 0.012$。

模型常数：$C_{1\varepsilon} = 1.42$，$C_{2\varepsilon} = 1.68$。

其他常数：$C_\mu = 0.0845$，$\sigma_k = 1.0$，$\sigma_\varepsilon = 1.3$。

湍流黏性系数与湍流动能 k 和湍流耗散率 ε 关联式仍旧为：

$$\mu_t = \rho C_\mu \frac{K^2}{\varepsilon} \tag{5-15}$$

可以看出 RNG k-ε 模型与标准 k-ε 模型的主要区别在于：RNG k-ε 模型中的常数是由理论推出的，其适用性更强，它可以用于低雷诺数流动的情况，并且通过修正湍动黏度考虑了平均流动中的旋转及旋流流动的情况；而在耗散率方程中增加了反映主流的时均应变率项，体现了平均应变率对耗散项的影响，从而使 RNG k-ε 模型可以更好地处理高应变率及流线弯曲程度较大的流动。

③ Realizable k-ε 湍流模型。Realizable k-ε 湍流模型的提出是为了保证对正应力进行的某种数学约束的实现。它的 k 方程和标准 k-ε 模型形式上完全一样，只是模型常数不同，而 ε 方程和标准 k-ε 模型以及 RNG k-ε 模型的 ε 方程有很大的不同，即湍流生成项中不包括 k 的生成项，它不含相同的 G_k 项。

k 和 ε 方程分别是：

$$\frac{\partial}{\partial t}(\rho k) + \frac{\partial}{\partial x_i}(\rho u_i k) = \frac{\partial}{\partial x_j}\left[\left(\mu + \frac{\mu_t}{\sigma_k}\right)\frac{\partial k}{\partial x_j}\right] + G_k - \rho\varepsilon \tag{5-16}$$

$$\frac{\partial}{\partial t}(\rho\varepsilon) + \frac{\partial}{\partial x_i}(\rho u_i\varepsilon) = \frac{\partial}{\partial x_j}\left[\left(\mu + \frac{\mu_t}{\sigma_\varepsilon}\right)\frac{\partial\varepsilon}{\partial x_j}\right] + \rho C_2\frac{\varepsilon^2}{k + \sqrt{v\varepsilon}} \tag{5-17}$$

涡黏性系数与湍流动能 k 和湍流耗散率 ε 关联为如下形式：

$$\mu_t = \rho C_\mu \frac{K^2}{\varepsilon} \tag{5-18}$$

不同于标准 k-ε 模型和 RNG k-ε 模型，此时 C_μ 不再是常数：

$$C_\mu = \frac{1}{A_0 + A_s \dfrac{kU^*}{\varepsilon}} \tag{5-19}$$

式中：

$$U^* = \sqrt{S_{ij}S_{ij} + \widetilde{\Omega}_{ij}\widetilde{\Omega}_{ij}}$$

$$\widetilde{\Omega}_{ij} = \Omega_{ij} - 2\varepsilon_{ijk}\omega_k$$

$$\Omega_{ij} = \overline{\Omega}_{ij} - \varepsilon_{ijk}\omega_k$$

$\overline{\Omega}_{ij}$ 是以 ω_k 为角速度的旋转坐标系下，旋转速度张量的平均值，而模型常数 A_0、A_s 分别为 $A_0 = 4.0$（或 4.04），$A_s = \sqrt{6}\cos\theta$；其他常数 $C_2 = 1.9$，$\sigma_k = 1.0$，$\sigma_\varepsilon = 1.2$。

（2）雷诺应力模型（RSM）　雷诺应力模型（Reynolds stress model，RSM）与 k-ε 系列模型的最大区别主要在于它完全摒弃了基于各向同性涡黏性的 Boussinesq 假设，包含了更多物理过程的影响，考虑了湍流各向异性的效应，在很多情况下能够给出优于各种 k-ε 模型的结果。

雷诺输运方程为：

$$\frac{\partial}{\partial t}(\rho\overline{u_i'u_j'}) + \frac{\partial}{\partial x_k}(\rho u_k\overline{u_iu_j}) = D_{T,ij} + P_{ij} + \phi_{ij} + \varepsilon_{ij} + F_{ij} \tag{5-20}$$

式中：

湍流扩散项

$$D_{T,ij} = \frac{\partial}{\partial x_j}\left[\rho\overline{u_iu_ju_k} + \overline{p(\delta_{ij}u_i' + \delta_{ij}u_j')}\right]$$

剪应力产生项

$$P_{ij} = -\rho\left(\overline{u_i'u_k'}\frac{\partial u_i'}{\partial x_k} + \overline{u_j'u_k'}\frac{\partial u_i}{\partial x_k}\right)$$

压力应变项

$$\phi_{ij} = p\left(\frac{\partial u_i'}{\partial x_j} + \frac{\partial u_j'}{\partial x_i}\right)$$

耗散相

$$\varepsilon_{ij} = -2\mu\overline{\frac{\partial u_i'}{\partial x_j} \times \frac{\partial u_j'}{\partial x_i}}$$

系统旋转产生项

$$F_{ij} = 2\rho\Omega_k\left(\overline{u_j'u_m'}\varepsilon_{ikm} + \overline{u_i'u_m'}\varepsilon_{jkm}\right)$$

由于标准 k-ε 模型假定湍流为各向同性的均匀湍流，所以在水力旋流器这种非均匀湍流问题的计算中存在着很大测量误差。虽然修正的 k-ε 模型相对于标准模型有所改进，但这种改进主要体现在模型系数及耗散附加项等方面，并没有突破涡黏性假设下的各向同性的框架，其各种改进形式往往具有很大的局限性和条件性。雷诺应力模型（RSM）完全摒弃了涡黏性假设，直接求解雷诺应力微分输运方程得到各应力分量，考虑了雷诺应力的对流和扩散。

由于水力旋流器内部的流场属于强螺旋流，鉴于实际流动中的湍流性，数值模拟应采用湍流模式。在湍流与螺旋流的相互作用中，流线弯曲、流动斜交、回流及压力梯度等都是主要因素，特别是湍流对旋流所产生的体积力十分敏感，更为复杂的是它们的综合作用不同于它们独立作用的叠加。雷诺应力模型（RSM）是适合于油水分离旋流器的最佳湍流模型，相对其他各种湍流模型，该模型能更好地模拟油水分离旋流器的内流场流动状态，用该模型模拟油水分离旋流器，理论计算结果与实验数据误差较小。

二、多相流模型

自然和工程中多数流动现象都是多相的混合流动。物理上，物质的相分为气相、液相和固相，但在多相流系统中相的概念意义更广泛。在多相流中，相被定义为一种对其浸没其中的流体及势场有特定的惯性响应及相互作用的可分辨的物质。例如，同一种物质的不同尺寸固体颗粒可以被看作不同的相，因为相同尺寸的颗粒集合对于流场具有相似的动力学响应。

多相流以两相流动最为常见。两相流主要有四种类型：气液两相流、液液两相流、气固两相流和液固两相流。多相流总是由两种连续介质（气体或液体）或一种连续介质和若干种不连续介质（如固体颗粒、水泡、液滴等）组成。连续介质称为连续相；不连续介质称为分散相（或非连续相、颗粒相等）。根据所依赖的数学方法和物理原理不同，Fluent 中多相流的理论模型有流体体积（VOF）模型[5]、混合（mixture）模型[6]、欧拉（Euler）模型[7]及离散相模型[8]（DPM）。

旋流器的数值模拟在模型选择时，通常先决定采用何种最能符合实际流动的模式，然后根据以下原则来挑选最佳的模型，包括如何选择含有气泡、液滴和粒子的流动模型。离散相模型（DPM）适用于体积分数小于10％的气泡、液滴和粒子负载流动；欧拉多相流模型中的混合（mixture）模型或者欧拉（Euler）模型适用于对于离散相混合物或者单独的离散相体积率超出10％的气泡、液滴和粒子负载流动；欧拉多相流模型中的 VOF 模型适用于栓塞流、泡状流以及分层/自由面流动；欧拉（Euler）模型适用于沉降。

1. 流体体积（VOF）模型

流体体积模型（volume of fluid，VOF）是一种在固定的欧拉网格下的表面跟踪方法，通过求解单独的动量方程和处理穿过区域的每一流体的体积分数来模拟两种或三种不能混合的流体。当需要得到一种或多种互不相溶流体间的交界面时，可以采用这种模型。VOF 模型可有效捕捉旋流器内气液、液液两相间的交界面，瞬态分析可得到交界面的演化过程，可模拟得到旋流器内空气柱及油核等现象。

VOF 公式依赖于以下事实：两种或多种流体（或相）不互溶。对于添加到模型中的每个附加流体相，都会引入一个变量：计算单元中该相的体积分数。在每个控制体积中，所有相的体积分数之和为1。这个流场的所有变量和属性都由相共享，并表示为体积平均值（只要每个相的体积分数在每个位置是已知的）。因此，任何给定单元中的变量和性质是纯粹代表一个相，还是代表一个相的混合物，取决于体积分数值。

对旋流器进行数值模拟时做出如下假设：流体均视为不可压缩流体且与外界不存在热交换；黏性力和界面张力在流体流动中起到主导作用。动量守恒方程中将界面张力作为一个源项加入。则动量方程和连续性方程可分别通过式（5-21）和式（5-22）计算。

$$\frac{\partial}{\partial t}(\rho \boldsymbol{u}) + \nabla \cdot (\rho \boldsymbol{uu}) = -\nabla p + \nabla \cdot [\mu(\nabla \boldsymbol{u} + \nabla \boldsymbol{u}^{\mathrm{T}})] + \rho \boldsymbol{g} + \boldsymbol{F}_{\mathrm{s}} \tag{5-21}$$

$$\frac{\partial \rho}{\partial t} + \nabla \cdot (\rho \boldsymbol{u}) = 0 \tag{5-22}$$

式中，p 为压力；$\boldsymbol{u}$ 为速度矢量，μ 为每个控制体中的动力黏度；ρ 为每个控制体中的密度；$\boldsymbol{g}$ 为重力加速度；$\boldsymbol{F}_{\mathrm{s}}$ 为界面张力源项，只存在于包含界面的控制单元内。

模拟采用 VOF 模型进行相界面的捕捉，计算控制体内的目标相体积分数用流体体积函数 α 表示。如果 $\alpha=1$，表示该计算控制体内只含目标相；如果 $\alpha=0$，表示该计算控制体内不含目标相；如果 $0<\alpha<1$，则表示该计算控制体内同时存在目标相和非目标相。每个控制体内的物性参数取目标相与非目标相的体积平均值，如式（5-23）和式（5-24）所示。

$$\rho=\alpha\rho_d+(1-\alpha)\rho_c \tag{5-23}$$

$$\mu=\alpha\mu_d+(1-\alpha)\mu_c \tag{5-24}$$

式中，μ_c 和 μ_d 分别为连续相和离散相的动力黏度；ρ_c 和 ρ_d 分别为连续相和离散相的密度。

在 VOF 模型中关于目标相体积分数 α 的 VOF 扩散方程可由式（5-25）计算获得。

$$\frac{\partial\alpha}{\partial t}+\boldsymbol{u}\cdot\nabla\alpha=0 \tag{5-25}$$

2. 混合（mixture）模型

混合（mixture）模型是一种简化的多相流模型，可用于模拟旋流器内两相或多相具有不同速度的流动（流体或颗粒）。混合模型主要实现求解混合相的连续性方程、动量方程、能量方程、第二相的体积分数及相对速度方程的功能。典型应用包括低质量载荷的粒子负载流、气泡流、沉降以及旋风分离器等。混合模型也可用于没有离散相相对速度的均匀多相流。具体如下。

混合相连续性方程可表示为：

$$\frac{\partial\rho}{\partial t}+\nabla\cdot(\rho\boldsymbol{u})=0 \tag{5-26}$$

式中，$\boldsymbol{u}$ 为质量平均速度；ρ 为混合相密度。

$$\boldsymbol{u}=\frac{\sum\limits_{k=1}^{n}\alpha_k\rho_k\boldsymbol{u}_k}{\rho} \tag{5-27}$$

$$\rho=\sum_{k=1}^{n}\alpha_k\rho_k \tag{5-28}$$

式中，α_k 为第 k 相的体积分数。

混合相动量方程可表示为：

$$\frac{\partial}{\partial t}(\rho\boldsymbol{u})+\nabla(\rho\boldsymbol{u}\boldsymbol{u})=-\nabla p+\nabla\left[\mu(\nabla\boldsymbol{u}+\nabla\boldsymbol{u}^{\mathrm{T}})\right]$$

$$+\rho\boldsymbol{g}+\boldsymbol{F}-\nabla(\sum_{k=1}^{n}\alpha_k\rho_k\boldsymbol{u}_{\mathrm{dr},k}\boldsymbol{u}_{\mathrm{dr},k}) \tag{5-29}$$

式中，n 表示相的序号，即第几相；$\boldsymbol{F}$ 为体积力；μ 为混合相黏度；$\boldsymbol{u}_{\mathrm{dr},k}$ 为相 k（跟混合相的质量平均速度相对）的拖曳速度：

$$\boldsymbol{u}_{\mathrm{dr},k}=\boldsymbol{u}_k-\boldsymbol{u} \tag{5-30}$$

相对滑移速度定义为次级相（p）对于初级相（q）速度的速度：

$$\boldsymbol{u}_{pq}=\boldsymbol{u}_p-\boldsymbol{u}_q \tag{5-31}$$

任意相（k）的质量分数定义为：

$$C_k=\frac{\alpha_k\rho_k}{\rho_{\mathrm{m}}} \tag{5-32}$$

滑移速度的代数方程是基于短距离内不同相之间的平衡方程，可表示如下：

$$u_{pq} = \frac{\tau_p}{f_{drag}} \times \frac{\rho_p - \rho}{\rho_p} a \tag{5-33}$$

式中，τ_p 是粒子松弛时间，可表示如下：

$$\tau_p = \frac{\rho_p d_p^2}{18\mu_q} \tag{5-34}$$

式中，d_p 是次级相粒子（或液滴或气泡）的直径，a 是次级相粒子的加速度。f_{drag} 为拖曳系数：

$$f_{drag} = \begin{cases} 1 + 0.15Re^{0.687} & Re \leqslant 1000 \\ 0.0183Re & Re > 1000 \end{cases} \tag{5-35}$$

3. 欧拉（Euler）模型

欧拉（Euler）模型可以模拟旋流器内多相流动及相间的相互作用。相可以是气体、液体、固体的任意组合。采用欧拉模型时，任意多个第二相都可以模拟。然而，对于复杂的多相流流动，解会受到收敛性的限制。欧拉多相流模型没有液液、液固的差别，其颗粒流是一种简单的流动，定义时至少涉及一相被指定为颗粒相。

数值模拟过程中两相的连续性方程如下：

$$\frac{\partial}{\partial t}(\alpha_c \rho_c) + \nabla (\alpha_c \rho_c \boldsymbol{u}_c) = 0 \tag{5-36}$$

$$\frac{\partial}{\partial t}(\alpha_d \rho_d) + \nabla (\alpha_d \rho_d \boldsymbol{u}_d) = 0 \tag{5-37}$$

式中，α_c 为连续相的体积分数；ρ_c 为连续相的密度；$\boldsymbol{u}_c$ 为连续相的速度；α_d 为分散相的体积分数；ρ_d 为分散相的密度；$\boldsymbol{u}_d$ 为分散相的速度。

对于不可压缩流体，其平均动量方程可表示为：

$$\begin{aligned} \frac{\partial}{\partial t}(\alpha_c \rho_c \boldsymbol{u}_c) + \mu_c \nabla (\alpha_c \rho_c \boldsymbol{u}_c) &= \alpha_c \nabla \boldsymbol{p} \\ &+ \nabla [\alpha_c (\tau_c^1 + \tau_c^t)] + \alpha_c \rho_c \boldsymbol{g} + \boldsymbol{F} \end{aligned} \tag{5-38}$$

式中，$\boldsymbol{g}$ 表示重力；$\boldsymbol{p}$ 表示静压；τ 为应力张量，上标 1 和 t 分别表示层流和湍流；$\boldsymbol{F}$ 为油水之间的相间动量交换或转移项，由阻力、升力、虚质量、湍流弥散力和其他相关的相间力组成。

考虑油滴直径以及油水两相间的密度差相对较小，因此忽略升力和虚拟质量力对油滴的影响，只考虑曳力和湍流耗散力。其中曳力的计算公式可表示为：

$$F_{drag} = \frac{3\alpha_d \alpha_c \rho_c C_D |\boldsymbol{u}_d - \boldsymbol{u}_c| (\boldsymbol{u}_d - \boldsymbol{u}_c)}{4d_d} \tag{5-39}$$

式中，d_d 为离散油滴的直径。

根据 Schiller-Naumann 经验公式，曳力系数 C_D 可通过如下公式计算：

$$C_D = \begin{cases} \dfrac{24}{Re_d}(1 + 0.15Re_d^{0.687}) & Re_d < 1000 \\ 0.44 & Re_d \geqslant 1000 \end{cases} \tag{5-40}$$

式中，Re_d 为分散相的雷诺数。

湍流耗散力可以表示为：

$$F_{td} = C_{TD}C_D \frac{\nu_{t,c}}{\sigma_{t,d}}\left(\frac{\nabla \alpha_d}{\alpha_d} - \frac{\nabla \alpha_c}{\alpha_c}\right) \tag{5-41}$$

式中，C_{TD} 为湍流耗散系数；$\nu_{t,c}$ 表示连续相湍流运动黏度；$\sigma_{t,d}$ 为分散相湍流施密特数。

4. 离散相模型（DPM）

在由流体（气体或液体）和分散相（液滴、气泡或尘粒）组成的弥散多相流体系中，将流体相视为连续介质，分散相视作离散介质处理，这种模型称为分散颗粒群轨迹模型或分散相模型（discrete phase model，DPM）。其中，连续相的数学描述采用欧拉方法，求解时均 N-S 方程得到速度等参量；分散相采用拉格朗日方法描述，通过对大量质点的运动方程进行积分运算得到其运动轨迹。因此这种模型属欧拉-拉格朗日型模型，或称为拉格朗日分散相模型。分散相与连续相可以交换动量、质量和能量，即实现双向耦合求解。如果只考虑单个颗粒在已确定流场的连续相流体中的受力和运动，即单向耦合求解，则模型称为颗粒动力学模型。DPM 可用于旋流场内部离散相油滴的运移轨迹的模拟分析。

考虑到水力旋流器内部流动为不可压缩、强旋流和各向异性湍流流动，故采用 RSM 预测湍流流场。控制方程包含质量、动量守恒方程和 Reynolds 应力运输方程，其方程可表示如下。

连续性方程：

$$\frac{\partial \rho}{\partial t} + \frac{\partial \rho u_i}{\partial x_i} = 0 \tag{5-42}$$

动量方程：

$$\frac{\partial(\rho \overline{u_i})}{\partial t} + \frac{\partial(\rho \overline{u_i u_j})}{\partial x_j} = -\frac{\partial \overline{p}}{\partial x_i} + \frac{\partial}{\partial x_j}\left[\mu\left(\frac{\partial \overline{u_j}}{\partial x_i} + \frac{\partial \overline{u_i}}{\partial x_j}\right) - (\rho \overline{u_i' u_j'})\right] \tag{5-43}$$

式中，t 表示时间；u_i、u_j 分别为流体时均速度分量；μ 为流体动力黏度；ρ 为流体密度；p 表示压力。

雷诺应力方程：

$$\frac{\partial}{\partial t}(\rho \overline{u_i' u_j'}) + C_{ij} = D_{T,ij} + D_{L,ij} + P_{ij} + \phi_{ij} + \varepsilon_{ij} \tag{5-44}$$

式中，C_{ij} 为对流项；D_{ij} 为扩散相，$D_{T,ij}$ 为湍流扩散相，$D_{L,ij}$ 为分子黏性扩散相；P_{ij} 为雷诺剪应力产生相；ϕ_{ij} 为压力应变相；ε_{ij} 为黏性耗散项。

通过在拉氏坐标系下积分颗粒作用力微分方程来求解离散相颗粒的运动轨道，液滴受力微分方程的形式为：

$$\frac{du_{p,i}}{dt} = F_D(u_i - u_{p,i}) - \frac{\rho_p - \rho}{\rho_p}g_i + F_i \tag{5-45}$$

式中，u、u_p 分别为流体和颗粒的速度；$F_D(u_i - u_{p,i})$ 为颗粒在 i 方向的单位质量曳力，可由下式计算：

$$F_D = \frac{18\mu}{\rho_p d_p^2} \times \frac{C_D Re_p}{24} \tag{5-46}$$

式中，μ 为流体的黏度；ρ_p 为流体密度；d_p 为颗粒直径；Re_p 为颗粒雷诺数；C_D 为液滴的曳力系数。$(\rho_p - \rho)g_i/\rho_p$ 为颗粒受到的重力。F_i 为颗粒在流场所受的其他作用力，旋流器中的液滴运动非常复杂，除了受流体曳力和重力外，还受其他外力，包括 Saffman 升力、压力梯度力、虚假质量力、Basset 力、Magnus 力等。

三、基于欧拉-欧拉方法的流场特性分析

欧拉-欧拉数值模拟方法的特点是把离散相和连续流体相一样看作是连续介质，并同时

在欧拉坐标系中考察离散相和连续流体相的运动。当离散介质的体积浓度并不大，而且按体积平均必须选择的控制体积与流场尺寸相比不足够小时，连续介质假设将失效，并可能导致较大的计算误差。所以欧拉-欧拉类方法主要用于模拟离散相浓度比较高的场合。本节以油水分离水力旋流器为例，采用欧拉-欧拉方法对旋流器内介质分布特性进行分析[9]。

1. 示例结构、网格划分及边界条件

以常规四段式液液分离用水力旋流器为数值模拟示例，采用欧拉-欧拉数值模拟方法对其内部流场分布特性进行模拟分析。示例水力旋流器主要流体域模型如图 5-2 所示。

图 5-2　目标旋流器三维示意图

首先对水力旋流器流体域模型进行网格划分，由于结构性网格相对于非结构性网格来说，具有计算速度快、精度高、收敛性强等优点，所以选用六面体结构性网格对其进行网格划分。经网格无关性检验后，得出流体域模型适用的网格总数为 251886 个，同时将旋流器从溢流口端到底流口方向做截面，对旋流器内部不同位置处的网格划分情况进行展示，得出目标水力旋流器的具体网格划分情况如图 5-3 所示，网格质量检验结果显示网格有效率为 100%。图中不同颜色表示的是网格锥度比情况，即通过网格间单元夹角来计算网格锥度，其范围在 0～1 之间，颜色由蓝色到红色渐变。当其锥度比为 0 时表示网格质量最好，显示为蓝色。当其锥度比为 1 时代表网格质量最差，显示为红色。一般通过锥度比评判网格质量时，需要将锥度比控制在 0～0.4 之间，由图 5-3 所示网格情况可以看出，网格锥度比控制在 0～0.3 之间，且多数锥度比值为 0。数值模拟时采用速度入口，分散相油滴的初始速度值与连续相水的速度值相同，在入口截面处的油滴均匀分布，且进入流场初始时刻互不干涉，溢流及底流均采用自由出口，油相体积分数 2%，油相粒径 0.2mm，溢流分流比 20%，入口进液量为 4m³/h。壁面条件设置不可渗漏，无滑移固壁。

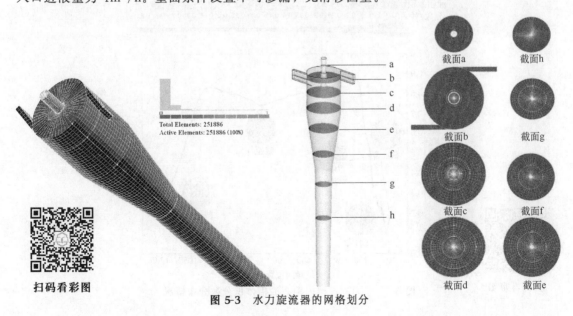

扫码看彩图

图 5-3　水力旋流器的网格划分

2. 流场特性分析

数值模拟得出水力旋流器内油相体积分数分布情况，如图 5-4 所示。图 5-4 左侧曲线为不同截面处的含油径向分布曲线，结合右侧云图可以明显看出该结构内离散油相在溢流口、圆柱段旋流腔、大锥段、小锥段等位置的整体分布情况。即油相主要集中在旋流器轴心区域且在溢流口底部区域油相分布较多，油核更为明显。

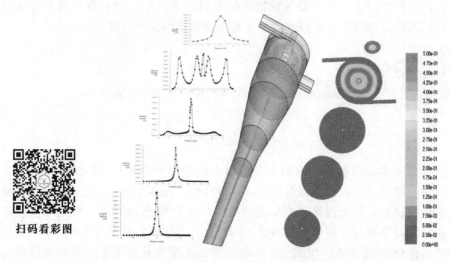

图 5-4　水力旋流器内油相体积分数分布情况

为了进一步定量分析水力旋流器内部油相分布情况，对数值模拟所得到的旋流器内部油相体积分数分布云图及过轴心截线上的体积含量进行分析，得到如图 5-5 所示旋流器内油相体积分数分布情况。由图 5-5 可以明显看出，旋流分离器内油核几乎全部分布在轴心区域内，这是由于离散相油相相较连续相水相密度更小，在强旋流所形成的离心力作用下，不断向轴心处运移形成油核。进一步对过轴截面轴心线上的油相体积分数的变化曲线进行分析，可以发现随着轴向位置的增大（即更靠近底流出口），油相体积分数变化总体呈现先增大后

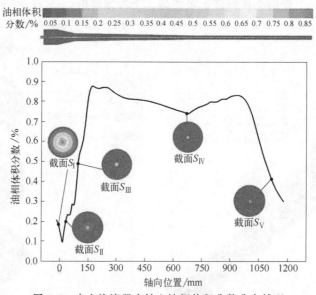

扫码看彩图

图 5-5　水力旋流器内轴心油相体积分数分布情况

减小的趋势，且含油浓度较高处主要集中于旋流器锥段位置，并在小锥段位置达到油相体积分数最大值。通过对旋流分离器内 $S_{\rm I}\sim S_{\rm V}$ 五个分析截面上油相体积分布云图变化进行分析，发现越靠近溢流口位置处，油相体积分数越大。当改变旋流器的结构参数或操作参数时，轴心的油相分布情况会发生变化，但只要呈现出较好的分离效果，均会在轴心处形成稳定的油核。

四、基于欧拉-拉格朗日方法的离散相运动特性分析

欧拉多相流模型基于欧拉-欧拉法描述主相和分散相的运动，而在对水力旋流器研究的过程中，有时更需要关注分散相颗粒的运动轨迹，这时用拉格朗日法描述离散相更为合适[10,11]。离散相模型就是采用欧拉-拉格朗日法的计算思路，用欧拉法描述主相，而用拉格朗日法描述离散相粒子。在水力旋流分离领域，离散相模型常被用于旋流场内离散油滴以及颗粒等运移轨迹的模拟分析。在此，同样以四段式油水分离水力旋流器（流体域模型及入口参数见图 5-6）为例，其中 $D=56\,{\rm mm}$，$H=13.5\,{\rm mm}$，$B=4.5\,{\rm mm}$。基于欧拉-拉格朗日方法对旋流器内部离散油滴的运移轨迹进行模拟分析，对不同入射位置、速度、粒径等条件下油滴在水力旋流器内的运移轨迹进行分析。

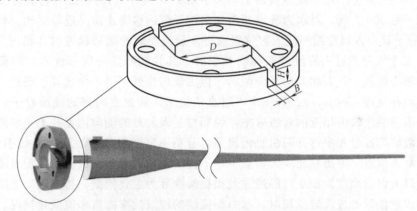

图 5-6 目标旋流器三维流体域示意及入口结构简图

1. 不同入射位置对油滴运移轨迹的影响

数值模拟时采用 DPM 模型，按照图 5-7 所示对油滴的点源入射位置进行定位划分，入射油滴数量分别设置为 10 个、100 个、500 个，以进行不同数量级的轨迹对比，观察不同入射位置处油滴粒子的运移轨迹情况。选取入射点时，按照图 5-7 所示选取 $a\sim g$ 点，以此保证不同区域内都有被分析的特征点。同时，为了便于粒级效率统计，定量获得离散相油滴最终是从溢流口排出还是从底流口排出，定义溢流口边界条件为捕捉（trap），底流口边界条件为逃逸（escape）。

以中心点 g 为例，当不同数量的油滴由入口截面中心 g 点入射进入旋流器时，其运移轨迹情况如图 5-8 所示。其中轨迹颜色表示油滴在旋流器内经过不同位置时的不同停留时间。当入射油滴数为 10 时，其溢流捕

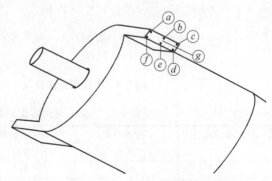

图 5-7 旋流器入口截面不同点源入射位置

捉到的油滴数为 7；当入射油滴数为 100 时，溢流捕捉到的油滴数为 57；当入射油滴数为 500 时，捕捉油滴数为 254。

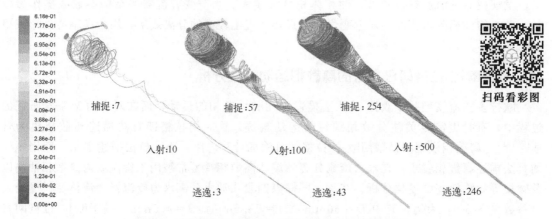

图 5-8 不同数量的油滴由 g 点入射时的运移轨迹情况

　　按照同样的方式分别对不同数量的油滴粒子由 $a \sim f$ 点入射的情况进行统计分析，并以入射油滴粒子数 500 为例，对水力旋流器内油滴粒子群运移轨迹情况进行对比。得出如图 5-9 所示油滴粒子群由入口截面不同入射位置点进入旋流器后的运移轨迹对比情况。图 5-9 中由 a、b、c 三个入射点进入旋流器的油滴粒子群，其共同特点是均靠近入口右侧边壁，即远离旋流器轴心位置，具有相同的径向距离，但因轴向位置不同，导致其油滴进入旋流器后具有不同的运移轨迹。由 d、e、f 三个入射点位置进入旋流器内部的油滴粒子，虽然轴向位置不同，但呈现出较为相近的粒级效率，说明粒子入射时的轴向位置并不是粒级效率的决定性因素。数值模拟过程中打开随机轨道模型，分析不同数量级的油滴粒级效率分布情况。针对以上 7 个入射点，得出在相应入射点下，不同油滴入射数量时目标结构旋流器的粒级效率概率值。以入射油滴数为 500 时的逃逸及捕捉油滴数为主要依据，得出表 5-1 所示离散相油滴由不同入射位置处进入旋流场时，水力旋流器的粒级效率的概率值变化情况。

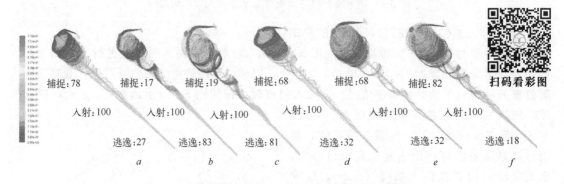

图 5-9 离散相油滴由 $a \sim f$ 点入射时的运移轨迹情况

表 5-1 不同入射位置旋流器粒级效率概率值统计表

入射位置点	入射油滴数	捕捉油滴数	逃逸油滴数	粒级效率（概率值）
a	500	322	178	65%
b	500	58	442	12%
c	500	80	420	16%
d	500	300	200	60%

入射位置点	入射油滴数	捕捉油滴数	逃逸油滴数	粒级效率（概率值）
e	500	301	199	60%
f	500	328	272	66%
g	500	254	246	52%

通过以上不同入射位置处油滴在旋流场内的运移情况可以看出，入射位置对离散相油滴的运移轨迹具有很大的影响，进而影响分离效率。分析由以上七个入射位置注入旋流器内的不同数量的油滴运移轨迹情况，可以明显看到由 b、c 位置注入的油滴，多数都从底流口逃逸，而径向更接近旋流器轴心位置的入射点具有较高的粒级效率。但通过 a 点与 d、e 点对比，可以发现虽然 d 点与 e 点径向上距轴心较近，但其粒级效率并没有明显高于 a 点入射的油滴粒子。可以得出影响油滴运移轨迹的入口位置，应呈区域分布，而并非单独的某个位置点。为了进一步证实这一结论，对入口处不同坐标位置高密度选取入射点，分别对其进行单个油滴粒子及多个油滴粒子的入射，得出如图 5-10 所示的临界区域分界线。

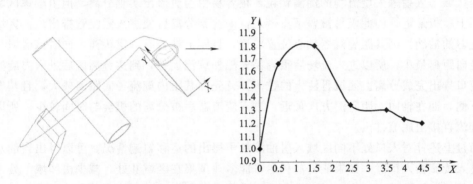

图 5-10　溢流捕获油滴入口临界区域分界线

如图 5-10 所示，从入口 Y 值最大 X 值最小处，依次沿 X 轴正方向及 Y 轴负方向每隔 0.5mm 选取一个入射点，分别对所选入射点进行单个粒子及多个粒子的入射，并观察油滴由该点进入旋流器内部的运移轨迹，得出图 5-10 短路流分界线。即在该曲线上方位置入射时，发生短路流的概率较大，在该曲线下方位置入射时，基本不会发生短路流。按照上述方法，得出图 5-11 所示分界线，模拟得出，在分界线右侧条形区域进入旋流器内的油滴，其轨迹多数都在外旋流的作用下，直接流向底流。

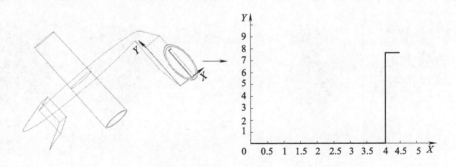

图 5-11　底流逃逸油滴入口临界区域分界线

整合上述两条分区边界线，得出图 5-12 所示划分区域，其中由区域 I 部分入射的油滴粒子，发生短路流的可能性最大。模拟结果显示，短路流基本上都是由该区域进入旋流场内而产生的。而由区域Ⅱ入射进入旋流场的油滴粒子，由外旋流运动至内旋流经此旋流分离后由溢流口流出的概率较大。由区域Ⅲ处入射的油滴粒子，由底流口流出的概率较大。

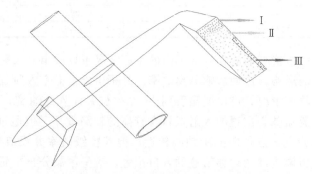

图 5-12 旋流器入口分区示意图

由区域Ⅰ入射进入旋流场的油滴颗粒，很容易由溢流流出实现分离，但由于该区域距离旋流器上盖板最近，因此极易被盖下流带走，未达到分离区便进入溢流管排出。由区域Ⅱ进入旋流器的油滴，因其距旋流器轴心位置较近，且距上端盖有一定距离，同时该区域与内旋流的径向距离最小，所以进入流场后很容易先随外旋流运移，到达分离区后进入内旋流最终由溢流口排出完成分离。区域Ⅲ注入的粒子，首先因其距内旋流径向距离较大，且其靠近入口最下侧，即在轴向上距底流方向最近，进入旋流器后被分离的机会与时间较少，所以极易随外旋流直接由底流排出。

通过上述针对入口处不同区域入射油滴粒子得出的运移轨迹情况，可以得出当油水混合液在进入旋流器入口时，如果能将油相尽可能多地聚集在区域Ⅱ处，减少由区域Ⅰ处入射产生的短路流以及区域Ⅱ处注入时产生的底流逃逸，有利于油滴经旋流分离由溢流口排出，从而提高旋流分离效率。为了进一步验证上述结论，将入口按上述结论分区，并在入口处区域Ⅰ、Ⅱ、Ⅲ分别注入油滴粒子观察其运移轨迹及分离效率情况。入射油滴粒子数量以该区域内所对应网格数为参考，分别注入该区域内网格数不同倍数的粒子，既保证了注入在该区域内粒子的均匀分布，又可以通过成倍数地入射油滴粒子，降低因流场内油滴粒子随机特性的影响而产生的效率误差。选取油滴粒子数为所对应网格数的 1、3、5 倍情况下的油滴运移轨迹进行展示。如图 5-13 所示为注入油滴数与网格数相同，不同入射区域条件下油滴粒子群在旋流场内的运移轨迹情况。结果显示，在与网格数相同的油滴粒子群，由区域Ⅰ进入旋流

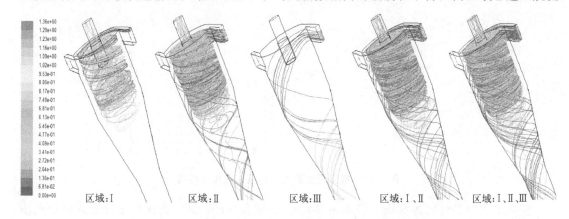

| 区域:Ⅰ | 区域:Ⅱ | 区域:Ⅲ | 区域:Ⅰ、Ⅱ | 区域:Ⅰ、Ⅱ、Ⅲ |

图 5-13 一倍网格数油滴粒子群油不同区域入射时的运移轨迹

器时，所有的油滴粒子均被溢流口捕捉。当粒子群由区域Ⅱ进入旋流场时，入射粒子数为35，溢流捕捉粒子数为28，只有少数油滴由底流口逃逸。当油滴粒子群由区域Ⅲ入射时，均随外旋流沿旋流器内壁由底流口排出。当入射区域同时为Ⅰ、Ⅱ时，入射油滴总数为47，溢流捕捉粒子数为39。当入射区域选为Ⅰ、Ⅱ、Ⅲ时，入射油滴总数为60，溢流捕捉粒子数为52。

分析不同入射区域对油滴在水力旋流器内运移轨迹及粒级效率的影响，从而得出其对旋流器粒级效率的影响。结合数值模拟得出的油滴运移轨迹情况，得出如图5-14所示不同网格倍数油滴数量由不同区域入射时的粒级效率变化曲线。图中纵坐标表示旋流器分离的粒级效率，横坐标表示入射油滴粒子数量与所对应入射面上网格数的倍数关系。由图5-14可以看出，当粒子由区域Ⅰ入射时，溢流口平均捕获率最高，达87.4%。当油滴粒子由入口区域Ⅱ入射时，溢流口平均捕获率为74%。当油滴粒子由区域Ⅲ入射时，溢流口平均捕获率为21%。当油滴由入口区域Ⅰ、Ⅱ同时进入时，其溢流口平均捕获率为76.59%。当油滴由入口区域Ⅰ、Ⅱ、Ⅲ一起入射时，其溢流捕获率为60.3%。由此可以看出，由入口区域Ⅰ位置进入旋流器内最有利于分离，入口区域Ⅱ位置其次。而由入口区域Ⅲ进入旋流器的油滴粒子多数均由底流口流出，不利于油水分离。对比由区域Ⅰ、Ⅱ和由区域Ⅰ、Ⅱ、Ⅲ进入后油滴的运移轨迹，说明由入口区域Ⅰ、Ⅱ部分进入，更利于油滴进入旋流器后由溢流口排出，提高油水分离效率。值得注意的是，入口区域Ⅰ虽然是短路流发生区域，但因整个分离过程中短路流发生的情况较少，且短路流油滴也由溢流口排出，并没有对整体的粒级效率产生影响。所以在保证水力旋流器处理量不变的前提下，通过改变旋流器入口结构，使油相更多地由入口Ⅰ、Ⅱ区域处进入旋流器内，可以一定程度上提高水力旋流器的分离效率。

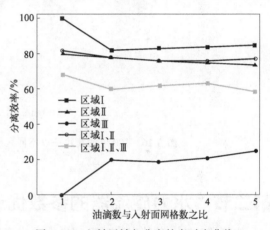

图 5-14　入射区域与分离效率对应曲线

2. 不同入射速度对油滴运移轨迹的影响

为了分析油滴粒子由相同位置以不同入射速度进入水力旋流器时，油滴运移轨迹的变化情况，设置油滴粒子入射速度在1~12m/s范围内变化。分别观察油滴在不同入射速度条件下油滴粒子群的运移轨迹情况。油滴数量分别设置为10个与100个，观察不同速度条件下这两种油滴粒子群的运移轨迹情况。图5-15为10个油滴粒子以不同的入射速度由同一入射位置进入水力旋流器内的轨迹情况。可以看出随着入射速度的逐渐增大，油滴由溢流流出的数量逐渐增大，当入射速度增加到15m/s时，油滴全部由溢流口排出。

按照同样的方式，由相同的位置向水力旋流器内入射100个油滴粒子，得出如图5-16所示油滴粒子群的运移轨迹情况。可以看到当速度为3m/s时，多数油滴均随外旋流运动由底流口排出，随着入射速度的逐渐增加，油滴轨迹逐渐向旋流器轴心聚集，且在大锥段处开始由外旋流向内旋流运动，最终经溢流排出的粒子数逐渐增多，由轴心处向旋流器底流运动的粒子数逐渐减少。可以得出，在不考虑油滴破碎的条件下，随着油滴入射速度的逐渐增大，水力旋流器的分离效率逐渐提高。

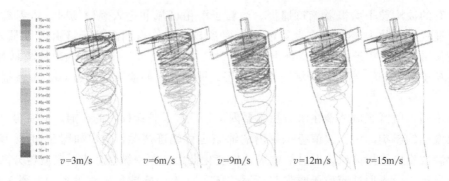

图 5-15　10个油滴粒子以不同入射速度在旋流器内的运移轨迹对比

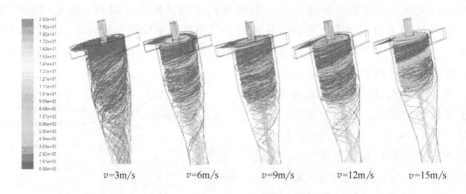

图 5-16　100个油滴粒子以不同入射速度在旋流器内的运移轨迹对比

第二节　水力旋流器的参数优选及优化方法

　　如何针对某一种特定工况确定出水力旋流器最佳的结构参数，以及如何针对某一种特定的水力旋流器结构，确定出最适用的操作参数范围区间，是指导水力旋流器高效应用的关键。关于水力旋流器的最佳结构参数及操作参数的优选方法主要有单因素法、最陡爬坡法、正交试验法[12]。其中正交试验法可通过科学合理地安排与分析多因素多水平的试验方案，简化试验组数并对简化后少数的试验方案进行统计分析，得出试验结果之外的因素对评价指标影响的重要程度、各因素对试验结果的影响趋势，甚至得出在试验组合之外的最优组合方案。多因素多水平的试验方案组数较多时，正交试验可在所有的试验方案中挑选出具有代表性的部分试验方案，使各水平及因素均匀分布，大大降低试验次数的同时可获得各因素水平的最佳匹配方案。因此它已从优选法中独立出来，自成系统，并在水力旋流器的参数优选中广泛应用。此外，关于水力旋流器的结构参数优化方法，主要有响应曲面法以及粒子群算法、遗传算法等人工智能算法。其中响应曲面优化将试验设计与理论统计相结合，构造一个具有明确表达形式的多项式模型或非多项式模型来近似表达隐式功能函数。该方法通过对指定设计空间内的样本点的集合进行有限的试验设计，拟合出输出变量（系统响应）的全局逼近来代替真实响应面。在对水力旋流器的优化设计中，应用响应面方法不仅可以得到分离效率及压力损失等分离性能指标与设计变量之间的变化关系，而且可以得到优化方案，即设计变量的最优组合，使目标函数达到最优。因此，采用响应曲面方法对水力旋流器的结构参数及操作参数进行全局优化，具有较高的可行性及准确性。

一、基于响应曲面法的井下水力旋流器优化案例

井下水力旋流器用于同井注采系统中实现井下油水分离，同井注采系统主要由采出泵、桥式通道、井下旋流分离器、封隔器、回注泵等配套装置构成，主要安装方式及流道布置如图 5-17（a）所示。为了减少产出液在进入井下旋流分离器时的乳化现象，同时保障在采油井筒内实现分流比的实时条件，在井下分别设置采出泵及回注泵，形成双泵抽吸式井下油水分离及同井回注系统。系统工作时，井下产出液在地层压力作用下由入口进入分离器内，经过螺旋流道后使液流的轴向运动逐渐转变成切向运动，在分离器的旋流腔内形成高速的切向旋转场。在旋流场内离心力的作用下，密度较小的油相向轴心聚集，水相运动至边壁。分离器轴心区域的富油相在采出泵的抽吸作用下，沿分离器的溢流口进入到溢流腔内，进而被举升至地面。分离后的净化水则在底部回注泵的抽吸作用下进入底流腔内，进而经回注螺杆泵回注至地下水层，至此完成采油井筒内的油水分离及同井回注。其中井下旋流器的主要结构形式如图 5-17（b）所示，其由溢流管、入口腔、螺旋流道、导流锥、大锥段、小锥段及底流管等部分组成，初始结构参数按照实验室前期通过单因素法优化后的数据确定。在构建流体域数值分析模型时，由于旋流分离器的径向尺寸受到井下空间的限制，所以在开展优化研究时保障旋流器的径向尺寸不变，主直径、小锥段直径及底流管直径之间的最佳比例关系[图 5-17（b）]不变，对分离器的导流锥长度 L_1、大锥段长度 L_2、小锥段长度 L_3、底流管长度 L_4 以及溢流管直径 d_u 的参数尺寸进行优化分析。以上述 5 个结构参数为输入自变量，以旋流器质量分离效率以及压力损失为因变量，采用响应曲面方法对上述结构参数进行优化研究。

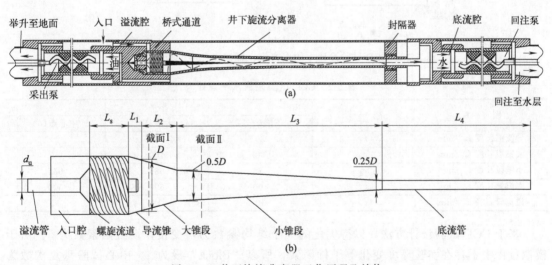

图 5-17 井下旋流分离器工作原理及结构

二、数值模拟参数设置及边界条件

油水两相间模拟计算采用多相流混合模型（mixture）。以含水 98%、产液量为 96m³/d 的油井为研究对象，设置井下油水分离器入口为速度入口，入口流量为 4.0m³/h，依据产出泵与注入泵抽吸比，设置溢流及底流的分流比为 1:4。同时依据现场原油物性参数，数值模拟时设置油相密度为 850kg/m³，油相黏度值为 1.03Pa·s。水相黏度值设为 1.003mPa·s，设置油相体积分数为 2%。选用双精度压力基准算法隐式求解器稳态求解，

湍流计算选用 Reynolds 应力方程模型，SIMPLEC 算法用于速度压力耦合，墙壁为无滑移边界条件，动量、湍动能和湍流耗散率为二阶迎风离散格式，收敛精度设为 10^{-6}，壁面为不可渗漏、无滑移边界条件。

三、 CCD 试验设计及回归方程构建

响应面分析的试验设计方法有中心组合设计（central composite design，CCD）和 Box-Behnken 设计（BBD）、二次饱和设计、均匀设计、田口设计等。其中较为常用的设计方法主要为 CCD 及 BBD 两种。CCD 试验设计的空间点分布如图 5-18 所示，CCD 试验设计有利于更好地拟合出各因素与输出指标间的响应关系，由于轴向点的存在，其获得最优解过程的搜索范围较 BBD 更广。因此采用 CCD 试验设计方法确定结构参数对井下油水旋流分离器质量效率及压力损失影响的试验方案。以本团队前期采用单因素法获得的最佳实验结果作为本次试验的中心点。设计各因素水平及编码值如表 5-2 所示。

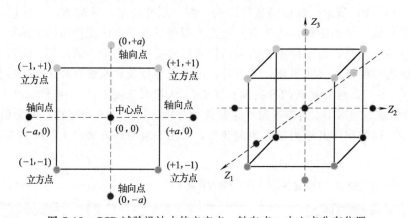

图 5-18 CCD 试验设计中的立方点、轴向点、中心点分布位置

表 5-2 CCD 试验因素水平设计

因　素	符　号	水平		
		下限(−1)	上限(1)	中心点(0)
导流锥长度 L_1/mm	x_1	20	40	30
大锥段长度 L_2/mm	x_2	60	100	80
小锥段长度 L_3/mm	x_3	435	635	535
底流管长度 L_4/mm	x_4	400	600	500
溢流管直径 d_o/mm	x_5	10	12	11

基于 CCD 试验设计方法，以待优化的 5 个结构参数为自变量，设置因素数为 5。由于模拟过程中不存在实验环境变化等干扰因素，所以"Block"设为 1，中心试验重复次数为 8，轴向点 α 值为 2.3784。因变量个数为 2，分别为井下油水旋流分离器的质量分离效率值 E_z 与底流压降值 p_d。基于表 5-2 中不同结构参数因素水平，形成 CCD 试验设计 50 组，按照不同试验设计组的结构参数分别完成井下旋流分离器的流体域模型建立，对模型进行相同水平的网格划分，开展数值模拟分析，并对不同试验组的分离效率 E_z 及底流压力损失 p_d 进行计算，最终得出响应面试验设计方案及数值模拟结果，如表 5-3 所示。

表 5-3 CCD 设计及数值模拟结果

试验	x_1	x_2	x_3	x_4	x_5	E_z	p_d/kPa
1	40	60	635	400	10	0.8445	212.32

试验	x_1	x_2	x_3	x_4	x_5	E_z	p_d/kPa
2	40	100	435	600	12	0.8622	167.86
3	20	100	435	600	10	0.8741	183.10
4	30	80	535	500	11	0.8601	195.63
5	30	80	535	500	11	0.8601	195.63
6	30	127.568	535	500	11	0.8789	180.78
7	40	100	635	600	10	0.8629	161.07
8	40	100	435	400	10	0.8642	199.95
9	40	60	435	400	12	0.8429	218.88
10	40	60	435	600	12	0.84	184.64
11	53.7841	80	535	500	11	0.8445	179.90
12	20	100	435	400	10	0.8708	214.11
13	40	100	435	600	10	0.8625	168.93
14	20	60	435	600	12	0.869	211.40
15	20	60	635	600	12	0.8767	203.84
16	30	80	297.159	500	11	0.8581	205.07
17	30	80	535	500	11	0.8601	195.63
18	40	60	435	600	10	0.846	186.00
19	30	80	535	500	13.3784	0.8601	195.37
20	20	100	435	600	12	0.8683	181.91
21	20	60	635	400	10	0.8787	239.76
22	0	80	535	500	8.62159	0.8639	196.41
23	30	80	535	737.841	11	0.86	144.86
24	40	100	635	400	10	0.8618	194.18
25	40	100	435	400	12	0.8608	200.15
26	20	100	635	400	10	0.8733	208.52
27	20	100	635	600	10	0.8746	173.80
28	20	60	435	400	10	0.8744	244.47
29	20	100	435	400	12	0.8699	213.23
30	40	60	435	400	10	0.8464	218.64
31	30	80	535	262.159	11	0.8633	234.10
32	20	60	635	400	12	0.8793	238.86
33	40	60	635	400	12	0.8448	213.11
34	30	80	535	500	11	0.8601	195.63
35	6.21586	80	535	500	11	0.8879	228.30
36	30	80	772.841	500	11	0.8626	182.96
37	20	60	635	600	10	0.8817	204.27
38	30	32.4317	535	500	11	0.9038	245.60
39	30	80	535	500	11	0.8601	195.63
40	20	100	635	600	12	0.8727	173.97
41	30	80	535	500	11	0.8601	195.63
42	30	80	535	500	11	0.8601	195.63
43	40	100	635	600	12	0.8591	158.72
44	40	60	635	600	10	0.8465	176.85
45	20	60	435	400	12	0.8722	243.25
46	40	100	635	400	12	0.858	193.56
47	30	80	535	500	11	0.8601	195.63
48	20	100	635	400	12	0.8468	208.88
49	40	60	635	600	12	0.8463	178.07
50	20	60	435	600	10	0.8755	212.05

采用二阶模型对表5-3所示结果数据进行二次多项式拟合，通过多元线性回归分析得出优化结构参数与井下旋流分离器分离效率 y_1 间的回归方程，如式（5-47）所示，结构参数与分离器底流压力损失 y_2 间的回归方程如式（5-48）所示。

$$
\begin{aligned}
y_1 = & 0.998 - 4.034 \times 10^{-3} x_1 - 2.242 \times 10^{-3} x_2 + 1.196 \times 10^{-4} x_3 - 8.111 \times 10^{-5} x_4 + \\
& 3.635 \times 10^{-3} x_5 + 2.985 \times 10^{-5} x_1 x_2 - 3.343 \times 10^{-7} x_1 x_3 - 7.843 \times 10^{-7} x_1 x_4 + \\
& 8.593 \times 10^{-5} x_1 x_5 - 8.703 \times 10^{-7} x_2 x_3 + 5.046 \times 10^{-7} x_2 x_4 - 3.734 \times 10^{-5} x_2 x_5 + \\
& 1.165 \times 10^{-7} x_3 x_4 - 3.656 \times 10^{-6} x_3 x_5 + 3.093 \times 10^{-6} x_4 x_5 + 5.326 \times 10^{-6} x_1^2 + \\
& 1.244 \times 10^{-5} x_2^2 - 5.015 \times 10^{-8} x_3^2 - 2.717 \times 10^{-8} x_4^2 - 2.098 \times 10^{-4} x_5^2 \quad (5\text{-}47)
\end{aligned}
$$

$$
\begin{aligned}
y_2 = & 451.06248 - 3.10271 x_1 - 2.33114 x_2 + 0.014554 x_3 - 0.03299 x_4 - 3.04723 x_5 + \\
& 0.015048 x_1 x_2 - 1.73656 \times 10^{-4} x_1 x_3 - 5.90313 \times 10^{-5} x_1 x_4 + 5.54063 \times 10^{-3} x_1 x_5 - \\
& 6.68594 \times 10^{-5} x_2 x_3 + 1.40453 \times 10^{-4} x_2 x_4 - 4.78281 \times 10^{-3} x_2 x_5 - 6.82219 \times 10^{-5} x_3 x_4 + \\
& 1.29594 \times 10^{-3} x_3 x_5 - 1.13531 \times 10^{-3} x_4 x_5 + 0.015835 x_1^2 + 7.97552 \times 10^{-3} x_2^2 - \\
& 1.99928 \times 10^{-5} x_3^2 - 1.00099 \times 10^{-4} x_4^2 + 0.13197 x_5^2 \quad (5\text{-}48)
\end{aligned}
$$

四、回归方程的方差分析

采用方差分析法对响应面构建的五个结构参数与分离效率及压力损失间的回归方程分别进行显著性检验，得出表5-4所示的方差分析结果。表5-4结果显示，结构参数与分离效率 y_1 及压力损失 y_2 间的回归方程 P 值 <0.0001，即 <0.05，两个回归方程所反映的函数关系均显著（其中，$P>0.05$ 表示该因子与指标间不能否定无效假设，两者无显著意义；$P\leqslant 0.05$ 表示该因子与指标间有显著意义，而 $P<0.01$ 表示两者有极显著意义）。说明在表5-2所示上下限参数变化范围内，可以用回归方程（5-47）及回归方程（5-48）分别对井下旋流器的导流锥长度 L_1、大锥段长度 L_2、小锥段长度 L_3、底流管长度 L_4 以及溢流管直径 d_u 多参数条件变量下的分离效率及底流压力损失值进行预测。为了验证回归方程的预测精度，对回归方程（5-47）、方程（5-48）分别进行误差统计分析，得出表5-5所示误差统计分析结果。相关系数 R-Squared 值越接近1，说明相关性越好；Adj-Squared 及 Pred-Squared 值越高且越相近，说明回归模型越能充分反映输入与输出变量间的关系；变异系数精确度 $<10\%$，说明试验结果具有较高的精度及可信度；Adeq Precision 为有效信号与噪声的比值，该值大于4说明模型合理。统计分析结果表明，所得的回归模型均符合上述检验原则，说明两个模型均具有较好的适用性。

表 5-4　回归方程的方差分析结果

类型	离差平方和	自由度	均方	F 值	P 值
y_1 模型	0.00699	20	0.00035	9.46	<0.0001
y_2 模型	25741.43	20	1287.07	464.04	<0.0001
x_1	4420.68	1	4420.68	1593.84	<0.0001
x_2	6698.06	1	6698.06	2414.93	<0.0001
x_3	601.07	1	601.07	216.71	<0.0001
x_4	12905.14	1	12905.14	4652.85	<0.0001
x_5	2.38	1	2.38	0.86	0.3615
$x_1 x_2$	289.84	1	289.84	104.50	<0.0001
$x_1 x_3$	0.97	1	0.97	0.35	0.5599
$x_1 x_4$	0.11	1	0.11	0.040	0.8425
$x_1 x_5$	0.098	1	0.098	0.035	0.8520

类型	离差平方和	自由度	均方	F 值	P 值
$x_2 x_3$	0.57	1	0.57	0.21	0.6531
$x_2 x_4$	2.53	1	2.53	0.91	0.3479
$x_2 x_5$	0.29	1	0.29	0.11	0.7476
$x_3 x_4$	14.89	1	14.89	5.37	0.0277
$x_3 x_5$	0.54	1	0.54	0.19	0.6631
$x_4 x_5$	0.41	1	0.41	0.15	0.7026
x_1^2	139.33	1	139.33	50.24	< 0.0001
x_2^2	565.55	1	565.55	203.90	< 0.0001
x_3^2	2.22	1	2.22	0.80	0.3782
x_4^2	55.68	1	55.68	20.07	0.0001
x_5^2	0.97	1	0.97	0.35	0.5593
残差	80.43	29	2.77		
失拟项	80.43	22	3.66		
总离差	25821.87	49			

表 5-5 回归模型误差统计分析

统计项目	值(y_1)	值(y_2)	统计项目	值(y_1)	值(y_2)
样本标准差	0.0061	1.67	R-Squared	0.8671	0.9969
平均值	0.860	198.94	Adj-Squared	0.7754	0.9947
精确度/%	0.700	0.84	Pred-Squared	0.9858	0.9858
PRESS	0.004	367.62	Adeq Precision	89.314	89.314

五、模型求解及精度验证

为了验证当导流锥长度 L_1、大锥段长度 L_2、小锥段长度 L_3、底流管长度 L_4 以及溢流管直径 d_u 五个结构参数在表 5-2 所示范围内变化时，反映结构参数与分离效率间的预测模型［即式（5-47）］，以及反映结构参数与底流压力损失的预测模型［即式（5-48）］的预测结果准确性，在各因素上限及下限范围内随机取值，开展 10 组不同于表 5-3 试验中参数匹配的随机附加试验，附加试验的结构参数取值如表 5-6 所示。

表 5-6 附加试验组结构参数

附加试验	因素				
	L_1/mm	L_2/mm	L_3/mm	L_4/mm	d_5/mm
1	22	60	435	420	10
2	24	65	455	440	10
3	26	70	475	460	10
4	28	75	495	480	10
5	32	80	515	500	10
6	34	85	535	520	12
7	36	90	555	540	12
8	38	95	575	560	12
9	25	100	595	580	12
10	35	80	615	600	12

按照表 5-6 所示附加试验的结构参数分别构建井下油水分离器流体域模型，采用与响应面试验相同的数值模拟方法对附加试验组开展数值模拟分析。通过将 10 组附加试验参数代入式（5-47）、式（5-48）得出附加试验组的模型预测值与数值模拟实际值对比情况，如

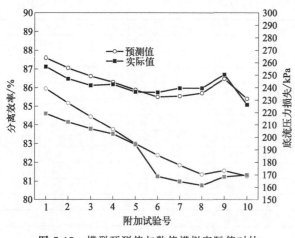

图5-19 模型预测值与数值模拟实际值对比

图5-19所示。由图5-19可以看出，无论是分离效率还是压力损失，预测值及实际值随不同附加试验组均呈现出了相同的规律，说明预测值与实际值呈现出了较好的一致性。为了对预测值的精度进行核验，采用式（5-49）对预测值与实际值的平均相对误差进行计算。式中，e为模型预测值；t为模拟得到的实际值；i代表附加试验号；n为附加试验组数。

$$\Delta = \sum_{i=1}^{n} \frac{e_i - t_i}{nt_i} \times 100\% \quad (5-49)$$

通过计算得出不同附加试验组分离效率的模型预测值与实际值的平均相对误差$\Delta_1 = 0.104\%$，压力损失的模型预测值与实际值的平均相对误差为$\Delta_2 = 4.562\%$。可以看出模型预测值与实际值间的平均相对误差很小，验证了模型预测结果的准确性。

六、优化结果及验证

采用最小二乘法对构建的结构参数与分离效率间的回归方程进行偏微分求导，计算得出可使分离效率取极大值的结构参数匹配方案即为响应面优化后的最佳设计点。计算得出优化后的结构参数分别为导流锥长度$L_1 = 20.3$mm、大锥段长度$L_2 = 60.6$mm、小锥段长度$L_3 = 635.7$mm、底流管长度$L_4 = 489.2$mm、溢流管直径$d_u = 10$mm，优化前后井下旋流分离器的结构参数变化如图5-20所示。图5-21所示为大锥段及小锥段上，不同分析截面过轴心截线的油相体积分数分布曲线对比。由图5-21可以看出，在分析截面I及截面II上，优化后的油相体积分数在轴心区域均明显高于优化前的结构，说明优化后的结构可使更多的油相聚集在邻近油相出口的轴心区域，从而使更多的油由溢流口流出，提高旋流器的油水分离性能。数值模拟结果得出优化后结构的油水分离效率可达88.35%，明显高于优化前的86.01%。

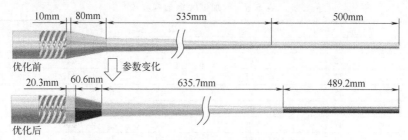

图5-20 井下旋流分离器优化前后结构变化

为了进一步验证优化后井下旋流分离器的高效性，针对优化前后井下旋流分离器的结构开展不同入口油滴粒径的数值模拟对比研究，入口油滴粒径分别设置为50μm、100μm、300μm、400μm、500μm，数值模拟方法及边界条件与前述一致，对比在不同入口油滴粒径条件下优化前后旋流器的分离性能。数值模拟得出优化前后旋流器的分离效率对比情况如图5-22所示。由图5-22可以看出，随入口油滴粒径的增大，旋流器分离效率均呈逐渐升高趋势。入口油滴粒径在50~500μm范围内变化时，优化前结构分离效率由60.81%升高到

98.56%，优化后结构分离效率由62.38%升高到99.48%，平均升高了1.83个百分点，优化后结构的分离效率明显高于优化前。说明采用响应面优化后的旋流器结构对不同粒径油滴呈现出了更好的分离性能。

为了验证优化后结构对不同含水率的适用性，开展不同含水率条件下优化前后井下旋流分离器数值模拟对比研究。数值模拟时分别设置含水率为94%、95%、96%、97%、98%、99%，油滴粒径设置在300 μm，得出不同含水率条件下井下旋流器优化前后分离效率对比情况，如图5-23所示。图5-23结果显

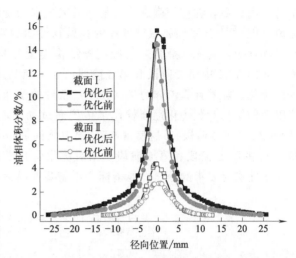

图 5-21　优化前后旋流器在分析截面上的油相体积分数对比

示，随着含水率的增加，旋流器的分离效率也逐渐升高。优化前结构分离效率由74.61%升高到88.07%，优化后结构分离效率由75.26%升高到91.56%，平均升高了1.67个百分点。在不同含水率条件下优化后结构的分离效率均高于优化前结构，优化后结构对不同含水率条件呈现出了较好的适用性，充分验证了响应面优化结果的准确性及高效性。

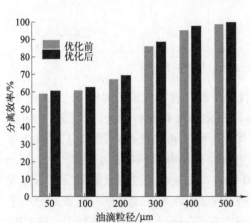

图 5-22　不同油滴粒径条件下旋流器优化前后分离效率对比

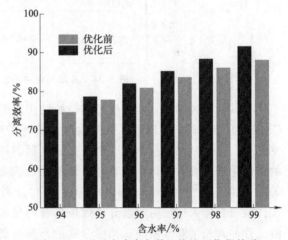

图 5-23　不同含水率条件下旋流器优化前后分离效率对比

第三节　提升模拟分析效能的快速优化方法

一、结构优化方法概述

与常规旋流器相比，相同入口速度或入口压力条件下微旋流器表现出更好的分离效率，因此，这里以主直径更小的微旋流器为例，对其结构优化方法进行阐述。结构优化作为进一步提升微旋流器分离效率的一种手段，被人们广泛研究[13]。其原因是针对不同的待分离介质，微旋流器具有不同的最佳结构参数值[14]，这一点与常规旋流器相似。因此针对某一特

定待分离介质，在应用微旋流器前通常需要对微旋流器进行结构参数优化，以期获得更好的分离性能[15-19]。不同领域待处理的介质物性参数存在较大差异，因此研究人员需要根据介质物性参数，首先选择合适的旋流器结构类型和初始结构参数，选择过程主要基于前人经验，如图 5-24 中第 2 阶段和第 3 阶段所示。然后通过相关优化手段对获得的初始结构参数进行优化。随着计算流体力学（CFD）软件的快速发展，为了提高优化效率，基于 CFD 数值模拟的结构参数优化逐渐替代了传统通过加工不同结构参数的旋流器来进行优化的过程（图 5-24 的第 4 阶段），这使得 CFD 模拟软件 Fluent 逐渐成为旋流器优化的重要工具[20-22]。图 5-24 的第 5 阶段和第 6 阶段是指对优化后的旋流器样机进行加工和试验研究。如果试验结果不能满足要求的分离性能指标，则需要返回第 4 阶段，否则进入应用阶段（第 7 阶段）。

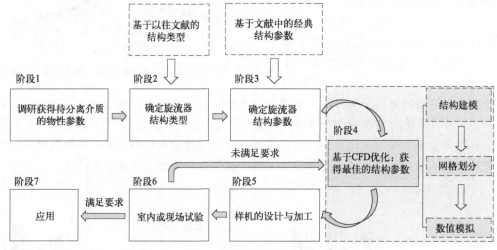

图 5-24　具体工业中开发旋流器所涉及的阶段

与试验研究相比，数值模拟在初始结构选型及优化方面节省了大量的时间[23,24]。此外，CFD 模拟相比试验方法可以更有效地对旋流器进行可视化研究和分析，并以此提出改进的意见[18]。这些优势使得 CFD 模拟在旋流器的结构优化领域获得广泛的应用[25]。在旋流器的待优化结构参数中，溢流管伸入长度对旋流器的分离性能具有较明显的影响[25,26]。Tian等人（2017）[27] 和 Wang 等人（2019）[28] 分别在环境和石化领域通过固液旋流分离研究发现：溢流管伸入长度对固液分离效果具有明显的影响。Wang 等人（2008）[19] 的研究分析了溢流管伸入长度对气液固三相混合物的分离性能影响。在 Elsayed 等人（2013）[29] 的 CFD数值模拟中，分析了溢流管伸入长度对气固旋风分离器中的流场速度和静压分布的影响规律。因此本节也将以溢流管伸入长度为例，开展结构参数优化研究。

目前，通过 CFD 数值模拟对微旋流器的结构参数优化研究大多基于单因素优化方法（SFOM）。该方法在优化期间保持其他结构参数不变，通过改变某待优化结构的参数值来获得最佳的参数值或范围。SFOM 方法的广泛采用[30-33] 归因于其优化流程相对简单和相对较高的优化精度。在 SFOM 优化方法中，待优化结构的每个参数值对应的分离性能都需要重复进行建模、网格划分和模拟，虽然最终可获得优化结果，但工作量相对较大[34]，其过程可归纳为图 5-25。

与 SFOM 方法相比，正交试验设计[35,36] 和响应面分析法[37] 等可通过合理的试验方案设计来减少待优化参数值的数量。然而，对于所选择的每个结构参数值，也都需要经历重新建模、重新划分网格和重新模拟的过程。为了避免重复性操作问题，蒋等人[38] 提出了一

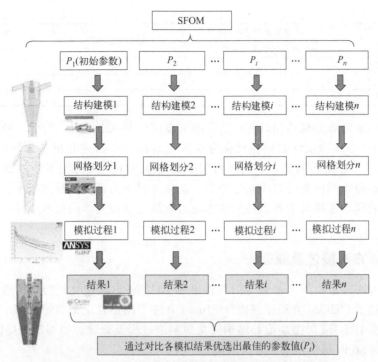

图 5-25　常规 SFOM 方法对微旋流器结构参数优化示意图

种基于网格变形的旋流器形状优化方法，其原理是通过改变某结构参数（如旋流器锥段截面的直径）来自动检索达到特定分离性能指标的最佳结构参数值。对于网格变形方法，可以避免重复建模、划分网格及重复模拟的过程。然而，该方法在模拟优化过程中仅追求单一分离性能指标（如分离效率）达到最佳状态，忽略了其他分离性能指标，如压力损失、切割粒径等。

　　针对以上优化方法存在的问题，本节提出一种新的优化方法：基于 CFD-动网格耦合下的微旋流器结构参数快速优化方法（DUOM），并将其首次应用于微旋流器的结构参数优化。DUOM 方法可以通过 Fluent 软件中的用户自定义功能（UDF）编写相关程序以控制待优化结构的参数值。DUOM 方法可避免重复建模、划分网格和重复模拟的过程，无论待考虑的参数值数量有多少，均只需两次模拟。第一次模拟是为了获得初始结构的结果，第二次模拟将在第一次模拟的基础上，通过动网格结合 UDF 程序来改变待优化结构的参数值。鉴于 CFD 优化阶段（图 5-24）通常需要大量的时间和人力资源，DUOM 简单的操作优化过程有利于提高微旋流器从选型到应用的综合效率。相比网格变形方法中的单分离性能指标优化，DUOM 方法在优化过程中可同时获得并综合分析每个参数值对应的所有分离性能指标，且能根据实际指标要求获得最佳的结构参数。此外，对要求优化精度更高的情况，DUOM 方法可以通过增加待优化结构参数值数量来细化优化结果，而无须增加结构建模、网格划分及模拟的次数。表 5-7 列出了 SFOM、正交试验设计、响应面分析法、网格变形优化法和 DUOM 之间的比较。

表 5-7　各种微旋流器结构参数优化方法对比

优化方法	可避免重复建模、重复划分网格及重复模拟	可减少模拟组数	可全面分析分离性能指标
SFOM	×	×	√
正交试验设计	×	√	√

优化方法	可避免重复建模、重复划分网格及重复模拟	可减少模拟组数	可全面分析分离性能指标
响应面分析法	×	√	√
网格变形优化法	√	√	×
DUOM	√	√	√

本节以对微旋流器分离性能具有显著影响的溢流管伸入长度 L_v 为例，开展结构参数优化，对提出的 DUOM 微旋流器快速优化方法的可行性进行研究分析。此外，将 DUOM 方法与常规 SFOM 方法进行对比，对比因素包括相同条件下两种方法对应的微旋流器出口颗粒浓度分布、锥段中部位置的切向速度分布、微旋流器压力损失及分离效率变化规律。研究过程中，模拟的模型选择与边界条件类型均与本章第二节相同，因此本章模拟的准确性也可获得验证。

二、 DUOM 方法概述及原理

该小节内容将通过以下 4 部分专门对提出的 DUOM 方法优化过程及原理进行分析。前两部分分别描述了 DUOM 方法原理以及 Fluent 软件中用户自定义功能（UDF）模块。第三部分将详细分析 DUOM 对微旋流器结构优化的实施过程及原理。第四部分提供了 SFOM 和 DUOM 两种方法在时间消耗上的对比规则。

1. 动网格

Fluent 软件中的动网格模块目前主要用于研究流体域形状在整个模拟过程中由于域边界的运动而发生变化时的流动类型[39]。其常用的手段是通过控制网格单元来改变流体域的结构，研究流体域结构变化对流场带来的影响。由于流体域结构变化的情况在工业中普遍存在，所以动网格技术在诸多领域得到了广泛应用，具体包括飞机投弹[40,41]、船舶运动[42]、阀门操作[43]、机翼动力学[44,45]、火箭分离[46]、降落伞和气球动力学[47]、心脏阀门[48] 和仿生工程[49] 等。在涉及动网格的实际模拟过程中，网格的运动会导致网格质量下降（特别是对于结构化网格，如六面体网格），例如网格单元的偏斜度增加。这将可能导致模拟收敛失败。因此，目前大多数研究人员使用非结构网格或将结构简化为二维形式，再基于动网格技术进行数值模拟。

迄今为止，尚未发现动网格技术应用在旋流器的结构参数优化方面。可能的原因是通过动网格进行的 CFD 模拟通常应用于待模拟的流体域形状随时间变化的情况（例如导弹的投射工程、阀门的开关过程），而特定结构的旋流器在稳定运行中处于动态平衡状态（即流体域的形状不会发生变化），因此流体域的网格边界保持不变。本节采用动网格技术，将微旋流器结构参数优化过程中涉及的不同参数值看作一次模拟中流体域形状变化的过程，其间，利用 UDF 程序控制流体域边界的运动或变形，形成了微旋流器结构参数快速优化方法（DUOM）。与传统的 SFOM 方法相比，无论待模拟的参数值数量多少，DUOM 方法均只需通过两次数值模拟过程，并可同时考虑所有的分离性能指标（如压力损失、分离效率、浓度场、压力场、速度场分布等），来获得最佳的参数值。任取一个流体域边界上存在运动的控制体微元 V，一般标量 ϕ 的动网格守恒方程如式（5-50）所示[50]。

$$\frac{\mathrm{d}}{\mathrm{d}t}\int_V \rho\phi\,\mathrm{d}V + \int_{\partial V}\rho\phi(\boldsymbol{u}-\boldsymbol{u}_g)\cdot\mathrm{d}A = \int_{\partial V}\Gamma\,\nabla\phi\cdot\mathrm{d}A + \int_V S_\varphi\,\mathrm{d}V \tag{5-50}$$

式中，ρ 为流体密度；∂V 为控制体 V 的边界；$\boldsymbol{u}$ 为流速的矢量表达形式；$\boldsymbol{u}_g$ 为网格运动的速度矢量形式；A 为截面积；Γ 为扩散系数；S_φ 为源项。

2. 用户自定义功能（UDF）

UDF 是 Fluent 软件提供的附加用户界面。当 Fluent 软件中的基本功能无法满足模拟需要时，可采用 UDF 接口将编写的相关程序导入到软件中来实现一些更高阶的模拟要求。

在 DUOM 优化过程中，微旋流器的三维流体域结构网格数量较多，改变溢流管伸入长度 L_v 的实施过程相对复杂。此外，对于 L_v 变化过程的模拟阶段，需要明确达到某一 L_v 值时对应的网格运动的速度、运动及变形所需的时间，以确保获得准确的模拟结果。Fluent 软件中动网格模块的默认功能无法满足这些要求。因此，在 DUOM 的第二阶段动网格模拟过程中，溢流管伸入长度的变化过程需要特定的 UDF 程序来控制网格运动速度、运动和变形的时间。

3. DUOM 方法原理

（1）初始模型和网格　以溢流管伸入长度 L_v 为例，对 DUOM 方法原理进行分析。由于旋流器中流体的高湍流状态，模型无法简化为 2D 对称模型，因此选择 3D 模型进行分析。图 5-26（a）为 $L_v=0$ mm 情况下的微旋流器（主直径 $D_c=10$ mm）流体域结构模型。坐标原点设置在旋流腔顶面的中心，XOZ 笛卡儿坐标系用于空间参考。在下面的描述中，网格空间属于流体域，而非网格空间构成了微旋流器的实体结构。

流体域的网格质量直接影响模拟的准确性、稳定性和收敛速度。对于 DUOM 方法，其网格质量包括第一次模拟采用的初始网格质量和第二次模拟过程中（结构参数发生变化的过程）对应的网格质量。在第二次模拟过程中，通过 DUOM 方法更新或改变网格时，存在出现负网格的风险，进而导致模拟无法收敛。因此通过在流体流动方向上采用对齐的六面体形状网格，可以在提高模拟精度的同时降低模拟收敛失败的风险[38]。图 5-26（b）表示 $L_v=0$ mm 时微旋流器的流体域网格划分结果，在微旋流器溢流和壁面附近进行了局部网格细化。

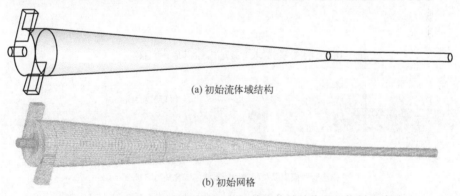

(a) 初始流体域结构

(b) 初始网格

图 5-26　DUOM 方法中微旋流器的初始流体域结构及网格划分结果

对初始网格质量的检验表明，所有网格单元的偏斜度均低于 0.51。通常，相对较低的偏斜度意味着六面体单元与标准六面体更相似，这有助于提高模拟准确性。根据相关文献[51]，较高的偏斜度会恶化收敛结果，甚至可能会损害模拟本身的收敛性。此外，采用压力损失作为性能指标，对网格数量进行了独立性测试。综合考虑到计算资源、计算速度和精度，确定了第一次模拟中对应的网格单元数量为 559090 个。在 DUOM 方法的第二次模拟过程中存在网格运动的情况，在模拟前使用动网格模块中提供的网格运动预览功能，发现采用传统的动网格方法，与溢流管伸入长度 L_v 变化相对应的网格运动会导致全局网格质量的严重恶化，产生负网格。因此，引入了网格接口边界（interface boundary）方式来处理这一问题，结果表明网格接口边界的使用在预览过程中微旋流器整体网格质量较好，无异常出现。

（2）DUOM 方法改变溢流管伸入长度实施过程　设定待分析的微旋流器溢流管伸入长度 L_v 的变化范围为 $0 \sim 9.8$mm，DUOM 方法的第一步是将微旋流器 L_v 设置为最大值 9.8mm，其流体域模型和网格的纵截面如图 5-27（a）所示。将可以使溢流管伸入长度变化的结构作为单独的流体域模型，这里称其为溢流管壁模型（VFWM），并对 VFWM 进行构建和网格划分。VFWM 的初始长度为 9.8mm，形状为环形柱状，其几何模型和网格与微旋流器流体域本体（$L_v=9.8$mm 时）分开建立且刚好能够与微旋流器的筒体内无网格的空间 [见图 5-27（a）] 配合。图 5-27（b）显示了 VFWM 的网格与 $L_v=9.8$mm 的微旋流器流体

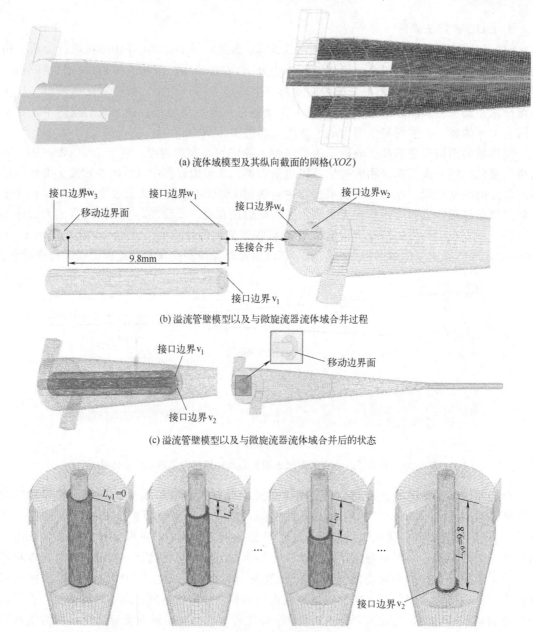

(a) 流体域模型及其纵向截面的网格(XOZ)

(b) 溢流管壁模型以及与微旋流器流体域合并过程

(c) 溢流管壁模型以及与微旋流器流体域合并后的状态

(d) 剖面条件下不同 L_v 的状态

图 5-27　DUOM 方法实施原理

域网格之间的合并过程。VFWM 和微旋流器模型的接触面之间的网格单元尺寸、形状均相同，保证模拟结果的准确性。具体通过图 5-27（c）可发现，VFWM 和微旋流器之间的三对接触界面用于有效合并这两个流体域网格模型，其中 VFWM 包括接触面 v_1、w_1、w_3，$L_v=$ 9.8mm 的微旋流器包括接触面 v_2、w_2、w_4。图 5-27（d）显示了两个流体域模型合并后的结果，VFWM 流体域模型填充到微旋流器后形成了 $L_v=0$mm 微旋流器流体域。VFWM 的顶部网格表面被定义为移动边界面，移动边界面从 $Z=0$mm 沿 Z 轴正方向移动，同时保持接触面 v_1 的位置不变。这种运动会导致 VFWM 的另外两个接触面 w_1 和 w_3 发生变形，从而促使 VFWM 的高度逐渐减小，而 VFWM 长度的减少即表明溢流管伸入长度 L_v 的增加，通过以上过程最终实现不同的 L_v。为了成功实现这一过程，还需要使用 3 种 UDF 代码：①用于改变移动边界面与参考点 $Z=0$mm 之间的距离；②用于控制 VFWM 模型的接触面 w_1 的变形；③用于控制 VFWM 模型的接触面 w_3 的变形。

图 5-28 给出了常规 SFOM 方法与 DUOM 方法在优化原理上的差异。当 L_v 在 0～9.8mm 范围内变化时（分别为 $L_v=0$mm、1.4mm、2.8mm、4.2mm、5.6mm、7.0mm、8.4mm、9.8mm），图 5-28（a）给出了常规 SFOM 方法的优化过程，每个 L_v 都需要重新建模、重新划分网格和重新模拟，并且这种重复过程在 SFOM 优化期间共需要执行 8 次。对于 DUOM 方法，除了使用动网格与 UDF 外，其余的模拟方法、进出口边界条件和操作参数均与 SFOM 相同。而 DUOM 方法优化过程中，结构建模和网格划分只需要一次，同时仅需两次模拟即可获得这 8 组不同 L_v 的分离性能，并优选出最佳的 L_v。第一次模拟是获得初始状态 $L_v=0$mm 的模拟结果，其目的是使模拟首先达到一个收敛状态。第二次模拟则是在第一次模拟的基础上通过动网格技术获得 8 种不同 L_v 的模拟结果，整个过程如图 5-28（b）所示。从图 5-28（b）发现 DUOM 可减少优化期间的操作，省去了重复建模、网格划分及模拟的过程。8 种 L_v 值以及相应的移动边界面运动时间如表 5-8 所示。

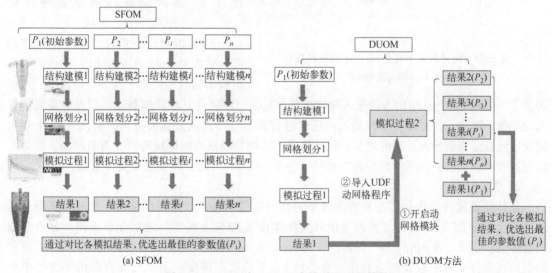

图 5-28　SFOM 与 DUOM 方法过程原理比较

表 5-8　不同 L_v 条件下移动边界面的运动时间

L_v/mm	移动边界面的运动时间/s	L_v/mm	移动边界面的运动时间/s
0	0	5.6	1.2
1.4	0.3	7.0	1.5
2.8	0.6	8.4	1.8
4.2	0.9	9.8	2.1

模拟过程中，两种优化方法采用的湍流模型为雷诺应力模型（RSM），模拟过程中连续方程的收敛精度为 10^{-6}。

4. 两种方法在耗时方面的对比条件

两种优化方法所需的总时间主要包括预处理和模拟两个阶段。预处理阶段包括三个步骤：结构模型的建立、模型的网格划分和模拟前参数设置。两种方法对应的结构模型和网格数相同。为了保持 SFOM 每组模拟的一致性，每个几何参数值将被连续模拟而不中断。每组模拟均使用了以下硬件和软件：HP 360p G8 工作站，配备 64 位 Windows 10 操作系统（Intel Xeon CPU E5-2670 v2；20 核 40 线程；64 GB RAM），模拟软件为 ANSYS Fluent。

三、两种方法优化结果对比分析

1. 溢流口颗粒浓度分布

溢流口的颗粒浓度大小是固液分离微旋流器的重要性能之一，由于颗粒浓度在溢流口呈对称分布，任意溢流口直径方向的颗粒浓度分布均基本相同，因此，选取两种优化方法对应

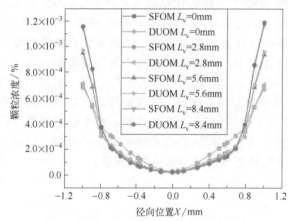

图 5-29 两种方法不同 L_v 条件下颗粒浓度在 X 方向的分布曲线

的溢流口 X 方向作为研究对象，对两种方法在 X 方向上的颗粒浓度进行量化。图 5-29 给出了其中 4 种 L_v（0mm、2.8mm、5.6mm 及 8.4mm）条件下颗粒浓度在 X 方向的分布曲线。从图中可发现在 X 方向上，相同 L_v 条件下两种方法的颗粒浓度分布均基本相同，呈现中间低两边高的 U 形，中心低浓度区域接近 0，而两侧颗粒浓度最高接近 0.0012%。在靠近中心区域，$L_v=2.8\sim8.4$mm 范围对应的颗粒浓度分布基本相同，然而对于 $L_v=0$mm 时，在靠近中心区域的颗粒浓度高于其余三种情况，这是因为 $L_v=0$mm 时，从切向入口进入微旋流器中的混合液更容易形成短路流，即没有溢流管伸入段外壁的阻挡，使得带有颗粒的液流还未进行离心分离就从溢流管流出。从图 5-29 中还可发现，随着溢流管伸入长度的增加，颗粒浓度在溢流管靠近内壁区域的浓度逐渐增加。综合对比溢流管中心和管壁区域的颗粒浓度发现，当 $L_v=2.8$mm 时，颗粒浓度整体最低。

2. 速度分布

流体的速度分布提供了微旋流器流场特性的直接信息。以锥段中部 $Z=40$mm 截面上的 X 方向为例，图 5-30 对比了两种方法对应流体在 X 方向上的切向速度分布规律，分析了溢流管伸入长度 L_v 为 0mm、2.8mm、5.6mm 及 8.4mm 四种情况，发现两种方法在 X 方向的切向速度分布具有较高的重合度，且不同 L_v 下的切向速度均呈现出旋流器内部流场中典型的双涡形式：从旋流器中心到壁面切向速度呈现先增加后降低的趋势，该切向速度分布趋势与文献中均基本相同。

3. 分离效率

图 5-31 显示了 8 种不同 L_v 条件下，两种优化方法的分离效率变化趋势及误差。从图 5-31 可以看出，不同 L_v 下，DUOM 和 SFOM 两种方法之间分离效率值表现出较强的吻合性。随着 L_v 的增大，两种方法的分离效率均先增大后逐渐减小。当 $L_v=2.8$mm（$L_v/D_c=0.28$）

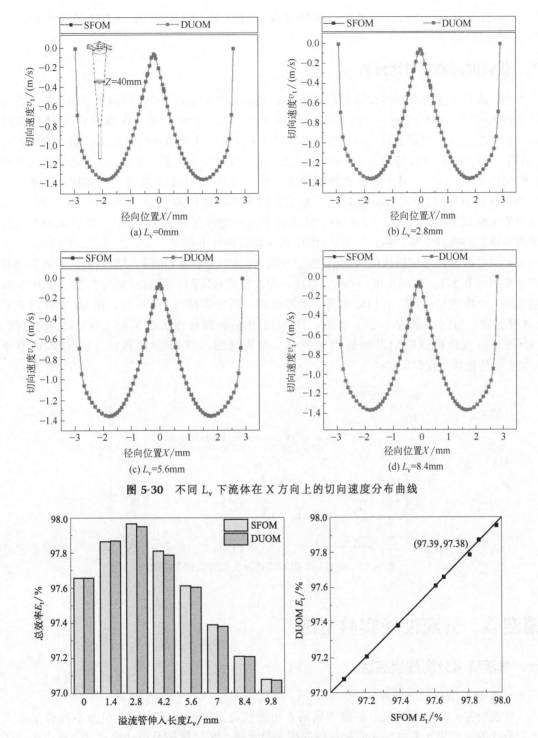

图 5-30 不同 L_v 下流体在 X 方向上的切向速度分布曲线

图 5-31 两种优化方法的分离效率及误差分析

时，两种方法对颗粒的分离效率均达到最大值（接近 98%），之后分离效率开始逐渐降低。当 $L_v=4.2mm$ 时，DUOM 和 SFOM 之间的相对误差最大，但也仅为 0.000258%。

总体而言，从模拟结果来看，通过分析溢流口颗粒浓度、切向速度及分离效率三个方面发现，DUOM 和 SFOM 两种方法的结果基本吻合，且两种方法均获得了最佳的 $L_v=$

2.8mm（$L_v/D_c=0.28$）。通过分离效率误差分析发现，DUOM 与 SFOM 的最大误差仅为 0.000258%。

四、优化时间需求对比分析

两种优化方法的总耗时计算过程如图 5-32 所示，其中 DUOM 只需两次模拟，第一次模拟的步数为 8000 步。每一步的迭代时间约为 0.71s。因此，第一次模拟计算过程耗时 1.578h。第二次模拟是通过动网格和 UDF 程序来改变待优化结构的参数值，第二次模拟总共需要计算 28000 步，每步 1.156s，耗时 8.99h。基于以上计算，DUOM 优化方法的总模拟时间约为 10.568h。对于 8 组溢流管伸入长度，通过 SFOM 方法总共需要模拟 8 组，每组模拟与 DUOM 的第一次模拟相似，每组模拟所需的迭代步数为 8000 步（每步 0.71s）。由于每次模拟需要 1.578h，因此 SFOM 方法的模拟过程耗时为 12.624h，以此来获得 8 组结构参数值的模拟结果。相比之下，DUOM 在模拟耗时上减少了 16.29%（2.056h）。

对于模拟前预处理阶段的时间消耗，建模、网格划分和模拟参数设置过程所需的平均时间分别约为 0.27h、0.85h 和 0.08h。因此，单次预处理阶段所需的时间为 1.2h，如图 5-32 左侧第一个虚线框所示。SFOM 需要 8 次预处理，预处理耗时为 10.8h，而 DUOM 只需要 1 次预处理，时间需求为 1.2h。因此，DUOM 在预处理操作方面节省了 88.9% 的时间。当同时考虑数值模拟时间及预处理时间时，与传统的 SFOM 方法相比，DUOM 可节省 49.76% 的整体优化时间。

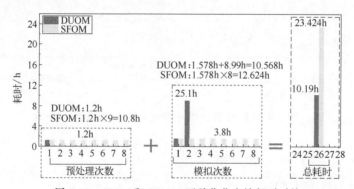

图 5-32 SFOM 和 DUOM 两种优化方法耗时对比

第四节　分离性能实验方法

一、气液旋流分离性能实验

1. 实验方法及工艺流程

气液旋流分离实验研究，根据不同的水力旋流器结构，目前形成了很多不同的实验方案，涉及的主要装置有空气压缩机、储气罐、储水罐、泵、气体及液体流量计、压力表及调节阀门等。本节以微型气液旋流器性能测试实验为例展开介绍[52]。实验采用的工艺流程如图 5-33 所示。利用 3D 打印技术针对不同结构参数的气液旋流分离器样机进行加工，为了便于直观分析气液分离过程，采用透明树脂 SLA 光固化 3D 打印成型。实验采用蒸馏水作为液体连续相，密度为 998kg/m³，25℃黏度为 1.003×10^{-3} Pa·s；采用空气作为实验用气，常压条件 25℃情况下，气相介质密度为 1.18kg/m³，黏度为 18.448μPa·s。实验时，液相静置于蓄水槽内，其通过离心泵（流量范围0~4L/min）增压进入实验工艺管道内，气相通过连接在空气中的LM60智能蠕动气泵（流量范围0~0.42L/min）进行增压输送至管道内，通过变频器调节离心泵以及蠕动泵实现流量及气相体积分数的定量控制。气液两相经过静态混合器后进入气液旋流分离器，分离后的气相及携带的液相沿溢流口流入液体缓冲罐内，液相沉积在罐底，气相通过顶部排气管经气体流量计计量后排到空气中。通过调节与溢流管及底流管连接的阀门，实现旋流器分流比的定量控制。研究过程中为了减小实验误差，每种工况分别进行三次实验，取三次均值作为性能分析的最终结果。同时，为了定性分析不同参数下气液分离性能，借助高速摄像技术，对气液分离过程中的气核分布形态进行录制。

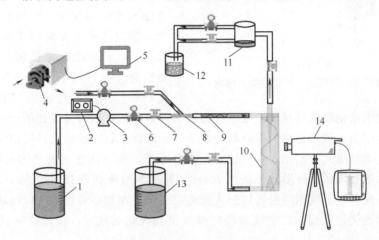

图 5-33 实验装置及工艺流程图

1—蓄水槽；2—离心泵控制器；3—离心泵；4—LM60智能蠕动气泵；5—蠕动气泵控制系统；
6—流量计；7—球阀；8—变径三通；9—静态混合器；10—气液旋流分离器；11—液体缓冲罐；
12—液体收集罐；13—底流液相收集罐；14—高速摄像机

2. 分离性能影响因素及效果评价

（1）分离效果评价方法　评判气液旋流分离器分离效率，可以通过气相出口气相体积分数或液相出口液相体积分数来断定，要尽可能实现气液两相完全分离，即气相出口排出的气相浓度越大，气相分离效率越高，液相出口排出的气相浓度越小，液相分离效率越高，气液综合分离效率充分考虑气相分离效率与液相分离效率，因此气液分离器分离效率的表达式为：

$$E = \frac{M_{oa} \times M_{iw} - M_{ow} \times M_{ia}}{M_{ia} \times M_{iw}} \tag{5-51}$$

式中　E——质量分离效率；

M_{oa}——气相出口中气体的含量；

M_{ow}——气相出口中液体的含量；

M_{ia}——入口混合相中气体的含量；

M_{iw}——入口混合相中液体的含量。

（2）分流比对分离性能的影响　溢流分流比是溢流口流体排出总量与入口进液量间的比值，是影响旋流器分离性能的主要操作参数。针对优化后的气液旋流分离器结构，开展溢流分流比在1%~40%范围内变化时的分离性能测试。针对数值模拟结果分别进行气相分离效率、液相分离效率及气液两相平均效率的计算，待室内实验流场稳定分离后对液相效率进行

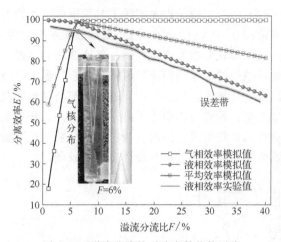

图 5-34　溢流分流比对分离性能的影响

计算，以此实现对旋流器分离性能的综合分析。控制入口进液速度为 0.25m/s（进液量 10.125L/h），气相体积分数为 5％，得出不同分流比下的性能测试结果如图 5-34 所示。由图 5-34 可知，随着溢流分流比的逐渐升高，无论是模拟值还是实验值，液相效率均呈现逐渐降低趋势，这是因为分流比越大由溢流排出的液相越多，从底流流出的液相越少，致使分离效率逐渐降低，模拟结果与实验结果呈现出较好的一致性。气相效率模拟值随着分流比的增加先快速升高后趋于平稳，这是因为溢流分流比较小时，虽然溢流口排液相对较少，但部分气体也无法由溢流口排出，致使气相效率相对较低，随着分流比的增大，越来越多的气相由溢流口排出，致使分离性能逐渐升高。当分流比达到一致值后，气相几乎完全由溢流口排出，因此继续增大分流比，气相效率无明显升高，但会使排出的气体携带更多的液相，所以液相效率明显降低。在溢流分流比 $F=6％$ 时平均效率达到最大值 99.18％，由气核分布结果显示，此参数下气相经过入口进入旋流腔后汇聚在轴心临近溢流口区域，且气核成型位置轴向上靠近倒锥顶部，在实现溢流口排气量最大化的同时，保障底流口处无明显气相排出。

（3）入口进液量对分离性能的影响　为了分析优化后气液旋流器在不同入口进液量条件下的适用性，针对优化后结构开展入口流量在 2.025～18.225L/h（即入口速度在 0.05～0.45m/s）范围内变化时的模拟及实验性能测试。固定溢流分流比为 6％，气相体积分数控制为 5％。得出不同入口流量下性能测试结果如图 5-35 所示。由图 5-35 可知，随着入口进液量的增加，液相效率呈现缓慢升高趋势，气相效率变化幅度较大，从 5％升至 99％以上。这是因为入口进液量较低时旋流腔内流体的切向速度值较低，离心

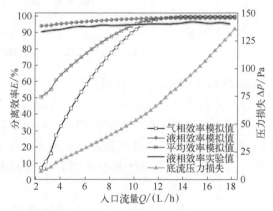

图 5-35　入口进液量对分离性能的影响

力较小致使气相收到的径向梯度力较小，无法快速运移至旋流器轴心位置由底流口排出。随着进液量的增大，液流旋转速度逐渐升高，气相向轴心聚集程度增加，致使越来越多的气相由溢流口排出，因此分离效率明显升高。当流量达到 13.77L/h 时，平均效率达到最大值 99.48％，此后平均效率随着进液量升高无明显变化。由于底流口处压力损失 Δp 随着进液量的增大逐渐升高，因此确定气液旋流器最佳入口进液量为 13.77L/h。

（4）气相体积分数对分离性能的影响　为了研究出优化后气液旋流器对气相体积分数的适用情况，开展优化结构在不同气相体积分数条件下的分离性能模拟及实验分析。针对优化后结构开展气相体积分数在 1％～30％范围内变化时的分离性能分析。控制溢流分流比为 6％，入口进液量为 13.77L/h（入口速度 0.34m/s），得出气相体积分数对优化结构旋流器

分离性能的影响如图 5-36 所示。气相体积分数在 1％～5％时，气相效率无明显变化。随着气相体积分数的继续升高，气相效率呈明显降低趋势。这是因为气液旋流分离器溢流口最大排气量受溢流管直径及溢流分流比限制，超过最大排气量后越来越多的气体将从底流口排出，致使分离性能降低。气液平均效率随含气量的升高呈先增加后降低的趋势，并在气相体积分数为 5.5％时达到了最大值 99.66％。此时，通过对比实验及模拟气核分布情况可以看出，气相聚集在溢流口附近，夹杂液相较少，底流处附近几乎无气体排出，无论是气核形态还是液相效率分布，模拟结果与实验结果均呈现出较好的一致性。

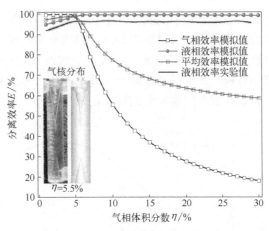

图 5-36　气相体积分数对优化结构旋流器分离性能的影响

二、固液旋流分离性能实验

1. 实验方法及工艺流程

以除砂旋流器进行固液分离实验为例，实验工艺流程图如图 5-37 所示，分离性能的实验系统由混合单元、供液单元、计量单元、分离单元和收液单元组成。试验时，将按一定比例配制的液砂倒入水箱，由循环泵将其混合均匀。液砂混合液由凸轮泵经电磁流量计计量后进入入口接头和螺旋导流溢流管围成的环形空间，在起旋段，经螺旋片导流形成强螺旋流。液砂混合相继续下行，进入旋流锥段，由于固液两相存在密度差，较重的砂相随外旋流运动到器壁处，经底流口进入沉砂尾管，在重力沉降作用下，沉入尾管底部。较轻的液相则经内旋流，经由溢流管，通过出口接头，经电磁流量计计量后回到水箱内，从而实现液砂分离。由于沉砂尾管底部放砂阀在工作时关闭，使底流形成了封闭的空间，在砂相下行的同时，必有一部分沉砂尾管内的液体上行重新进入旋流锥体内，并最终通过出口接头回到水箱内。在入口接头和出口接头处分别安装有压力表和取样口，用于压力的计量和取样。实验流程如下：向储液罐中注入水，加入某一粒径一定比例的石英砂，打开循环泵，将液砂混合均匀；

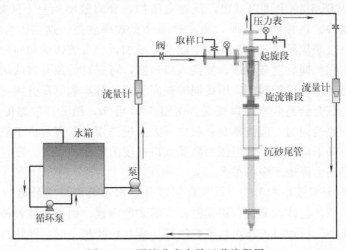

图 5-37　固液分离实验工艺流程图

开启凸轮泵，调节变频调速器，调整入口流量到试验值，分别从出口和入口处取样；测量取样的体积，用滤布过滤得到出入口的砂粒，将滤布烘干称重，得到出入口砂相的质量，计算出口分离效率；调整试验参数，分别改变砂的比例、砂相粒径、混合液黏度，完成试验内容，分析得到不同参数时分离效率和压力降的数值；改变实验因素的水平，进行较为全面的试验，得到各因素对分离性能的影响规律。

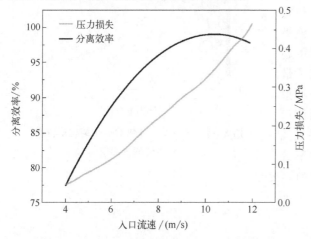

图 5-38　入口流速对分离效率及压力损失的影响

2. 分离性能影响因素及效果评价

(1) 分离性能影响因素

① 入口流量对分离效率的影响。入口流量的波动会影响固液分离水力旋流器内的流场分布特性和分离性能。因此了解固液分离水力旋流器的分离性能随流量的变化规律，是合理调节流量，获得高分离性能的重要基础。对于固定入口尺寸的固液分离水力旋流器，流量的改变直接体现为入口流速的变化。入口流速的变化将影响流场和固液两相的分布规律，并最终影响固液分离水力旋流器的分离性能。以闫月娟前期开展的固液两相旋流分离研究为例，得出入口流速对分离效率及压力损失的影响如图 5-38 所示。可以看出，随着入口流速增大，分离效率增加。这主要是因为入口流速增大，切向速度也不断增大，为离心分离提供了足够动力。但分离效率不是线性增加的，这是因为速度增加缩短了固相颗粒在固液分离水力旋流器旋流段停流的时间，固液两相还没有充分分离，就已离开了旋流体。随着入口流速增大，压力损失在不断增加。因为流速增加，固液分离水力旋流器内部湍流强度增大，造成总的能量损失增加。因此不能仅依靠提高流速来提高分离效率。

② 液体介质黏度的影响。固液分离水力旋流器内液体黏度变化可改变其内部平均速度场、压力场、湍动流场和固相颗粒的分布规律，这最终将引起固液分离水力旋流器分离效率的变化。固液分离水力旋流器在不同产液黏度条件下分离效率和压力降变化情况如图 5-39和图 5-40 所示。从图 5-39 中可以看出，随黏度增加，分离效率均呈下降趋势，速度越低，分离效率下降得越快。在相同黏度时，速度越高分离效率越高。这是因为在速度相同条件下，流体黏度大，内摩擦阻力大，流体的动能损失增加，导致流体的切向速度急剧降低，从而降低分离能力。在相同黏度条件下，提高入口速度，可提高旋流分离的切向速度，延长沉砂尾管段螺旋流的强度和保持时间，因此同时提高了旋流分离和沉降分离的效率，使得固液分离水力旋流器的综合分离效率得以提高。由图 5-40 可知，随着产液黏度增加，出口压力降略有减小。这主要是因为，旋流器是靠损失压力来提高切向速度，由于黏度增大，切向速度下降，因此压力降下降得较小。但压力降受入口速度的影响却很大，随着速度提高，虽然分离效率提高，但压力降也下降得很大。

③ 固相粒径对分离效率的影响。固相在固液分离水力旋流器中分离与否取决于两相的密度差、颗粒的粒径、流体的流速、流体的黏度等多种因素。固相颗粒粒径越小时，由于颗粒所受的离心力较小，从短路流流出的颗粒越多；颗粒粒径越小时，颗粒在下行过程中，较小的颗粒没能进入外旋流，而随内旋流从溢流口流出越多；在底流口处，粒径较小时，离心

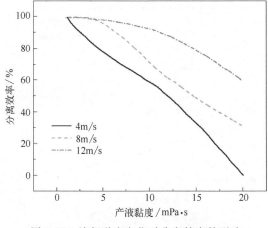

图 5-39　液相黏度变化对分离效率的影响	图 5-40　液相黏度变化对压力降的影响

分离出的固相颗粒未能及时沉降，从底流口重新返回到旋流段，这样固液分离水力旋流器溢流口处小粒径颗粒的分离效率较低。随着粒径增大，上述三种现象均呈现减小的趋势，固液分离水力旋流器的分离效率逐渐提高。固液分离水力旋流器在不同工况下，分离不同粒径固体颗粒时均有适宜的操作参数和相应的分离性能。图 5-41 给出了不同液相黏度下实测和数值模拟的分离效率随入口速度变化曲线图。由图可知，不同液相黏度下，实测和数值模拟分离效率的变化趋势基本一致，但实测结果均低于数值模拟结果，这主要是数值模拟的固相颗粒是在单一粒径假设基础上进行的，而实测时砂相中存在粒径较小的砂粒，这部分砂粒的分离效率较低，从而降低了除砂器最终的分离效率。

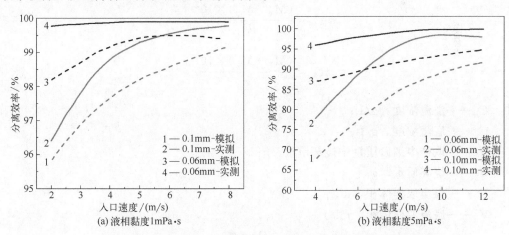

图 5-41　固液分离水力旋流器内不同粒径颗粒分离效果对比

④ 固相含量对分离效率的影响。在固相颗粒含量较低时，固相颗粒含量变化对分离效率的影响不大。当固相颗粒含量较高，达到特定值时，底流口处出现了拥挤现象，固相颗粒含量难以进入沉砂尾管内，使固液分离水力旋流器完全失效。研究得出，固相颗粒（砂相）含量对固液分离水力旋流器分离效率的影响曲线如图 5-42 所示。从图中可以看出，在模拟黏度和砂相含量范围内，砂相含量变化及粒径变化对分离效率的影响不大。但当黏度为 10mPa·s，砂相含量达到 5% 时，底流口处出现了拥挤现象，砂相难以进入沉砂尾管内，使除砂器完全失效，因此当固液分离水力旋流器用于分离黏度较高的产液时，应格外关注砂相含量大小。

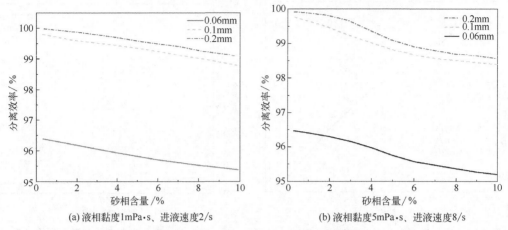

(a) 液相黏度1mPa·s、进液速度2/s　　(b) 液相黏度5mPa·s、进液速度8/s

图 5-42 固相颗粒含量对分离效率的影响

（2）分离效果评价

评判固液分离水力旋流器分离效率，可以通过底流口固相体积分数或液相出口液相体积分数来断定。用量筒分别测定取得的底流样品和溢流样品体积，再将取样样品倒入烧杯中，在恒温箱中进行烘干，用上皿电子天平测定样品固相质量，进而求得底流浓度和溢流浓度。如果旋流器内无颗粒的质量积累，为避免受进口浓度的影响（实际上，进口浓度是瞬时变化的），分离效率可以用式（5-54）计算：

溢流浓度和底流浓度分别为：

$$C_\mathrm{o} = \frac{(M_1 - M_2) \times 10^3}{V_\mathrm{o}} \qquad (5\text{-}52)$$

$$C_\mathrm{u} = \frac{(M_1 - M_2) \times 10^3}{V_\mathrm{u}} \qquad (5\text{-}53)$$

式中　　C_o——溢流浓度，g/L；

　　　　C_u——底流浓度，g/L；

　　　　M_1——取样中细砂质量＋烧杯质量，g；

　　　　M_2——烧杯质量，g；

　　　　V_o——溢流取样体积，mL；

　　　　V_u——底流取样体积，mL。

$$E_\mathrm{t} = \frac{Q_\mathrm{u} \times C_\mathrm{u}}{Q_\mathrm{u} \times C_\mathrm{u} + Q_\mathrm{o} \times C_\mathrm{o} \times (\rho_\mathrm{o}/\rho_\mathrm{u})} \qquad (5\text{-}54)$$

式中　　E_t——分离总效率，%；

　　　　Q_u——底流质量，m³/h；

　　　　Q_o——溢流流量，m³/h；

　　　　ρ_o——溢流密度，kg/m³；

　　　　ρ_u——底流密度，kg/m³。

计算时默认为溢流和底流密度相同。由于底流密度一定大于溢流密度，因此这样计算得到的分离效率会比实际的分离效率稍小。

三、液液旋流分离性能实验

1. 实验方法及工艺流程

本实验以典型的脱油式液液旋流器为例，实验工艺流程图如图 5-43 所示。实验时，水相及油相分别储存在水罐及油罐内，水相由螺杆泵输送，通过变频控制器调节螺杆泵频率，进而控制进液量。油相由计量柱塞泵增压，通过调节量标尺控制柱塞泵供液量，进而控制介质含油浓度。水罐内可实现持续加热，保证恒定的介质温度。油水混合液通过静态混合器实现两相介质均匀混合，静态混合器后端连有浮子流量计及压力表，可实现入口处的压力、流量实时监测，被测量后的油水混合液进入到实验样机内。在开展分离性能实验时，分别连接入口、底流及溢流管线，油水混合介质由入口管线进入到分离器内，实现油水两相旋流分离后的油相由溢流口流出，水相由底流口流出，油水两相均循环至回收罐内。安装在入口及两个出口管线上的截止阀用来完成分流比的调控。同时在连接入口、溢流口及底流口的管线上分别装有 A、B、C 三个取样点，用来完成旋流分离前后的取样工作，进而通过含油分析对实验样机的分离性能进行评估。

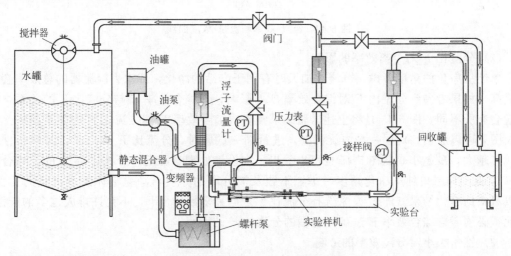

图 5-43　液液分离实验工艺流程图

2. 分离性能影响因素

(1) 流量对分离效率的影响

作为分离设备，必然要对一定流量的混合液体进行处理，对于特定结构的水力旋流器而言，其最佳流量范围是基本不变的，即存在一个最佳处理量区。图 5-44 为采用密度为 $0.885 \mathrm{g/cm^3}$ 的机油、入口含油浓度在 $1000 \mathrm{mg/L}$ 以下、分流比为 5% 时对设计处理量为 $6 \mathrm{m^3/h}$ 的水力旋流器进行试验的流量-效率和流量-浓度曲线。图中绘有两条曲线，一条是入口流量 Q_i 与底流水出口含油浓度 C_d 之间的关系，另外一条是入口流量与分离效率 E_i 之间的关系曲线。可以看出，当入口流量 Q_i 小于一定数值时（图中是在 $3 \mathrm{m^3/h}$ 以下），底流出口含油浓度较高，为 $200 \mathrm{mg/L}$ 以上，分离效率仅有 65% 左右。显然，这是由于流量过低，液体在水力旋流器内部没有形成旋转速度足够高的涡流，只有粒度较大的油滴能够从混合液中分离出来，而许多小油滴则未能与水分离。在流量 Q_i 逐渐加大时，水力旋流器的分离效率 E_i 逐渐提高，水中含油量也逐渐减少。当入口流量达到 $5 \mathrm{m^3/h}$ 时，底流水中的含油浓度只有 $50 \mathrm{mg/L}$，此时的分离效率达到了 95%。这时通过透明的有机玻璃样机用肉眼即可看到在水力旋流器轴心处存在一个非常明显的稳定的油核，该油核从小锥段一直到溢流口处，细而笔直。在流量为 $5 \sim 6 \mathrm{m}^3/\mathrm{h}$ 时，分离效率最高。当超过 $6 \mathrm{m}^3/\mathrm{h}$ 时，效率有所波动，且稍有下降的趋势。

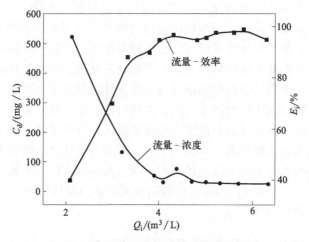

图 5-44　流量-效率和流量-浓度曲线

（2）分流比 F 对分离效率的影响

单纯从净化的角度考虑，分流比加大时有利于产品的净化，即水力旋流器的总效率会有所提高。如果考虑到分流比 F 对综合效率 E 的影响，即综合效率 E 与分流比 F 的关系，情况就会有所不同。图 5-45 是将上述试验结果整理成综合效率 E 与分流比 F 的关系曲线。从曲线图上可以看出，对同一水力旋流器，进行同一试验时，分流比 F 改变时，其他条件相同，F 越大，E 越小。从图 5-45 也可以看出，在设计处理量附近，分流比 F 大的，综合效率 E 就低。如果单纯从净化角度考虑，不顾及被分离的介质与净化液体的排出量的比例，可以只根据净化结果（即 E_j）来选择分流比 F。但大多数场合下，不允许排放过多的废液，因此，必须考虑综合效率 E 来确定合理的分流比 F 的大小。

（3）锥角大小对分离效率的影响

图 5-46 是小锥角为 $1.5°$，大锥角分别为 $15°$、$20°$ 和 $30°$ 的三种液液水力旋流器在固定分流比条件下，分离效率随流量变化的曲线图。

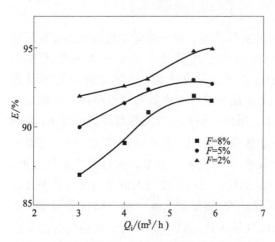

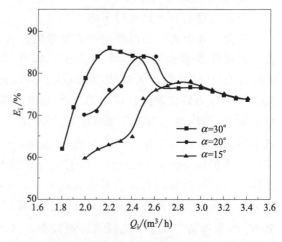

图 5-45　分流比对水力旋流器综合效率的影响　　图 5-46　水力旋流器大锥角变化对分离性能的影响

从图中可以看出，三条效率曲线基本上交织在一起，表明三种水力旋流器的分离效率没有明显不同。但是三种旋流器达到最佳分离效率的入口流量却不同。大锥角 $\alpha = 30°$ 的旋流器的最佳处理量为 $2.2\text{m}^3/\text{h}$，$20°$ 旋流器的最佳处理量为 $2.4\text{m}^3/\text{h}$，而 $15°$ 旋流器的最佳处理量为 $2.8\text{m}^3/\text{h}$。在以前的研究中我们知道，对于每一种水力旋流器都有一个最佳的处理量，在该流量下液液水力旋流器的分离效率达到最高，入口流量无论是低于该流量还是高于该流量，水力旋流器的分离效率都要有所下降。因此我们可以看出，这三种水力旋流器的最佳处理量是不同的，大锥角越大，最佳处理量越低。根据该图我们可以得出这样的结论：大锥角在 $15°\sim30°$ 之间变化时，并不对分离效率造成太大的影响，但对其最佳处理量的影响却比较明显，其最佳处理量随着大锥角的变大而降低。同时在此范围内，大锥角越大，流量的适应范围越宽，更有利于实际应用。

图 5-47 是大锥角为 $20°$，小锥角分别为 $1.5°$、$2°$ 和 $2.5°$ 的三种液液水力旋流器的分离效率曲线图。实验发现，小锥角为 $1.5°$ 的液液水力旋流器的分离效率明显低于其他两种液液水力旋流器。

（4）旋流腔长度对分离效率的影响

旋流腔长度对水力旋流器的分离性能也有较大的影响。实验中发现（如图 5-48 和图 5-49 所示），其长度加大以后，旋流器的处理量明显加大，最佳处理量有所增加。同时相对于标准结构而言，最佳处理量时的压力降增加；而在设计流量下的压力降有所下降，这是旋流器内部容积增大的结果。

因为旋流腔段为液体进入水力旋流器的第一段，且同时存在切向进入的液流、周向旋转的液流和返向溢流口的液流，因此其流场紊乱程度比较严重。适当加大该段的长度对于稳定旋流腔内部流场，同时进一步稳定锥段这一主要的分离段起到了一定的作用。但如果过长，则会明显降低液流的旋转强度，通过锥段的补偿已经为时过晚，不利于水力旋流器对两相介质的分离。

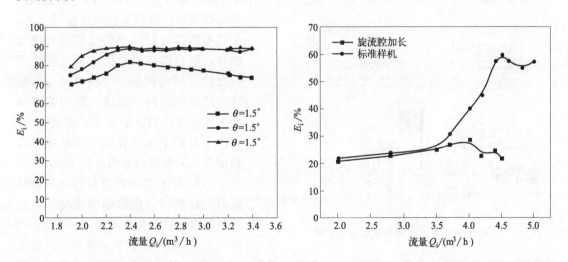

图 5-47 水力旋流器小锥角变化对分离性能的影响　图 5-48 水力旋流器旋流腔长度变化对分离效率的影响

（5）尾管段长度对分离效率的影响

尾管段是位于水力旋流器最下方的圆柱部分。在液液分离水力旋流器中，少量的液体从溢流排出，而大量的液体都是从底流排出的，所以尾管段长度是影响液液水力旋流器性能的一个重要参数。它影响水力旋流器的总体长度、压力降及分离效果的好坏。图 5-50 是在不改变其他参数的情况下，用油水混合液对三种不同的尾管段长度进行试验研究的结果。由曲线可以看出，尾管段长度 l_3 为 $2l_d$（l_d 为试验时采用的基本长度）时，分离效果最好。

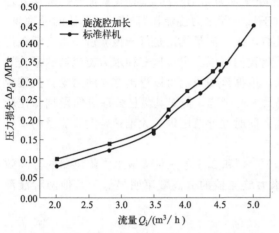

图 5-49　水力旋流器旋流腔长度对压力降的影响

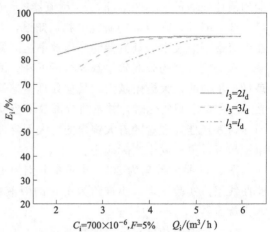

图 5-50　尾管段长度与分离效率之间的关系曲线

第五节　流场测试方法

一、基于 LDV 的速度场测试

1. LDV 测速的原理

激光多普勒测速仪（laser doppler velocimeter，LDV）[53,54] 作为一种先进的测量技术，正在诸多领域中得到迅速发展和广泛应用。激光多普勒测速技术是利用流体中的运动微粒散

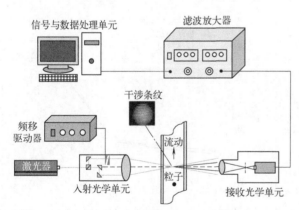

图 5-51　激光测速系统原理示意图

射光的多普勒频移来获得速度信息的，其基本原理可以采用条纹模型来进行解释，即当两束相干的入射光相交于一点时，相交区是一个椭球体，沿椭球体的短轴方向会形成一组明暗相间的干涉条纹，当粒子穿过干涉条纹时，会产生和粒子速度成线性关系的多普勒信号，其原理图如图 5-51 所示。

LDV 用于多相流测量时，一般只适用于分散相浓度较低的情况。对分散相浓度较高（固含率大于 1.5%，气含率大于 5%）的研究应用很少。这主要是因为 LDV 测速技术存在以下问题：激光及其散射光在穿过多相混合物时，光强度会随穿过的距离迅速减弱，造成测量信噪比下降。为使颗粒散射光光强增大，有两种方法：其一是增大入射光的光强，即要增大激光器的功率，但这种方法有很大的局限性；其二是缩短激光及散射光在床内多相区的穿行距离，在激光功率不变的情况下，激光与散射光的光强与穿行距离成指数关系衰减，因此当距离缩短时，接收到的散射光强度将大幅度提高，所以采用这种方法可一定程度解决分散相浓度较高体系的速度测量。

根据爱因斯坦提出的相对论，相对速度为 u 的两个参照系 1 和参照系 2（图 5-52）之间满足洛伦兹变换，参照系 1 中的时空坐标 x_1、y_1 和 t_1 与参照系 2 中的时空坐标 x_2、y_2 和 t_2 满足以下关系：

$$x_2 = \frac{x_1 - ut_1}{\beta} \tag{5-55}$$

$$y_2 = y_1 \tag{5-56}$$

$$t_2 = \frac{t_1 - ux_1/c^2}{\beta} \tag{5-57}$$

式中，c 为光速，$\beta = \left(1 - \dfrac{u^2}{c^2}\right)^{1/2}$，相应地，坐标 2 和坐标 1 间的逆变换为：

$$x_1 = \frac{x_2 + ut_2}{\beta} \tag{5-58}$$

$$y_2 = y_1 \tag{5-59}$$

$$t_1 = \frac{t_2 + ux_2/c^2}{\beta} \tag{5-60}$$

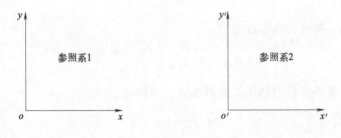

图 5-52 相对速度为 u 的两个参照系

在坐标系 1 中，有一束光与 x_1 轴的夹角为 θ_1，则平面波 E 表示为：

$$E = E_0 \cos 2\pi f_1 \left(t_1 - \frac{x_1 \cos\theta_1}{c} - \frac{y_1 \sin\theta_1}{c} + \delta \right) \tag{5-61}$$

式中，f 为光的频率；δ 为与光的初相位有关的量。如图 5-53 所示，被测物体以速度 u 运动，则在参照系 2 中观察这束光时，其平面波为：

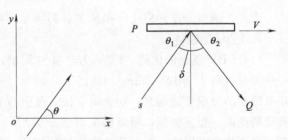

图 5-53 激光多普勒测速原理示意图

$$E = \frac{E_0}{\beta} \cos 2\pi f_1 \left(1 - \frac{u \cos\theta_1}{c} \right) \left(t_2 + \frac{u/c - \cos\theta_1}{1 - u/c\cos\theta_1} \times \frac{x_2}{c} - \frac{\beta \sin\theta_1}{1 - u/c\cos\theta_1} \times \frac{y_2}{c} + \delta \right) \tag{5-62}$$

根据相对论，参照系 2 中的平面波也应满足与式（5-61）类似的表达式，有：

$$E = E_0 \cos 2\pi f_2 \left(t_2 - \frac{x_2 \cos\theta_2}{c} - \frac{y_2 \sin\theta_2}{c} + \delta \right) \tag{5-63}$$

对比两式，可得：

$$f_2 = f_1 \frac{1 - u\cos\theta_1/c}{\beta}$$

$$\cos\theta_2 = \frac{\cos\theta_1 - u/c}{1 - u\cos\theta_1/c}$$

$$\sin\theta_2 = \frac{\beta\sin\theta_1}{1 - u\cos\theta_1/c} \tag{5-64}$$

由此可见，光的频率在坐标系1和坐标系2中发生了变化，这就是光的多普勒效应，对应的多普勒频差为：

$$\Delta f = f_2 - f_1 = \left(\frac{1 - u\cos\theta_1/c}{\beta} - 1\right)f_1 \tag{5-65}$$

用向量表示如下式所示，其中 n 和 n_s 分别为入射和散射光的单位向量：

$$\Delta f = \frac{(n - n_s)u}{\lambda} \tag{5-66}$$

在多普勒测量中，两束光的频移差可表达为：

$$\Delta f_1 = \frac{(n_1 - n_s)u}{\lambda}$$

$$\Delta f_2 = \frac{(n_2 - n_s)u}{\lambda} \tag{5-67}$$

则检测装置中，两束光的频移差为：

$$\Delta f = \Delta f_1 - \Delta f_2 = \frac{(n_1 - n_2)u}{\lambda} \tag{5-68}$$

当入射光相对被测物体沿物体表面对称时，可得：

$$\Delta f = \frac{2}{\lambda}\sin\phi \times u \tag{5-69}$$

得被测颗粒的速度与频差的关系为：

$$u = \frac{2}{\lambda}\sin\phi \times \Delta f \tag{5-70}$$

因此，通过测量两束光所得的多普勒频差，可获得被测颗粒的运动速度 u。

2. LDV 测速特点

（1）LDV 测速的优势　LDV 为非接触测量，测量过程对流场无干扰；空间分辨率高，一般测量点可小于 $10\sim4\mathrm{mm}^3$，相当于一到两个普通催化裂化催化剂颗粒的体积，因而可以获取颗粒的微观运动信息；动态响应快，可进行实时测量，获取局部的颗粒速度瞬时信号；测量精度高，重复性好，测量精度可达 $\pm0.1\%$；测量范围大，可测量 $0.1\sim2000\mathrm{m/s}$ 的速度；频率响应范围宽，可以分离和测量分速度，在具有频移系统的情况下，可以方便地测量反向速度；对温度、密度和成分的变化适应能力强。

（2）LDV 测速的缺点　由于 LDV 是利用检测流体中和流体以同一速度运动的微小颗粒的散射光来测定流体速度的仪器，因此也带来了一定的局限性：被测流体要有一定的透光度；测纯净流体时需人工加入跟随粒子；价格昂贵；使用时有一定的防振要求，使管道与光学系统无相对运动。

二、基于 PIV 的速度场测试

1. PIV 测速原理

粒子图像测速（particle image velocimetry，PIV），是由固体力学散斑法发展起来的一种流场显示与测量技术[55-59]。PIV 突破了传统单点测量的限制，可以同时无接触测量流场中一个截面上的二维速度分布或三维速度场，实现了无干扰测量，且 PIV 方法具有较高的测量精度。经过多年的发展，PIV 技术在图像采集和数据处理算法上已经日益成熟，获得了人们的普遍认可，并且作为研究各种复杂流场的一种强有力的手段，广泛应用于各种流动测量中。

图 5-54 为 PIV 系统示意图。在利用 PIV 技术测量流速时，需要在二维流场中均匀散布跟随性、反光性良好且密度与流体相当的示踪粒子。将激光器产生的光束经透镜散射后形成厚度约 1mm 的片光源入射到流场待测区域，CCD 摄像机以垂直片光源的方向对准该区域。利用示踪粒子对光的散射作用，记录下两次脉冲激光曝光时粒子的图像，形成两幅 PIV 底片（即一对相同待测区域、不同时刻的图片），底片上记录的是整个待测区域的粒子图像。整个待测区域包含了大量的示踪粒子，很难从两幅图像中分辨出同一粒子，从而无法获得所需的位移矢量。采用图像处理技术将所得图像分成许多很小的区域（称为查问区），使用自相关或互相关统计技术求取查问区内粒子位移的大小和方向，脉冲间隔时间已设定，粒子的速度矢量即可求出（见图 5-55）。对查问区中所有粒子的数据进行统计平均可得该查问区的速度矢量，对所有查问区进行上述判定和统计可得出整个速度矢量场。在实测时，对同一位置可拍摄多幅曝光图片，这样能够更全面、更精确地反映出整个流场内部的流动状态。

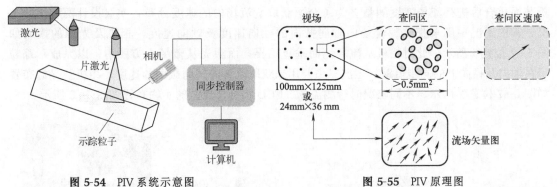

图 5-54 PIV 系统示意图   图 5-55 PIV 原理图

PIV 测速是最直接的流体速度测量方法[60-63]。在已知的时间间隔 Δt 内，流场中某一示踪粒子在二维平面上运动，它在 x、y 两个方向的位移是时间 t 的函数。该示踪粒子所在处水质点的二维速度可以表示为：

$$v_x = \frac{\mathrm{d}x(t)}{\mathrm{d}t} \approx \frac{x(t+\Delta t) - x(t)}{\Delta t} = \overline{v}_x \tag{5-71}$$

$$v_y = \frac{\mathrm{d}y(t)}{\mathrm{d}t} \approx \frac{y(t+\Delta t) - y(t)}{\Delta t} = \overline{v}_y \tag{5-72}$$

式中，v_x、v_y 为水质点沿 x、y 方向的瞬时速度；$\overline{v}_x$、$\overline{v}_y$ 为水质点沿 x，y 方向的平均速度；Δt 为测量的时间间隔。上式中，当 Δt 足够小时，$\overline{v}_x$、$\overline{v}_y$ 的大小可以精确地反映 v_x、v_y。PIV 技术就是通过测量示踪粒子的瞬时平均速度实现对二维流场的测量。

2. PIV 技术在旋流场测量中的应用

主要针对以磁性转子驱动的三维旋转流场为研究对象，借助 PIV 技术开展旋流场内的径向、轴向及切向速度测量。构建的 PIV 实验系统实物布置形式如图 5-56 所示。实验系统由以下组成：激光发生器（Dual Power 200-15）；CCD 相机（Flow Sense EO 4M），分辨率 2048×2048 像素，最大频率 20Hz；片光透镜组；同步器；PIV 控制软件及图像数据处理系统和磁力搅拌器。旋流场区域采用 1000mL 烧杯，流体域半径为 53mm，高度为 100mm，

图 5-56 PIV 实验实物布置图

转子的旋转半径为 12.5mm。在对流场速度进行测量时，首先通过双脉冲激光发生器产生激光，激光经控制器、导光臂、片光源镜头后，以片光的形式照射到待测区域。测量过程中根据测量工况，通过调节控制器对激光的厚度及强度进行调节。激光照射在均布在流场内的示踪粒子上发生散射，同时通过垂直于待测流场截面的电荷耦合相机（charge coupled device，CCD），获取示踪粒子的运动图像，通过互相关算法确定出粒子位移与时间的关系。

（1）实验方法

实验时，首先向烧杯内加入 800mL 蒸馏水，打开磁力搅拌器并加入适量的示踪粒子，待搅拌均匀后开启 PIV 测量系统。测量时首先打开 CCD 相机调整焦距至流场内分析截面清晰可见，放入标定尺完成流场标定。开启激光发生器，调整片光源照射位置，直至片光与分析截面重合后进行流场速度测量。为了全面获取旋流场内的速度分布，实验设计两种不同工况，其中工况一用来获取旋流场内轴向截面的径向速度及轴向速度，相机及光源的摆放如图 5-57 位置 1 所示，此时相机从流场侧面垂直拍摄，而激光从流场上方照射，以完成示踪粒子在轴向及径向上的同步追踪。工况二主要用来获取流场的切向截面的速度，相机及光源布置如图 5-57 位置 2 所示。不同工况时待测流场、CCD 相机与光源的实物布置如图 5-58 所示。

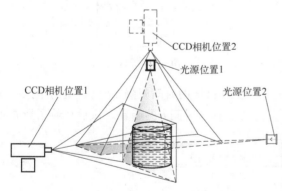

图 5-57 不同工况时相机及光源位置布置

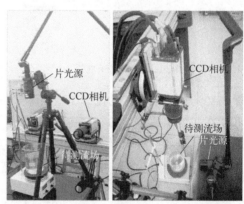

图 5-58 不同工况实验装置布置实物图

（2）工况一测量结果分析

以磁性转子转速 1040r/min 为例对采用工况一所示测量方式获取的旋流场轴向待测区域影像及结果进行分析。实验获得转子转速在 1040r/min 时旋流场轴向待测区域影像结果如图 5-59 所示，可以清晰地看出气核位置及形貌特征。对测量结果进行分析时，分析区域如图所示。同时为了获取旋流场轴向截面上不同位置的速度数据，按照图 5-59 中截线 Ⅰ～Ⅵ所示位置提取轴向及径向速度值。

PIV 测试结果的合成图像速度矢量分布如图 5-60 所示，可以看出待测旋流场的轴向分析截面上，在靠近气核边缘区域流场的径向速度逐渐增大，最大值分布在 0.015～0.02m/s 范围内。在靠近气核区域流场整体呈径向向轴心运动的趋势，而在其他区域内轴向速度及径向速度分布并无明显规律，同时可以看出在轴向截面上有明显的衍生涡流，且在远离流场中心区域衍生涡流较多，靠近轴心气核区域衍生涡流明显减少。

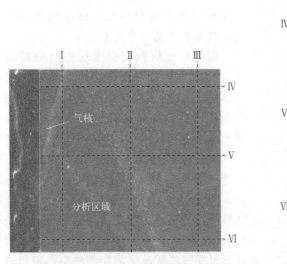

图 5-59　分析区域选取

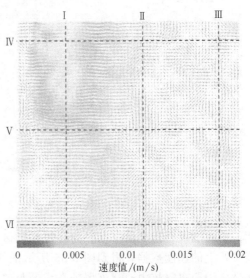

图 5-60　轴向分析截面速度矢量图

　　为了准确分析测量流场的速度分布情况，获取截线Ⅰ～Ⅲ位置径向速度分布数据，如图 5-61 所示。数据显示靠近气核的截线Ⅰ位置径向速度由上到下呈逐渐降低趋势，而截线Ⅱ、截线Ⅲ无明显的分布规律，径向速度值在小于 0.005m/s 范围内波动。截线Ⅳ、Ⅴ、Ⅵ位置轴向速度分布结果如图 5-62 所示，可以看出分析位置的轴向速度分布亦无明显规律。在流场轴向截面上径向速度及轴向速度分布无明显规律是因为 PIV 实验所选用示踪粒子密度与水相同，而旋流场内切向的旋转运动为介质的主要运动形式，示踪粒子在流场所受离心力、径向运动阻力以及随机作用力与流体介质相同，所以径向与轴向的速度分布并不规律，但受到流场随机特性的影响在轴向上存在明显的衍生涡流。

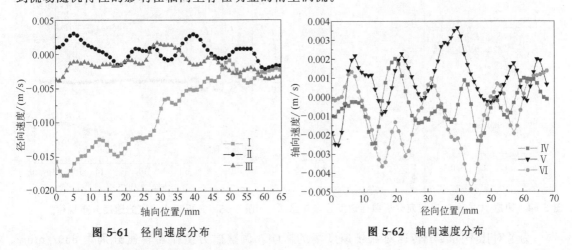

图 5-61　径向速度分布　　　　　　　　　　图 5-62　轴向速度分布

（3）工况二测量结果分析

　　为了获取目标流场的切向速度数据，采用工况二方式对流场切向速度分布规律进行测量及分析。测量时调整转子转速分别为 850r/min、1040r/min、1260r/min、1490r/min、1860r/min、2050r/min，获取不同转子转速对流场切向速度分布的影响。图 5-63 所示为转

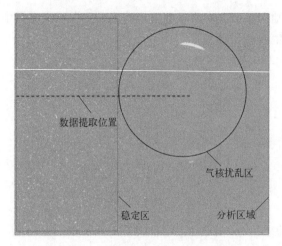

图 5-63 CCD 相机获取切向截面影像

子转速 1040r/min 进行测量时 CCD 获取的切向分析截面影像，为了便于分析，将分析截面划分为气核扰乱区及稳定区两部分，图中虚线表示分析截线，提取该截线上的速度数据开展进一步分析。

对切向分析截面速度场进行分析得到图 5-64 所示速度分布矢量图，通过图 5-64可以明显看出气核所在位置，分析发现围绕气核周围流场切向速度值分布较大且速度变化梯度较大，而在远离气核的稳定区内切向速度较稳定，流场运动方向也比较规律，呈现出明显的绕气核中心的旋转运动。为了进一步分析切向截面上的切向速度、角速度及合速度值，以径向穿过稳定区且过气核中心的截线为速度数据分析位置，获取该截线上的速度数据，得到图 5-65 所示的切向速度、径向速度及合速度的分布曲线。图中横坐标为距离气核中心（流场轴心）的距离。可以看出在气核扰乱区内距气核中心距离越远切向速度越大，而在稳定区内距轴心距离越远切向速度越小。实际上在测量过程中气核区域无法连续清晰地拍摄到示踪粒子，即很难保证气核扰乱区测量结果的准确性。为此以稳定区的测量结果作为主要的分析对象。通过图 5-65 可以看出径向速度在稳定区内基本无明显变化，切向速度及合速度在远离轴心的方向呈逐渐降低趋势。这是因为流场的切向旋转主要由轴心处高速旋转的磁性转子产生，所以距离转子越近的流体切向速度越大。

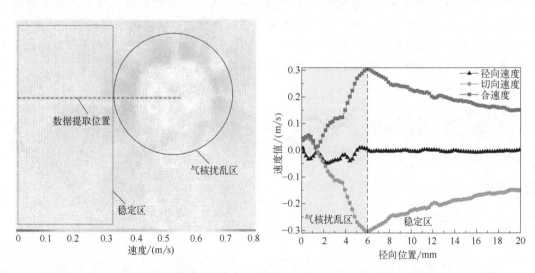

图 5-64 转速 1040r/min 时切向分析截面速度分布矢量图   图 5-65 分析截线位置的速度分布规律

为了对比不同转子转速对流场速度场的影响，调整磁力搅拌器转速分别为 850r/min、1040r/min、1260r/min、1490r/min、1860r/min、2050r/min，并对不同转速时的流场逐一进行速度测量，获取不同转速条件下流场切向截面流体迹线，如图 5-66 所示。通过分析迹线图可以清晰看到气核的大小及位置，不难发现随着转子转速的不断升高，气核逐渐增大，气核扰乱区流体迹线也越发混乱，分析范围内稳定区逐渐缩小。通过观察图 5-67 所示的速度分布矢量云图可以发现，随着转子转速的逐渐升高，气核扰乱区的速度随气核的逐渐增大而增大，同时稳定区的速度也逐渐升高。

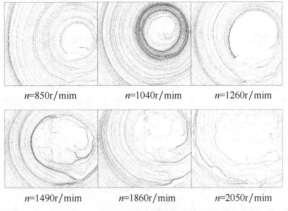

图 5-66　不同转速时流体迹线对比

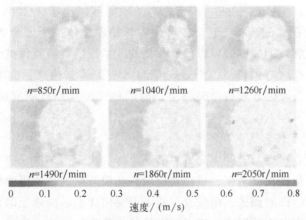

图 5-67　不同转速时切向截面速度矢量云图

采用图 5-63 所示的数据分析截线位置，对不同转速时分析截线上的角速度进行分析，得到图 5-68 所示的角速度对比曲线。可以发现当转速为 850r/min 时气核扰乱区的扰乱半径约为 5mm，随着转速的逐渐增加扰乱半径逐渐增大，当转速为 2050r/min 时，气核扰乱半径约为 15mm。在流场稳定区内随着转速的增加，流场角速度逐渐增大且在径向上随着距轴心距离的增大呈缓慢的降低趋势。

选取不同转速时流场稳定区的速度数据进行对比分析，得出图 5-69 所示不同转速稳定区流场切向速度对比。通过图 5-69

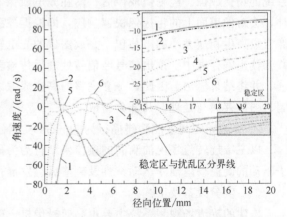

图 5-68　不同转速时分析截线上角速度对比
1—850r/min；2—1040r/min；3—1260r/min；
4—1490r/min；5—1860r/min；6—2050r/min

可以看出稳定区的切向速度随着距轴心距离的增大逐渐降低，转速为 850r/min 随着径向距离的增加切向速度由 0.275m/s 降低到 0.15m/s，当转速增大到 2050r/min 时，切向速度分

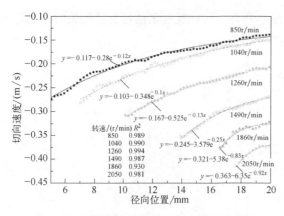

图 5-69　不同转速稳定区切向速度拟合结果

图中的方程标注：
$y=-0.117-0.28e^{-0.12x}$
$y=-0.103-0.348e^{-0.1x}$
$y=-0.167-0.525e^{-0.13x}$
$y=-0.245-3.579e^{-0.25x}$
$y=-0.321-5.38e^{-0.83x}$
$y=-0.363-6.35e^{-0.92x}$

转速对应 R^2：

转速/(r/min)	R^2
850	0.989
1040	0.990
1260	0.994
1490	0.987
1860	0.930
2050	0.981

布在 $0.425\sim0.375\text{m/s}$ 之间，随着转速的增加，稳定区的切向速度呈明显的升高趋势。为了准确描述出稳定区切向速度随径向距离的变化规律，对不同转速时稳定区切向速度测量值进行指数拟合，得出不同速度时切向速度随径向距离变化的指数函数方程，具体方程见图 5-69，各拟合函数中自变量 x 为距离的径向位置，因变量 y 为切向速度值。分析调整 R^2 结果表明不同转速时的拟合方程与实验数据间均存在较高的拟合度，充分说明可以用不同转速时所对应的拟合函数来表征稳定区域流场的切向速度分布规律。

三、基于 HSV 的运动行为分析

高速摄像机（high-speed video，HSV）是一种能够以小于 $1/1000\text{s}$ 的曝光或超过 250 帧/s 的速率捕获运动图像的设备。它用于将快速移动的物体作为照片图像记录到存储介质上。录制后，存储在媒体上的图像可以慢动作播放。早期的高速摄像机使用胶片记录高速事件，但被完全使用电荷耦合器件（CCD）或 CMOS 有源像素传感器的电子设备取代，超过 1000 帧/s 的影像记录到动态随机存储器上，随后再慢慢地回放研究瞬态现象的科学研究动作。

1. 高速摄像系统工作原理

高速摄像机可以在很短的时间内完成对高速目标的快速、多次采样，当以常规速度放映时，所记录目标的变化过程就清晰、缓慢地呈现在我们眼前。高速摄像机技术具有实时目标捕获、图像快速记录、即时回放、图像直观清晰等突出优点。高速运动目标受到自然光或人工辅助照明灯光的照射产生反射光，或者运动目标本身发光，这些光的一部分透过高速成像系统的物镜成像。经物镜成像后，落在光电成像器件的像感面上，受驱动电路控制的光电器件，会对像感面上的目标像快速响应，即根据像感面上目标像光能量的分布，在各采样点即像素点产生相应大小的电荷包，完成图像的光电转换。带有图像信息的各个电荷包被迅速转移到读出寄存器中。读出信号经信号处理后传输至电脑中，由电脑对图像进行读出显示和判读，并将结果输出。因此，一套完整的高速成像系统由光学成像、光电成像、信号传输、控制、图像存储与处理等几部分组成。

2. 旋流场内离散油滴碰撞行为的 HSV 实验研究

以三维旋转流场内油滴间的碰撞聚结行为为研究目标，基于高速摄像技术构建以磁性转子驱动的旋流场内油滴运动特性及碰撞后续发展行为的实验监测系统[64,65]。

（1）实验设备及工艺

构建的旋流场观测系统主要由高速摄像机、磁力搅拌器、遮光板以及光源等组成。其中高速摄像机采用奥林巴斯的 I-Speed-3-T2 系列完成实验过程的图像获取，其最高帧速率为 150000 帧/s，并通过专用配套软件 I-Speed suite 完成视频图像的观察及分析；磁力搅拌器的转速范围为 $0\sim2040\text{r/min}$，流场温度变化范围为 $0\sim100℃$，磁性转子长轴长度为 25mm；由于流场转速较快，设置帧率较高时需要对观测区域进行光照补强，实验中选取的光源功率为1000W，光照强度可调；遮光板为高透白板，主要用来削弱光强，同时使光均匀地照射在待测旋流场内，以此提高高速摄像机获取画面的清晰度。实验设备布置形式如图5-70所示。

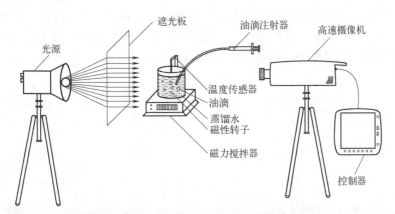

图5-70 旋流场内油滴运动分析实验设备布置形式

（2）实验的主要方法及流程

① 按照图5-70所示位置完成实验装置摆放，并完成各实验仪器的电源及信号传输线路连接，将注射器吸满实验用油；②烧杯内放入实验选用的磁性转子，加入适量蒸馏水后启动磁力搅拌器调整流场温度及转速，直至流场转速及温度稳定在设定值；③依次打开光源及高速摄像系统，调整高速摄像机焦距及光强至控制器屏幕上显示清晰的流场区域；④调整高速摄像机至合适帧率后，将注射器针头放入流场内，缓慢推动注射器至针头均匀地出现油滴颗粒，此时油滴颗粒在增大的过程中在流场的作用下逐一与针头脱离，随流场做旋转运动；⑤按动控制器上的 Record 键，开始对旋流场内的油滴运动行为展开追踪记录，获取油滴运动过程中的碰撞聚结等相关运动特性图像；⑥依据不同的研究内容调整流场转速、注射器大小及油滴注入量，获取不同的实验图像；⑦关闭系统，导出实验结果，实验结束。

通过图5-71所示实验系统获取的旋流场及油滴图像如图5-72所示，依照实验设计将图像划分成油滴入射区、观察区、旋流发生区等部分。

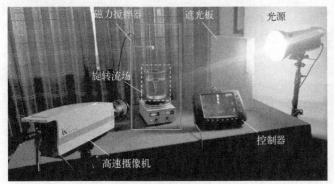

图5-71 高速摄像实验系统

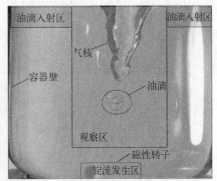

图5-72 高速摄像实验图像的区域划分

（3）油滴间的碰撞聚结行为

对高速摄像实验获取的油滴运动过程进行关键帧选取，以表征油滴聚结过程中的主要形貌特征及形变规律。分析过程中用 f 表示当前关键帧图像的帧数，Δt 表示相邻两图像的间隔时间。图 5-73 所示为旋流场内两个油滴发生对心碰撞后聚结到一起的过程。图 5-73 显示，在 $f=329$ 时一大一小两个油滴开始接触，黏附在一起后开始在流场的作用下旋转，同时做相向运动；$f=385$ 时在小油滴的挤压作用下，大油滴在接触面处发生明显的凹陷变形；在 $f=386$ 时大油滴达到变形极限对小油滴呈包裹形式；在 $f=387$ 时两油滴界面膜发生破裂开始聚结；至 $f=475$ 时，两个油滴完全聚结成一个类球形油滴，两个油滴从界面膜开始接触至完全聚结成一个单独的油滴共用时 0.292s。

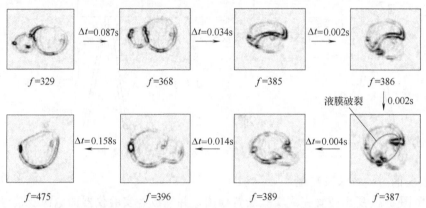

图 5-73　两个油滴间的对心碰撞聚结过程

图 5-74 所示为两个油滴在旋流场内聚结-分离-聚结的过程。由图 5-74 可以看出，两个油滴在 $f=15$ 时发生碰撞，碰撞后两油滴液膜粘连到一起，随后在旋流场的作用下沿着接触点开始自转，直至 $f=195$ 时两油滴产生相向运动，并在碰撞的过程中，图像上方的油滴发生明显变形，在此过程中两个油滴均随流场做绕流场轴心的旋转运动，同时图像下方的油滴在自转的同时轴向向顶部运动挤压上方油滴。当 $f=393$ 时液膜发生破裂，聚结成 8 字形油滴。在 $f=949$ 时，下方的油滴被流场拉长成细丝状，与上方油滴界面膜发生分离。细丝状油滴经旋转收缩后又开始与上方油滴做相向运动，至 $f=1265$ 时油滴液膜再次破裂，0.358s 后两油滴完成聚结。两次聚结过程分别耗时 0.786s 和 0.99s。

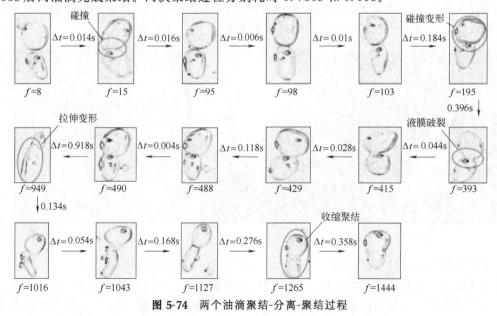

图 5-74　两个油滴聚结-分离-聚结过程

图 5-75 所示为两油滴碰撞-反弹-聚结的过程。图 5-75 结果显示两油滴做相向运动,在 $f=89$ 时发生首次碰撞并均产生一定的变形,两油滴在碰撞后液膜未发生破裂而是在油滴弹性力的作用下开始做反向运动,在反弹过程中油滴间存在抽丝现象,将两个油滴连在一起,如 $f=205$ 图像所示。反弹抽丝 0.032s 后在流场及油丝拉力的作用下两油滴在此做相向运动发生二次碰撞,至 $f=563$ 时两油滴间液膜破裂,并在 $f=933$ 时两油滴完成聚结,两油滴从碰撞到完全聚结共耗时 1.688s。

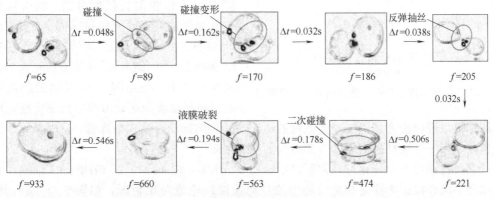

图 5-75 两油滴碰撞-反弹-聚结过程

3. 旋流场内油滴沉降过程的 HSV 实验研究

运用高速摄像配套软件 I-Speed suite 对获取的图像进行分析,随机选取初始时刻整体呈圆球形,且运动过程中未被转子打碎的几组不同粒径油滴进行追踪,并分别测出油滴直径及质心距该油滴终止径向运移位置(平衡位置)所对应的像素尺寸。选取部分目标油滴,对其在旋流场内初始位置运动至平衡位置的过程进行描述,为了方便表述,对追踪油滴进行编号,同时为了更清晰地表示出油滴运动过程中的位置及形貌信息,对油滴运动的关键帧图像进行背景去除后再进行轮廓识别。图 5-76 为 1[#] 油滴分离过程部分关键帧经轮廓识别后的图像显示。可以看出 1[#]

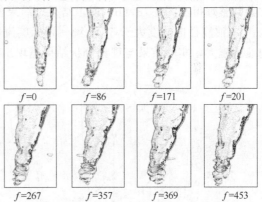

图 5-76 1[#] 油滴初始位置及分离过程

油滴从初始位置开始做绕气核轴心的旋转运动,旋转半径逐渐减小至油滴达到平衡位置,缠绕在气核表面。

按照同样的方式对其他目标油滴分离过程进行观察及分析,得出不同目标油滴平衡时间,并通过距平衡点的距离得出目标油滴运动过程中的平均径向速度,结果如表 5-9 所示。

表 5-9 目标油滴平衡参数表

油滴	油滴粒径/mm	径向位置/mm	平衡时间/s	平均径向速度/(m/s)
1[#]	2.677	19.93	0.902	0.0221
2[#]	4.112	22.57	1.002	0.0225
3[#]	6.610	39.79	0.784	0.0531
4[#]	2.950	21.35	1.660	0.0219
5[#]	2.714	30.21	1.514	0.0200
6[#]	4.106	38.43	2.226	0.0173
7[#]	4.391	20.50	0.752	0.0273

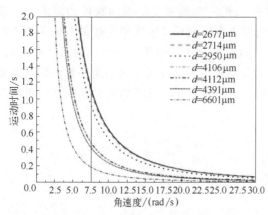

图 5-77　目标油滴运动时间随角速度变化理论值

为了进一步将实验结果与前述油滴径向沉降理论计算结果进行对比，以径向速度作为评价指标，分别对比粒径值比较相近径向距离不同的 1# 油滴与 5# 油滴、2# 油滴与 6# 油滴。因为两组油滴粒径相近，所以将 1# 油滴与 5# 油滴看作相同粒径，2# 油滴与 6# 油滴看作相同粒径做对比。同时对比距平衡点位置相近油滴粒径不同的 1# 油滴与 7# 油滴、3# 油滴与 6# 油滴。把 1# 油滴与 7# 油滴、3# 油滴与 6# 油滴看作相同径向位置进行对比。得出图 5-77 所示的旋流场内不同粒径油滴的运动时间随角速度变化的关系曲线。可以看出旋流场内随着角速度的增大油滴径向运动时间逐渐降低，同时结果显示相同角速度条件下，粒径越大相同距离运动的时间越短。

分别对比粒径值比较相近径向距离不同的 1# 油滴与 5# 油滴、2# 油滴与 6# 油滴，得到近似粒径不同径向距离油滴在旋流场内的径向速度理论值对比情况，如图 5-78（a）所示。结果显示，距离平衡点位置越近油滴向轴心的平衡位置运动的速度越大，这是由于所研究的旋流场涡流是因轴心磁性转子的高速旋转产生的，所以越靠近轴心位置，流场的切向旋转速度越大，油滴的径向沉降速度越大。将实验测得的 1# 油滴与 5# 油滴、2# 油滴与 6# 油滴对比参数整理得出图 5-78（b）所示结果。结果显示 2# 油滴径向速度明显大于 6# 油滴，同样地，1# 油滴径向速度大于 5# 油滴。目标旋流场内，当油滴粒径相同时径向距离越小油滴径向速度越大，实验结果与理论分析结果呈现出了相同的规律性。

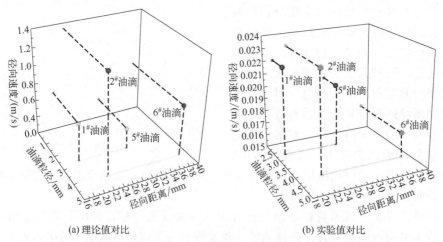

(a) 理论值对比　　　　　　　　　　　　(b) 实验值对比

图 5-78　不同径向距离油滴在旋流场内径向速度理论值和实验值对比

同时对比距平衡点位置相近油滴粒径不同的 1# 油滴与 7# 油滴、3# 油滴与 6# 油滴，得到图 5-79（a）所示的相近距离不同油滴粒径在旋流场内的径向速度对比图。可以看出在与平衡位置的距离相近时，油滴粒径较大的 7# 油滴径向速度要高于 1# 油滴，同样地，6# 油滴的径向速度也明显高于 3# 油滴。为了完成实验值与理论值的对比，得出图 5-79（b）所示相同距离不同粒径油滴的实验值对比结果。图 5-79（b）显示粒径较大的 6# 与 7# 油滴径向速度明显高于 3# 与 1# 油滴，即油滴粒径较大的油滴沉降时间较短，同时平均径向速度也越大。

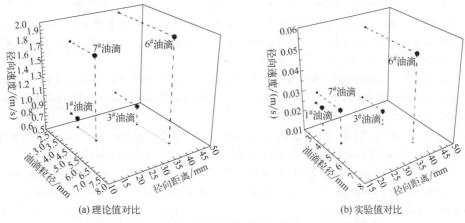

(a) 理论值对比　　　　　　　　　　　　　(b) 实验值对比

图 5-79 不同粒径油滴旋流场内径向速度实验值和理论值对比

参 考 文 献

[1] Vontas K，Pavarani M，Miché N，et al. Validation of the Eulerian-Eulerian Two-Fluid Method and the RPI Wall Partitioning Model Predictions in OpenFOAM with Respect to the Flow Boiling Characteristics within Conventional Tubes and Micro-Channels [J]. Energies，2023，16 (13)：4996.

[2] 程易，王铁峰. 多相流测量技术及模型化方法 [M]. 北京：化学工业出版社，2017.

[3] 张仪，白玉龙，骆丁玲，等. 液固散式流态化 CFD 模拟中曳力模型的影响 [J]. 化工学报，2019，70 (11)：4207-4215.

[4] 邹良旭，马非，孟昭男，等. 基于群体平衡模型的冰浆流动与传热特性数值研究 [J]. 上海交通大学学报，2019，53 (12)：1459-1465.

[5] Jian W，Yong H，Takayuki N，et al. A flamelet LES of turbulent dense spray flame using a detailed high-resolution VOF simulation of liquid fuel atomization [J]. Combustion and Flame，2022，237：111742.

[6] Emile，S，Jacques R，Marco P. A mixture model for a dilute dispersion of gas in a liquid flow：Mathematical analysis and application to aluminium electrolysis [J]. Computers and Mathematics with Applications，2021，90 (15)：55-65.

[7] Hongmei L，Dirk L，Roland R，et al. Bubbly flow simulation with particle-center-averaged Euler-Euler model：Fixed polydispersity and bubble deformation [J]. Chemical Engineering Research and Design，2023，190：421-433.

[8] 李浩，程嘉辉，孙春亚，等. 基于 CFD-DPM 的大规模颗粒-流体系统数值仿真与分析 [J]. 机械工程学报，2022，58 (22)：450-461.

[9] 刑雷. 旋流场内离散相油滴运移轨迹研究 [D]. 东北石油大学，2016.

[10] 刑雷，蒋明虎，张勇. 流场转速对旋流分离性能影响研究 [J]. 流体机械，2018，46 (08)：6-12.

[11] 庞明军，魏进家，刘海燕，等. 泡状流相分布及湍流结构的欧拉-拉格朗日双向耦合数值研究 [J]. 西安交通大学学报，2010，44 (07)：1-5.

[12] 刑雷，李金煜，赵立新，等. 基于响应面法的井下旋流分离器结构优化 [J]. 中国机械工程，2021，32 (15)：1818-1826.

[13] Lin L，Lixin Z，Samuel R，et al. Analysis of Hydrocyclone Geometry via Rapid Optimization Based on Computational Fluid Dynamics [J]. Chemical Engineering & Technology，2021，44 (9)：1693-1707.

[14] Martínez L F，Lavín A G，Mahamud M M，et al. Vortex finder optimum length in hydrocyclone

Separation [J]. Chemical Engineering and Processing, 2007, 47 (2): 192-199.

[15] Cullivan J C, Williams R A, Dyakowski T, et al. New understanding of a hydrocyclone flow field and separation mechanism from computational fluid dynamics [J]. Minerals Engineering, 2004, 17 (5): 651-660.

[16] Vieira L G M, Damasceno J J R, Barrozo M A S. Improvement of hydrocyclone separation performance by incorporating a conical filtering wall [J]. Chemical Engineering and Processing: Process Intensification, 2010, 49 (5): 460-467.

[17] Zhao L X, Jiang M H, Xu B R, et al. Development of a new type high-efficient inner-cone hydrocyclone [J]. Chemical Engineering Research and Design, 2012, 90 (12): 2129-2134.

[18] Vakamalla T R, Koruprolu V B R, Arugonda R, et al. Development of novel hydrocyclone designs for improved fines classification using multiphase CFD model [J]. Separation and Purification Technology, 2017, 175: 481-497.

[19] Wang B, Yu A B. Numerical study of the gas-liquid-solid flow in hydrocyclones with different configuration of vortex finder [J]. Chemical Engineering Journal, 2008, 135 (12): 33-42.

[20] Popovici C G. HVAC system functionality simulation using Ansys-fluent [J]. Energy Procedia, 2017, 112: 360-365.

[21] Eltayeb A, Tan S, Qi Z, et al. PLIF experimental validation of a fluent CFD model of a coolant mixing in reactor vessel down-comer [J]. Annals of Nuclear Energy, 2019, 128: 190-202.

[22] Kang J L, Ciou Y C, Lin D Y, et al. Investigation of hydrodynamic behavior in random packing using CFD simulation [J]. Chemical Engineering Research and Design, 2019, 147: 43-54.

[23] Ghodrat M, Kuang S B, Yu A B, et al. Numerical analysis of hydrocyclones with different conical section designs [J]. Minerals Engineering, 2014, 62: 74-84.

[24] Hwang K J, Hwang Y W, Yoshida H, et al. Improvement of particle separation efficiency by installing conical top-plate in hydrocyclone [J]. Powder Technology, 2012, 232: 41-48.

[25] Yang Q, Wang H, Wang J, et al. The coordinated relationship between vortex finder parameters and performance of hydrocyclones for separating light dispersed phase [J]. Separation and Purification Technology, 2011, 79 (3): 310-320.

[26] Chu L Y, Chen W M, Lee X Z. Effect of structural modification on hydrocyclone performance [J]. Separation and Purification Technology, 2000, 21 (12): 71-86.

[27] Tian J, Ni L, Zhao J. Experimental study on separation performance of a hydrocyclone anti-blockage device with different vortex finder to cylindrical section length ratios [J]. Journal of Chemical Engineering of Chinese Universities, 2017, 31 (7): 31-37.

[28] Wang D, Wang G, Qiu S, et al. Effect of vortex finder structure on the separation performance of hydrocyclone for natural gas hydrate [J]. The Chinese Journal of Process Engineering, 2019, 19 (5): 982-988.

[29] Elsayed K, Lacor C. The effect of cyclone vortex finder dimensions on the flow pattern and performance using LES [J]. Computers & Fluids, 2013, 71: 224-239.

[30] Song T, Tian J, Ni L, et al. Experimental study on enhanced separation of a novel de-foulant hydrocyclone with a reflux ejector [J]. Energy, 2018, 163: 490-500.

[31] Tian J, Ni L, Song T, et al. Numerical study of foulant-water separation using hydrocyclones enhanced by reflux device: Effect of underflow pipe diameter [J]. Separation and Purification Technology, 2019, 215: 10-24.

[32] Cilliers J J, Harrison S T L. Yeast flocculation aids the performance of yeast dewatering using mini-hydrocyclones [J]. Separation and Purification Technology, 2019, 209: 159-163.

[33] Motin A, Bénard A. Design of liquid-liquid separation hydrocyclones using parabolic and hyperbolic

swirl chambers for efficiency enhancement [J]. Chemical Engineering Research and Design，2017，122：184-197.

[34] Yang L，Li B，Hu P. A survey on engineering applications and progresses of mesh morphing methods [C]. Proceedings of the 2014 China Congress of Computational Mechanics and the 3rd Qian Lingxi Computational Mechanics Awards，2014，14：813-825.

[35] Zhao W，Zhao L，Xu B，et al. Numerical simulation analysis on degassing structure optimization of a gas-liquid-solid three-phase separation hydrocyclone based on the orthogonal method [J]. International Petroleum Technology Conference，2016，8（6）：18-26.

[36] Zhang L H，Xiao H，Zhang H T，et al. Optimal design of a novel oil-water separator for raw oil produced from asp flooding [J]. Journal of Petroleum Science and Engineering，2007，59（3-4）：213-218.

[37] Dixit P，Tiwari R，Mukherjee A K，et al. Application of response surface methodology for modeling and optimization of spiral separator for processing of iron ore slime [J]. Powder Technology，2015，275：105-112.

[38] 蒋明虎，谭放，金淑芹，等. 基于 Fluent 网格变形的旋流器的形状优化 [J]. 化工进展，2016，35（8）：2355-2361.

[39] Gertzos K P，Nikolakopoulos P G，Papadopoulos C A. CFD analysis of journal bearing hydrodynamic lubrication by bingham lubricant [J]. Tribology International，2008，41（12）：1190-1204.

[40] Shipman J D，Arunajatesan S，Cavallo P A，et al. Dynamic CFD simulation of aircraft recovery to an aircraft carrier [C]. AIAA Applied Aerodynamics Conference，2008，8：1-11.

[41] Acikgoz M B，Aslan A R. Dynamic mesh analyses of helicopter rotor-fuselage flow interaction in forward flight [J]. Journal of Aerospace Engineering，2016，29（6）：1-20.

[42] Rhee S H，Koutsavdis E. Two-dimensional simulation of unsteady marine propulsor blade flow using dynamic meshing techniques [J]. Computers and Fluids，2005，34（10）：1152-1172.

[43] Wu J，Kou Z. The simulation of hydraulic controllable shut-off valve based on dynamic mesh technology [J]. Physica A：Statistical Mechanics and its Applications，2008，127：12-71.

[44] Deng S H，Xiao T H，Oudheusden B，et al. A dynamic mesh strategy applied to the simulation of flapping wings [J]. International Journal for Numerical Methods in Engineering，2016，106（8）：664-680.

[45] Zhong J，Xu Z. Coupled fluid structure analysis for wing 445.6 flutter using a fast dynamic mesh technology [J]. International Journal of Computational Fluid Dynamics，2016，30（10）：531-542.

[46] Li J，Zhang M，Zhang J T. Numerical simulation of insulation layer ablation in solid rocket motor based on fluent [J]. Applied Mechanics and Materials，2014，3296（574）：224-229.

[47] Halstrom L D，Schwing A M，Robinson S K. Dynamic mesh CFD simulations of orion parachute pendulum motion during atmospheric entry [C]. AIAA Aviation and Aeronautics Forum and Exposition，2016，6：1-5.

[48] Dumont K，Stijnen J M A，Vierendeels J，et al. Validation of a fluid-structure interaction model of a heart valve using the dynamic mesh method in fluent [J]. Computer Methods in Biomechanics and Biomedical Engineering，2004，7（3）：139-146.

[49] Adkins D，Yan Y Y. CFD simulation of fish-like body moving in viscous liquid [J]. Journal of Bionic Engineering，2006，3（3）：147-153.

[50] Qu D，Lou J，Zhang Z，et al. Numerical simulation of dynamic flow field of ball valve based on dynamic mesh [J]. Journal of Naval University of Engineering，2017，29（4）：26-30.

[51] Kumar S S，Sharma V. Maximizing the heat transfer through fins using CFD as a tool [J]. International Journal of Recent advances in Mechanical Engineering，2013，2（3）：13-28.

［52］ 蒋明虎. 旋流分离技术［M］. 哈尔滨：哈尔滨工业大学出版社，2000.

［53］ Mudde R F，Groen J，Van D A，et al. Application of LDA to bubbly flows［J］. Nuclear Engineering and Design，1998，184（2）：329-338.

［54］ Virdung T，Rasmuson A. Measurements of continuous phase velocities in solid-liquid flow at elevated concentrations in a stirred vessel using LDV［J］. Chemical Engineering Research and Design，2007，85（2）：193-200.

［55］ Brucker C H. 3D scanning PIV applied to an air flow in a motored engine using digital high-speed video ［J］. Measurement Science & Technology，1997，8（12）：1480-1492.

［56］ Brucker C H. Digital-particle-image-velocimetry（DPIV）in a scanning light-sheet：3D starting flow around a short cylinder［J］. Experiments in Fluids，1995，19（4）：255-263.

［57］ Choi Y S，Seo K W，Sohn M H，et al. Advances in digital holographic micro-PTV for analyzing microscale flows［J］. Optics and Lasers in Engineering，2011，50（1）：39-45.

［58］ Dalgarno P A，Dalgarno H I C，Putoud A，et al. Multiplane imaging and three dimensional nanoscale particle tracking in biological microscopy［J］. Optics Express，2010，18（2）：877-884.

［59］ Discetti S，Astarita T. A fast multi-resolution approach to tomographic PIV［J］. Experiments in Fluids，2012，52（3）：765-777.

［60］ Elsinga G E，Scarano F，Wieneke B，et al. Tomographic particle image velocimetry［J］. Experients in Flulids，2006，41（6）：933-947.

［61］ Gao Q，Wang H，Wang J. A single camera volumetric particle image velocimetry and its application ［J］. Science China Technological Sciences，2012，55（9）：2501-2510.

［62］ Hain R，Kähler C J，Radespiel R. Principles of a volumetric velocity measurement technique based on optical aberrations［J］. Imaging Measurement Methods for Flow Analysis，2009，5：1-10.

［63］ Kinoshita H，Kaneda S，Fujii T，et al. Three-dimensional measurement and visualization of internal flow of a moving droplet using confocal micro-PIV［J］. Lab on a Chip，2007，7（3）：338-346.

［64］ Xing L，Guan S，Gao Y，et al. Measurement of a Three-Dimensional Rotating Flow Field and Analysis of the Internal Oil Droplet Migration［J］. ENERGIES，2023，16（13）：5094.

［65］ 刑雷. 旋流场内离散相油滴聚结机理及分离特性研究［D］. 东北石油大学，2019.

第六章
三相旋流分离技术与装备

第一节　三相旋流器发展概况

三相水力旋流器研究可追溯到 1987 年，S. Bendasiki 提出了一种可以实现油滴、水相和悬浮颗粒同时分离的液液固三相水力旋流器（3PH），并应用于船舶污水处理领域[1]。随着相关研究的深入，国内外研究人员逐渐将三相水力旋流器的应用拓宽到气液固、气液液等三相不互溶介质的分离领域[2,3]。上述研究内容大大扩大了水力旋流器的使用范围，同时也促进了对于三相水力旋流器的相关探索及研究工作，但相比于两相旋流器的研究进展而言，三相旋流器的结构类型及旋流场复杂，且受运行因素的影响加深，使其整体的研究范围及研究深度尚有所欠缺，研究成果及技术还难以满足目前的工业化应用需求[3]。

尽管对两相水力旋流器进行了系统研究和报道[4]，但关于三相旋流器的研究及应用成果报道相对较少。随着三相旋流分离技术的不断发展和技术创新，围绕着气液固、气液液、固液液的三相分离需求，三相水力旋流器由常规的两相水力旋流器单体进行串联，逐渐通过结构融合，向更加紧凑化、可靠性强、高效分离及宽适应性方面发展。根据旋流器的结构特征，图 6-1 总结了六类 3PH 的设计类型，包括串联两相水力旋流器单体，构建轴向相邻的

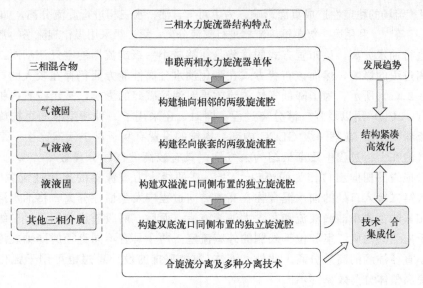

图 6-1　典型三相水力旋流器结构特点

两级旋流腔，构建径向嵌套的两级旋流腔，构建双溢流口同侧布置的独立旋流腔，构建双底流口同侧布置的独立旋流腔，以及耦合旋流分离及多种分离技术。对于每一类三相旋流器，其核心原理均是使用特定结构，组织一个或多个高速稳定的旋流流场，借助离心力的作用，使具有不同密度的相间发生离心分层，而后各相通过对应的出口排出。无论是两相还是三相水力旋流器，对高效分离的要求都是相似的，也就是产生具有低剪切效果的旋流场，保持足够的旋流时间，最大限度地减少压降损失，并降低运营成本[5]。

本章将针对以上六种三相旋流器的结构特征、旋流机理和分离性能进行综合分析，并进一步总结 3PH 技术目前存在的问题和未来的发展方向，为高效 3PH 分离技术的设计、优化和技术推广提供理论和技术支持。为了便于后续对三相旋流分离过程的分析和理解，首先总结并给出基于两相旋流器的一些重要原理：①与单切向进口和单锥相比，双切向进口和双锥更利于稳定流场并补偿速度损失[6]。因此，单切向入口和/或单锥体常用于易于分离的气液两相或气固两相，双切向入口和/或双锥体通常用于难分离的油水等液液两相。②切向出口比轴向出口更为节能[3]。③与切向入口相比，轴向螺旋入口也有利于稳定流场以及降低压力损失[7,8]。④入口位置和角度[4]、溢流管插入深度[9]、圆柱长度[10]、底流位置和角度[4]对分离性能均有较大影响。

第二节　结构设计及研究进展

一、串联两相水力旋流器单体

将两相水力旋流器进行串联常见于提高两相旋流分离的分级效率方面[11]，但也同样可应用于对三相介质的旋流分离领域。具体是将两只两相水力旋流器单体进行串联，也就是通过中间管路及阀门连接两级旋流器单体，形成两个独立的旋流分离腔，依次将三相介质中的各相进行分离。图 6-2 (a) 为一种早期针对油、水和悬浮颗粒设计的液液固三相旋流器串联形式。经旋流分离后的油相、水相和固相分别由一级溢流口、二级溢流口和二级底流口排出。这种串联形式由于将一级底流口直接作为二级的入口，故来自于一级旋流器的残余旋流场将对二级旋流场的稳定性造成负面影响。为了对气、油、水三相进行旋流分离，如图 6-2 (b) 所示，艾昕宇等[12]利用第一级单锥旋流器进行气液分离，第二级采用强化旋流场的常规双锥水力旋流器进行油水分离，该布置方式的优势是能够减小一级旋流器的空气流动对二级旋流器内油水分离过程的影响，然而该布置方式在强化油水分离性能方面仍存在较大的局限性。

如图 6-2 (c) 所示，为了降低气体湍流效果对油滴破碎的影响，采用设置内锥的圆柱气液旋流器 (GLCC) 用以增强气液分离过程，同时，还采用了一种新型液液重构旋流器作为第二级旋流器[13,14]。在第一级 GLCC 内部，内锥的设置有利于对小气泡产生一个向上的推力，使小气泡在上行过程中逐渐聚结为大气泡，具有较高的气相分离效率[15]。此外，使用了降低能量损失的切向出口作为底流口[16,17]。在两级水力旋流器的连接处设置弯头结构，能够使进入第二级入口处的油水混合物在高速转向过程中发生惯性分离，将油水混合物预分离成两股相邻的富含小油滴液流和富含大油滴液流。而后，两股液流分别通过二级双通道入口流入位于内侧的内旋流室和位于外侧的外旋流室。两个具有不同直径的同轴旋流室适用于对不同大小直径油滴的高效分离。此外，液体/颗粒重排的设计思想也可用于强化三相分离过程，以提高整体分离效率[18-20]。

图 6-2 (a) 所示的串联布置较早被应用于船上油滴、水和悬浮颗粒的分离。Listewnik

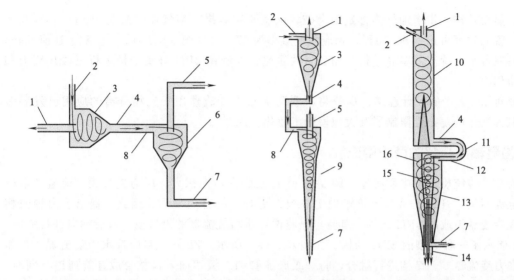

(a) 两个单锥水力旋流器　　　(b) 单锥和双锥水力旋流器　　　(c) GLCC和液滴重构水力旋流器

图 6-2　典型两相旋流器串联布置

1——一级溢流管；2——一级入口；3——一级单锥旋流器；4——一级底流管；5——二级溢流管；6——二级单锥水力旋流器；

7——二级底流管；8——二级入口；9——二级双锥水力旋流器；10——一级GLCC；11——入口弯头；12——双通道入口；

13——二级液滴重构水力旋流器；14——二级同轴溢流管；15——内旋流室；16——外旋流室

等使用该种工艺来减少对海洋的污染[21]。针对图 6-2 （b）中的油气水分离过程，通过数值模拟研究了油气浓度对切向速度分布和分离效率的影响[12]。然而，所获分离性能并不令人满意。主要可归因于这种布置将一级底流管直接连接到二级入口上，这将不可避免地导致一级旋流器的残余旋流对二级旋流器内的流场稳定性产生负面影响，并破坏第二级的油滴[22,23]。此外，两级水力旋流器之间的性能和运行协调性也有很大影响。

　　为弥补上述不足，Zhang 等提出了如图 6-2 （c）所示的 3PH 分离器结构，并通过数值模拟和实验研究，得到了油滴聚结特性和分离效率。图 6-3（a）为不同气相体积分数时油滴的聚结效果。可见，随着气体含量由 10% 增加到 20%，二级水力旋流器内的油滴粒径变化较大。这主要是由于惯性作用，小部分未经分离的轻质气体主要集中于弯管的小直径一侧，并直接流入旋流器内腔。这些微气泡可以将油滴带至中心区域，并进一步聚结成较大的

扫码看彩图

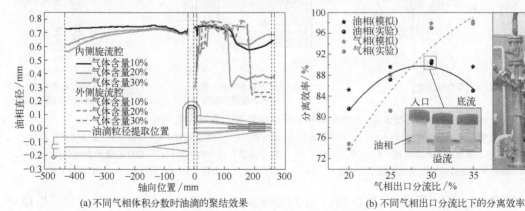

(a) 不同气相体积分数时油滴的聚结效果　　　(b) 不同气相出口分流比下的分离效率

图 6-3　油滴聚结特性和分离效率

油滴。然而，进一步增加气体含量则会破坏油滴聚结效果。当气体含量在 20%～35% 范围内时，脱油效率可达到 90.18%，相应脱气效率为 97.1%［图 6-3（b）］[14]。除上述研究外，还有将三台水力旋流器串联进行三相分离的研究，如利用 3PH 分离结构进行三段式废纸和木浆净化[24]。

针对图 6-2 中的设计思路，尽管将串联两级水力旋流器用于三相分离的应用已发展多年，但其操作的复杂性限制了其大规模的工业化应用[25]。

二、构建轴向相邻的两级旋流腔

为改善传统旋流器串联布置（图 6-2）中存在的占地面积大、压力损失大、流量和运行不稳定等不足，3PH 分离技术逐渐向更高效、更紧凑的方向发展。因此，提出了由轴向相邻两级旋流器组成的 3PH 结构，其特点是将两级水力旋流器的出口或入口沿轴向进行集成。图 6-4 展示了三种典型的 3PH 结构。如图 6-4（a）所示，Zhao 等将内锥水力旋流器[15] 和双锥水力旋流器[26] 结构进行融合，将一级底流管和二级切向入口整合成螺旋通道。同时，将内锥体和二次溢流管合并为一个结构，从而形成具有中心管和同轴双溢流管的内锥体[27]。采用这种设计，串联布置（图 6-2）的轴向长度可缩短 30% 以上。此外，也可以将一级和二级溢流管进行合并[28]。如图 6-4（b）所示，一级单锥水力旋流器和二级内锥水力旋流器[15] 的切向入口合二为一，一级溢流管和二级溢流管合并，并整体移至内锥中心。液体将通过多孔通道从单个溢流管排出。与图 6-4（b）中的 3PH 旋流器结构类似，Seureau 等提出了一种更紧凑的旋流器结构，采用同轴双底流管[29]，如图 6-4（c）所示。主要区别在于使用了一个圆锥段，而不是图 6-4（b）中的内锥结构。如果用直管代替锥形溢流管，就可以起到脱气作用，与 Colman-Thew 设计的双锥结构相似（也叫双锥水力旋流器）[6,30]。

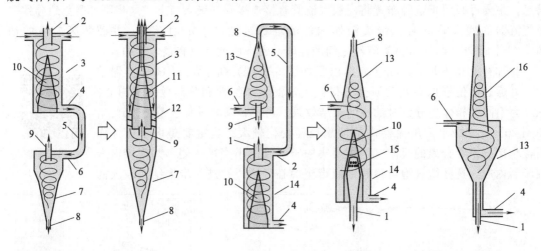

(a) 合并底流管和溢流管　　　　(b) 合并两个溢流管形成类似　　　(c) 合并两个溢流管形成类似
　　　　　　　　　　　　　　　　于内锥水力旋流器的3PH　　　　　于单锥水力旋流器的3PH

图 6-4　构建轴向相邻两级串联旋流器的典型 3PH

1—一级溢流管；2—一级切向入口；3—一级内锥水力旋流器；4—一级底流管；5—管道；6—二级切向入口；
7—二级双锥水力旋流器；8—二级底流管；9—二级溢流管；10—内锥体；11—带中心管的内锥体；
12—螺旋通道；13—一级单锥水力旋流器；14—二级内锥水力旋流器；15—多孔通道；16—锥形溢流管

针对图 6-4（a）所示的 3PH 结构，采用正交实验法对其结构参数进行了优化，以用于气油水三相的分离[31]。结果表明，锥段角度和溢流管插入深度对气体分离效率影响较大，其影响程度是其他参数的两倍以上。图 6-5 为优化前后的模拟结果，从图 6-5（a）的切向速度变化可以看出，优化后整体切向速度增大。这种变化有助于气体的脱除，因为较高的切向速度可促进气相分离。从图 6-5（b）的气体浓度分布可以看出，原始结构中在二级溢流管外有一个明显的高浓度气体区域，气体几乎未被排出。相比之下，这种现象在优化后的结构中得到了很大的缓解，气体体积分数在一级溢流管处增加，在二级溢流管处减少，而在二级底流管处未有明显变化。这些结果表明气体的分离得到了极大改善[31]。

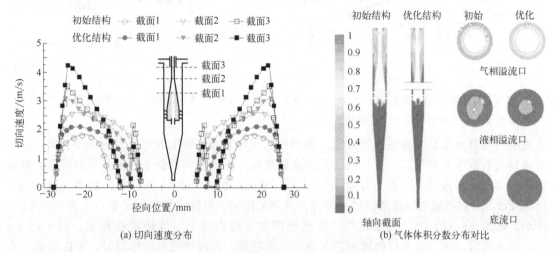

(a) 切向速度分布　　　　　　　　　　　　　　　　(b) 气体体积分数分布对比

图 6-5　优化前和优化后的模拟结果

针对图 6-4（b）所示的 3PH 结构，Wu 等实验比较了 3PH 结构与包含一个隔离筒和一个中心轴的 3PH 的分离性能[32]。图 6-6 为当气液比恒定为 0.15 时，两种 3PH 结构的脱气和除砂效率。可以看出，Ⅰ型具有较高且较稳定的分离效率，表明其分离性能优于Ⅱ型。这是因为Ⅱ型的气体溢流管在实验中存在明显的夹液现象，切向底流管也不易排砂，导致Ⅱ型效率较低。相比之下，Ⅰ型的内锥体在稳定流场方面发挥了重要作用。进一步对Ⅰ型旋流器进行研究，Li 等得出当气体流速为 2.0m³/h 时，脱气效率可以达到 100%，当气体流速增加至 6.0m³/h 时，脱气效率仍然可以达到 80%，表明Ⅰ型旋流器在实际应用中可适用的气体流速范围较广[28]。

J. J. Seureau 对图 6-4（c）所示的 3PH 结构进行了研究。在该结构中，为获得锥形溢流管的涡流和圆柱段的中间涡流之间的连续性，对应的轴向速度需要完全处于同一位置。3PH 结构的总体效率与专门的除油或除砂水力旋流器的效率相比更具优势。正如预期，这种 3PH 结构的压力需求比普通水力旋流器高一些，但仍然可以用 $\Delta P = KQ^n$ 的简单幂函数来近似，其中，K 是幂函数的系数，Q 是入口流速，n 是幂函数中的指数[29]。实验测试表明，除油效率对溢流分离比的变化较为敏感，最佳分流比为 2.7%。相反，固体去除率并没有随着分流比的变化而发生明显改变（图 6-7）。此外，还研究了温度对除油效率的影响，当处理液温度从 30℃升高至 75℃时，整体分离效率明显提高[29]。

三、构建径向嵌套的两级旋流腔

两个径向嵌套的旋流腔结构也是一种代表性的 3PH 类型，由两个独立的旋流腔沿径向方向嵌套所形成。与图 6-4 所示的 3PH 相比，其轴向尺寸可进一步减小。图 6-8 所示为三种具有径向嵌套旋流腔的 3PH 结构，用于气液液三相的分离。如图 6-8（a）所示，Zheng 等[33,34]将二级双锥水力旋流器[4]同轴置于一级圆柱形水力旋流器中。在旋流器中，气相

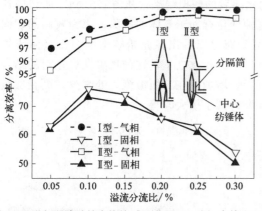

图 6-6 脱气和除砂效率比较 [I型指图 6-4 (b) 中的 3PH，II 型指包含一个隔离筒和一个中心轴的 3PH]

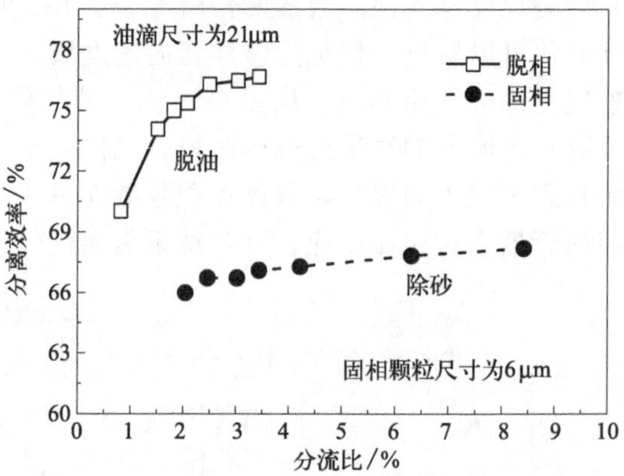

图 6-7 不同分流比下的除油和除砂效率

首先被分离并直接从一级溢流管排出，油相和水相则流入二级水力旋流器进一步分离。内部双锥结构有利于稳定气相，并补偿切向速度的衰减。整体设计类似于内锥水力旋流器，被认为在分离气体和液体方面更为有效[15]。此外，Wang 等[35] 和 Lu 等[36] 分别进一步研究了增加螺旋叶片和两级加压聚结器对提高分离性能的影响，具体结构如图 6-8（b）和图 6-8（c）所示。在图 6-8（b）中，将螺旋叶片安装于圆柱段的内壁上，以稳定旋流场。对于图 6-8（c）所示结构，在二级入口处增加了两级加压聚结器。在液体流经聚结器时，可以形成一个轴向和径向的多级分离模式，以强化聚结分离，提高油水分离效率。此外，两级螺旋式入口还可以起到稳定流场和减弱油品乳化的作用。

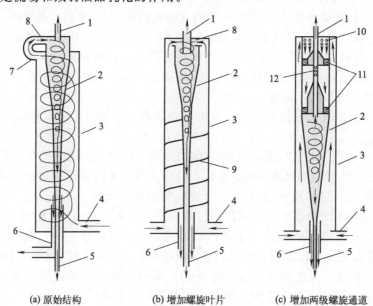

(a) 原始结构   (b) 增加螺旋叶片   (c) 增加两级螺旋通道

图 6-8 构建径向嵌套的两级旋流腔 3PH

1—二级溢流管；2—二级双锥水力旋流器；3—一级圆柱水力旋流器；4—一级切向入口；5—二级底流管；
6—一级溢流管；7—一级底流管；8—二级切向入口；9—螺旋叶片；10—多孔通道；11—二级螺旋入口；12—多孔出口

基于 Colman-Thew 设计双锥结构参数[6,30]，Zheng 等[33] 对图 6-8（a）所示的一级圆柱形水力旋流器进行数值模拟研究，得到了气泡直径对气体分离效率的影响。研究发现，当气泡直径为 $50\mu m$ 时，气体分离效率可以达到 99% 以上，当气泡直径小于 $40\mu m$ 时，气体分离效率下降，而当气泡直径小于 $10\mu m$ 时，气体分离效率几乎为零。最佳筒体长度、筒体直径和一级溢流管的插入长度分别为 203mm、60mm 和 20mm。同时也得出，溢流分流比与一级溢流管的直径呈线性关系，当入口气体体积分数为 20% 时，最佳直径为 30mm。Wang 等[35] 进一步研究了内部添加螺旋叶片的效果。图 6-9 为初始结构和初化结构的气相和油相分布情况。优化后出口处气相和油相浓度均有很大提高，油气分离效率达到 75% 和 96%，分别提高了 15% 和 5% 以上。此外，也对螺旋叶片的截面形状进行了优化，半圆形的截面更有利于油气的有效分离，其次是矩形截面［图 6-9（c）］。对于图 6-8（c）中的 3PH 结构，Lu 等[36] 对提高二级油水分离效率进行研究。实验结果表明，在二级溢流分流比为 50% 的情况下，油相分离效率可达到 94% 左右，但二级溢流损失的液体较多，影响了整体分离性能。结合数值模拟和实验测试，最终得出当入口流量达到 23 m^3/h 时，气相和油相的分离效率均可达到 90% 以上。

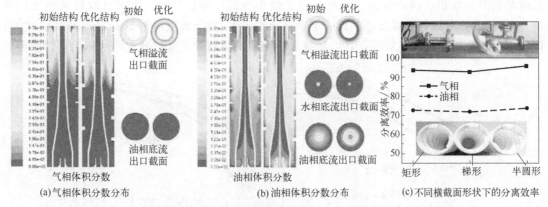

(a) 气相体积分数分布　　　(b) 油相体积分数分布　　　(c) 不同横截面形状下的分离效率

图 6-9　初始结构和优化结构的气相和油相分布情况

四、构建双溢流口同侧布置的独立旋流腔

如前所述的 3PH 结构，其本质仍是将两相水力旋流器串联在一起。在此基础上，研究人员进一步将两个独立旋流腔合并为独立旋流腔用于三相分离，从而形成了同侧布置的双溢流管或双底流管结构。图 6-10 为 Obeng 和 Morrell[37] 设计的液固分离双溢流水力旋流器（也叫 JK 旋流器）。在该种 3PH 结构中，整个结构与典型单锥水力旋流器［图 6-2（a）］相似，主要区别是使用两个同轴设置的溢流管产生两处溢流，而不是单根溢流管，且内侧溢流管的插入深度要大于外侧溢流管的插入深度[37-39]。最初，JK 旋流器被用来分离水中少量的油。之后，通过优化每个溢流管的插入深度和半径，JK 旋流器也可实现三相分离。例如，针对分离油相、水相和固相，能够使油相和水相分别通过内、外溢流管排出。此外，JK 旋流器还可用于精细分离和脱泥作业。考虑到每个溢流管的插入深度对附近涡流形成和分散相分布有很大影响，也可以设计两个便于调节插入深度的同轴溢流管。

在传统两相水力旋流器的研究中，溢流管长度一直是各种研究的主题，是对分离性能有显著影响的重要参数之一[40-42]。对于图 6-10 中的 3PH 设计，适当

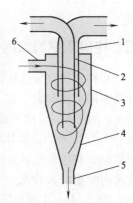

图 6-10　液固分离双溢流水力旋流器
1—外溢流管（外涡流器）；
2—内溢流管（内涡流器）；
3—圆柱段；4—锥形段；
5—底流管；6—切向入口

增加插入深度，内涡流器（IVF，也称内侧溢流管）有助于防止短路流，从而稳定流场。为实现固体颗粒从水相中分离，圆柱段的直径应为 100～150mm，如果是锥形水力旋流器，锥体的顶角应为 4°～8°，直径较小的水力旋流器则对应较小的锥角[43]。此外，Mainza 等对旋流器的分离过程开展了数值模拟，结果表明，双溢流管对轴向和切向速度分布影响较大，可通过数值模拟进一步确定其插入深度和直径，以提高分离效率[44]。此外，在 Obeng 的研究中[37]，描述了 IVF 长度为 150mm 时，对处理硅石和磁铁矿混合物的性能。结果表明，通过优化 IVF 长度，可提高整体的分级性能，特别是对于进料中密度较大的矿物成分，改善更为明显。为了提高分离效率，应进一步研究结构参数与操作参数对分离性能的影响，并开发相应的工艺系统。

此外，Yuan 等[45] 对冷焦水（焦炭粉、油滴和水的混合物）的液液固分离过程进行了模拟研究。这种 3PH 结构的主要特点是双溢流管的插入深度相同。研究得出，随着内溢流分流比（R_o）的增加，内侧溢流的轴向速度和流速明显增加，从外侧溢流排出的油相减少，从而有更多的油相从内侧分离，因此提高了油相分离效率。同时，大部分颗粒从底流口排出，R_o 的变化对固相分离效率的影响不大。从图 6-11 的分离效率可以看出，较大的 R_o 可以提高液相和固相的分离效率，且大油滴和小颗粒的分离效率受粒径大小的影响更为明显。

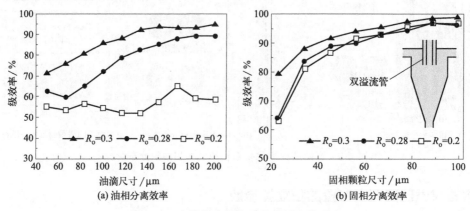

(a) 油相分离效率　　　　　　　(b) 固相分离效率

图 6-11　内溢流分流比对分离效率的影响

五、构建双底流口同侧布置的独立旋流腔

在构建独立旋流腔的前提下，另一种典型设计是在同一侧构建双底流管。图 6-12 为四种典型的结构布置。在 Bednarski[46] 设计的 3PH 结构基础上，图 6-12（a）给出了 Changirwa 为液液固分离而优化设计的三相水力旋流器[22,23]。参考传统的 Colman-Thew 水力旋流器[6,30]，采用双锥体结构，以实现速度补偿，并为高效油水分离提供了更大的离心力[6]。特别是，初始的底流被分为轴向底流和切向底流。其中，液相直接从轴向底流管排出，固相被抛向管壁，依次流经环形集砂间隙和固体收集室，而后从切向底流管排出。在图 6-12（b）中，Ahmed 等设计了一种具有简化结构的液液固 3PH 结构，其特点是切向底流管直接设置于锥段上。在该设计中，关闭切向底流管可以实现三相或两相分离需求的快速切换[47]。基于传统的双锥水力旋流器[6,30]，Zhao 等设计了图 6-12（c）所示的气液固 3PH 结构，并比较分析了轴向螺旋进气口和双切向进气口对分离性能的影响[48,49]。在图 6-12（d）中，Zhao 等进一步在图 6-12（c）所示 3PH 内部增加了一个内锥体，以增强其流动提升效果，原有双锥体结构也相应地改为圆柱段。在内锥体上还设置了切向多孔通道，使液流保持原有的旋转运动而不影响周围流场[50]。

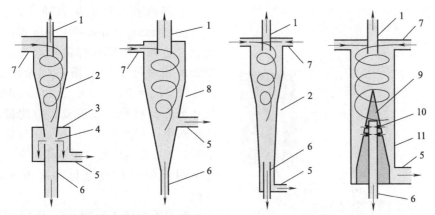

(a) CTP水力旋流器 (b) 锥段上切向布置底流出口 (c) 带有双锥体的3PH结构 (d) 带有内锥体的3PH结构

图 6-12 构建双底流管同侧布置的独立旋流腔

1—溢流管；2—双锥水力旋流器；3—固体收集室；4—环形集砂间隙；5—切向底流管；
6—轴向底流管；7—切向入口；8—单锥水力旋流器；9—内锥体；10—切向多孔通道；11—圆柱段

根据已报道结果[22,23]，使用 CTP 水力旋流器［图 6-12（a）］对 $40\mu m$ 油滴的去除率超过 90%，对悬浮固相的去除率为 70%。实验数据表明，油相分离效率与固体分离效率呈负相关。当进料速度增加时，固相分离效率增加，而油相分离效率下降。当进料速度降低时，因两相密度非常接近，以至于不容易分离。文献［51］中详细介绍了 CTP 水力旋流器的相关理论模型、尺寸参数、模拟结果和实验数据。在理论模型中，提出了 λ_{CTP} 无量纲数，该数值取决于 CTP 水力旋流器的结构和操作参数，被称为 CTP 数。图 6-13 给出了油相和固体颗粒的理论效率。可见，当 CTP 数较小时，固相和油相的分离效率较高，且油相分离效率随着固相分离效率的降低而增加，反之亦然。进一步研究表明，进料速度增加能够提高对砂相的分离效率，并降低油相分离效率。这主要是由于旋流速度的增加，增强了对油相的乳化作用。特别是对于高黏度和高乳化的油相，其分离将更为困难。在对平均浓度为 1000mg/L 的三相介质进行分离时，横向孔径为 6mm，CTP 水力旋流器在底流出口处的固体

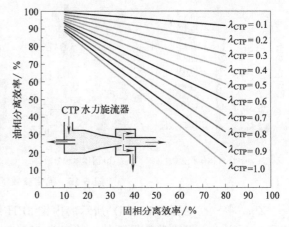

图 6-13 不同 CTP 数下的效率曲线

（$44\mu m$）减少了 90%，油相（$48\mu m$）减少了 85%。然而，这种 3PH 结构存在一定缺点，因固相和液相共同流动，颗粒很容易流过环形集砂间隙，直接从底流管排出。这种水力旋流器可能不如内锥式 3PH 的效率高，但制造简单，并可根据实际需要切换为两相水力旋流器。

围绕图 6-12（b）所示的 3PH 结构，Ahmed 等揭示了切向底流管比轴向底流管结构更节能，但切向底流管的流场比轴向底流管的流场更不稳定[47]。在固液分离过程中，Ahmed 等研究了溢流直径、中间流直径和底流直径（d_o、d_m 和 d_u）对固液分离效率的影响，并建立了固相和水相分离效率模型。研究发现，在溢流直径、中间流直径和底流直径（d_o、d_m 和 d_u）为 34mm、14mm 和 24mm 时，该三相旋流器可以作为澄清器使用。在溢流直

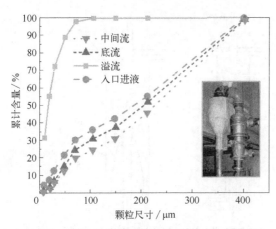

图 6-14 溢流、中间流和底流处的产品直径分布

径、中间流直径和底流直径（d_o、d_m 和 d_u）为 34mm、6mm 和 10mm 时，可以实现脱水过程。不同功能需求取决于三个出口管的相对尺寸[47]。图 6-14 给出了 $d_o=$ 34mm、$d_m=$6mm 和 $d_u=$10mm 时的产品尺寸分布。可见，在溢流、中间流、底流和进料中，产品尺寸为 100μm 时的百分比分别为 100%、23%、30% 和 37%。这意味着中间流的产品比进料和底流的产品都要粗。

针对图 6-12（c）所示的 3PH 结构，通过数值计算方法得出当入口流量范围为 4.0～4.3m³/h 时，其最佳流量为 4.3m³/h[49]。图 6-15（a）和图 6-15（b）给出了优化结构下的气相和固相体积分数分布，表明该种 3PH 结构可以实现较高的固相分离效率，分离效率可达到 95.0%，而气相分离效率也高达 86.9%。图 6-15（c）为高速摄像机拍摄的中心气核。研究发现，圆柱段和大锥段气核是相对连续和稳定的，而小锥段的气核波动较大，导致流动稳定性下降。此外，Li 等研究了入口类型对分离性能的影响，即采用优化的轴向螺旋入口代替双切向入口，以减少 3PH 结构的径向尺寸。相关研究结果有利于 3PH 在有限空间内的应用，如应用于采油井内的狭长空间[48]。

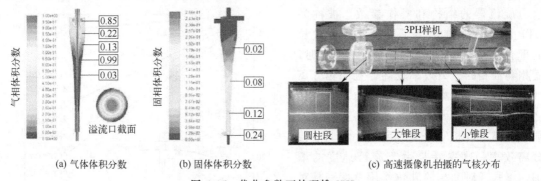

(a) 气体体积分数　　　　(b) 固体体积分数　　　　(c) 高速摄像机拍摄的气核分布

图 6-15 优化参数下的双锥 3PH

Zhao 等[50] 对图 6-12（d）所示的内锥 3PH 结构进行了实验研究。结果表明脱气效率达到 90% 以上，但除砂效果不佳，效率为 50%～80%[52]。Jiang 等开展了结构参数对脱气和除砂效率影响的模拟研究，发现具有一定插入深度的溢流管有利于中心气核的形成，适当增加内锥体高度有利于中心气核向溢流口移动，从而缩短了被分离气体到溢流口的距离，提高了分离效率[53]。对于内锥体结构，研究表明，随着内锥体直径的增加，固体出口的气体浓度降低，而随着内锥体高度的增加，液体出口的气体浓度增加。最终优化确定的内锥体直径和高度分别为 30mm 和 96mm[50]。

六、耦合旋流分离及多种分离技术

前面五小节主要分析了基于多相旋流场的 3PH 分离技术。在一些应用中，3PH 常与其他技术相结合。图 6-16 为两个典型气液固三相旋流器。从图 6-16（a）中可以看出，该结构在固相收集室中集成了 GLCC 和重力沉降功能[54]。在圆柱段和圆锥段内，分离的气体从气体溢流管排出，液体和固体向底流管进入固相收集室，在离心力和重力的共同作用下，固相被抛向墙壁，而后落下并从固相排放管排出。Zhong[55] 进一步简化了该种 3PH 结构，形成了图 6-16（b）所示的新型管状 3PH 结构。在该设计中，进一步缩小了固相收集室直径，同时上移轴向排水管，并设计了径向排水管。由于简化后的固相收集室相对较小，需要间歇性地排出固体，适用于固体含量较低的气液固混合物分离领域。

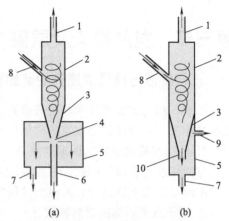

图 6-16　耦合离心沉降原理的三相旋流器（a）和径向尺寸缩小的管状三相旋流器（b）

1—气体溢流管；2—圆柱段；3—锥段；
4—环形间隙；5—固相收集室；6—轴向排水管；
7—固相排放管；8—倾斜切向入口；
9—径向排水管；10—底流管

　　如图 6-16（a）所示的 3PH 结构，下倾切向入口安装于圆柱段中部而不是溢流管附近，这使得旋流主要发生在切向入口下方，可以避免向上气体的阻挡。Zheng 发现，随着流速或气液比的增大，底流和溢流的压力损失呈上升趋势，气液比越大，压力损失越大[54]。针对图 6-16（b）中的 3PH 结构，Zhong 采用数值模拟研究了溢流管直径、锥角、溢流管插入深度和筒体长度对分离性能的影响，并确定了最佳结构尺寸[55]。然而，实验结果表明，虽然简化了 3PH 结构，但由于砂粒在固相收集室中的沉淀时间不足，更容易随液流排出，影响了分离效率。除了耦合重力沉降技术外，三相旋流器还可与聚结器、电化学脱水、膜分离、气浮等技术耦合，达到一次性高效分离的目的[56,57]。

七、三相水力旋流器特征对比

　　为便于直接对比，表 6-1 详细给出了六种典型 3PH 结构。基于六种 3PH 结构的特点，可分别用于分离不同的三相混合物，应根据三相混合物的实际物性参数选择合适的结构。

表 6-1　六种典型 3PH 结构的特征比较

3PH 结构	三相混合物	优势	缺点
串联两相水力旋流器单体	气液液[12,14] 液液固[21] 液固固[24]	可直接使用现有的两相水力旋流器	占地面积大，压力损失大，操作难度大
构建轴向相邻的两级旋流腔	气液固[28,32] 气液液[31] 液液固[29]	结构简单，轴向尺寸小	本质仍是串联结构，轴向尺寸可进一步缩小
构建径向嵌套的两级旋流腔	气液液[33-36]	结构简单，轴向尺寸更小	本质仍是串联结构，加工需要较高同轴度
构建双溢流口同侧布置的独立旋流腔	液固固[37,43,44] 液液固[45]	独立旋流腔，压力损失小，短路流减弱	加工需要较高同轴度
构建双底流口同侧布置的独立旋流腔	液液固[22,23,47] 气液固[48-50]	独立旋流腔，压力损失小，易于制造	两个相邻底流之间相互影响
耦合旋流分离技术和其他分离技术，如重力沉降等	气液固[54-57]	实现优势互补，提高分离效率	占地面积大，制造、运营成本高

第三节 发展趋势及展望

一、三相旋流分离性能提升的制约因素

虽然三相旋流分离技术在机理研究、结构设计和实验测试方面取得了一定的进展，但其在石油化工、环境保护等领域的应用仍十分有限。其原因可归纳为以下几点。

1. 结构和旋流分离机理相对复杂

与两相水力旋流器相比，三相旋流器的结构及其内部旋流场更为复杂，不可避免地增加了对不同三相旋流器结构分离机理的研究难度。

2. 基于分离机理的针对性设计

在某些情况下，如液固旋流器可用于液液分离，各种三相旋流器结构可相互配合使用。然而，在大多数应用中，三相旋流器作为一种非标准设备，需根据现场的具体要求和三相混合物的物理特性，进行数值模拟或实验优化，以确保足够的分离效率[58]。

3. 操作参数多且自动控制水平低

由于三相旋流器结构包含一个进口和至少三个出气口，进口流速和液流间的分流比对旋流器场和分离效率影响较大。因此，对运行人员的操作经验要求较高，运行过程中的智能控制与调整也显得尤为重要。目前的三相旋流分离系统普遍缺乏应对实际运行工况变化时的自适应调控功能。

4. 密度差异小时的分离难度大

在气液固分离方面，由于各相的密度差异较大，三相旋流器的效率相对理想。但是，当三相旋流器应用于油、水、砂等液液固分离时，油水间的密度差异小，会加大分离难度，使分离效率不尽理想。由于这些原因，基于液液固三相分离的研究要少于气液固研究[3]。

二、三相旋流器发展趋势及展望

目前，对三相旋流器的研究还处于起步和快速发展阶段，需进一步开展系统而深入的研究，以开发出高效、低能耗、稳定性强的三相旋流器产品。其未来发展趋势可归纳为以下几点。

1. 三相旋流分离机理的深入研究

对于不同三相旋流器结构，其复杂的流动过程使得分离性能难以预测。因此，需进一步加强对三相旋流器分离机理的研究。相关研究不仅要以物理学、化学和界面科学的交叉学科为基础，还要从微观和宏观角度，深入探究三相旋流分离机理。

2. 系统研究旋流分离性能影响因素

对于三相旋流器的优化，应系统研究结构特性、尺寸和操作参数对其分离性能的影响，从而正确指导三相旋流器设计。在多种研究方法中，数值模拟与实验研究相比可节省大量时间和成本。与常用的数值模拟优化方法相比，如单因素优化[59-61]、正交实验设计[62,63]和响应面方法[64]，Liu 等[65]开发的动态网格和用户定义函数优化方法已被证明可显著减少数值模拟计算时间，节省约 31%，更有利于对三相旋流器的优化。

3. 传统分离法与新分离技术的结合

将传统分离法与新的强化分离技术相结合，也是改进三相旋流分离技术的重要途径。基于物理分离技术的传统分离法主要包括沉降、电凝聚、气泡增强[66,67]、喷射器组合[68]和

动态旋流器[69,70]，新型强化分离技术以耦合多物理场（重力[54,55]、电[71]、磁、电磁[72]、超声波和其他外部能量场[73]）和新型分离材料为代表[74-78]。图 6-17 给出了部分具有代表性的水力旋流强化技术。

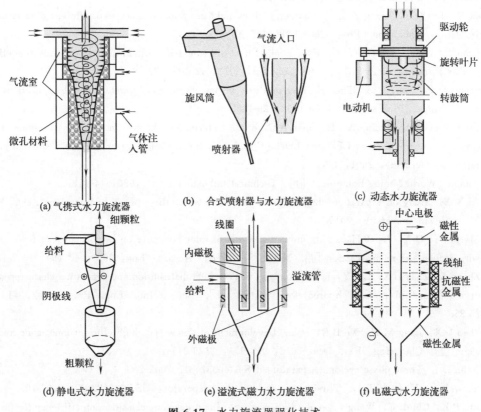

图 6-17　水力旋流器强化技术

4. 提高性能监测和自动控制能力

为提高旋流分离的稳定性，应提高对运行参数波动的适应性。因此，非侵入性的快速测量，以及及时的自动控制及调整，已成为实现监测系统运行状态、提高分离性能、智能化操作的重要措施。例如，通过电阻抗断层扫描技术控制水力旋流器的底流排放[79]，通过图像处理技术测量喷雾特性和排放情况[80-82]。

参 考 文 献

[1]　Bednarski S, Listewnik J. Hydrocyclones for simultaneous removal of oil and solid particles from ship's oil waters [C]. International Conference on Hydrocyclones, Paper G2, Oxford, England, 1987: 181-185.

[2]　Guo S P, Wu J X, Yu Y, Dong L. Progress of research on oil-gas-water separator [J]. China Petrol. Mach, 2016, 44 (9), 104-108.

[3]　Liu Y C, Cheng Q X, Zhang B, et al. Three-phase hydrocyclone separator-A review [J]. Chem. Eng. Res. Des, 2015, 100, 554-560.

[4]　Kharoua N, Khezzar L, Nemouchi Z. Hydrocyclones for deoiling applications-A review [J]. Petrol. Sci. Technol, 2010, 28 (7), 738-755.

[5]　Colman D A, Thew M T, Lloyd D D. The concept of hydrocyclones for separating light dispersions

and a comparison of field data with laboratory work [C]. Proceedings of the 2nd International Conference on Hydrocyclones, Bath, England, 1984, 217-232.

[6] Colman D A, Thew M T, Corney D R. Hydrocyclones for oil/water separation [C]. International Conference on Hydrocyclones, 1980, 143-166.

[7] Ma Y, Jin Y H, Wang Z B. Simulation of flow field in cyclones under two different inlet structures [J]. Chem. Ind. Eng. Prog, 2009, 28, 497-501.

[8] Hsiao T C, Chen D, Greenberg P S, et al. Effect of geometric configuration on the collection efficiency of axial flow cyclones [J]. J. Aerosol. Sci, 2011, 42 (2), 78-86.

[9] Obeng D P, Morrell S. The JK three-product cyclone -performance and potential applications [J]. Int. J. Miner. Process, 2003, 69 (1), 129-142.

[10] Peng W Boot P, Udding A, Hoffman A C, et al. Determining the best modelling assumptions for cyclones and swirl tubes by CFD and LDA [C]. International Congress for Particle Technology, Nuremberg, Germany, 2001, 1-8.

[11] Annon. World Mining Equipment [J]. Technical Publishing Co. , 1986, 44-451.

[12] Ai X Y. Study on separation characteristics of oil-gas-water three-phase hydrocyclone [D]. Xi'an: Xi'an Shiyou University, 2019.

[13] Ma J, He Q Y, Bai J H, et al. Impact analysis of inlet structure on performance of hydrocyclone with droplet size reconstruction [J]. Mech. Sci. Tech. Aerosp. Eng, 2021, 40 (9), 1347-1354.

[14] Zhang S, Zhao L X, Liu Y, et al. Analysis of flow field distribution and separation characteristics of degassing and oil-removal hydrocyclone system [J]. Chem. Ind. Eng. Prog, 2022, 41 (1), 75-85.

[15] Zhao L X, Jiang M H, Xu B R, et al. Development of a new type high-efficient inner-cone hydrocyclone [J]. Che. Eng. Res. Des, 2012, 90 (12), 2129-2134.

[16] Aslin D J. Three phase cyclonic separator: US 6348087 B1. 2002-2.

[17] Showalter S Kosteski E G. Three-phase cyclonic fluid separator: US 7288138 B2, 2007-10.

[18] Liu P K, Chu L Y, Wang J, et al. Enhancement of hydrocyclone classification efficiency for fine particles by introducing a volute chamber with a pre-sedimentation function [J]. Chem. Eng. Technol, 2008, 31, 474-478.

[19] Yang Q, Lv W J, Ma L, et al. CFD study on separation enhancement of mini-hydrocyclone by particulate arrangement [J]. Sep. Purif. Technol, 2013, 102, 15-25.

[20] Wang Z B, Chu L Y, Chen W M, et al. Experimental investigation of the motion trajectory of solid particles inside the hydrocyclone by a Lagrange method [J]. Chem. Eng. J, 2008, 138, 1-9.

[21] Listewnik J. Design of special ships equipped with nonconventional de-oiling equipment for cleaning oily ship's waters and removal of oily spills [J]. T. Built Environ. 2001, 53, 211-220.

[22] Changirwa R, Rockwell M C, Frimpong S, et al. Hybrid simulation for oil-solids-water separation in oil sands production [J]. Miner. Eng, 1999. 12 (12), 1459-1468.

[23] Changirwa R Rockwell M C, Mutua D K. Mathematical modelling multiple-cone concurrent three-phase (CTP) hydrocyclone separation [J]. J. Can. Petrol. Technol, 1999, 38 (13), 1-9.

[24] Bednarski S. Three-product hydrocyclone for simultaneous separation of solids both heavier and heavier and lighter than liquid medium [J]. Fluid Mech. Appl, 1992, 12, 397-404.

[25] Restarick C J. Classification with two-stage cylinder-cyclones in small-scale grinding and flotation circuits [J]. Int. J. Miner. Process, 1989, 26, 165-179.

[26] Zhao L X, Jiang M H, Wang Y. Experimental study of a hydrocyclone under cyclic flow conditions for fine particle separation [J]. Sep. Purif. Technol, 2008, 59 (2), 183-189.

[27] Zhao L X, Jiang M H, Li F, et al. Two-stage enhanced separation hydrocyclone: CN 102847618A.

2013-1.

[28] Li F, Zhao Y K, Han L, et al. Experimental study on degritting and degassing of three-phase hydrocyclones [J]. Chem. Eng. Mach, 2011, 38 (6): 670-672.

[29] Seureau J J, Aurelle Y, Hoyack M E. A three-phase separator for the removal of oil and solids from produced water [C]. SPE Annual Technical Conference and Exhibition, New Orleans, Louisiana, 1994.

[30] Thew M. Hydrocyclone redesign for liquid-liquid separation [J]. Chem. Eng, 1986, 7, 17-23.

[31] Zhao W J, Zhao L X, Xu B R, et al. Numerical simulation analysis on degassing structure optimisation of a gas-liquid-solid three-phase separation hydrocyclone based on the orthogonal method [C]. 10th International Petroleum Technology Conference, Thailand, 2016.

[32] Wu H P. Experimental study on gas-liquid-solid three-phase separation [D]. Daqing: Daqing Petroleum Institute, 2010.

[33] Zheng X T, Gong C, Xu H B, et al. Verification of separation performance of oil-water-gas cyclone and optimization of structure of liquid-gas separation chamber [J]. J. Wuhan Inst. Tech, 2014, 36 (10), 37-41.

[34] Yu J Y, Xu C, Zheng X T, et al. Oil-gas-water three-phase cyclone separator: CN 203355909U. 2013-12.

[35] Wang Y. Flow field analysis and structure optimization of spiral structure three-phase separation hydrocyclone [D]. Daqing: Northeast Petroleum University, 2017.

[36] Lu Q Y, Liu H, Song J. Optimization of structural parameters of integrated cyclone for degassing and oil removal [J]. Mech. Sci. Tech. Aerosp. Eng, 2020, 39 (11): 1691-1697.

[37] Obeng D P, Morrell S. The JK three-product cyclone-performance and potential applications [J]. Int. J. Miner. Process, 2003, 69 (1), 129-142.

[38] Mainza A, Powell M, Knopjes B. A comparison of different cyclones in addressing challenges in the classification of the dual density UG2 platinum ore [J]. J. SAIMM, 2005, 105 (5), 241-348.

[39] Mainza A, Powell M, Knopjes B. Differential classification of dense material in a three-product cyclone [J]. Miner. Eng, 2004, 17, 573-579.

[40] Yang Q, Wang H L, Wang J G, et al. The coordinated relationship between vortex finder parameters and performance of hydrocyclones for separating light dispersed phase [J]. Sep. Purif. Technol, 2011, 79, 310-320.

[41] Hwang K J, Chou S P. Designing vortex finder structure for improving the particle separation efficiency of a hydrocyclone [J]. Sep. Purif. Technol, 2017, 172, 76-84.

[42] Razmi H, Soltani Goharrizi A, Mohebbi A. CFD simulation of an industrial hydrocyclone based on multiphase particle in cell (MPPIC) method [J]. Sep. Purif. Technol, 2019, 209, 851-862.

[43] Bednarski S. Three-product hydrocyclone for simultaneous separation of solids both heavier and lighter than liquid medium [M]. Springer Netherlands, 1992.

[44] Mainza A, Narasimha M, Powell M S, et al. Study of flow behavior in a three-product cyclone using computational fluid dynamics [J]. Miner. Eng, 2006, 19 (10), 1048-1058.

[45] Yuan H X, Yan Q P, Li S S. Influence of operating parameters on separation performance of a three-phase hydrocyclone [J]. Modern Chem. Ind. 2016, 36 (8), 190-193.

[46] Bednarski S, Listewni K J. Separation of liquid-liquid-solid mixtures in a hydrocyclone coalescer system [C]. 14th International Conference on Hydrocyclones, Sonthampton, England, 1992, 329-358.

[47] Ahmed M M, Ibrahim G. A. Farghaly M G. Performance of a three-product hydrocyclone [J]. Int. J. Miner. Process, 2009, 91 (1), 34-40.

[48] Li Y S. Flow field analyses and experimental study on a degassing and desanding hydrocyclone [D].

Daqing: Northeast Petroleum University, 2014.

[49] Wang Y W. Study on flow field characteristics and parameter optimization of gas-liquid-solid three-phase separation hydrocyclone [D]. Daqing: Northeast Petroleum University, 2017.

[50] Zhao L X, Li Y Q, Xu B R, et al. Design and numerical simulation analysis of an integrative gas - liquid - solid separation hydrocyclone [J]. Chem. Eng. Tech, 2016, 38 (12), 2146-2152.

[51] Changirwa R. Phenomenological separation in a three-phase hydrocyclone [D]. Nova Scotia: Technical University of Nova Scotia, 1997.

[52] Jiang M H, Han L, Zhao L X, et al. Study on separation performance of cone-typed three-phase cyclone separator [J]. Chem. Eng. Mach. 2011, 38 (4): 434-439.

[53] Jiang M H, Zhang Y J, Zhao L X. Flow field analysis and structural optimization of a three-phase hydrocyclone based on CFD method [C]. 4th International Conference on Bioinformatics and Biomedical Engineering, 2010.

[54] Zheng J. Study on the gas-liquid-sand three-phase hydrocyclone [D]. Dalian: Dalian University of Technology, 2005.

[55] Zhong Q Y. Performance research on the gas liquid solid triphase cylindrical cyclone separator [D]. Dalian: Dalian University of Technology, 2013.

[56] Thuy T L, SON I N, Young-Ⅱ L, et al. Three-phase eulerian computational fluid dynamics of air-water-oil separator under off-shore operation [J]. J. Petrol. Sci. Eng, 2018, 171, 731-747.

[57] Colic M, Morse W, Miller J D. The development and application of centrifugal flotation systems in waste water treatment [J]. Int. J. Environ. Pollut, 2007, 30 (2), 296-312.

[58] Martínez L F, Lavín A G, Mahamud M M, et al. Vortex finder optimum length in hydrocyclone separation [J]. Chem. Eng. Process. Process Intensif, 2008, 47, 192-199.

[59] Motin A, Bénard A. Design of liquid-liquid separation hydrocyclones using parabolic and hyperbolic swirl chambers for efficiency enhancement [J]. Chem. Eng. Res. Des, 2017, 122, 184-197.

[60] Tian J Y, Ni L, Song T, et al. Numerical study of foulant-water separation using hydrocyclones enhanced by reflux device: Effect of underflow pipe diameter [J]. Sep. Purif. Technol. 2019, 215, 10-24.

[61] Cilliers J J, Harrison S T L. Yeast flocculation aids the performance of yeast dewatering using mini-hydrocyclones [J]. Sep. Purif. Technol, 2019, 209, 159-163.

[62] Zhang L H, Xiao H, Zhang H T, et al. Optimal design of a novel oil-water separator for raw oil produced from ASP flooding [J]. J. Pet. Sci. Eng, 2007, 59, 213-218.

[63] Zhao W J, Zhao L X, Xu B R, et al. Numerical simulation analysis on degassing structure optimisation of a gas-liquid-solid three-phase separation hydrocyclone based on the orthogonal method [J]. Int. Pet. Technol, Conf, 2016.

[64] Dixit P, Tiwari R, Mukherjee A K, et al. Application of response surface methodology for modeling and optimization of spiral separator for processing of iron ore slime [J]. Powder Technol, 2015, 275, 105-112.

[65] Liu L, Zhao L X, Reifsnyder S, et al. Analysis of hydrocyclone geometry via rapid optimization based on computational fluid dynamics [J]. Chem. Eng. Tech. 2021, 44 (9), 1693-1707.

[66] Bai Z. S, Wang H L, Tu S T. Oil-water separation using hydrocyclones enhanced by air bubbles [J]. Chem. Eng. Res. Des, 2011, 89, 55-59.

[67] Bai Z S, Wang H L, Tu S T. Study of air-liquid flow patterns in hydrocyclone enhanced by air bubbles [J]. Chem. Eng. Technol, 2009, 3, 55-63.

[68] Ali-Zade P Ustun O, Vardarli F, Sobolev K. Development of an electromagnetic hydrocyclone separator for purification of wastewater [J]. Water Environ. J, 2008, 22, 11-16.

[69] Gay J C, Triponey G, Bezard C, et al. Rotary cyclone will improve oily water treatment and reduce space requirement/weight on offshore platforms [C]. SPE Offshore Europe, Aberdeen, United Kingdom, 1987.

[70] Zhao L X, Li F, Ma Z Z, et al. Theoretical analysis and experimental study of dynamic hydrocyclones [C]. J. Energ. Resour, 2010.

[71] Nenu R K T, Yoshida H, Fukui K, et al. Separation performance of submicron silica particles by electrical hydrocyclone [J]. Powder Technol. 2009, 196, 147-155.

[72] Strasser W. Cyclone-ejector coupling and optimisation [J]. Progr. Comput. Fluid Dyn, 2010, 10, 19-31.

[73] Gong H F, Yu B, Dai F, et al. Simulation on performance of a demulsification and dewatering device with coupling double fields: swirl centrifugal field and high-voltage electric field [J]. Sep. Purif. Technol, 2018, 207, 124-132.

[74] Lu H, Liu Y Q, Cai J B, et al. Treatment of offshore oily produced water: research and application of a novel fibrous coalescence technique [J]. J. Petrol. Sci. Eng, 2019, 178, 602-608.

[75] Wahi R, Chuah L A, Choong T S Y, et al. Oil removal from aqueous state by natural fibrous sorbent: an overview [J]. Sep. Purif. Technol, 2013, 113, 51-63.

[76] Yong J L, Fang Y, Chen F, et al. Femtosecond laser ablated durable superhydrophobic PTFE films with micro-though holes for oil/water separation: separating oil from water and corrosive solutions [J]. App. Surf. Sci, 2016, 389, 1145-1155.

[77] Dong Z Q, Wang B J, Xu Z L, et al. Recent progress on fabrication technology of functional membranes for oil/water separation [J]. Chem. Ind. Eng. Prog, 2017, 36 (1), 1-9.

[78] Lu H, Liu Y Q, Dai P Y, et al. Process intensification technologies for oil-water separation [J]. Chem. Ind. Eng. Prog, 2020, 39 (12), 4954-4962.

[79] Gutierrez J A, Dyakowski T, Beck M S, et al. Using electrical impedance tomography for controlling hydrocyclone underflow discharge [J]. Powder Technol, 2000, 108, 180-184.

[80] Petersen K R P, Aldrich C, Van Deventer J S J, et al. Hydrocyclone underflow monitoring using image processing methods [J]. Miner. Eng, 1996, 9, 301-315.

[81] Van Vuuren M J J, Aldrich C, Auret L. Detecting changes in the operational states of hydrocyclones. Miner [J]. Eng, 2011, 24, 1532-1544.

[82] Dubey R K, Climent E, Banerjee C, et al. Performance monitoring of a hydrocyclone based on underflow discharge angle [J]. Int. J. Miner. Process, 2016, 154, 41-52.

第七章

微旋流器分离效能增强技术

通常，常规旋流器（CHC）在处理微细离散相时分离效率较低，甚至无法分离。这些微细离散相的分离可出现在诸多领域，如细胞分离（$2\sim12\mu m$），催化剂颗粒分离（$80\%<2.5\mu m$）[1]、磷酸盐岩石颗粒（平均粒径 $4.5\mu m$）[2]、二氧化硅粉末（平均粒径 $1.75\mu m$）[3]、乳化油滴（$0.4\sim48.3\mu m$）[4] 等的分离，甚至是平均粒径为 $0.2\mu m$ 的亚微米二氧化硅粉末[5] 的分离。以重于连续水相的固体颗粒为例，尽管常规旋流器适合分离粒径范围较宽泛的颗粒，却难以对其中的微细颗粒进行高效分离[6]，尤其是粒径小于 $10\mu m$ 的颗粒[7]，这限制了常规旋流器的应用范围。针对以上问题，研究人员通过在旋流器前增加聚结装置、采用两级或多级串联配套方式以及在旋流器后增加过滤等装置来提升分离效率。然而旋流器前增加聚结装置增加了系统的运营及维护成本，同时聚结后的离散相颗粒在进入旋流器后受到其内部流场的强湍流作用存在再次分散或破碎的风险，限制了分离效率的提升。两级或多级串联能使在第一级旋流器内没有被成功分离的颗粒进入后续旋流器进行再次分离，然而进入后续旋流器入口的流体速度将会衰减，导致后续旋流器中离心分离不够彻底。在旋流器后增加过滤装置虽然能提升小粒径离散相的分离效率，但会带来额外的能耗（如过滤压力）及操作流程（增加反冲洗过程），增加了分离成本；另外，反冲洗过程将会使整个系统工作不能连续进行，降低了运行效率。

为了在不改变旋流器结构类型的条件下增强其分离效率，研究人员将常规旋流器尺寸缩小，形成小直径旋流器，即微旋流器，并发现微旋流器在相同条件下能够获得更高的分离效率。

第一节　微旋流器国内外研究进展及应用

20 世纪 90 年代初，微旋流器在水系统中分离微细离散相（几微米甚至低于 $1\mu m$）颗粒或液滴方面得到了越来越多的关注。混合液进入微旋流器后将会受到同等条件下相比常规旋流器更大的离心力，使得混合液中的离散相能够获得更高的分离或分选效率，得到更小的切割粒径 d_{50}（分离效率为 50% 时对应的离散相粒径）[8-10]。微旋流器也因此涉及一些微细离散相分离的新领域[11]，如表 7-1 所示。在以往的研究[12,13] 中，根据入口混合液中颗粒粒径 d_p 及浓度 C_i 的差异，研究人员为固液分离设备的选择提供了相关指南。然而，该指南没有考虑到能够高效分离微细或超细颗粒且几何尺寸小于常规旋流器的微旋流器。因此基于对文献的综述，通过将微旋流器融入该指南中，给出了一个改进的固液分离设备选择指南，如图 7-1 所示。该指南表明，粒径小于 $5\mu m$ 的颗粒除了能够采用传统的过滤装置和离心机分离外，微旋流器也可作为一种合适的选择方案。

表 7-1　微旋流器所涉及的相关新领域

待分离介质	待分离介质尺寸	待分离介质密度	文献
油脂	平均 8.8μm	840kg/m³	[14]
动物细胞	8～40μm	1050～1140kg/m³	[15]
铜绿微囊藻	0.5～40μm	985～1005kg/m³	[16]

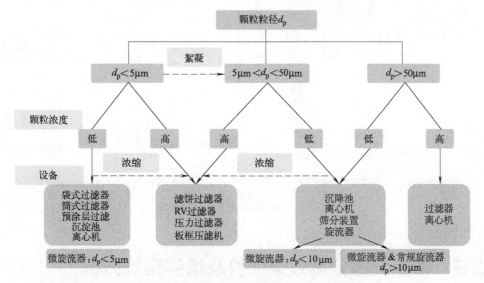

图 7-1　改进的固液分离设备选择指南

　　水力旋流器的主直径（主直径 D_c 是旋流器其他尺寸设计的参考）范围变化较大，现有文献中主直径最小为 0.35mm，最大可达 2500mm[17,18]。华东理工大学通过制定固液微旋流器技术行业标准将主直径小于 35mm 的旋流器定义为微旋流器[19]。目前国际上对微旋流器的主直径大小没有明确的定义，表 7-2 给出了研究人员对微旋流器主直径尺寸的几种定义。这里将根据大多数研究人员对微旋流器的定义，以主直径为 35mm 以下的情况进行概述。

表 7-2　不同文献中对微旋流器主直径尺寸的定义

微旋流器主直径尺寸(D_c)	文献	微旋流器主直径尺寸(D_c)	文献
1～10mm	[20],[21]	<50mm	[22]
<30mm	[2]	<75mm	[23]
≤35mm	[19]	<100mm	[24]

　　图 7-2（a）给出了近 30 年与微旋流器研究相关的论文发表量及引用量，从图中可以发现这两个数据整体均呈现出逐渐增加的趋势，尤其是引用量。这些文章中的研究方法主要包括理论建模、模拟以及试验研究，如图 7-2（b）所示。从图 7-2（b）中可发现：①近年对微旋流器的试验研究较多；②随着计算机技术的发展，模拟方法在过去十年得到了越来越多的应用。作为一种低成本高效的研究方法，基于计算流体力学（CFD）的数值模拟方法应该被进一步推广。当前，大部分关于微旋流器的理论模型都是在有限的特定操作参数下建立的，具有一定的局限性。图 7-2 中数据是通过科学网（Web of Science）检索获得的。

　　下面将从微旋流器的分离效果评价、分离效率增强案例分析、流场特性及效率增强机理、结构参数设计及制造技术、待分离介质物性参数和操作参数对分离性能的影响等方面进行阐述。其间，对微旋流器与常规旋流器在分离过程中存在的差异进行对比分析。

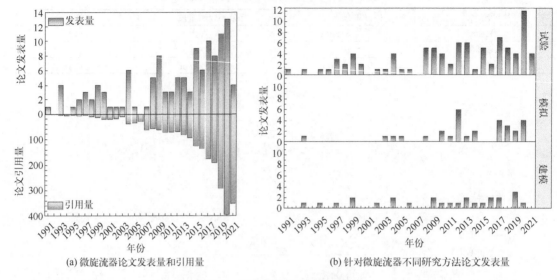

(a) 微旋流器论文发表量和引用量　　　　　　　　(b) 针对微旋流器不同研究方法论文发表量

图 7-2　微旋流器现有文献的统计

第二节　微旋流器分离效果评价及增强案例分析

旋流器的分离性能指标通常情况下主要包括分离效率（总效率与级效率）、出口离散相浓度及旋流器压力损失等。其中，在级效率曲线上，切割粒径 d_{50} 及分离锐度（d_{30}/d_{70}）作为两个重要的因素，对级效率曲线的分布状态具有重要影响，因此下文将这两个因素与分离性能指标并列，并进行单独分析。

一、分离效果评价指标

1. 分离效率

分离效率作为旋流器分离性能的重要指标，其最能代表微旋流器的分离性能。分离效率主要来源于离心效应和旁流效应。以固体重于水的固液分离为例，离心效应指旋流器内部受到一定离心力的颗粒径向迁移距离超过某一临界值，即位于零轴速度包络面（LZVV）内的颗粒突破该包络面到达旋流器壁面附近，并顺利从底流口分离出。旁流效应是指混合液中的部分颗粒将会随着对应的底流分流比从底流出口分离出[25]，例如极端情况下，即使旋流器无法分离，也将会有对应占比的颗粒（占比与分流比接近）从底流流出。分离效率受旋流器的结构参数、操作参数以及混合液的介质物性参数影响。旋流器分离效率的表达形式包括四种，分别是总效率 E_t（也被称为质量效率）、简化总效率 E_{rt}、级效率 E_g 及简化级效率 E_{rg}。以密度比连续相大的颗粒为例，这四种效率的表达式分别如式（7-1）～式（7-4）所示[15,26-28]。其中，简化总效率 E_{rt} 和简化级效率 E_{rg} 消除了旁流效应的影响。对于密度比连续相小的颗粒或液滴，式（7-1）和式（7-3）中的 M_u 将被替换成 M_o，同时公式中的 R_f 也将表示溢流分流比（溢流流量与入口流量之比）。

$$E_t = \frac{M_u}{M_i} = \frac{Q_u C_u}{Q_i C_i} \tag{7-1}$$

$$E_{rt} = \frac{E_t - R_f}{1 - R_f} \tag{7-2}$$

式中，M_u 和 M_i 表示底流和入口混合液中的离散相的质量流率，kg/s；Q_i 和 Q_u 是入口流入的混合液和底流流出液体的流量；C_i 和 C_u 表示入口流入的混合液和底流流出液体中的颗粒体积浓度；R_f 代表分流比，$R_f = Q_u / Q_i$。

$$E_g(d_p) = \frac{M_u(d_p)}{M_i(d_p)} = \frac{Q_u C_u(d_p)}{Q_i C_i(d_p)} \tag{7-3}$$

$$E_{rg}(d_p) = \frac{E_g(d_p) - R_f}{1 - R_f} \tag{7-4}$$

式中，$E_g(d_p)$ 是颗粒粒径为 d_p 时的分离效率；$M_u(d_p)$ 和 $M_i(d_p)$ 代表底流和入口混合液中粒径为 d_p 的颗粒质量流率；$C_u(d_p)$ 和 $C_i(d_p)$ 则分别代表底流和入口混合液中粒径为 d_p 的颗粒浓度。

2. 级效率曲线中的旁流和鱼钩效应

在以上定义的分离效率标准中，级效率 $E_g(d_p)$ 考虑了离散相粒径分布的影响[21,29]，也是目前表示微旋流器分离效率的最常用标准。$E_g(d_p)$ 与离散相粒径 d_p 的理论关系曲线如图 7-3 中虚线所示。该曲线上可以观察到明显的旁流效应：在旋流器分离过程中，对于离心力无法分离的细颗粒，其级效率通常不是 0，而是接近某一值[30,31]。这个值通常等于由分流比决定的旁流效应值 B_p，即此时的 $E_g(d_p) = B_p = R_f$。然而，微旋流器中的 B_p 值比 R_f 值更大[32]，如图中深色虚线所示。对于微旋流器更大的 B_p 值，在 2000 年，Pasquier 等人[31] 认为这一现象的机理尚不明确，然而在 2014 年，Zhu 等人[21] 通过试验和经验公式预测表示微旋流器中的 B_p 比 R_f

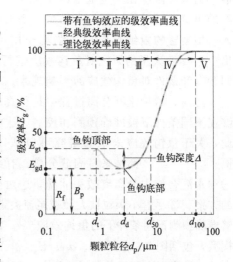

图 7-3 级效率曲线分析图

大的原因是：混合液中难以分离的微细颗粒可能被大颗粒尾流夹带，并随着大颗粒从底流排出，从而使得 B_p 大于分流比 R_f。在相同的入口颗粒浓度条件下，内部空间小的微旋流器增加微细颗粒被大颗粒尾流夹带的机会。在分流比不变的条件下，越大的旁流值对于获得净化的连续相更具优势[33]。

虽然一些研究人员[14,34,35] 通过微旋流器分离性能试验，并考虑微细颗粒被夹带的影响获得了图 7-3 中的深色虚线（级效率曲线），然而另一方面，大量的研究人员[21,28,36-39] 则通过微旋流器分离性能试验得到了包含鱼钩效应的级效率曲线，即级效率曲线上出现类似鱼钩的形状，如图 7-3 中曲线所示。尤其是当混合液中同时包含了大颗粒和小颗粒时，这种现象更加明显[37]。但这种鱼钩效应很少出现在常规旋流器中[25]。如图 7-3 所示，Hwang 等人[25] 把这种包含鱼钩效应的级效率曲线分成了五个阶段。在第 I 阶段（$d_p < d_t$），级效率增加到鱼钩形状的顶部，其中 d_t 表示鱼钩顶部对应的颗粒粒径；在第 II 阶段（$d_t < d_p < d_d$），级效率降低到曲线中鱼钩部分的底部，其中 d_d 表示鱼钩底部对应的颗粒粒径；在第 III 阶段（$d_d < d_p < d_{50}$）级效率逐渐增加；然后在第 IV 阶段（$d_{50} < d_p < d_{100}$）级效率快速增加；在第 V 阶段（$d_p > d_{100}$）级效率基本保持不变。图 7-3 中，E_{gt} 与 E_{gd} 的差值代表鱼钩深度 Δ，同时也代表着鱼钩效应的强度。

由于该效应在试验过程中存在不可复现性，因此部分研究人员[39-41] 对鱼钩效应持怀疑态度。Nageswararao[41] 认为不准确的颗粒尺寸测试分析是导致鱼钩效应的根本原因。当前，对鱼钩效应典型的解释是旋流器中大小颗粒之间的相互作用，即微细颗粒在旋流器内强湍流作用下被大颗粒的尾流所夹带，从而导致这些小颗粒随着大颗粒从底流口排出[25,37,42,43]，对于这些被夹带的微细颗粒来说将会获得更高的级效率。这种解释与旁流值大于分流比的原因类似，因此，$B_p > R_f$ 可以被认为是鱼钩效应的一种粗略表达形式。关于微旋流器中鱼钩效应的影响因素方面，Schubert[37] 发现由于大颗粒流动时可产生边界层，当小颗粒尺寸小于大颗粒尺寸的 0.13～0.22 倍时，小颗粒将可能被大颗粒所产生的边界层（尾流）所夹带导致鱼钩效应。当满足以下一个或多个条件时将会导致微旋流器中的鱼钩效应更加明显：①旋流器底流管直径减小[44]；②入口处理量增加[21]；③颗粒的球形度增加[42]；④混合介质的温度降低[43]；⑤多个微旋流器采用并联的设计方式[8]；⑥入口混合液中的颗粒浓度在一定范围内增加[8,42]。相反，在底流安装一个收集腔或者关闭这个收集腔的出口（此时旋流器只有溢流一个出口）能够减弱鱼钩效应，这是因为被大颗粒夹带后进入收集装置的微细颗粒在强湍流作用下又可能重新进入旋流器筒体并最终从溢流出口排出[7]。尽管大量的研究对鱼钩效应进行了报道，但是目前为止没有相关的文献综合分析不同参数和条件对鱼钩效应的影响规律。

当前，微旋流器分离过程中是否真的存在鱼钩效应仍然处于争论阶段，如果这种效应能够在不同条件下被准确预测和控制，这将有利于提升细颗粒或超细颗粒的分离效率[45]。因此，关于鱼钩效应未来的研究可以从以下两个方向开展：①几乎所有关于鱼钩效应的案例[25,28,34,44,46] 都是来自固液分离，有必要开展相关的液液分离研究，例如从油相乳化严重的油水混合液中分离离散相油滴，这对提升高度乳化的小粒径油滴分离效率可能是一个可行的方案。②尽管小颗粒被大颗粒尾流夹带的相关理论模型已经被提出，然而这些理论模型不能够准确预测不同条件下的鱼钩效应[47]。因此有必要建立考虑鱼钩效应的微旋流器级效率预测模型，包括图 7-3 中的 d_t、d_d、E_{gd} 和 Δ 值。目前，机器学习方法由于其预测精度高、泛化能力强而被广泛应用于各领域，因此，可通过相关机器学习算法，并基于现有关于微旋流器文献中的试验数据较全面地建立不同介质物性参数、旋流器结构及操作参数下的效率预测模型。

3. 切割粒径和分离锐度

微旋流器级效率曲线上的另外两个重要特征是切割粒径 d_{50} 和分离锐度[48]，切割粒径（也被称为切割直径[49]）表示级效率为 50% 时所对应的离散相尺寸。分离锐度则表示级效率为 30% 所对应的离散相尺寸与 70% 所对应的离散相尺寸之比[48]，即 d_{30}/d_{70}。微旋流器被越来越多地应用可归因于其相对常规旋流器具有更小的切割粒径[46,50]。在大多数对微旋流器的研究中[23,51-53]，切割粒径在 $10\mu m$ 以下，甚至小于 $1\mu m$ [54,55]。小的切割粒径再结合鱼钩效应可有效提升微细或超细离散相的分离效率。对于不同主直径的微旋流器，通常情况下其主直径越小对应的切割粒径也会越小[8]。对于几何尺寸一定的微旋流器，入口处理量[21] 以及压力[54] 的增加也有利于降低切割粒径。

分离锐度代表着级效率曲线变化的陡峭度，即分离锐度越大，d_{30} 与 d_{70} 的距离越小，粒度的变化对级效率的影响更大，曲线变化越剧烈。与切割粒径相比，分离锐度在文献中很少被提及。

4. 能耗

分离性能好的微旋流器不仅意味着具有较高的分离效率，同时还需要具备相对较小的能耗[8]。欧拉数 E_u 往往被用来定义一个旋流器的能耗程度[56,57]，其计算过程如式（7-5）所示。Yang 等人[26] 基于主直径为 25mm 的微旋流器获得了 E_u 与雷诺数 Re 之间的关系，如式（7-6）所示。

$$E_u = \frac{\Delta p}{\left(\frac{1}{2}\right)\rho v_{ch}^2} \tag{7-5}$$

式中，Δp 表示压力损失，ρ 表示流体密度，v_{ch} 为特征速度。

$$E_u = 21.9\, Re^{0.486} \tag{7-6}$$

E_u 通常由旋流器入口与两出口的压力差值（压力损失）计算获得[26]，不同结构及操作参数对微旋流器的压力损失影响规律与常规旋流器相同。由于微旋流器内部空间小，最大压力损失在 0.05～0.3MPa[45] 之间变化，略高于常规旋流器（0.05～0.2MPa）[22,53,56,58]。Liow 和 Oakman 等人[59] 设计了一种同向出流结构的微旋流器，相同条件下该类型微旋流器的欧拉数只有 1.2，低于经典的逆向出流微旋流器。

二、分离效能增强案例分析

为了研究微旋流器对微细离散相（颗粒或液滴）的分离效率，本部分将结合数值模拟和室内试验方法，开展不同主直径旋流器对不同类型离散相的分离性能研究。基于相同入口速度及入口压力两种情形，在多种离散相类型、多种离散相粒径分布范围以及多种离散相浓度条件下开展微旋流器对微细离散相分离的高效性及适应性研究。同时在相同入口压力条件下，通过对比分析单级微旋流器独立运行和两级串联微旋流分离系统的分离效率，研究单级微旋流器分离效率进一步提升的可行方案。

1. 旋流器主直径对液液分离性能影响的模拟研究

（1）液液分离旋流器结构及模拟方法设置

① 结构模型及参数。针对不同类型的待分离离散相介质，适合其分离的微旋流器的结构参数也会发生变化。在本小节中，液液混合相中的离散相介质为密度小于水的油相。Yang 等人[60] 采用旋流器对密度小于水的离散相进行分离并获得了较高的分离效率，因此本小节用于油水分离的微旋流器结构参数将基于 Yang 等人[60] 研究中的旋流器结构尺寸比例，其流体域结构及具体尺寸比例如图 7-4 及表 7-3 所示。在研究过程中，根据表 7-3 中的尺寸比例，针对主直径分别为 20mm（微旋流器）、30mm（微旋流器）以及 40mm（常规旋流器）三种情况开展油水分离研究。

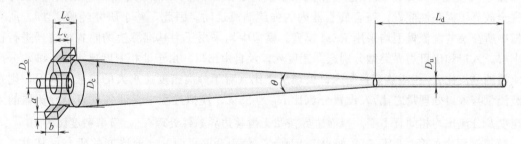

图 7-4　微旋流器的流体域结构

表 7-3　无量纲结构参数

无量纲结构参数	溢流管直径 D_o D_o/D_c	底流管直径 D_u D_u/D_c	圆柱段长度 L_c L_c/D_c	溢流管伸入长度 L_v L_v/D_c	底流管长度 L_d L_d/D_c	切向入口宽度 a 及高度 b $a/D_c;b/D_c$	锥角 θ θ
参数值	0.2	0.25	1.06	0.16	9.63	0.18;0.32	5.8°

采用 Gambit 软件对不同主直径旋流器进行网格划分，网格形式均为六面体网格，且对壁面及湍流强度较大的旋流腔进行局部加密处理。图 7-5（a）给出了其中一种情况的流体域网格划分结果。通过网格质量检验发现所有网格单元的偏斜度（equisize skew）均小于0.51，表明网格单元质量较好。其余两种主直径的旋流器网格划分方式、数量、密度与图7-5（a）相同，以此避免由网格差异带来的模拟误差。选择网格单元数量分别为 280000、380000、480000、580000、680000 及 780000 共六种水平，并以底流口压力损失作为对象开展了网格无关性检验，如图 7-5（b）所示。网格无关性结果表明：当网格数量达到 580000时，底流口的压力损失趋于稳定。因此，为了节省时间和计算资源，在后续模拟中选取的网格数量为 580000。

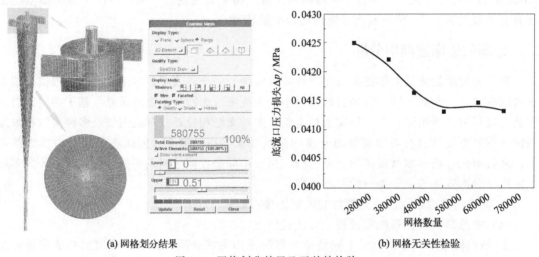

(a) 网格划分结果   (b) 网格无关性检验

图 7-5 网格划分结果及无关性检验

② 模拟方法设置。借助 CFD 软件 Fluent 对三种主直径的旋流器进行数值模拟，开展不同油滴粒径、不同含水率条件下的分离性能研究。模拟过程中基于欧拉-欧拉框架，采用其中的欧拉多相流模型，由于待分离的离散相浓度较低，模拟过程中忽略离散相之间的碰撞影响。关于模拟中旋转流场的各种湍流模型的优劣，Wang 等人[61] 进行过较全面的分析，目前雷诺应力模型（RSM）模拟连续相流场已获得了广泛的认可和应用[4]，这是因为 RSM 模型完全放弃了涡黏性假设，符合旋流器内的强旋湍流运动。因此，基于研究经验[34,62]，所有模拟中所涉及的湍流模型均采用 RSM 模型。模拟中均采用压力基准算法的隐式求解器进行稳态求解。入口和出口边界类型分别选择速度入口及自由出口。由于油相密度比水小，油水分离旋流器的分流比 R_f 指溢流流量与入口处理量之比（对于分离密度比水大的离散相情况，则指底流流量与入口处理量之比），设置分流比 R_f 为 35%，模拟过程中保证各主直径旋流器的入口速度及分流比均相同且不变。壁面边界按照无滑移边界条件处理[63]，模拟精度设为 10^{-6}。

模拟过程中的介质物性参数如表 7-4 所示。分别开展了两种含油浓度的研究，其中，总含油浓度为 5% 时对应的混合液中不同粒径油滴各自的浓度含量分布如图 7-6 所示，属于正态分布。对于含油浓度 10% 的情况，各粒径油相浓度含量为 5% 的 2 倍。

表 7-4 液液分离中离散相介质物性参数

介质物性参数	液液分离
离散相类型	原油
离散相密度 ρ_o	889kg/m³

介质物性参数	液液分离
入口混合液中离散相粒径 $d_o/\mu m$	20,40,60,80,100,150,200,300,400,500
入口混合液中离散相油滴的体积浓度	5%及10%
离散相黏度 η_o	1.006Pa·s

（2）油水两相模拟结果分析

① 油相浓度分析。底流口油相浓度是油水分离旋流器重要的分离性能指标之一，相同条件下底流油相浓度越小意味着分离效率越高。因此针对两种不同的入口含油浓度（5%和10%），对比分析了分别经过微旋流器（$D_c=20mm$ 及 30mm）与常规旋流器（$D_c=40mm$）分离后，不同粒径油滴在底流口的平均油相浓度值，表7-5及表7-6分别统计出了入口混合液中含油浓度为10%和5%两种情况下的底流口平均油相体积浓度。从表中可以看出当粒径相同时，底流口油相浓度的平均值随着旋流器主直径的减小均呈现逐渐降低的趋势。在

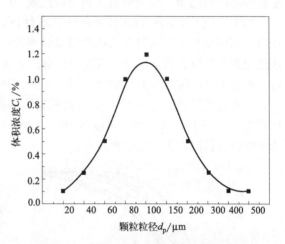

图 7-6 总含油浓度为 5% 的入口混合液中各粒径油滴的含量

粒径达到 $20\sim60\mu m$ 范围时，这种降低的趋势相对较弱，意味着在该粒径范围内的油滴，微旋流器对其分离效能的增强效果较弱。当油滴粒径超过 $60\mu m$ 后，两种含油浓度条件下这种降低幅度均呈现出快速增加的趋势，且入口含油浓度为 5% 时的降低幅度高于入口含油浓度为 10% 的情况，这也说明微旋流器在低含油浓度条件下，效能增强性更显著。在入口含油浓度为 5% 的情况下，当油滴粒径增加到 $400\mu m$ 时，常规旋流器（$D_c=40mm$）的底流油相浓度为 0.0002%，而该值在 D_c 为 $20mm$ 的微旋流器中仅为 0.00001%。

表 7-5 入口含油浓度为 10% 时底流口平均油相浓度　　　　　　　　　　单位：%

项目	$20\mu m$	$40\mu m$	$60\mu m$	$80\mu m$	$100\mu m$	$150\mu m$	$200\mu m$	$300\mu m$	$400\mu m$	$500\mu m$
$D_c=20mm$	0.2053	0.4936	0.9049	1.5981	1.6424	0.8542	0.2505	0.0390	0.0042	0.0010
$D_c=30mm$	0.2058	0.4972	0.9321	1.6972	1.8087	1.0386	0.3361	0.0649	0.0092	0.0029
$D_c=40mm$	0.2067	0.4972	0.9382	1.7270	1.8671	1.1205	0.3798	0.0797	0.0123	0.0044

表 7-6 入口含油浓度为 5% 时底流口平均油相浓度　　　　　　　　　　单位：%

项目	$20\mu m$	$40\mu m$	$60\mu m$	$80\mu m$	$100\mu m$	$150\mu m$	$200\mu m$	$300\mu m$	$400\mu m$	$500\mu m$
$D_c=20mm$	0.1002	0.2295	0.3958	0.6495	0.6164	0.2550	0.0557	0.0038	0.0002	0.00001
$D_c=30mm$	0.1005	0.2359	0.4234	0.7306	0.7333	0.3566	0.0949	0.0107	0.0007	0.0001
$D_c=40mm$	0.1005	0.2376	0.4326	0.7617	0.7831	0.4058	0.1144	0.0144	0.0012	0.0002

② 分离效率。图 7-7（a）表示两种微旋流器和常规旋流器的级效率分布曲线。从图中可发现，不同条件下 3 种旋流器的级效率变化规律基本相同：随着粒径的增大，效率呈现缓慢增加、快速增加然后继续缓慢增加并逐渐不变的趋势，其趋势为 S 形。相同条件下，入口含油浓度的增加导致了分离效率的降低，而这种差距可以通过增大粒径来弥补。

通过对图 7-7（a）中不同主直径旋流器分离效率的对比可发现：a. 不同粒径下随着旋流器主直径的减小，分离效率均逐渐增加，这种增加趋势并没有因为入口含油浓度的不同而

改变。b. 在粒径处于较大值或较小值时，微旋流器对分离效能的增强性并不明显，这说明当油滴粒径太小时，即使微旋流器也难以对其分离效率实现显著提升；另一方面，当油滴粒径太大时，常规旋流器同样能够对其实现高效分离，因此微旋流器对分离效能的增强性也并不明显。c. 当油滴粒径处于 $60\sim300\mu m$ 范围时，微旋流器的分离效率提升效果明显高于其他粒径范围的油滴，效率的最大提升值达到 10 个百分点。

图 7-7（b）表示两种入口含油浓度条件下，不同主直径旋流器溢流口的压力损失变化规律。相同条件下，入口含油浓度较高时所对应的压力损失明显大于含油浓度较低的情况。这是因为含油浓度高，增加了混合液的黏度，使得混合液的运动更加困难，相同速度下其所需的能量越高，因此导致了更大的压力损失。从图中还可发现，随着旋流器主直径的增加，压力损失逐渐降低。与 $D_c=20mm$ 的微旋流器相比，$D_c=40mm$ 的常规旋流器压力损失分别降低了 41.9%（入口含油浓度为 10%）和 39.3%（入口含油浓度为 5%），意味着高含油浓度微旋流器压力损失增加更显著。

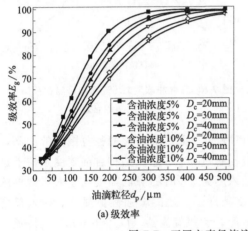
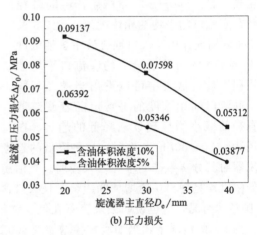

(a) 级效率 (b) 压力损失

图 7-7 不同主直径旋流器级效率及压力损失对比

2. 旋流器主直径对固液分离性能影响的模拟研究

（1）固液旋流器结构及模拟方法设置　对于重于水的离散相颗粒，其适合的结构参数将会发生变化[64]。因此此处固液分离所对应的旋流器结构参数与前文油水分离存在差异。Bradley[65] 所提出的旋流器结构及各部分参数在固液分离的应用中能够获得更小的切割粒径 d_{50}（分离效率达到 50% 时对应的颗粒粒径值），即对小粒径颗粒的分离更具优势，因此该结构被广泛采用[66,67]。此处固液分离旋流器的结构参数比例关系也将基于 Bradley 结构。表 7-7 为固液分离旋流器的结构参数。旋流器的主直径分别为 2.5mm、10mm 及 40mm。固液分离旋流器流体域网格划分规则与前文油水分离旋流器相同。3 种不同主直径的旋流器采用的网格单元数量、密度及形式均相同，避免因网格差异造成的模拟误差。

对于固液分离，采用的多相流模型、湍流模型及边界条件类型等均与上一节油水分离相似，模拟过程中保证 3 种旋流器的入口速度相同。离散相颗粒的介质物性参数如表 7-8 所示。

表 7-7　固液分离旋流器结构参数

结构参数	溢流管直径 D_o	底流管直径 D_u	圆柱段长度 L_c	溢流管伸入长度 L_v	底流管长度 L_d	切向入口宽度 a 及高度 b	锥角 θ
	D_o/D_c	D_u/D_c	L_c/D_c	L_v/D_c	L_d/D_c	$a/D_c;b/D_c$	θ
参数值	0.2	0.18	0.52	0.38	3	0.15;0.3	7°

表 7-8　固液多相流模拟中离散相介质物性参数

介质物性参数	固液分离
颗粒类型	硅
颗粒密度 ρ_p	2000kg/m³
入口混合液中颗粒粒径 d_p/μm	5,10,20,40,60,80,100
颗粒粒径对应浓度	每种粒径颗粒浓度均为 0.1%,总颗粒浓度为 0.7%

（2）固液两相模拟结果分析

① 颗粒浓度。对于固液分离（固体密度大于水），其目标是让更多的颗粒能够顺利地从旋流器底流口排出，因此溢流口液流中的颗粒浓度作为固液旋流分离的重要分离性能指标之一，其浓度越小表示分离效果越好。表 7-9 中给出了入口混合液中 20μm 及以下的 3 种粒径颗粒在 3 种旋流器溢流出口的平均浓度值。表 7-9 显示，随着颗粒粒径的增加，三种旋流器溢流口的颗粒浓度均逐渐降低，在粒径为 20μm 时，主直径为 2.5μm 的微旋流器溢流口颗粒浓度仅为 0.000634%，远低于入口中的 0.1%。在颗粒粒径为 5μm 时，主直径为 40mm 的常规旋流器溢流口颗粒浓度与入口混合液中对应粒径的颗粒浓度基本相同。

表 7-9　溢流出口颗粒体积平均浓度　　　　　　　　　　　　　　　单位:%

项目	5μm	10μm	20μm
D_c=2.5mm	0.087	0.049	6.34×10^{-4}
D_c=10mm	0.094	0.076	0.019
D_c=40mm	0.099	0.093	0.073

② 分离效率及压力损失。图 7-8（a）获得了三种主直径旋流器的级效率曲线。从图 7-8（a）中发现级效率曲线变化规律与油水分离相似：随着粒径的增加，级效率均逐渐增加到最大值后基本不变。主直径为 2.5mm、10mm 和 40mm 的旋流器分离效率接近 100% 时对应的颗粒粒径分别为 20μm、40μm、60μm。当颗粒粒径 d_p 为 5μm 时，尽管 3 种旋流器的分离效率均较低，但与主直径为 40mm 的常规旋流器相比，主直径为 2.5mm 的微旋流器分离效率增加近 10 个百分点。此时常规旋流器效率为 35% 左右，这是分流比（R_f=35%）导致的。整体分析发现粒径为 10~40μm 时，微旋流器的分离效率提升效果最明显。该范围与前文油水分离（60~300μm）不同，这是由于油与水的密度差明显小于颗粒与水的密度差，同时油相更高的黏度也导致油水分离效果不如固液分离。此外，对比三种不同主直径旋流器发现，两种微旋流器级效率曲线上对应的切割粒径 d_{50} 均处于 5~10μm 之间，而主直径为

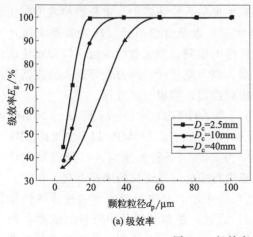

(a) 级效率

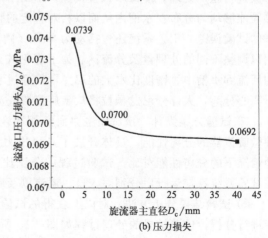

(b) 压力损失

图 7-8　级效率及压力损失变化趋势

40mm 的常规旋流器则处于 $10\sim20\mu m$ 之间，微旋流器的 d_{50} 明显小于常规旋流器。

图 7-8 (b) 为三种主直径旋流器溢流口的压力损失变化规律。随着主直径的减小，压力损失呈现出先缓慢增加后快速增加的趋势。对比主直径 $D_c=2.5mm$ 的微旋流器和 $D_c=40mm$ 的常规旋流器发现，微旋流器的压力损失增加了 6.36%。

通过上述分析可知，相比于常规旋流器，在相同入口速度条件下微旋流器针对油滴（轻于水）与颗粒（重于水）的分离效率均具有一定提升。由于油-水、颗粒-水的密度差不同以及油相的黏度较高等原因，微旋流器对这两种不同类型离散相的分离效率显著性增强的最佳粒径范围存在明显差异。同时相同入口速度条件下，微旋流器的压力损失高于常规旋流器，对能耗要求相对较高。

3. 相同入口压力条件下固液分离试验研究

以上两部分分别开展了入口速度相同条件下重于水和轻于水的离散相介质分离性能研究，分析了微旋流器相比常规旋流器的高效性及适应性。然而相同入口速度条件下，微旋流器的压力损失高于常规旋流器，意味着更高的能耗。因此这部分内容将通过控制入口压力 p_i，并以城市污水及生态环境水系统中常见且尚未形成标准分离方法的微塑料颗粒污染物作为离散相，研究相同入口压力条件下不同主直径旋流器的分离性能。

(1) 试验流程及方法

① 试验样机及工艺流程。根据表 7-7 中旋流器的结构尺寸比例，同时为了避免塑料材质的污染问题，采用金属 3D 打印技术对主直径 D_c 分别为 10mm 和 20mm 的微旋流器进行打印，将其分别命名为 MHC_H1（$D_c=10mm$）和 MHC_H2（$D_c=20mm$），两种结构样机如图 7-9 (a) 所示，样机所使用的材料是 316L 不锈钢，表面粗糙度为 $5\mu m\pm2\mu m$，以减少分离过程中内壁面对微旋流场的影响。待分离离散相为广泛存在于城市污水及生态水系统中难以去除的小粒径微塑料颗粒——尼龙颗粒，其相关物性参数如表 7-10 所示。

表 7-10　微塑料颗粒物性参数

颗粒类型	密度	颗粒形状	平均尺寸	颗粒尺寸范围
尼龙颗粒	$1150kg/m^3$	球形	$15\sim20\mu m$	$5\sim50\mu m$

室内试验工艺流程如图 7-9 (b) 所示。在水槽中将待分离的尼龙颗粒与水配制成 25mg/L 的尼龙-水混合液，为了避免尼龙颗粒的聚集现象，尼龙颗粒在进入水槽前采用超声波进行超声处理，降低颗粒直接加入水槽中产生的聚集效应。水槽配有搅拌器，保证尼龙颗粒能够均匀分布在水槽内从而以相对稳定的颗粒浓度进入旋流器中，避免颗粒浓度变化带来的试验误差。工艺系统还包括动力单元（微型水泵）以及计量单元（压力表及流量计），用以调整不同的处理量及分流比。为了避免试验样品的浪费，旋流器的溢流出口和底流出口均回流到水槽中。密度比水大的尼龙颗粒经过水槽、泵、流量计、压力表等进入旋流器后进行离心分离，大部分尼龙颗粒将从微旋流器底流出口流出，完成分离过程。

② 试验方案设计。该试验主要研究相同入口压力条件下 $D_c=10mm$ 及 $D_c=20mm$ 两种微旋流器的分离性能，具体开展了入口压力为 0.134MPa、0.193MPa 以及 0.245MPa 三种情况下的分离性能对比。试验过程中分流比 R_f 为 35%（底流流量与入口处理量之比）。在试验系统稳定运行后分别对入口、溢流以及底流进行采样，每组试验采样 3 次。

③ 试验结果分析方法。对以上获得的试验结果，采用总效率和级效率两种分离性能指标进行分析，试验结果的处理过程如图 7-10 所示。通过测量每种样品中颗粒的浓度获得总效率，将入口、溢流口和底流口样品收集在玻璃量筒中，并记录其体积，使用玻璃纤维滤纸

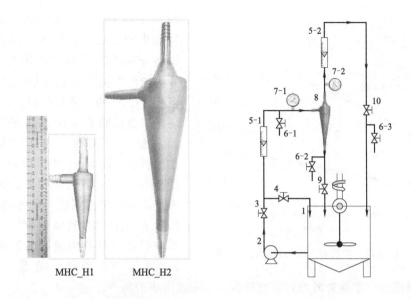

(a) 微旋流器试验样机　　　　　　　　(b) 室内试验工艺流程

图 7-9　微旋流器试验样机及工艺流程

1—带有搅拌器的水槽；　2—微型水泵；　3—流量控制阀；　4—旁通阀；　5—流量计；　6—取样阀；
7—压力表；　8—MHC_H1/MHC_H2；　9—底流控制阀；　10—溢流控制阀

（1.5μm）对样品进行真空过滤、干燥处理及称重等，获得出入口颗粒浓度。在级效率方面，入口、溢流、底流样品在收集后立即进行处理，以尽量减少沉降和聚集。收集的样品在超声波水浴中超声处理 20min 以形成均匀的悬浮液，然后将样品通过激光粒子分析仪进行粒度测试，以获得每个样品中尼龙颗粒的尺寸分布，用以计算级效率。

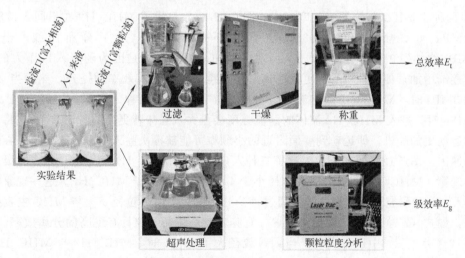

图 7-10　总效率与级效率获取过程

（2）试验结果分析

① 两种主直径微旋流器入口参数间关系分析。图 7-11 给出了两种主直径微旋流器 MHC_H1（D_c＝10mm）和 MHC_H2（D_c＝20mm）的处理量、能耗及入口压力之间的关系。两种 MHC 的处理量 Q_i（包括 Q_{iH1} 和 Q_{iH2}，分别表示 MHC_H1 和 MHC_H2 的处理

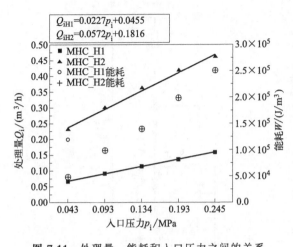

量）与入口压力 p_i 之间的关系模型（图 7-11 中的方程）通过线性拟合得到。Q_i 随 p_i 的增加呈现线性正相关趋势，相关系数 R^2 及斜率和截距的误差如表 7-11 所示。Q_{iH1} 的模型斜率明显小于 Q_{iH2} 的斜率，这归因于 MHC_H1 更窄的内部空间。这可以解释为：MHC 内壁对流体施加的剪切力随着 p_i 的增加而增加，但由于 MHC_H1（具有更窄的内部空间）壁面边界层厚度占据径向尺寸的比例更大，因此 p_i 的增加使流体在 MHC_H1 中增加的剪切作用对流体速度的影响比 MHC_H2 更显著。因此，随着 p_i 的增加，

图 7-11 中的方程：
$$Q_{iH1}=0.0227p_i+0.0455$$
$$Q_{iH2}=0.0572p_i+0.1816$$

图 7-11 处理量、能耗和入口压力之间的关系

MHC_H1 中流体速度损失增加将更加显著，而导致更小的斜率。

表 7-11 处理量与压力关系中的 R^2 及模型误差

拟合方程	模型斜率		模型截距		R^2
	斜率值	标准误差	截距值	标准误差	
Q_{iH1}	0.0227	0.0001	0.0455	0.0003	0.9999
Q_{iH2}	0.0572	0.0043	0.1816	0.0142	0.9780

两种 MHC 在工作过程中的能量消耗 W 是根据伯努利原理，以混合物为理想流体计算获得。当 p_i 为 0.245MPa 时，W 的最大值在 MHC_H1 中为 250280J/m³，对于 MHC_H2 为 250800J/m³。

② 两种主直径微旋流器级效率对比。图 7-12 (a) 显示了 MHC_H2 在不同入口压力 p_i（0.043MPa、0.134MPa 和 0.193MPa）条件下的级效率（E_g）分布曲线。当 p_i 从 0.043MPa 增加到 0.134MPa 时，E_g 表现出增加的趋势，这是因为随着入口压力的增加，处理量逐渐增加，促使颗粒受到更大的离心加速度，促进分离效率的提升，然而当 p_i 增加到 0.193MPa 时，MHC_H2 对细颗粒的分离效率低于另外两种入口压力。因为当 p_i 达到 0.193MPa 时，进入 MHC_H2 流体的湍流强度会更大（意味着更高的雷诺数），这将导致小颗粒的运动更加随机，即运动到壁面附近的小颗粒可能被再次卷入 MHC_H2 的中心附近从溢流逃逸出。图 7-12 (b)～(d) 对比了三种入口压力下 MHC_H1 和 MHC_H2 的级效率曲线分布规律。MHC_H1 的级效率在粒径小于 $40\mu m$ 时明显高于 MHC_H2。这一现象可通过 Zhu 等人[35] 的研究进行解释，他们通过理论分析得到了切割粒径 d_{50} 与 MHC 主直径之间的关系，如式 (7-7) 所示，即更小的 d_{50} 意味着对小粒径颗粒具有更高的分离效率。然而，从图 7-12 (b)～(d) 中还可发现，当颗粒粒径大于 $40\mu m$ 时，MHC_H2 与 MHC_H1 的级效率均处于较高的状态，甚至主直径更大的 MHC_H2 的效率高于 MHC_H1。这是因为 MHC_H2 的长度是 MHC_H1 的 2 倍，大颗粒在其中运移的时间更长，增加了大颗粒运移到壁面区域的机会。

$$d_{50}\propto D_c^{1.5\sim1.9} \tag{7-7}$$

③ 两种微旋流器总效率对比。图 7-13 给出了不同 p_i 下两种不同主直径微旋流器的总效率对比结果，相同条件下主直径更大的 MHC_H2 的总效率均低于 MHC_H1，这归因于

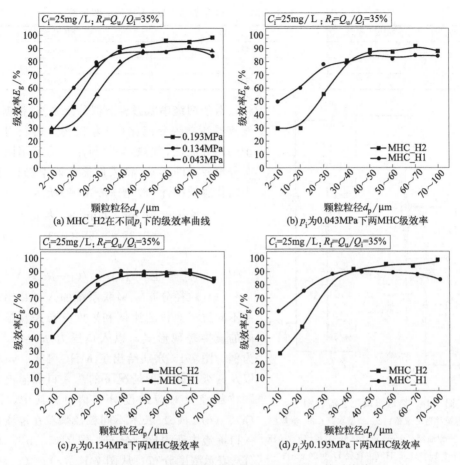

图 7-12 MHC_H2 的级效率分布及与 MHC_H1 的对比结果

MHC_H1 对小于 40μm 的颗粒 (该粒径范围颗粒在混合液中占据大部分) 具有更高的效率。表 7-12 计算了不同 p_i 下, MHC_H1 和 MHC_H2 入口段的雷诺数 (Re)。在 3 种不同 p_i 下, MHC_H2 的 Re 分别是 MHC_H1 的 1.66、1.59 及 1.54 倍。更大的 Re 意味着更大的湍流强度, 这不利于微旋流器的分离。

4. 微旋流器串联系统分离性能研究

为了探索微旋流器对固体颗粒分离效率实现进一步增强的可行性, 本部分内容将 MHC_H1 和 MHC_H2 进行串联连接, 并搭建串联试验平台开展相关试验研究, 试验工艺流程如图 7-14 所示。采用的串联方式为: 入口混合液首先经过主直径较大的 MHC_H2 (适合较大的处理量) 进行固液分离, 其中的大颗粒将被 MHC_H2 有效分离并从底流排出, 难以分离的微细颗粒将随着水相从溢流进入主直径更小的 MHC_H1 中, 实现对细颗粒的分离。试验过程中采用的颗粒及其介质物性参数以及对试验结果的处理方法均与前文单级微旋流器试验部分相同。

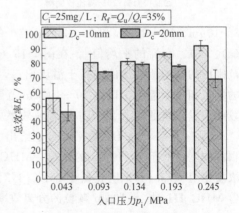

图 7-13 不同 p_i 条件下两种微旋流器的总效率

表 7-12　不同入口压力下 MHC_H1 和 MHC_H2 入口段的雷诺数

入口压力 p_i/MPa	MHC_H1	MHC_H2
0.043	4200	7006
0.134	7040	11216
0.193	8400	12960

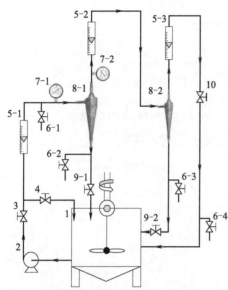

图 7-14　两级串联工艺流程图

1—带有搅拌器的水槽；2—微型水泵；3—流量控制阀；4—旁通阀；5—流量计；6—取样阀；7—压力表；8-1—MHC_H2(主直径 D_c=20mm)；8-2—MHC_H1(主直径 D_c=10mm)；9—底流控制阀；10—溢流控制阀

对于两级串联微旋流器分离系统，根据两种微旋流器各自的分流比(均为 35%)，可获得整个系统的总分流比，如式(7-8)所示。为了消除分流比对分离效率的影响，将采用简化效率进行分析，其中简化总效率计算方法如式(7-9)所示。

$$R_{H2\_1} = R_{fH2} + R_{fH1}(1-R_{fH2})$$
$$= 0.35 + 0.65 \times 0.35 = 0.5775$$
(7-8)

$$E_{rt} = (E_t - R_{H2\_1})/(1 - R_{H2\_1}) \quad (7-9)$$

(1) 粒径分布　串联系统的入口和出口流体中不同粒径颗粒的比例和浓度分布是颗粒最终去向的直接表现形式，以入口压力 p_i=0.134MPa 为例，图 7-15 分别给出了 MHC_H1、MHC_H2 以及两级串联 3 种情况下的总入口和溢流出口的颗粒粒径及对应浓度分布信息。其中，图 7-15 (a)、(c)、(e) 表示不同粒径颗粒在溢流出口和入口液流中所占比例分布，图 7-15 (b)、(d) 和 (f) 表示浓度分布。从图 7-15 (a)、(c) 和 (e) 中可以看出入口混合液中的大部分颗粒粒径为 2～30μm (该粒径范围颗粒超过 96%)。其中，2～10μm、10～20μm 和 20～30μm 粒径的颗粒分别占 21.1%、63.8%和 12.0% [为图 7-15 (a)、(c)、(e) 的平均值]。在图 7-15 (a)、(c) 和 (e) 三种情况下，入口中 10～100μm 范围内的颗粒所占比例均高于溢流出口，而 2～10μm 范围内的颗粒则相反。即：与入口中的颗粒相比，溢流出口中 10～100μm 范围内的颗粒数的减少量高于 2～10μm 范围内的颗粒数减少量，这证实了 2～10μm 颗粒效率更低。

图 7-15 (b)、(d) 和 (f) 分别给出了 MHC_H1、MHC_H2 以及两者串联系统的溢流颗粒浓度。对于 2～10μm 的颗粒，MHC_H1 的溢流颗粒浓度与入口中对应粒径范围的颗粒浓度比值 (73.4%) 明显低于 MHC_H2 (91.5%) 和两者串联的情况 (89.9%)。这也意味着 MHC_H1 对 2～10μm 颗粒的分离效率高于其他两种情况 (单级 MHC_H2 和 MHC_H2 与 MHC_H1 串联)。单级 MHC_H1 对 2～10μm 颗粒的分离效率高于单级 MHC_H2 的原因可根据式 (7-7) 进行解释；而对于单级 MHC_H1 高于两级串联的原因如下：由于串联系统中的第二级 MHC (MHC_H1) 仅从第一级 MHC_H2 中获得 65% 的流量 (另外 35% 从 MHC_H2 底流排出)，因此尼龙颗粒 (2～10μm) 在串联系统的 MHC_H1 中无法获得足够的离心力 (MHC_H2 溢流流量为 0.103m³/h) 移动到壁面区域，导致该粒径范围内的颗粒分离效率低于单级 MHC_H1 (p_i=0.134MPa 时处理量为 0.114m³/h)。此外，串联系统 MHC_H1 中细颗粒 (2～10μm) 聚集的机会减少 (第一级的 MHC_H2 已分离大部分大颗

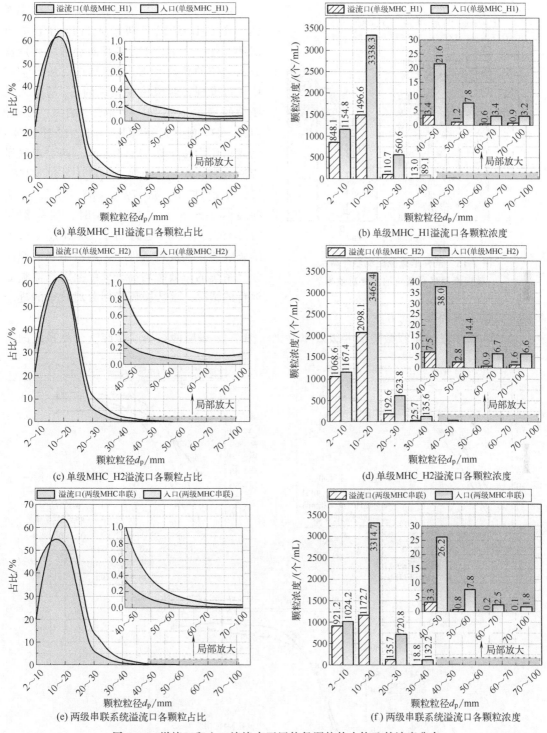

图 7-15 溢流口和入口液流中不同粒径颗粒的占比及其浓度分布

粒）也是导致其效率低于单级 MHC_H1 的另一原因。

对于其他粒径范围（10～100μm），串联系统中溢流颗粒浓度与入口混合液中颗粒浓度的比值均低于单级 MHC_H1 和 MHC_H2，这也意味着粒径范围为 10～100μm 的颗粒，两级串联微旋流分离系统的分离效率均高于单级 MHC_H1 和 MHC_H2 独立运行时的情况。

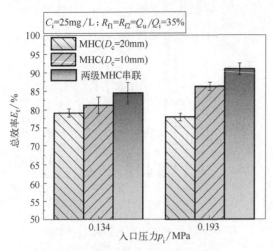

图 7-16 两种单级微旋流器与两级微旋流器串联系统的简化总效率

（2）两级串联与单级微旋流器总效率对比 图 7-16 给出了两种入口压力下单级 MHC_H1、MHC_H2 以及两级串联微旋流分离系统的总效率 E_t 对比结果。从图 7-16 中可以发现，两级串联系统的 E_t 随着入口压力的增加而增加。与单级 MHC_H2 和 MHC_H1 独立运行相比，图 7-16 还表明：当入口压力 $p_i=0.134MPa$ 时，两级串联微旋流分离系统相比单级 MHC_H2 和 MHC_H1 分别将 E_t 从 79%、81.1% 提高到 84.4%，当 $p_i=0.193MPa$ 时，则分别从 77.87%、86.1% 提高到了 90.98%。以上结果表明相同能耗条件下，两级串联微旋流分离系统的总效率均高于单级微旋流器独立运行的情况。这为微旋流器分离效率的进一步提升提供了一种可行的方案。

（3）两级串联与单级微旋流器级效率对比 图 7-17 表明两级串联微旋流分离系统的简

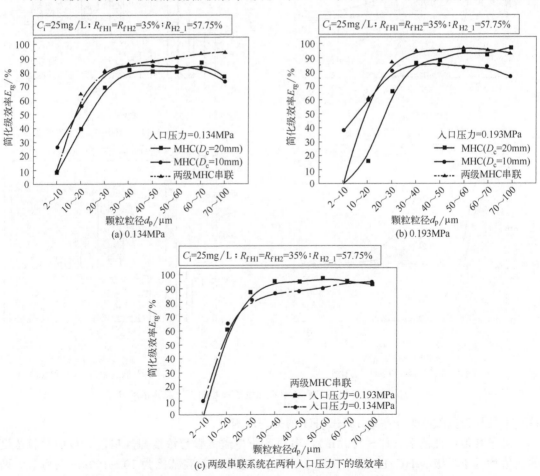

(a) 0.134MPa

(b) 0.193MPa

(c) 两级串联系统在两种入口压力下的级效率

图 7-17 单级微旋流器与两级串联微旋流分离系统的简化级效率对比

化级效率曲线变化趋势与单级 MHC_H 独立运行时相似。此外，当尼龙颗粒粒径超过 $10\mu m$ [图 7-17 (b) 中的 $70\sim100\mu m$ 除外] 时，两级微旋流串联分离系统的 E_{rg} 高于单级 MHC_H1 或 MHC_H2，这意味着相同入口压力条件下两级 MHC 串联系统可有效提高颗粒的简化级效率。但需要注意的是，当粒径在 $2\sim10\mu m$ 范围内时，E_{rg} 的最大值出现在单级 MHC_H1 中，而不是两级串联微旋流分离系统，意味着串联系统对 $2\sim10\mu m$ 的颗粒分离效率不如单级 MHC_H1 独立运行时的情况。主要原因已在图 7-15 (b)、(d) 和 (f) 的分析中详细给出。

第三节　微旋流器流场特性及效能增强机理

一、流场特性

1. 速度及加速度

在工作过程中，旋流器的切向入口结构使混合液进入旋流器后呈现高速旋转运动，混合液中的离散相颗粒将会产生离心加速度 a_t，使其朝向旋流器壁面附近运动并与连续水相实现离心分离。然而，与常规旋流器相比，相同的入口速度下，微旋流器由于更小的主直径及内部空间使离散相颗粒的离心加速度更大。2003 年，Grady 等人[4] 首次采用激光多普勒速度测量仪 (LDV) 对 10mm 的微旋流器内部流体速度及加速度分布进行了测试，结果表明微旋流器内局部位置离心加速度达到重力加速度的 10000 倍。然而 Cilliers 等人[68] 发现在入口速度较高的情况下这一值可达到重力加速度的 $10000\sim50000$ 倍。因此，尽管颗粒粒径较小且其密度与连续水相的密度较接近，但这些微细颗粒在微旋流器中仍然能够获得较大的离心加速度，从而能产生足够的离心力使其分离。这也是微旋流器相比常规旋流器在微细颗粒分离方面受到更多关注的原因[4,69,70]。

在速度分布方面，微旋流器内部流体的速度分布规律与常规旋流器相似，即：①提供离心力的切向速度沿旋流器径向均呈现对称分布；②轴向速度的方向从溢流到底流以及从旋流器中心到壁面均发生了变化；③径向速度则表现出相对无序的分布。但与常规旋流器相比，微旋流器中流体的速度分布至少存在两个差异：其一是微旋流器中流体的切向速度对称性略差于常规旋流器，Zhu 等人[36] 将这一现象归因于流体在微旋流器中停留时间短，因此削弱了其分布的对称性；其二是微旋流器内壁面与流体之间摩擦作用导致速度衰减的影响比常规旋流器更加明显[37]，这是微旋流器内部空间狭窄引起的。

2. 短路流及循环流

与常规旋流器相似，当入口速度达到一定值时，短路流和循环流将广泛存在于微旋流器中。短路流是指通过入口的混合液未经离心分离过程而直接沿着溢流管流出的液流[11]，如图 7-18 所示。因此，部分跟随性更好的小粒径颗粒也将随着短路流从溢流口排出，不利于分离。针对该问题，通过将切向入口设计为向下倾斜的形式[11] 以及增加溢流管插入深度[56] 可一定程度上减少短路流的影响。图 7-18 还给出了旋流器内部循环流的分布状态[71]，当入口速度增加时微旋流器内部湍流强度增加，循环流的数量也随之增加。通常，通过相关的成像技术设备能够观察到这些循环流，例如激光多普勒测速仪 (LDV) 以及粒子图像测速系统 (PIV) 等。Abdollahzadeh 等人[42] 通过模拟主直径为 15mm 的微旋流器发现了一种微观尺度的循环流，这种循环流是由混合液中粒径较大的颗粒尾流所导致。位于这种微观尺度循环流附近的微细颗粒可能被夹带到大颗粒的尾流中随着大颗粒从底流口排

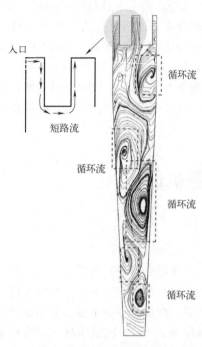

图 7-18　短路流和循环流

出，这种夹带效应有利于提升靠自身离心力难以分离的微细颗粒的分离效率。值得注意的是由于微旋流器内部空间小，相同条件下这种夹带效应在微旋流器中将会更普遍。

3. 气核

在旋流器工作过程中，当切向入口的混合液速度达到一定值时，旋流器中心将形成一个类似圆柱状的气核[35]，如图 7-19 所示，这是旋流器另一个典型的流场特性。Medronho 等人[34] 认为旋流器的出口与空气相通促使了旋流器内部气核的形成，气核位于旋流器中心，通常从溢流一直延伸到底流附近。与常规旋流器相比，微旋流器在工作过程中其内部的气核摆动幅度较大。然而，Zhu 等人[35,72] 在主直径为 5mm 的微旋流器中观察到其内部由于旋流强度太小，无法在中心区域产生负压从而无法形成气核。实际应用中，气核将对分离效率产生负面影响，这是因为旋流器中心的气核占据本属于轻质相（混合液中密度较小的相）的位置，影响了轻质相从溢流口的顺利排出。相同大小的气核对微旋流器的性能影响将会高于常规旋流器，因为气核直径相同的情况下其在微旋流器中所占的径向尺寸比例大于常规旋流器。同样，气核的形态及尺寸也将会随着旋流器的结构参数和操作参数的变化而发生改变。到目前为止，气核在微旋流器和常规旋流器中的形态变化规律尚未明确。

4. 零轴速度包络面（LZVV）

由于旋流器结构的原因，旋流器内部位于中心轴线附近的流体往溢流方向向上流动，靠近旋流器内壁面附近的流体往底流方向向下流动[71]，这就形成了呈倒锥状的零轴速度包络面（LZVV），如图 7-20 (a) 所示。如果说切向速度是旋流器分离的基础条件，那么 LZVV 可以被认为是分离的参考面。He[9] 以及 Zhu 等人[35] 分

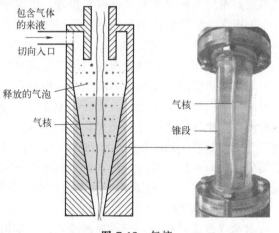

图 7-19　气核

别通过试验（$D_c = 25mm$）和模拟（$D_c = 10mm$）结果发现随着入口速度的增加，LZVV 朝向旋流器内壁及底流出口方向移动，使得 LZVV 扩大。对于离散相密度比连续相大的情况，LZVV 的扩大增加处于旋流器中心附近的微细颗粒从溢流排出的概率，导致分离效率降低。然而 Zhu 等人[35] 观察到对于离散相密度比连续相小的情况，LZVV 的扩大则有利于分离。Zhu 等人[72] 通过数值模拟对比了 LZVV 分别在主直径为 75mm 的常规旋流器和主直径为 5mm 的微旋流器中的分布状态，发现微旋流器中 LZVV 的高度与旋流器总长度的比例远小于常规旋流器，如图 7-20 (b) 所示。当 LZVV 的高度较小时，重于水的离散相更容易从底流排出，这有助于提高微旋流器的分离效率[72]。

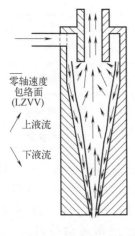

(a) 零轴速度包络面(LZVV)

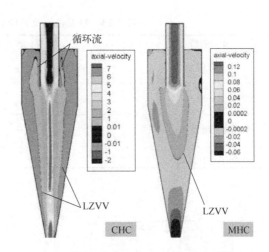

(b) CHC和MHC模拟条件下的LZVV[72]

图 7-20 零轴速度包络面示意图及模拟效果图

5. 雷诺数

雷诺数代表着旋流器的湍流强度。旋流器入口段的雷诺数（Re）与入口流体速度成正比[73]。在常规旋流器中，流体的雷诺数通常超过 10000 才能达到较理想的分离性能[6,73]，但微旋流器由于尺寸小，其内部流体的雷诺数小于常规旋流器，甚至只有 100～1000[35]。Zhu 等人[35,36] 基于主直径为 5mm 的微旋流器发现，尽管旋流器内流体的雷诺数相对较小，但同样能够获得一个满意的分离效率。

二、效能增强机理

为了揭示微旋流器分离效能的增强机理，以微旋流场和常规旋流场为对象，通过理论分析并结合数值模拟、高速摄像分析及 PIV 流场测试等方法，分析不同尺度旋流场中颗粒的径向受力、颗粒运移轨迹差异、不同操作条件下流场特性（如气核、零轴速度包络面等）差异及变化规律。从欧拉-拉格朗日及欧拉-欧拉两种框架揭示微旋流场中离散相效能增强的机理。

1. 理论分析

（1）颗粒受力分析 旋流器主要是利用旋转运动过程中离散相与连续相的离心力差异，使它们之间形成径向速度差来实现快速分离。因此，以重于水的颗粒为例，颗粒在运动过程中的径向合力大小决定着其是否能够顺利运动到旋流器壁面而被成功分离。颗粒在旋流场中所受到的径向力主要包括离心力、径向压力梯度力、由连续水相对颗粒施加的斯托克斯阻力、由颗粒自转产生的马格纳斯力（其方向由颗粒自转方向决定），如图 7-21 所示。表 7-13 给出了这些径向力的计算公式及方向。根据图 7-21 可获得颗粒在旋流场中径向合力 F_Σ 的表达式，如式（7-10）所示。

$$F_\Sigma = F_P - F_C - F_S \pm F_M \tag{7-10}$$

表 7-13 的公式中，m_o 表示颗粒质量；a 表示颗粒离心加速度；x 表示颗粒粒径；ρ_w、ρ_o 分别表示水和颗粒的密度；v_t 为切向速度；r 为距离旋流器轴心的径向距离；μ 表示混合液的动力黏度；v_r 为颗粒与连续相径向相对运动速度；k 为常数；ω_o 为颗粒角速度。

表 7-13　颗粒在旋流器中所受的径向力分析

受力类型	计算公式	方向
离心力（F_C）	$F_C = m_o a = \dfrac{\pi}{6} x^3 \rho_o \dfrac{v_t^2}{r}$	反向于轴心
径向压力梯度力（F_P）	$F_P = \dfrac{\pi}{6} x^3 \rho_w \dfrac{v_t^2}{r}$	指向轴心
斯托克斯阻力（F_S）	$F_S = \dfrac{18 m_o \mu v_r}{x^2 \rho_o}$	反向于轴心
马格纳斯力（F_M）	$F_M = k \rho_w x^3 \omega_o v_r$	由自转方向决定

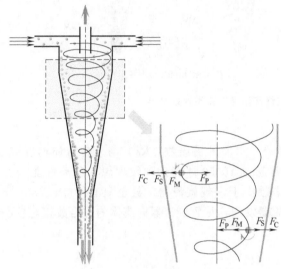

图 7-21　颗粒在旋流器中的径向受力示意图

在颗粒受到的各径向力中，径向压力梯度力 F_P 和离心力 F_C 占据主导作用，因此两者的差值 ΔF 也决定着颗粒朝向旋流器内壁面运动的速度。ΔF 越大，颗粒朝向旋流器壁面运动的加速度也越大。尽管颗粒在微旋流器中径向受力类型与常规旋流器相似，但微旋流器内部更小的径向空间使得颗粒的径向受力大小与常规旋流器存在明显的差异。下面以 F_P 和 F_C 的差值进行计算分析。

对于常规旋流器，F_P 与 F_C 的差值 ΔF_1 如式（7-11）所示：

$$\Delta F_1 = F_{P1} - F_{C1} = \frac{\pi}{6} x_1^3 \frac{v_{t1}^2}{r_1} (\rho_w - \rho_o) \tag{7-11}$$

在微旋流器中，F_P 与 F_C 的差值 ΔF_2 如式（7-12）所示：

$$\Delta F_2 = F_{P2} - F_{C2} = \frac{\pi}{6} x_2^3 \frac{v_{t2}^2}{r_2} (\rho_w - \rho_o) \tag{7-12}$$

在相同的入口速度下，假设在常规旋流器和微旋流器中待分离的颗粒粒径（$x_1 = x_2$）以及颗粒所在位置处切向速度均相同（$v_{t1}^2 = v_{t2}^2$）。根据式（7-11）和式（7-12），可发现由于微旋流器的径向空间小于常规旋流器（$r_2 < r_1$），所以相同入口速度条件下 ΔF_2 大于 ΔF_1，即颗粒在微旋流器所受到的径向合力更大，更容易运动到旋流器内壁面附近而被成功分离。

（2）流场特性理论分析

① 雷诺数。混合液以一定的速度进入旋流器中进行高速旋转运动，使得混合液在旋流器中处于高湍流状态。在常规旋流器中流体的雷诺数 Re 通常需超过 10000 才能达到较理想的分离性能[6,73]。根据 Re 的计算公式（7-13），微旋流器由于其内部径向空间小 [（式（7-13）中的等效直径 d 更小]，因此其内部流体的雷诺数小于常规旋流器，意味着微旋流器内部的湍流强度更小，有助于分离效率的提升。

$$Re = \frac{\rho d v}{\mu} \tag{7-13}$$

式中，ρ、μ、v 分别表示流体的密度、动力黏度及速度。

② 大颗粒尾流夹带效应。混合液中难以分离的微细颗粒是制约旋流器分离效率提升的

重要原因。从上面的分析可发现，微细颗粒难以被成功分离是由于其受到的指向旋流器内壁面的径向合力不足以使其突破零轴速度包络面，运动到靠近内壁面的指向底流方向的下旋流中。从流场的角度看，可认为是小颗粒与连续相水的跟随性更好，因此更容易随着水相从溢流口排出。然而，跟随性好的微细颗粒同样也容易被卷入到大颗粒的尾流中，从而被大颗粒捕获（如图 7-22 所示），并随着大颗粒从底流口流出被成功分离。凭借微旋流器内部更小的空间，微细颗粒在运动过程中被大颗粒尾流捕获的概率将会增加，这对于提升微细颗粒的分离效率具有促进作用。目前，国际上对于这一现象的研究仅局限在固液分离中。

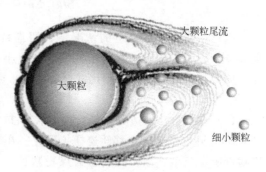

图 7-22 大颗粒尾流夹带小颗粒示意图

（3）经验公式分析　水力旋流器工作过程中一个重要的无量纲数是斯托克斯数（Stk_{50}）[35]，其定义如式（7-14）所示。

$$Stk_{50} = \frac{t_R}{t_c} = \frac{\left[\dfrac{\Delta \rho d_{50}^2}{18\mu}\right]}{\left[\dfrac{D_c}{v_c}\right]} = \frac{\Delta \rho v_c d_{50}^2}{18\mu D_c} \tag{7-14}$$

式中，t_R 表示基于密度差的松弛时间（颗粒从非稳态达到稳态的运动时间）；t_c 表示特征时间；$\Delta \rho$ 为密度差；d_{50} 为切割粒径（分离效率为 50% 时颗粒的粒径）；μ 为流体的黏度；D_c 为旋流器主直径；v_c 为特征速度。其中 v_c 计算如式（7-15）所示：

$$v_c = \frac{4Q_i}{\pi D_c^2} \propto \frac{Q_i}{D_c^2} \tag{7-15}$$

式中，Q_i 表示旋流器处理量。

根据式（7-14）可知斯托克斯数可以看作是无量纲形式的切割粒径 d_{50}。由于 Stk_{50} 的增加意味着切割粒径 d_{50} 的增加，因此它是旋流器分离效果好坏的衡量标准。

除 Stk_{50} 外，另一个重要的无量纲数是欧拉数 Eu，其表达式如式（7-16）所示，其定义为旋流器的压力损失 Δp 除以单位体积流体的动能：

$$Eu = \frac{\Delta p}{(1/2)\rho v_c^2} \tag{7-16}$$

由于欧拉数通常与压力损失相关联，因此它也被称为压力系数，是衡量旋流器能耗的一种度量。对于混合液中的离散相，Zhu 等人[35] 结合 Stk_{50} 和 Eu 发现了两者的乘积等于常数，即：

$$Stk_{50}Eu = \frac{\Delta \rho d_{50}^2 \Delta p}{9\mu \rho D_c v_c} \propto \frac{d_{50}^2 \Delta p}{D_c v_c} = 常数 \tag{7-17}$$

Zhu 等人[35] 还发现旋流器的压力损失与特征速度成幂次方的关系：$\Delta p \propto v_c^{2\sim2.4}$。因此，式（7-17）可以改写为式（7-18）：

$$Stk_{50}Eu \propto \frac{d_{50}^2 v_c^{1\sim1.4}}{D_c} \Rightarrow \frac{d_{50}^2 \Delta p^{0.5\sim0.58}}{D_c} = 常数 \tag{7-18}$$

根据式（7-18），当压力损失 Δp 和特征速度 v_c 不变时，旋流器的切割粒径与旋流器主直径的关系为：$d_{50} \propto D_c^{0.5}$。根据特征速度和流量之间的关系［如式（7-15）所示］，式

（7-18）可改写为式（7-19）的形式：

$$Stk_{50}Eu \propto \frac{d_{50}^2 Q_i^{1\sim1.4}}{D_c^{3\sim3.8}} = 常数 \qquad (7-19)$$

因此，在处理量恒定的情况下，切割粒径与旋流器主直径的关系为：$d_{50} \propto D_c^{1.5\sim1.9}$。上述分析表明，微旋流器由于其主直径更小，因此其对混合液中离散相具有更小的切割粒径，以微细颗粒为例，即相比常规旋流器，微旋流器对小粒径颗粒具有更高的分离效率。

2. 颗粒运移轨迹研究

（1）模拟方法及边界条件　基于欧拉-拉格朗日框架，采用 Fluent 软件中的离散相模型（DPM），开展颗粒的运移轨迹模拟研究。在 DPM 模拟中选择颗粒的入射方式为面入射，开启随机游走模型。颗粒的类型为煤粉颗粒，密度为 $1550\mathrm{kg/m^3}$。模拟中的湍流模型及出入口边界条件均与以上微旋流器固液分离模拟部分相同。由于这部分以固体颗粒作为离散相开展其运移轨迹研究，因此所采用的旋流器结构尺寸参数如表 7-7 所示。涉及的不同主直径旋流器的流体域网格单元形式、单元数量及密度均与以上微旋流器固液分离模拟部分相同。

针对粒径分别为 $10\mu m$ 和 $15\mu m$ 的颗粒，研究了这两种粒径颗粒在主直径为 2.5mm、5mm、10mm、20mm、40mm 五种旋流器中的运移轨迹、颗粒逃逸情况及运移时间。

（2）颗粒运移轨迹结果分析　图 7-23 表示两种不同粒径颗粒在不同主直径旋流器中的运移轨迹。对图 7-23 区域 1 的分析发现：随着旋流器主直径 D_c 的增加，两种粒径的颗粒从溢流出口逃逸的数量均逐渐增加。对比两种粒径颗粒，除 $D_c = 2.5mm$ 外，相同 D_c 下 $d_p = 10\mu m$ 的颗粒从溢流逃逸的数量更多，这表明小粒径颗粒更难分离，然而 $D_c = 2.5mm$ 的微旋流器对这两种粒径的颗粒均具有较好的分离效果（无颗粒从溢流逃逸）。通过对比不同 D_c

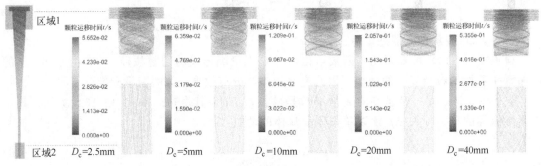

(a) 颗粒粒径 d_p=10μm

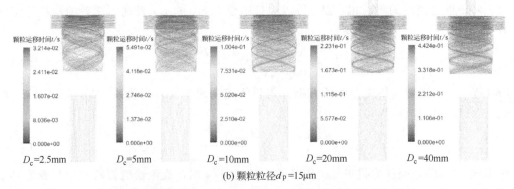

(b) 颗粒粒径 d_p=15μm

图 7-23　两种不同粒径颗粒经过不同主直径旋流器中的运移轨迹

条件下颗粒在区域1中的轨迹线可发现，颗粒在不同 D_c 中运移轨迹均呈现出螺距基本相同的螺旋运动，这归因于入口速度相同，且区域1距离两切向入口较近，颗粒的螺旋运动在各主直径旋流器可较好地保持。通过观察区域1还可发现，主直径更大的旋流器，在其中心区域附近的颗粒轨迹线更密，这也表明旋流器主直径的增加将导致更多的颗粒进入旋流器后无法快速运动到旋流器的壁面附近而处于旋流器中心区域，这增加了其从溢流出口逃逸的机会，不利于分离。

通过分析两种粒径下区域2（底流管）中的颗粒运移轨迹发现：颗粒在区域2中所呈现的螺旋运动轨迹的螺距相比区域1明显增加，这是颗粒运动中切向速度衰减导致的。此外，随着主直径的增加，颗粒螺旋运动的螺距逐渐减小，即螺旋运动更加明显，这是由于颗粒在小主直径旋流器中能够快速运动到旋流器壁面附近，在壁面的作用下削弱了其螺旋运动效果，沿着壁面顺利向底流口分离出。在大主直径旋流器中，部分颗粒即使运动到底流也可能没有与壁面接触，因此能够较好地保持螺旋运动，这也说明了颗粒在大主直径旋流器中分离效果不如小主直径旋流器。

为了定量获得从溢流逃逸颗粒的具体信息，图 7-24 给出了两种粒径颗粒经过不同主直径旋流器后从溢流口逃逸的颗粒数量，两切向入口混合液中的颗粒总数为 216，从溢流口逃逸的颗粒数量越少，表明分离效果越好。对于两种粒径的颗粒，随着 D_c 的增加，从溢流逃逸的颗粒均逐渐增加。其中两种粒径颗粒经过 D_c 为 2.5mm 的微旋流器分离后均没有颗粒从溢流口逃逸，这说明主直径为 2.5mm 的微旋流器能够完全分离 $10\mu m$ 和 $15\mu m$ 的颗粒。对于主直径为 $5\sim40mm$ 的旋流器，同条件 $10\mu m$ 颗粒的逃逸数量均大于 $15\mu m$，意味着 $10\mu m$ 颗粒更难分离。在主直径为 10mm 时，两种粒径颗粒逃逸数量的差距达到最大。

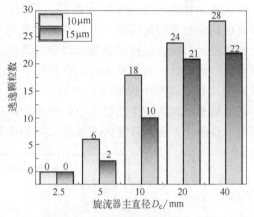

图 7-24 两种粒径颗粒经过不同
主直径旋流器后逃逸颗粒数量

图 7-25 给出了两种粒径颗粒在不同主直径旋流器内的最大运移时间 t_m。从图 7-25 中发现两种粒径颗粒的 t_m 随着 D_c 的增加均呈现先逐渐增加后快速增加的趋势。两种粒径下 D_c 与 t_m 的关系基本符合线性关系，如式（7-20）所示。$10\mu m$ 和 $15\mu m$ 颗粒在 $D_c=40mm$ 的旋流器中的 t_m 分别是在 $D_c=2.5mm$ 微旋流器中 t_m 的 9.47 倍和 13.77 倍。对比图 7-25（a）和（b）可发现相同 D_c 条件下 $10\mu m$ 颗粒的 t_m 明显高于 $15\mu m$ 颗粒对应的 t_m（除 $D_c=20mm$ 外），这是因为更小粒径的颗粒与连续水相的跟随性更好，在旋流器内更容易被反复卷入二次涡流中，从而延长了其在旋流器中的运移时间。

$$t_m=\begin{cases}0.01288D_c & d_p=10\mu m \\ 0.01107D_c & d_p=15\mu m\end{cases}\qquad(7\text{-}20)$$

3. 气核形态分析

在旋流器工作过程中，位于旋流器中心的气核作为重要的流场特性之一，对分离性能具有一定的影响。本部分内容将借助高速摄像技术，通过观察分析不同操作参数下微旋流器中气核的形态变化规律，对比微旋流器和常规旋流器气核差异，从气核大小及形态的角度研究微旋流器的效能增强机理。

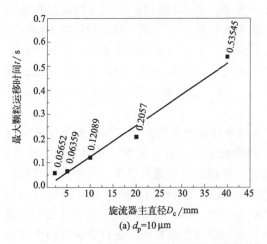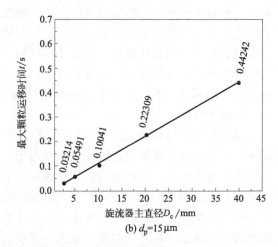

图 7-25 两种不同粒径颗粒在不同主直径旋流器中的最大运移时间

（1）试验设备及工艺　高速摄像观测系统由高速摄像机、补光灯、旋流器、循环水槽、水泵、流量计及压力表等部分组成。其中高速摄像机采用奥林巴斯的 I-Speed-3-T2 系列用来完成试验过程中的图像获取，并通过专用配套软件 I-Speed suite 完成视频图像的观察及分析；通过入口流量计控制微旋流器和常规旋流器的入口速度在 $0.926 \sim 1.505 \mathrm{m/s}$ 之间变化，结合出口流量计，可调整不同的分流比。由于流场转速较快，设置帧率较高时需要对观测区域进行补光，试验中选取的补光灯功率为 $1000\mathrm{W}$，光照强度可调，待整个系统运行稳定，保证气核形态基本不变的情况下开始采用高速摄像进行图像采集和记录，每组试验记录时间相同。试验工艺流程及室内布置形式如图 7-26 所示。

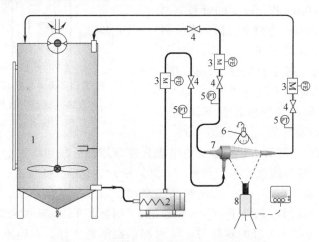

图 7-26 高速摄像试验工艺流程及室内布置

1—水槽；2—水泵；3—流量计；4—控制阀；5—压力表；6—补光灯；7—旋流器；8—高速摄像机

（2）试验结果分析　通过高速摄像的初步观察分析发现，气核与旋流器的中心轴线基本重合且贯穿整个旋流器。由于微旋流器和常规旋流器的旋流腔、锥段及底流段的长度分别占据旋流器筒体长度的 5%、66%、30%，且底流段中气核的可观察性较弱，因此分别选取锥段上部（上锥段）和下部（下锥段）进行分析。具体分析区域如图 7-27 所示。为了增加高速摄像的可观察性，选择可观察性较强的两组分流比 55% 及 60% 进行分析。在以下部分所获取的高速摄像图中，从左至右 4 张图片依次表示入口速度为 $0.926\mathrm{m/s}$、$1.157\mathrm{m/s}$、

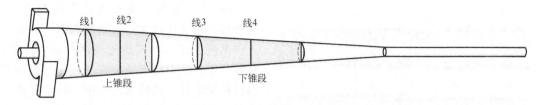

图 7-27 高速摄像试验观察区域的选取

1.273m/s 及 1.507m/s。

① 上锥段。图 7-28（a）和（b）分别表示两种分流比条件下主直径为 20mm 的微旋流器（MHC）和主直径为 40mm 的常规旋流器（CHC）在上锥段的气核形态分布。对比图 7-28（a）和（b），发现，尽管 MHC 的主直径为 CHC 的 0.5 倍，但其气核直径远低于 CHC 的 0.5 倍。对于轻质相与水的分离（如油水分离），气核直径的增大会进一步占据本应在中心轴线的油相位置，使得部分轻质油相进一步远离旋流器的中心轴线区域，甚至最终导致油相处于旋流器壁面附近，从而从底流口排出。对于重质相与水的分离（如固液分离），气核直径的增大则会占据本应属于水相的中心轴线区域。同时气核直径的增大还会增加流场的紊乱。因此，CHC 的气核远大于 MHC 表明了相同条件下气核对 CHC 分离效果的影响将会高于 MHC。

分析图 7-28（a）和（b）还可发现，随着入口速度的增加，对于微旋流器，两种分流比条件下气核的形态呈现非连续、逐渐连续、连续且变细的过程。对于常规旋流器，由于其气核直径更大，各入口速度下均已形成连续的形态，且随着入口速度的增加，其呈现出气核直径先增大后减小的趋势。以上现象解释如下：当入口速度较小时，流体的切向速度小，无法使处于旋流器流场中的微气泡顺利运动到旋流器中心，因此部分微气泡无法顺利向中心区域聚集，对于微旋流器甚至无法形成连续的气核。随着入口速度的增加，更多的微气泡可运动到旋流器中心轴线区域，使

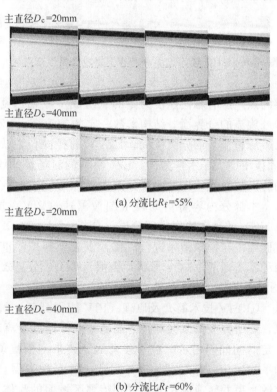

主直径 D_c=20mm

主直径 D_c=40mm

(a) 分流比 R_f=55%

主直径 D_c=20mm

主直径 D_c=40mm

(b) 分流比 R_f=60%

图 7-28 MHC 与 CHC 两种结构上锥段气核形态对比

得这一现象得以改善，即微旋流器的气核逐渐变得连续，常规旋流器中气核直径也得以增大。然而当入口速度进一步增加时，连续状的气核在两种旋流器中变细，这是由于速度的增加使得气核从溢流口排出的速度（轴向速度）也增大，气核直径来不及变大就从溢流口排出，此时对分离效率的提升有促进作用。

② 下锥段。图 7-29（a）和（b）分别表示两种分流比条件下 MHC 和 CHC 在下锥段的气核形态分布。结合图 7-29 下锥段的气核观察分析可得出：MHC 和 CHC 下锥段的气核强度均低于上锥段，这意味着从上锥段至下锥段，气核强度表现出减弱的趋势。对比图 7-29

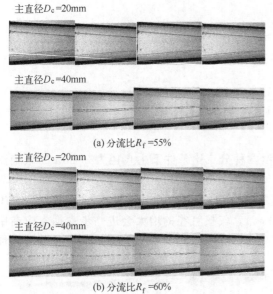

主直径D_c=20mm

主直径D_c=40mm

(a) 分流比R_f=55%

主直径D_c=20mm

主直径D_c=40mm

(b) 分流比R_f=60%

图 7-29 MHC 与 CHC 两种结构下锥段气核形态对比

（a）和（b）发现，随着入口速度的增加，气核形态的变化规律与上锥段类似，即随着入口速度的增加，气核先逐渐明显、连续，最后变细。然而对于微旋流器，在下锥段的小直径端附近，气核强度较小，甚至无法从视觉上发现，而常规旋流器则表现出气核不连续的现象。这是因为下锥段下的小直径端距离入口较远，流体在此处的切向速度减小，旋转运动强度变小，因此气核强度减弱。总体分析，下锥段中 CHC 的气核直径也远大于 MHC。

4. 轴向速度测试分析

旋流器的轴向速度决定着离散相的去向，是影响旋流器分离性能的重要流场特性。轴向速度在下行流（靠近旋流器壁面区域的外旋流）与上行流（靠近旋流器中心轴线区域的内旋流）之间存在一个轴向速度为零的点，所有轴向速度为零的点组成了零轴速度包络面（LZVV）。因此，LZVV 是内旋流和外旋流的分界面。结构参数一定的旋流器，LZVV 形状和大小基本不变[74]。轴向速度定义了旋转流场的分离空间，LZVV 的径向位置决定着水力旋流器的分选粒度。以固液分离（固体密度大于水）为例，LZVV 内的流场是低效分离区域，因此减小甚至消除 LZVV 所包围的区域，可以提升固液分离效率[75]。

本部分内容将借助粒子图像测速（PIV）技术，对微旋流器（MHC）和常规旋流器（CHC）的轴向速度进行测试，分析 MHC 和 CHC 中轴向速度的分布及变化规律，同时将试验结果与模拟结果进行对比，以验证模拟的准确性。此外，通过对比分析 CHC 与 MHC 两种旋流器的 LZVV 形状，为揭示 MHC 分离效能的增强机理提供可靠依据。

（1）PIV 试验概述

① PIV 技术简介及原理。PIV 能得到某一瞬时条件下旋流器在某一截面流场的流动信息，使研究人员掌握复杂的流场空间结构以及流动特性。PIV 技术原理可简单概括为：利用一定时间间隔内示踪粒子移动的距离来测量粒子的平均速度[76]，如图 7-30 所示。首先激光器产生激光束并转换成片光照射到待测区域面的流体；跟随流体一起运动的示踪粒子散射光线。与待测区域面垂直安装的 CCD 数字相机可捕捉示踪粒子在相邻时间对应的两幅图像，并根据互相关方法获得待测区域面上示踪粒子的统计平均位移，最终计算出流场中示踪粒子的速度。由于示踪粒子粒径小且与水的密度相似，其速度即代表此处流体的速度，因此可获得待测区域面上的流体速度分布。

对于本部分轴向速度 v_a 的测试，主要计算 y

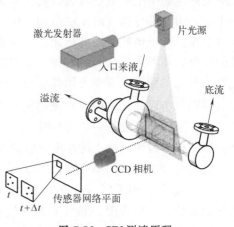

图 7-30 PIV 测速原理

方向（对应于旋流器轴向速度方向）的速度 v_y 即可。通过 PIV 图像处理系统得到两帧图像中对应示踪粒子在 y 方向上的位移差值：$\Delta y = y_2 - y_1$，则可获得示踪粒子在 $\Delta t = t_2 - t_1$ 时间间隔内移动的平均速度，如式（7-21）所示：

$$v_y = v_a = \frac{\Delta y}{\Delta t} = \frac{y_2 - y_1}{t_2 - t_1} \tag{7-21}$$

② 试验装置及工艺流程。本部分试验中的 PIV 测速装置所采用的激光器为 DualPower200-15 型，激光能量 200mJ，最大发射频率 15Hz；相机采用 FlowSenseEO4M 相机，分辨率 2048×2048，最大频率 20Hz；同步器为高分辨率 8 通道同步器。

PIV 测试室内试验工艺系统主要包括增压水泵、循环水箱、流量计及压力表、激光发射器、CCD 相机、显示器及处理终端等。在测试前，将示踪粒子进行超声波处理防止示踪粒子的聚集，配合搅拌器使其在循环水箱中能够处于较均匀的分布状态。示踪粒子-水两相混合液在增压水泵的作用下进入旋流器中进行高速旋转运动。其中，旋流器溢流出口和底流出口排出的液体将被回流至循环水罐中。实验过程中的处理量通过调节阀门来获得。在工作过程中，通过调节使激光器产生的片光源刚好照射在旋流器的待测区域面并进行聚焦处理。利用 CCD 数字相机同步获取待测区域面内示踪粒子的运动图像，并记录相邻两帧图像之间的时间间隔。PIV 测速系统中的显示器及处理终端模块可对拍摄到的连续两帧图像进行互相关分析，识别示踪粒子的位移，通过系统计算，最终定量获得光照平面上的示踪粒子速度大小及分布状态，以此获得该平面上的流体速度。

由于激光照射、光学补偿等条件的限制，同时考虑旋流器主要分离段为锥段，因此测试区域的选取与高速摄像试验的观察区域相同，包括上锥段和下锥段，如图 7-27 所示。图 7-31 展

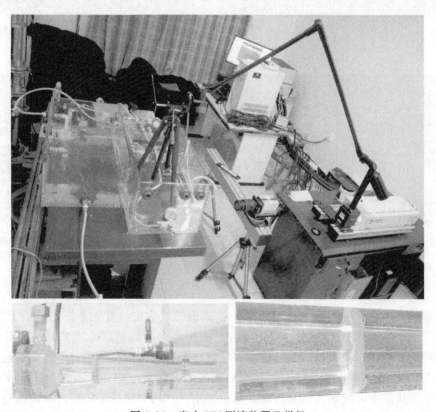

图 7-31 室内 PIV 测速装置及样机

示了 PIV 测试装置及待测旋流器样机。

③ 试验调试及结果预处理。旋流器工作时其中心轴线区域存在一定尺寸的气核,这将导致该轴线区域处于高亮区,使得该区域流体的速度无法直接获得。同理,由于旋流器的主体为圆柱或圆锥状,在其内壁面附近同样存在无法直接测试的高亮区。为了减少或避免高亮区域对测试的不利影响,对测试所获的图像结果进行背景噪声去除处理。经过背景噪声去除处理后,图 7-32 (a) 和 (b) 分别给出了测试过程中某条件下上锥段和下锥段前后两帧的示踪粒子分布图,图中显示待测区域的示踪粒子能够均匀且清晰地分布,尤其是下锥段。然而在微旋流器上锥段中心轴线处仍然存在无法去除的高亮区域,因此对于无法直接获得轴向速度的轴线处,进行"运动平均验证"处理。该处理过程可通过轴线附近流体的速度及其大小、方向分布趋势估算出轴线处高亮区域的流体速度,从而可完全获得整个测试区域的速度分布。

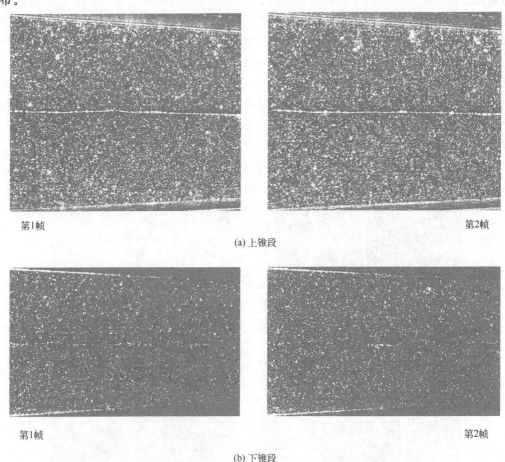

第1帧   第2帧

(a) 上锥段

第1帧   第2帧

(b) 下锥段

图 7-32   上锥段及下锥段前后两帧的示踪粒子分布图

在对背景噪声去除后的图像进行速度矢量分析的过程中,首先采用"适应 PIV (adaptivePIV)"操作,进行初步分析。对于分析过程中小部分数据点的速度值与测试区域中绝大部分点的速度值存在较大偏离的问题,需将这小部分数据进行剔除,保证整体速度测试的可靠性。图 7-33 给出了某一入口速度下的测试区域内所有点在两个方向 (U 和 V) 的速度散点图分布。从图中可发现大部分数据点都较为集中,同时选择了阴影内的数据进行下一步分析。图 7-34 为某条件下在下锥段的测试区域 U、V 合速度矢量分布图,从图中可发现在

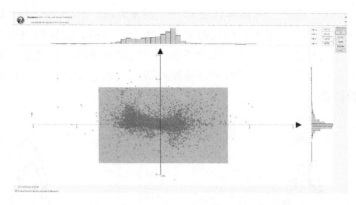

图 7-33 测试区域所有点的速度散点分布图

旋流器壁面附近流体速度朝向底流方向，在中心区域流体则朝向溢流方向运动，速度分布趋势较为准确。

（2）轴向速度及零轴速度包络面分析

① 轴向速度分析及模拟可靠性验证。为了研究相同入口速度条件下不同主直径旋流器的轴向速度变化趋势，对主直径 D_c 分别为 20mm 的微旋流器（MHC）和 40mm 的常规旋流器（CHC）的轴向速度进行测试分析。图 7-35（a）、（b）分别表示在入口速度为 1.4m/s、分流比为 35％的操作条件下，上锥段的线 1 和线 2（具体位置见图 7-27）轴向速度分布。图 7-35 显示：在旋流器中心

图 7-34 某条件下在下锥段测试区域 U、V 合速度矢量分布图

轴线处及其附近区域，CHC 在线 1 和线 2 位置处的轴向速度均高于 MHC，而在远离旋流器中心轴线的区域，两种旋流器的轴向速度基本相同。对于中心轴线及其附近区域 CHC 的轴向速度大于 MHC 的原因可从以下两个方面进行分析：a. 由于水相中存在一定量的微气泡和溶解的气体，因此混合相进入旋流器后在旋流器中心轴线及其邻近区域形成气核，占据了本应属于水相的位置。假设轴线区域没有气核且均为水相，由于气体黏性远小于水相，黏度更大的水相在轴线及其邻近区域的轴向速度将会小于当气核存在时该区域的气体轴向速度。因此，更大的气体速度将会带动气核附近水相的速度。而通过以上部分的高速摄像试验可知，CHC 中心轴线及邻近区域的气核直径远大于 MHC，轴线区域的气体对其附近水相速度的带动效应将更加明显，使得 CHC 中心轴线及邻近区域的流体轴向速度大于MHC。b. 相同入口速度条件下，MHC 由于空间小，压力损失更大，导致轴向速度的损失也会增大。

对于密度比水大的固体颗粒，中心轴线区域更大的轴向速度不利于其分离，原因是处于旋流器中心轴线附近的颗粒在更大的轴向速度（指向溢流方向）下来不及运动到壁面附近，就随水相从溢流口排出。相反，对于油水分离这一现象显然是有利的。

采用数值模拟对主直径 D_c=20mm 的 MHC 进行模拟并获得了线 1 和线 2 上轴向速度的模拟值，如图 7-35 所示。对比 MHC 轴向速度的试验结果和模拟结果发现，模拟结果与试验结果的变化趋势基本一致，具有较高的吻合度。对于 MHC 中心轴线区域的最大轴向速度值，从线 1 到线 2，模拟结果与试验结果均出现较小的降低，这是因为线 2 与切向入口的

距离略大于线 1，从线 1 到线 2 流体的速度出现小幅度衰减。在 MHC 中心轴线区域的轴向速度试验结果高于模拟结果，即中心区域的试验值大于模拟值，其同样是由气核造成的：数值模拟只考虑了水相的存在，并未考虑水相中的微气泡或水中溶解的气体。在中心轴线及其附近区域，试验中气核对该区域附近的水相速度具有一定的带动效应，因此该区域的轴向速度的试验值高于模拟值。

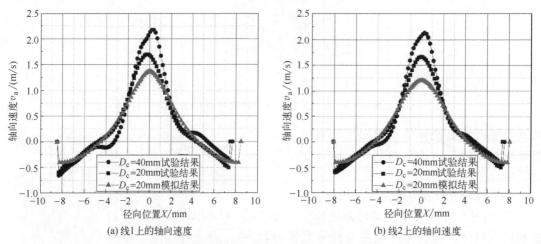

(a) 线1上的轴向速度   (b) 线2上的轴向速度

图 7-35　上锥段轴向速度的模拟及试验结果

为了验证试验中 MHC 中心轴线区域的气核对其附近水相速度具有一定的带动效应，将从上锥段和下锥段气核强度不同的角度进行分析。以上高速摄像试验显示上锥段的气核强度高于下锥段，认为上锥段的气核对其附近水相的带动效应将更加明显（图 7-35 为上锥段的线 1 和线 2 处轴向速度）。因此，图 7-36 给出了下锥段线 3 和线 4 处流体的轴向速度分布。从图中可以发现，线 3 和线 4 上轴向速度的模拟结果与试验结果的吻合度高于图 7-35 中的线 1 和线 2，且位于中心区域的模拟值和试验值相差较小。

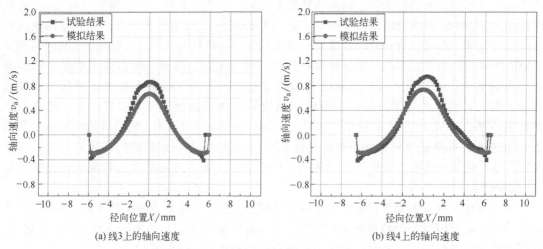

(a) 线3上的轴向速度   (b) 线4上的轴向速度

图 7-36　下锥段轴向速度的模拟及试验结果

② 零轴速度包络面分析。图 7-37 对相同条件下主直径为 20mm 的微旋流器（MHC）和 40mm 的常规旋流器（CHC）的零轴速度包络面（LZVV）进行了分析。通过分析发现两种旋流器的 LZVV 均呈现 V 形，且在径向上，轴向速度为 0 的点（图中黑点）之间的距

离占据了旋流器对应处直径长度的一半以上。然而，MHC 轴向速度为 0 的两点之间距离与对应处直径长度之比（x_1/y_1 或 x_2/y_2）均大于同条件下的 CHC。这意味着 MHC 的 LZVV 朝向壁面扩展的趋势大于 CHC，即 MHC 的 LZVV 大于 CHC。这对于密度比水大的固体颗粒而言，有可能使更多的固体颗粒处于朝向溢流方向的内旋流中，使颗粒从溢流逃逸，不利于固体颗粒的分离；对于离散相密度小于水的情形（如油水分离），将有利于更多的油滴进入内旋流被顺利排出。同时，还发现 MHC 的 LZVV 夹角 $\theta_微$ 大于 CHC（$\theta_常$），这与 Zhu 等人[72] 的模拟结果相似。更大的 $\theta_微$ 意味着对于密度比水大的固体颗粒来说是有利的，可避免锥段小直径端附近的颗粒进入内旋流。

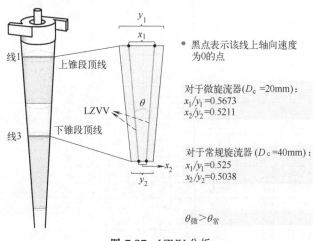

图 7-37　LZVV 分析

第四节　微旋流器结构参数设计及制造技术

旋流器内部复杂的流场特性，导致其在应用中的最佳结构参数设计相对困难[53]，微旋流器由于结构尺寸更小，获得其最佳的结构参数更具挑战性。旋流器各部分结构参数往往基于其主直径 D_c 进行设计。然而，结构参数的细微变化将改变混合液中的离散相运动轨迹并直接影响分离性能[77-79]。因此，研究人员需要进行旋流器结构参数优化[20,57,58] 或设计出一种新结构[48,59,80] 来提高其分离性能。本节主要基于经典常规旋流器结构比例，对微旋流器的结构参数优化进行概述，通过相关案例研究分析微旋流器结构参数优化的过程；同时还介绍了多种微旋流器的新结构类型、微旋流器的制造及所采用的材料。

一、基于经典常规旋流器的结构优化

1. 结构优化概述

根据待分离介质的物性参数，旋流器结构参数优化是其最终获得高效应用的关键环节，这是因为结构优化能够提高分离效率，从而降低分离成本[57]。研究人员基于常规旋流器的经典结构，包括 Rietema 结构、Bradley 结构、Krebs 结构以及 Demco 结构，对微旋流器的结构参数进行了大量优化[45,81]。在这些经典结构中，Rietema 结构的底流可获得高浓度的重质相[57]。Bradley 结构则对小粒径离散相可获得更高的分离效率[66,67]。表 7-14 总结了在不同条件下研究人员所获得的微旋流器最佳结构参数。表 7-14 表明，当 $L_c/D_c = 1.070$、

$(a/D_c)\times(b/D_c)=0.113\times0.339$（即 $a:b=1:3$）、$L_v/D_c=0.217$ 或 1.000 或 1.330、$D_o/D_c=0.2$ 或 0.275、$D_u/D_c=0.19$ 或 0.2、$\theta=6°$时，微旋流器表现出较好的分离性能。不同研究人员所获微旋流器的最优结构参数值并不相同，其原因在于研究人员是基于不同的待分离介质以及操作参数开展的研究。微旋流器的最佳结构参数在不同实际工况下并不相同，因此针对某一工况，需要对微旋流器进行结构参数优化来满足现场的分离性能指标。

表 7-14　微旋流器的最优结构参数评价

D_c/mm	L_c/D_c	D_i/D_c 或 $(a/D_c)\times(b/D_c)$	L_v/D_c	D_o/D_c	D_u/D_c	θ	操作参数	文献
30	2.167	0.270	0	0.333	0.167	18.9°		
30	2.167	0.270	0.330	0.333	0.167	18.9°		
30	2.167	0.270	0.670	0.333	0.167	18.9°	Q_i:0.63m³/h	[28]
30	2.167	0.270	1.000	0.333	0.167	18.9°	p_i:0.03~0.09MPa	
30	2.167	0.270	2.170	0.333	0.167	18.9°		
30	2.167	0.270	3.000	0.333	0.167	18.9°		
10	N/A	0.200	1.500	0.200	0.300	6°	Q_i:0.118~0.456m³/h	
10	N/A	0.200	1.500	0.300	0.300	6°	R_s:31.74%~84.30%	[82]
10	N/A	0.200	1.500	0.400	0.300	6°		
25	1.480	0.196×0.196	N/A	0.240	0.080	6°		
25	1.480	0.160×0.240	N/A	0.240	0.080	6°	Q_i:0.27m³/h	[83]
25	1.480	0.098×0.196	N/A	0.240	0.080	6°	p_i:0.128~0.148MPa	
25	1.480	0.113×0.339	N/A	0.240	0.080	6°		
30	1.070	0.101×0.303	0.870	0.350	0.130	6°		
30	1.400	0.101×0.303	1.100	0.350	0.170	8°		
30	1.730	0.101×0.303	1.330	0.350	0.200	10°	R_s:6.6%~36.8%	[2]
30	2.070	0.101×0.303	1.570	0.350	0.230	12°		
30	2.400	0.101×0.303	1.800	0.350	0.270	14°		
35	1	0.114×0.286	0.143	0.100	0.229	6°		
35	1	0.114×0.286	0.143	0.100	0.229	8°	Q_i:2m³/h	[81]
35	1	0.114×0.286	0.143	0.100	0.229	10°		
30	1.070	0.101×0.303	0.667	0.350	0.160	6°	Q_i:0.45~0.55m³/h	[49]
30	1.070	0.101×0.303	0.667	0.35	0.190	6°	p_i:0.276MPa	
30	0.400	0.260	0.033	0.190	0.100 (高 C_u)	9°		
30	0.400	0.260	0.217	0.190	0.100 (高 C_u)	9°		
30	0.400	0.260	0.400	0.190	0.100 (高 C_u)	9°		
30	0.400	0.260	0.033	0.190	0.133	9°		
30	0.400	0.260	0.217	0.190	0.133	9°	R_s:11%~40%	[56]
30	0.400	0.260	0.400	0.190	0.133	9°	p_i:0.088~0.18MPa	
30	0.400	0.260	0.033	0.190	0.167 (低 C_u)	9°		
30	0.400	0.260	0.217	0.190	0.167 (低 C_u)	9°		
30	0.400	0.260	0.400	0.190	0.167 (低 C_u)	9°		
8	0.250	0.250×0.250	N/A	0.250	0.250	5.45°	Q_i:0.15~0.264m³/h	
8	0.250	0.250×0.250	N/A	0.275	0.250	5.45°	R_s:2.03%~49.93%	[84]
8	0.250	0.250×0.250	N/A	0.300	0.250	5.45°		

下面以固液分离为例，通过前人的研究结论，概述微旋流器各部分结构对分离性能的影响规律。

（1）底流管直径　增加底流管直径有利于降低切割粒径[31] 以及提高总分离效率[44]，但会降低底流固体颗粒的浓度[57]；当入口来液中固体颗粒浓度较大时，应采用较大的底流口直径[57]。因此，底流口直径的大小取决于分离过程目标及工况条件[36]。选择合适的底流管直径对微旋流器的高效分离至关重要[57]。

（2）溢流管直径及伸入长度　分离过程中，可以通过减小溢流管直径来提高分离效率[44]。减小溢流管伸入长度，会降低微细颗粒的分离效率，同时将增加大粒径颗粒的分离效率[58]。溢流管伸入长度的减小还可降低旋流器内流场的湍流强度[81]；相比较溢流管直径及伸入长度，溢流管厚度对微旋流器分离性能的影响较小[18]。带有锥形结构［图 7-38（a）］的溢流管也可提高微旋流器的分离效率[58]。

（3）圆柱段直径及长度　小的圆柱段直径能够降低切割粒径，提高分离效率。在保持微旋流器总长度不变的情况下，减小圆柱段长度可提高颗粒的分离效率[58]。

（4）锥段　通过减小锥角同时增大锥段长度，有利于减小微旋流器的切割粒径[2,20,85]，总分离效率也会提高。此外，将锥段的壁面加工成抛物线形相比传统的锥形更有利于分离[33]，如图 7-38（b）所示。

（5）切向入口　双切向入口可使旋流器的流场分布对称性更好，有助于提高分离性能[38,86,87]，具有矩形横截面的切向入口相比较圆形横截面表现出更好的分离效果。Yan 等人[83] 认为，当横截面的长宽比为 1：3 时，微旋流器可获得最佳分离性能。Fan 等人[11] 开展了带有倾斜角度切向入口的分离性能研究，如图 7-38（c）所示。结果表明，倾斜的切向入口可以稳定微旋流器中的零轴速度包络面并缓解二次涡流和短路流。此外，对于 $4\sim7\mu m$ 粒径的颗粒，入口的倾斜角度对该粒径范围颗粒的分离效率有显著影响，而对于粒径大于 $15\mu m$ 的颗粒，入口倾斜则不会产生影响，通过流场的分析发现切向入口最佳的倾斜角为 30°。

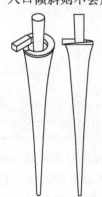

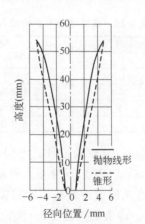

带有倾斜角度的切向入口

(a) 带有锥形结构的溢流管[58]　　(b) 旋流器渐缩段设计为抛物线形[33]　　(c) 切向入口带有倾斜角度 α[11]

图 7-38　改善的微旋流器结构

2. 结构参数优化案例分析

关于水力旋流器的结构优化方法，主要包括单因素优选[55,88]、正交试验设计[89]、响应面设计（response surface methodology，RSM)[90] 等方面。其中，响应面设计可以构建结构参数与响应目标间的数学关系模型，进而确定出最佳结构参数组合方案[91]。因此以下针对微旋流器在超低进液量条件下进行性能试验，借助响应面设计方法，开展微旋流器的结构参数优化研究。

（1）目标结构及研究方法

① 微旋流器初始结构。研究的微旋流器为常规双切向入口双锥式结构，如图7-39所

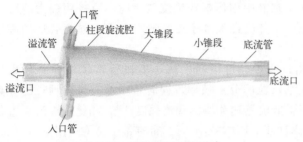

图 7-39　微旋流器结构形式

示，主要由入口管、柱段旋流腔、大锥段、小锥段、底流管及溢流管等部分组成。工作时，油水混合介质从双切向入口进入旋流器内，在入口压力的作用下，在旋流腔内形成切向旋转流场，旋转流场产生的离心力使密度不同的油水两相分离，富油相在轴心区域汇聚成油核由溢流口排出，富水相沿边壁由底流口流出，至此实现油

水两相分离。研究的微旋流器主要结构参数如图7-40所示。初始样机模型尺寸参数见表7-15。研究过程中主要针对其中的柱段旋流腔直径 D、溢流口直径 d_2、溢流管插入深度 h、柱段旋流腔长度 L_1、底流管长度 L_4、大锥段半角 α、小锥段半角 β 七个因素进行系统的参数优化。

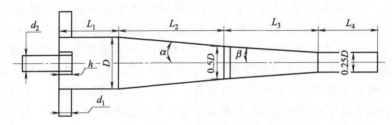

图 7-40　微旋流器内轮廓主要结构参数

表 7-15　微旋流器主要参数尺寸

结构参数	尺寸	结构参数	尺寸
入口直径 d_1/mm	1	小锥段长度 L_3/mm	23
溢流口直径 d_2/mm	4	底流管长度 L_4/mm	10
柱段旋流腔直径 D/mm	16	溢流管插入深度 h/mm	1.0
柱段旋流腔长度 L_1/mm	13	大锥段半角 α/(°)	10
大锥段长度 L_2/mm	23	小锥段半角 β/(°)	5

② 试验设计方法。Plackett-Burman 试验设计。不同的结构参数对水力旋流器分离性能影响的显著性不同，Plackett-Burman（PB）设计是一种从多因素中筛选出对响应指标影响显著因素的有效方法[92]。借助 PB 试验设计方法，针对微旋流器的溢流口直径 d_2、柱段旋流腔直径 D、柱段旋流腔长度 L_1、底流管长度 L_4、溢流管插入深度 h、大锥段半角 α、小锥段半角 β 共7个结构参数开展灵敏度分析，确定出对分离性能影响显著的结构参数。即以流场稳定分离时的底流口含油浓度（C_d）作为评判分离性能的指标，底流口含油浓度越低，说明该结构旋流器分离性能越好。由于入口截面积的改变直接影响特定进液量条件下的液流速度，在不同的入口流速条件下会影响对其他结构参数优化结果的准确性，所以这里选取的优化因素不考虑入口结构参数，待确定出其他结构参数的最佳组合方案后，开展不同入口形式的分离性能对比分析。以净化效果为目标，本次 PB 试验，共形成了 12 个不同结构参数组合的试验组。每个因素均有高低两水平，溢流口直径 d_2 的高低水平分别为 4mm 和

1mm，柱段旋流腔直径 D 的高低水平分别为 16mm 和 8mm，柱段旋流腔长度 L_1 的高低水平分别为 13mm 和 8mm，底流管长度 L_4 的高低水平分别为 30mm 和 10mm，溢流管插入深度 h 的高低水平分别为 5mm 和 1mm，大锥段半角 α 的高低水平分别为 20° 和 10°，小锥段半角 β 的高低水平为 5° 和 2°。PB 试验因素及高低水平值见表 7-16。

表 7-16 PB 试验设计因素及水平值

因　　素	符号	水平	
		低（−1）	高（＋1）
溢流口直径 d_2/mm	A	1	4
柱段旋流腔直径 D/mm	B	8	16
柱段旋流腔长度 L_1/mm	C	8	13
底流管长度 L_4/mm	D	10	30
溢流管插入深度 h/mm	E	1	5
大锥段半角 α/(°)	F	10	20
小锥段半角 β/(°)	G	2	5

最陡爬坡设计。采用响应面设计的因素水平范围应将最佳的试验条件包含在内，如果试验点选取不当，则无法获得较好的优化结果。因此，在使用响应面设计之前，应当完成中心点的确定。由于最陡爬坡法可利用试验值的可变梯度作为上升的路径，快速逼近中心水平的最佳值[93]。因此，针对 PB 设计筛选出显著性因素，借助最陡爬坡设计来寻找响应面设计中各因素的中心水平值，以便于缩小响应面设计因素高水平与低水平的参数范围。

响应面设计。响应面设计将试验设计与统计分析相结合，构造一个具有明确表达形式的多项式模型或非多项式模型来近似表达隐式功能函数[94]。应用响应面设计可以得到响应目标与设计变量之间的函数关系，确定出设计变量的最优组合方案。利用从 PB 设计中筛选出来的对分离性能有较高显著性的结构参数，以最陡爬坡设计确定的因素水平为中心值，再利用响应面设计中的 Box-Behnken 设计方法，构建显著性结构参数与底流口含油浓度间的多元二次回归方程，对微旋流器的结构参数进行优化研究。

③ 试验研究方法。针对不同试验设计中形成的不同结构参数匹配的方案，3D 打印微旋流器试验样机，开展分离性能分析试验，试验采用的工艺流程如图 7-41 所示。为了便于直观分析微旋流器内部油水分离过程，旋流器试验样机材料选用透明树脂，SLA 光固化 3D 打印成型，成型精度为 0.1mm，部分 3D 成型微旋流器样机如图 7-42 所示。试验采用蒸馏水作为连续相，密度为 998kg/m³，25℃黏度为 $1.03×10^{-3}$Pa·s；采用密度与原油相近的 GL-5-85W-90 重负荷齿轮油作为实验用油，采用马尔文流变仪测得 25℃时试验用油的黏度值为 1.03Pa·s，油品密度为 850kg/m³。试验时，将油水两相分别放置到储油罐及储水罐内，水相通过离心泵（流量范围 0～4L/min）增压进入试验工艺管道内，油相通过蠕动泵（流量范围 0～0.41L/min）增压进入到工艺管道内，通过泵的输出变频调节及流量计量实现流量及混合介质含油浓度的定量控制。油水两相经静态混合器混合后进入微旋流器内部，分离后油相沿溢流口流出进入到油相回收罐内，水相经底流口流出后进入到水相缓冲罐内。通过调节与溢流管道及底流管道连接的阀门，实现旋流器工作状态下分流比的定量控制。同时在连接入口、溢流口及底流口的管线上分别设有取样点。研究过程中为了减小试验误差，每种微旋流器样机稳定分离后对底流口分别取样三次，借助红外分光测油仪进行含油浓度测量，取三次测量的平均值作为对应结构样机的性能分析试验结果。在开展灵敏度分析、最陡爬坡试验及响应面设计试验时，保障不同试验组样机在相同的操作参数条件下运行，具体为入流口流量控制在 1.0L/min，溢流分流比 30%，入口油相体积分数 2%。

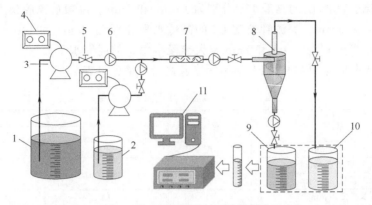

图 7-41 试验装置及工艺流程图

1—储水罐；2—储油罐；3—泵；4—变频器；5—阀门；6—液体流量计；7—静态混合器；
8—水力旋流器样机；9—水相缓冲罐；10—油相回收罐；11—红外分光测油仪

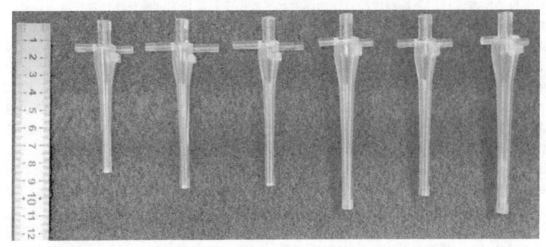

图 7-42 微旋流器 3D 打印样机

（2）结果与讨论

① 基于 PB 设计的结构参数灵敏度分析。PB 试验的试验次数 N 是 4 的倍数，对于 N 次试验至多可研究 $N-1$ 个因子，但实际因子应少于 $N-1$ 个，至少要有 1 个虚构变量用以估计误差大小。这里涉及的结构参数有 7 个，因此，采用 $N=12$ 的 PB 试验设计方案，试验组及对应的性能测试结果如表 7-17 所示。表中最后一列为旋流器底流口含油浓度 C_d。通过对结果数据进行统计分析，得出各因素对底流口含油浓度影响的显著性分析结果如图 7-43 所示。其中 $|t|$ 值表示显著性水平的高低，$|t|$ 值越大，表示该因子对考察指标的显著性越高。P 值为样本间的差异由抽样误差所致的概率，P 值越小，说明该因素对指标的显著性越高，$P \leqslant 0.05$ 表示该因素与指标间有显著意义，而 $P \leqslant 0.01$ 表示两者有极显著意义。通过图 7-43 数据可以分析得出各因素显著性由高到低的顺序为 B＞A＞D＞G＞C＞F＞E，即柱段旋流腔直径 D＞溢流口直径 d_2＞底流管长度 L_4＞小锥段半角 β＞柱段旋流腔长度 L_1＞大锥段半角 α＞溢流管插入深度 h。

② 基于最陡爬坡设计的因素水平中心点筛选。根据 PB 试验分析结果，选取显著性较高的溢流口直径 d_2、柱段旋流腔直径 D、底流管长度 L_4、小锥段半角 β 四个因素进行参数优

表 7-17 PB 设计试验组及性能测试结果

试验组	因素							C_d /(mg/L)	试验组	因素							C_d /(mg/L)
	A	B	C	D	E	F	G			A	B	C	D	E	F	G	
1	4	8	8	10	5	10	5	8024.1	7	1	16	8	30	5	10	5	3342.1
2	4	8	13	30	1	20	5	3205.6	8	1	8	13	10	5	20	2	1527.8
3	1	16	13	30	1	10	2	5495.5	9	4	16	13	10	1	10	5	12086.5
4	1	8	8	30	1	10	5	689.4	10	4	16	8	30	5	20	2	6099.7
5	1	8	8	10	1	10	2	159.7	11	4	8	13	30	5	10	5	4108.4
6	4	16	8	10	1	20	5	9462.4	12	1	16	13	10	5	20	2	8123.8

化。基于最陡爬坡试验，确定这四个因素水平中心点，为响应面设计提供数据支撑。针对溢流口直径 d_2，设计爬坡单元为 0.5mm，爬坡范围为 0.5～8.0mm；针对柱段旋流腔直径 D，设计爬坡单元为 1mm，爬坡范围为 7～22mm；针对底流管长度 L_4，设计爬坡单元为 1mm，爬坡范围为 16～31mm；针对小锥段半角 β，设计爬坡单元为 0.2°，爬坡范围为 1.8°～4.8°。针对不同最陡爬坡试验组分别加工试验样机，开展性能测试试验。得出的性能测试结果如表 7-18 所示。结果显示，第 14 试验组的底流含油浓度最低，为

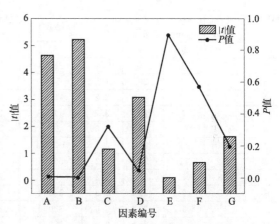

图 7-43 不同因素的显著性检验结果

286.4mg/L，因此选取第 14 试验组对应的因素水平作为响应面设计的中心点。

表 7-18 最陡爬坡试验设计及性能测试结果

试验组	d_2 /mm	D /mm	L_4 /mm	β /(°)	C_d /(mg/L)	试验组	d_2 /mm	D /mm	L_4 /mm	β /(°)	C_d /(mg/L)
1	8.0	22	16	4.8	12321.2	9	4.0	14	24	3.2	3521.2
2	7.5	21	17	4.6	11986.2	10	3.5	13	25	3.0	2917.5
3	7.0	20	18	4.4	10782.4	11	3.0	12	26	2.8	1565.3
4	6.5	19	19	4.2	6765.3	12	2.5	11	27	2.6	891.2
5	6.0	18	20	4.0	5875.1	13	2.0	10	28	2.4	421.1
6	5.5	17	21	3.8	4256.1	14	1.5	9.0	29	2.2	286.4
7	5.0	16	22	3.6	3548.5	15	1.0	8.0	30	2.0	312.1
8	4.5	15	23	3.4	3418.6	16	0.5	7.0	31	1.8	1408.2

③ 基于响应面设计的结构参数优化。采用 BBD（Box-Behnken 设计）响应面设计，基于 Plackett-Burman 试验结果，以筛选出来的四个显著性结构参数为自变量，设置因素数为 4，以最陡爬坡试验第 14 组因素水平值作为设计中心点，中心试验重复次数为 5，因变量个数为 1，即底流口含油浓度 C_d。BBD 试验因素水平设计如表 7-19 所示。BBD 设计共形成 29 个试验组，其中包含 5 组结构参数完全相同的中心点试验组，因此加工 25 种不同结构参数试验样机，以及 4 个与中心试验组结构参数相同的重复试验样机。开展分离性能测试，每组试验同样重复 3 次，最终得出 BBD 试验设计及性能测试结果如表 7-20 所示。采用二阶模型对表 7-20 所示结果进行二次多项式拟合，通过多元线性回归分析得出溢流口直径 d_2（x_1）、柱段旋流腔直径 D（x_2）、底流管长度 L_4（x_3）、小锥段半角 β（x_4）与微旋流器底流口含油浓度 C_d（y）间的回归方程，如式（7-22）所示。

表 7-19 BBD 试验因素水平设计

因素	符号	水平		
		中心点(0)	低(-1)	高(+1)
溢流口直径 d_2/mm	x_1	1.5	1	2
柱段旋流腔直径 D/mm	x_2	9	7	11
底流管长度 L_4/mm	x_3	29	24	34
小锥段半角 β/(°)	x_4	2.2	1.8	2.6

表 7-20 BBD 试验设计及性能测试结果

试验组	因素				y /(mg/L)	试验组	因素				y /(mg/L)
	x_1 /mm	x_2 /mm	x_3 /mm	x_4 /(°)			x_1 /mm	x_2 /mm	x_3 /mm	x_4 /(°)	
1	1.5	9	34	1.8	350.9	16	1.5	11	34	2.2	487.5
2	1	9	24	2.2	381.4	17	2	9	29	1.8	324.8
3	1.5	7	29	1.8	50.2	18	1.5	11	29	1.8	1025.4
4	2	7	29	2.2	121.3	19	1	7	29	2.2	126.4
5	1.5	7	24	2.2	115.6	20	2	9	34	2.2	371.5
6	1.5	7	29	2.6	80.3	21	1.5	11	29	2.6	835.8
7	1	11	29	2.2	1201.1	22	1.5	9	29	2.2	286.4
8	2	11	29	2.2	502.1	23	1.5	9	24	1.8	382.7
9	1.5	7	34	2.2	98.7	24	1.5	9	34	2.6	415.6
10	1.5	9	29	2.2	286.4	25	1.5	9	29	1.8	1134.7
11	1	9	29	2.6	320.0	26	2	9	29	2.2	316.5
12	1.5	11	24	2.2	983.4	27	1	9	34	2.2	278.5
13	1.5	9	24	2.6	435.2	28	1.5	9	29	2.2	286.4
14	1.5	9	29	2.2	286.4	29	2	9	29	2.6	317.5
15	1.5	9	29	2.2	286.4						

$$y = 3477.54104 - 2422.78167x_1 + 421.12292x_2 + 92.89667x_3 - 4469.18333x_4 -$$
$$173.475x_1x_2 + 16.06x_1x_3 + 1009.25x_1x_4 - 11.975x_2x_3 - 68.65625x_2x_4 +$$
$$1.525x_3x_4 + 349.81667x_1^2 + 29.02917x_2^2 - 0.39333x_3^2 + 761.11979x_4^2$$

$$(7\text{-}22)$$

采用方差分析法对构建的数学模型进行显著性检验，得出回归方程的方差分析表如表 7-21 所示。由表 7-21 可知，回归方程失拟项不显著，回归方程 P 值为 0.0002，小于 0.05，说明构建的模型所反映的函数关系显著。即在设定的试验条件下，柱段旋流腔直径、溢流口直径、底流管长度、小锥段半角四种参数在表 7-20 所示上下水平范围内变化时，该回归方程可以对微旋流器的底流含油浓度进行预测。

为验证式（7-22）所示数学模型在不同结构参数下对底流口含油浓度预测结果的准确性，在表 7-20 所示参数变化范围内，随机设计 10 个不同结构参数的附加试验组，附加试验的结构参数取值如表 7-22 所示。按照表 7-22 所示参数加工微旋流器试验样机，对附加试验样机开展性能测试，

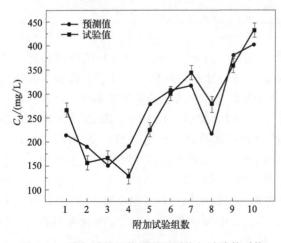

图 7-44 附加试验组的模型预测值与试验值对比

表 7-21 回归方程的方差分析结果

类型	自由度	离差平方和	均方	F 值	P 值	类型	自由度	离差平方和	均方	F 值	P 值
模型	14	2.476×10^6	1.768×10^5	8.35	0.0002	$x_2 x_4$	1	12067.02	12067.02	0.57	0.4627
x_1	1	1.853×10^5	1.853×10^5	8.75	0.0104	$x_3 x_4$	1	37.21	37.21	1.758×10^{-3}	0.9671
x_2	1	1.645×10^6	1.645×10^6	77.71	<0.0001	x_1^2	1	49610.15	49610.15	2.34	0.1481
x_3	1	31498.25	31498.25	1.49	0.2427	x_2^2	1	87457.82	87457.82	4.13	0.0615
x_4	1	62251.21	62251.21	2.94	0.1084	x_3^2	1	627.21	627.21	0.030	0.8658
$x_1 x_2$	1	1.204×10^5	1.204×10^5	5.69	0.0318	x_4^2	1	96195.67	96195.67	4.54	0.0512
$x_1 x_3$	1	6448.09	6448.09	0.30	0.5897	残差	14	2.963×10^5	21165.60	—	—
$x_1 x_4$	1	1.630×10^5	1.630×10^5	7.70	0.0149	失拟项	10	2.963×10^5	29631.84	—	—

表 7-22 附加试验组结构参数表

试验	因素 d_2	D	L_4	β	试验	因素 d_2	D	L_4	β
1	1.2	7.5	25	1.9	6	1.8	8.5	31	2.5
2	1.3	7.5	26	2	7	1.9	9.5	32	2.4
3	1.4	8	27	2.1	8	1.8	9.5	33	2.3
4	1.6	8	28	2.3	9	1.7	10	33	2.1
5	1.7	8.5	30	2.4	10	1.6	10	33	2

获得附加试验组 C_d 试验值，与式（7-22）计算得出的附加试验组的模型预测值进行对比，得出图 7-44 所示对比结果。附加试验组的实际值与预测值呈现出了较好的一致性。为了进一步对预测值的精度进行核验，采用式（7-23）对预测值与实际值的平均相对误差进行计算。式中 e 为模型预测值，t 为模拟得到的实际值，i 代表附加试验号，n 为附加试验组数。得出不同附加试验组 C_d 的模型预测值与实际值的平均相对误差 $\Delta = 0.604\%$，误差相对较小，验证了模型的可行性及预测结果的准确性。

$$\Delta = \sum_{i=1}^{n} \frac{e_i - t_i}{n t_i} \times 100\% \tag{7-23}$$

采用最小二乘法对构建的结构参数与底流口含油浓度间的数学模型进行偏微分求导，得出可使底流口含油浓度取极小值的结构参数匹配方案，即响应面设计的优化结果。计算得出优化后结构参数分别为柱段旋流腔直径 $D = 7.02\text{mm}$、溢流口直径 $d_2 = 1.55\text{mm}$、底流管长度 $L_4 = 28.00\text{mm}$、小锥段半角 $\beta = 2.12°$，优化前后微旋流器的结构参数变化如图 7-45 所示。

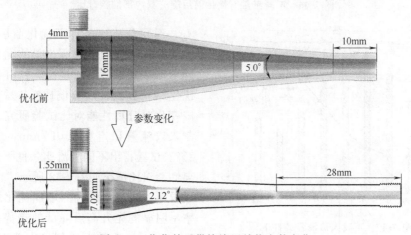

图 7-45 优化前后微旋流器结构参数变化

④ 优化结果验证。为了验证响应面设计结果的准确性及高效性，按照优化后的结构参数加工微旋流器室内试验样机，分别开展在不同入口进液量、分流比及含油浓度条件下，优化前后样机的分离性能对比试验。试验研究过程中以水力旋流器油水分离的总效率[8]及底流含油浓度作为评判指标，总效率计算方法如式（7-1）所示，对不同操作参数下优化前后旋流器分离性能进行对比试验研究。

不同入口流量条件下优化前后性能对比。针对优化前后的微旋流器样机，开展入口进液量在 0.6~2.0L/min 范围内变化时两种结构分离性能对比试验。试验时控制入口含油浓度稳定在 2%，溢流分流比稳定在 30%。以入口流量为 0.6L/min、2.0L/min 时旋流器稳定运行后，两种旋流器结构油核分布情况为例，得出对比结果如图 7-46 所示。由图 7-46 可以看出，初始结构内随着入口流量的增加，油核逐渐向轴心靠拢，底流口附近明显减少。在不同入口流量条件下，优化后结构在靠近溢流口区域油相聚集更明显，在底流区域未出现明显的油核，充分说明在不同流量条件下，优化后结构由底流出口排出的油相明显低于优化前结构。同时得出，初始结构与优化后结构底流口含油浓度及总效率随入口流量的变化情况如图 7-47 所示。由图 7-47 可以看出，初始结构样机随着入口流量的增加，总效率呈明显上升趋势，当入口流量达到 1.8L/min 时，总效率达到最大值 91.36%，此后，入口流量继续增加，总效率无明显变化。优化后结构在试验流量范围内总效率均稳定在 97% 以上，当入口流量达到 1.0L/min 时，总效率出现最大值 99.85%，随着流量的继续增加总效率稳定在 98% 以上。相同参数下优化后结构底流口含油浓度明显低于初始结构，充分说明优化后结构分离性能明显高于初始结构，且对入口流量的变化有较好的适用性。

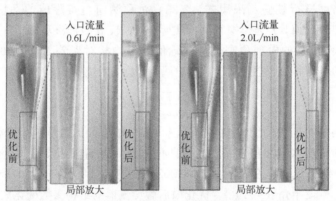

图 7-46　不同流量下优化前后旋流器内部油核对比

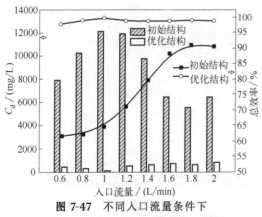

图 7-47　不同入口流量条件下
优化前后结构分离性能对比

不同分流比条件下优化前后性能对比。为了验证响应面设计所获得的优化结构在不同分流比条件下的适用性，针对初始结构及优化结构分别开展分流比在 5%~40% 范围内变化时分离性能对比试验研究。试验时控制入口流量稳定在 1.0L/min，含油浓度为 2%。试验得出不同分流比条件下两种结构分离性能对比情况如图 7-48 所示。由图 7-48 可以看出，随着分流比的增加优化后结构总效率呈明显的先升高后降低的趋势，当分流比为 30% 时，总效率达到最大值 99.85%，此时底流含油浓度也达到最小值。通过对比可知，仅在分流比为 5％时初始结构总效率为 56.7％，优化后结构为 58.3％，两种结构总效率较为接近，随着分流比的增大，优化结构总效率明显高于初始结构，且优化结构的 C_d 值在分流比变化范围内均低于初始结构。充分说明优化后结构在不同分流比条件下较初始结构呈现出更好的分离性能。

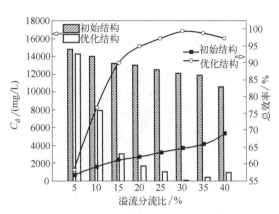

图 7-48　不同分流比条件下优化前后结构分离性能对比

不同含油浓度条件下优化前后性能对比。为了分析优化结构在不同含油浓度下的分离性能，针对初始结构及优化结构分别开展含油浓度在 1％～7％范围内变化时总效率以及底流口含油浓度对比试验研究。试验时控制入口流量稳定在 1.0L/min，溢流分流比稳定在 30％。得出含油浓度为 1％及 7％时两种微旋流器稳定运行的油核分布对比情况如图 7-49 所示。随着含油浓度的增加，微旋流器轴心区域聚集的油核逐渐变宽。优化前结构在底流区域可以看出部分油相由底流口排出，优化后结构在底流区域均未出现明显的油核，同时得出不同含油浓度条件下两种结构分离性能对比情况如图 7-50 所示。由图 7-50 可知，优化结构随着含油浓度的增加总效率有略微降低的趋势，但仍保持在 98％以上，优化结构的 C_d 值远小于初始结构。

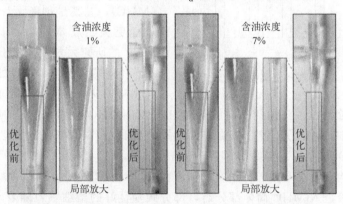

图 7-49　不同含油浓度下优化前后旋流器内部油核对比

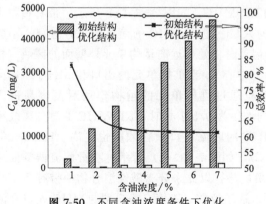

图 7-50　不同含油浓度条件下优化
前后结构分离性能对比

入口结构对比分析。为了验证入口结构对优化后微旋流器分离性能的影响，本部分选取加工入口截面积相同的圆形[95]、矩形[96]、矩形渐变[97]、渐开线[98]、螺旋线[99]、矩形渐变反螺旋线[100] 共 6 种不同的入口结构形式微旋流器样机进行性能测试对比试验。不同入口结构截面示意图如图 7-51 所示。试验得出不同入口结构下的分离性能测试结果如图 7-52 所示。由图 7-52 可知，不同入口结构下的最优模型总效率均稳定在 99.3％以上，其中矩形渐变反螺

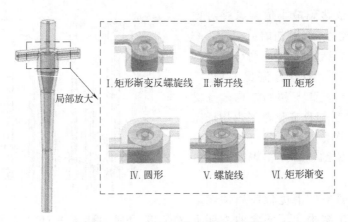

图 7-51 不同入口结构截面示意图

Ⅰ.矩形渐变反螺旋线　Ⅱ.渐开线　Ⅲ.矩形

Ⅳ.圆形　Ⅴ.螺旋线　Ⅵ.矩形渐变

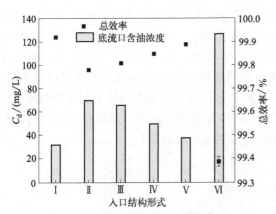

图 7-52 不同入口结构的分离性能测试结果

旋线入口结构总效率最高，为 99.92%，对应的底流含油浓度为 32.1mg/L[101]。

二、新结构设计

为了进一步提高旋流器的分离效率，研究人员设计了多种新结构[63,102-104]。相比较常规旋流器，尺寸较小的微旋流器（MHC），尤其是创新设计的微旋流器加工难度更大、成本更高。因此，目前关于 MHC 的研究大多数是基于单切向入口的传统单锥结构，针对 MHC 的结构创新设计研究相对较少。本部分将对现有的几种 MHC

新结构进行介绍分析，主要包括反向旋转 MHC（RR-MHC）、电场耦合 MHC（E-MHC）、同向出流 MHC（U-MHC）、带有螺旋导流结构的 MHC（SR-MHC）和多个 MHC 并联安装结构（P-MHC）。

对于经典结构，带有不同粒径颗粒的液流在通过 MHC 入口的过程中，颗粒为均匀分布的状态。当混合液进入 MHC 筒体部分时，部分跟随性好的微细颗粒随着水相从溢流排出，这种现象降低了分离效率。为了应对该问题，Yang 等人[85] 通过在 MHC 前设计一种颗粒反向重构单元，发明了一种主直径为 25mm 的 RR-MHC，如图 7-53（a）所示。带有颗粒和水的混合液将依次经过重构单元、MHC 的切向入口后进入 MHC 的筒体内进行分离。小颗粒由于受到的离心力小，其在重构单元内旋转运动时将处于远离重构单元外壁面的区域（相比较大颗粒，小颗粒所处位置更靠近重构单元的中心）。当重构单元的出口和 MHC 的切向入口采用图 7-53（a）中的方式连接时，小颗粒通过重构单元的重构作用后更容易进入 MHC 的壁面区域。研究结果表明，当颗粒平均粒径为 $0.53\mu m$ 时，RR-MHC 的总分离效率达到 83%，远高于常规的 MHC，同时 RR-MHC 的底流出口颗粒浓度也更高。Pratarn 等人[105] 设计了一种电场耦合微旋流器（E-MHC），如图 7-53（b）所示，在微旋流器壁面施加正电势，在安装于 MHC 内的中心棒上施加负电势，以此来分离碱性混合物中带有负电荷的二氧化硅颗粒。实验结果表明：中心棒直径、悬浮液的 pH 值、静电势、MHC 入口来液速度以及来液颗粒浓度的增加均可提高分离效率，其中来液颗粒质量浓度增加到 1.5% 时效

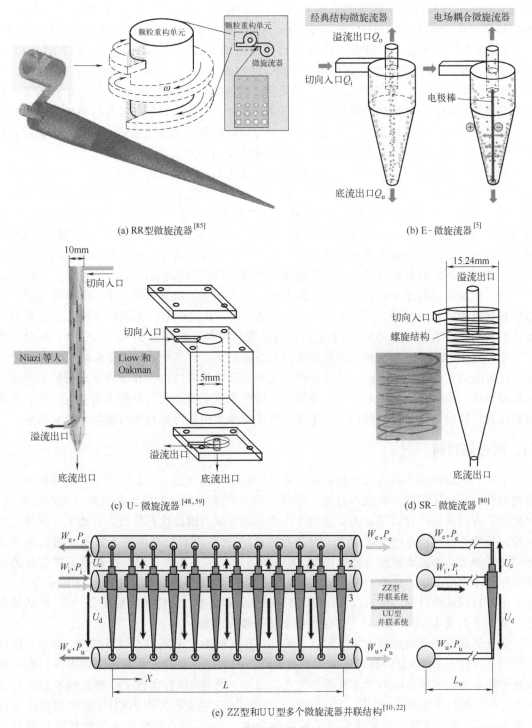

(a) RR型微旋流器[85]

(b) E-微旋流器[5]

(c) U-微旋流器[48,59]

(d) SR-微旋流器[80]

(e) ZZ型和UU型多个微旋流器并联结构[10,22]

图 7-53 微旋流器的创新设计

果达到最佳[5,38]。

Niazi[48]、Liow 和 Oakman 等人[59] 分别设计了主直径为 10mm 和 5mm 的同向出流微旋流器（U-MHC），如图 7-53（c）所示。Niazi 等人[48] 认为 U-MHC 在废水处理中分离微细颗粒或超细颗粒方面具有较大潜力。由于 U-MHC 可消除常规 MHC 反向出流（溢流和底流的流向相反）的特点，因此其能效更高。Liow 和 Oakman[59] 发现在相同的雷诺数下，相比较常规微旋流器，U-MHC 的压降更小，即能耗更低。为了提高微旋流器的分离性能，Patra 等人[80] 设计了一种带有螺旋导流结构的微旋流器（SR-MHC），如图 7-53（d）所示。研究表明：SR-MHC 的分离性能明显优于常规的 MHC，然而安装的螺旋导流结构将会导致运行成本增加，且导流结构需要定期更换。尽管以上研究通过改进入口、溢流管及锥段形状来实现 MHC 分离性能的提升，但在研究中最常见的结构仍然是经典的单锥、单切向入口结构微旋流器。这可能是由于考虑了经典结构较低的设计及加工成本，因此，迫切需要开发一种高效且低成本的加工制造技术来实现微旋流器的创新设计。

由于 MHC 尺寸小，单个结构的处理量较低（从 $1.4 \times 10^{-5} \text{m}^3/\text{h}$ 至 $1\text{m}^3/\text{h}$），难以满足工业生产中的高处理量要求，一些研究人员[10,22,106,107] 将多个 MHC 进行并联来解决该问题。图 7-53（e）给出了一种多个 MHC 并联的连接方法。由于并联系统中每个微旋流器所获得的来液流量及压力不同，无法使并联系统中的每个 MHC 都能对混合液实现高效分离。因此，多个微旋流器并联工作时，采用适当的安装设计保证每个 MHC 获得基本相同的来液流量和压力对于提升并联系统的分离性能至关重要[8,108]。针对该问题，Huang[10] 和 Chen 等人[22] 针对不同的操作参数及并联配置方式，首先建立了能够预测每个 MHC 所获得的来液流量和压力的相关模型。并分别基于室内试验，对 ZZ 型和 UU 型两种并联系统的预测模型进行了验证［图 7-53（e）］。结果表明，当并联系统的来液压力为 0.1MPa 时，两种并联系统中，每个 MHC 所分配到的流量和压力偏差达到最小（其中，UU 型来液压力和流量的最大偏差分别仅为 8% 和 5%）。尽管如此，这些研究是在特定的操作条件下进行的，存在一定的局限性。通过以上概述，下一步应该针对并联系统中流量均匀分配方面进行研究，并通过管线及结构设计来适应不同的工况条件，有必要构建出较为通用的流量均匀分配模型。

三、制造与材料

通常，微旋流器的制造加工材料采用的是不锈钢，尤其是在工业应用中，这可归因于不锈钢材料的高抗压强度及低成本特点。然而，关于微旋流器的大量研究仍处于实验室阶段，因此为了方便试验操作，研究人员采用了许多其他材质对微旋流器样机进行加工，开展相关试验。最常见的材质是有机玻璃（一种透明材料）[59,109,110]，它使研究人员能够测试微旋流器中流体的运动速度或颗粒运移轨迹等。Fan 等人[11] 应用透光率比有机玻璃更高的石英玻璃进行流体速度测试，以获取更准确的结果，但石英玻璃的制造成本更高。Huang 等人[51] 也使用了石英玻璃材质的微旋流器研究了颗粒的运移轨迹。其他材料如陶瓷[30]、聚氨酯和聚缩醛[2]、尼龙 PA6 和 PA66[20] 也被用来制造微旋流器。

微旋流器主要是通过机械加工完成，例如钻孔、铣削、车床加工和磨削等。但是，值得注意的是，近年来 3D 打印技术已应用于微旋流器的加工，该技术具有加工效率高、成本低以及可制造出结构较复杂的微旋流器等优点。因此，通过 3D 打印技术，微旋流器的结构将不再局限于经典的单锥形式[33]。Syed 等人[87] 在 2017 年首次使用 3D 打印技术制造出主直径为 5mm 的微旋流器，并成功实现了藻类的分离，其中，3D 打印所采用的材质是带有一定透明度的树脂材料。结果表明，这种 3D 打印的微旋流器对水中的藻类具有一定的分离效果，同时实验过程操作时间短、耗能小。此外，Syed 等人还提供了微旋流器样机的详细 3D 打印制造过程。Garcia 等人[33] 提出了一种结合 3D 打印技术和 CFD 模拟的新型微旋流器快速优化方法。该方法的工作流程可以概括为：新型微旋流器结构设计、CFD 仿真和优化、3D 打印微旋流器样机及试验研究。Hu 等人[111] 利用了主直径为 10mm 的 3D 打印微旋流器实现了水合氧化铝的成功分离。基于此，3D打印技术在微旋流器加工中的显著优点包括加工时间短、成本低、不受新型微旋流器复杂结构的限制，该技术值得在微旋流器的制造中推广。

第五节　介质物性参数和操作参数对微旋流器分离性能的影响

一、介质物性参数

对于结构参数固定的微旋流器，待分离介质的物性参数和旋流器工作过程中的操作参数是影响分离性能最重要的两个因素。与常规旋流器类似，介质物性参数的影响来自两个方面：离散相（次相）和连续相（主相）。以固液分离为例，离散相的物性参数包括固体颗粒密度 ρ_p、颗粒大小 d_p、颗粒形状、入口混合液中颗粒浓度 C_i。关于连续相的物性参数，通常包含连续相密度 ρ_w、黏度 η、温度 T。

1. 离散相物性参数

从离散相颗粒自身的角度出发，混合介质中的颗粒在离心加速度作用下的分离效率主要依赖于颗粒的密度、尺寸以及形状[56,87]。颗粒所受的离心力与颗粒密度成正比，当颗粒密度太大（大于连续相的情况）或太小（小于连续相的情况）时，常规旋流器即可满足其分离需求。然而当颗粒的密度接近于连续相时，颗粒的分离效率将会降低，这也是这类颗粒分离的主要挑战之一[45]。现有针对微旋流器的研究中，颗粒密度主要处于 $1050kg/m^3$[15] $\sim$ $5130kg/m^3$[20]。

在工业应用中，待分离的离散相密度通常是不变的，这使得研究人员主要通过优化微旋流器的结构和操作参数来对其实现分离效率的进一步提升。此外，离散相颗粒所受的离心力与颗粒的尺寸同样成正比，其中，颗粒的尺寸通常用粒度仪来进行测试。大量关于微旋流器的研究是基于颗粒尺寸开展的，尤其是细颗粒或超细颗粒。当混合液中待分离的颗粒粒径处于某一范围时，Rosin-Rammler-Bennet（RRB）模型[57]［如式（7-24）所示］由于能够考虑混合液中颗粒粒径的分布情况，在模拟过程中被广泛使用。此外，级效率曲线往往就是不同粒径颗粒分离效率的典型代表。相比常规旋流器，微旋流器具备分离颗粒粒径小于 $10\mu m$，甚至低于 $1\mu m$ 的能力[7]。Nenu 等人[86] 和 Tavares 等人[23] 建立了级效率与颗粒尺寸之间的关系模型，如式（7-25）、式（7-26）所示。

$$C(d)=1-\exp\left[-\left(\frac{d_p}{d_{63.2}}\right)^n\right] \tag{7-24}$$

式中，$C(d)$ 表示入口混合液中的颗粒质量分数。

$$E_g=\frac{2\pi QN(\rho_p-\rho_f)d_p^2}{18\mu a^2 l} \tag{7-25}$$

$$E_g=R_f+(1-R_f)\frac{\exp\left(\frac{\alpha d_p}{d_{50c}}\right)-1}{\exp\left(\frac{\alpha d_p}{d_{50c}}\right)+\exp(\alpha)-2} \tag{7-26}$$

式中，α 是分选指数，其代表级效率曲线的陡峭程度；R_f 表示分流比；d_{50c} 表示修正后的切割粒径。

对于难以分离的微细颗粒，可以采用絮凝方法将小颗粒聚集成粒径较大的颗粒。例如，在混合介质进入微旋流器前可以加入一定量的絮凝剂实现颗粒的絮凝。目前所采用的絮凝剂主要包括聚丙烯酰胺[112]和Magnafloc800HP[113]。Wallace等人（1980）[114]使用主直径为10mm的并联微旋流分离系统来分离平均粒径只有0.77μm质量浓度为2%的高岭土颗粒。结果表明当混合介质中加入聚丙烯酰胺溶液后，高岭土颗粒的总效率获得提升[112]。为了提高细氧化铝颗粒的分离效率，Woodfield和Bickert[113]将质量浓度为0.01%的絮凝剂Magnafloc800HP增加到混合液中，结果发现氧化铝颗粒在主直径为22mm的微旋流器中的简化总效率从75%提升到了84%。

颗粒形状是另一个影响分离效率的因素[42]，然而在微旋流器的分离性能研究过程中，由于考虑颗粒形状的试验难度较高，其影响通常被忽略。近年，Heywood球形度ϕ被认为是评价颗粒形状一个有效的量化方法，其定义如式（7-27）所示。Zhu和Liow[21]发现与非球形颗粒相比，具有等效粒径且接近标准球形的颗粒在旋流器中所受到的阻力更小。他们还发现球形颗粒所受的阻力以及经过球形颗粒的尾流处于稳定状态。然而，对于非球形颗粒，所受的阻力和其尾流随时间的变化而变化。Abdollahzadeh等人[42]认为颗粒的球形度越大，细颗粒分离效率越高，鱼钩效应也越明显。此外，纵横比较小的非球形颗粒也会使得级效率曲线上的鱼钩效应更加明显。Niazi等人[43]基于内径为15mm的微旋流器发现相同温度及处理量下，球形的铝粉颗粒级效率高于片状铝粉。值得注意的是，Niazi等人[43]在体积较大的片状颗粒级效率曲线上，发现了当颗粒等效粒径较大时也出现了鱼钩效应，尤其是在处理量较高的条件下更明显。然而作者没有提供这种鱼钩效应出现的原因。由于片状颗粒在工业中比较常见，因此有必要进行进一步研究。

$$\phi = \frac{s_{球}}{s_{实}} \tag{7-27}$$

式中，$S_{球}$指与粒子体积相同的球体的表面积；$S_{实}$表示颗粒的实际表面积[42]。

入口混合液中颗粒浓度C_i对微旋流器的分离性能影响规律可归纳为图7-54。图7-54中相关数据分别来自Habibian等人（0.0032%～0.012%）[115]，Lv等人（0.007%～0.035%）[8]，Zhu和Liow（0.04%～4%）[21]，Abdollahzadeh等人（0.05%～0.2%）[42]，Yu等人（0.058%～0.195%）[20]，Yu和Fu（13.07%～65.36%）[84]。当入口混合液中颗粒浓度增加时，微旋流器的总效率呈现出先增加后降低的趋势。此外，级效率曲线上的鱼钩效应程度、分离锐度及切割粒径均呈现出增加的趋势。然而，Yu等人[20]观察到当入口混合液中颗粒浓度增加时，级效率曲线上的鱼钩效应的显著程度呈现出先增加后降低的趋势，但没有给出相关原因。通过对比发现，该现象的可能原因是Yu等人[20]研究中所采用的颗粒粒径均小于另外两篇文献[21,42]。根据以上总结，应该采取相关措施获得合适的入口颗粒浓度使微旋流器的分离性能达到最佳，例如在混合液进入微旋流器前进

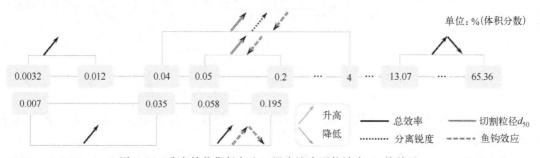

图7-54　分离性能指标与入口混合液中颗粒浓度C_i的关系

行掺液稀释或浓缩。

2. 连续相物性参数

实际工业中，涉及旋流器分离的连续相通常是水（不可压缩且密度为 $1000kg/m^3$），连续相的物性参数对微旋流器的分离性能也会产生一定的影响。大多数研究人员开展的微旋流器分离性能研究是在常温下进行的（连续相温度为环境温度 20℃左右），尤其是室内试验研究[36,48,53,87,108]。然而，在一些涉及旋流器的实际工业中，连续相的温度将会高于或低于常温[51,116]，例如冬天条件下的石油及采矿领域。因此，有必要开展不同连续相温度对微旋流器分离性能的模拟或室内试验研究，这可以为未来的工业应用提供准确指导。Cilliers 等人[30]发现随着连续相液体的温度从 10℃增加到 60℃，微旋流器级效率和底流颗粒浓度均呈现增加的趋势，试验过程中没有出现鱼钩效应。Neesse 等人[54]在 10mm 的微旋流器分离性能试验中获得了同样的结论（温度从 10℃增加到 50℃），但是级效率曲线上包含鱼钩效应且随着温度升高，鱼钩效应逐渐减弱。因此，需要开展进一步的研究以探索不同温度下的鱼钩效应变化规律。Niazi 等人[43]研究了不同处理量、不同颗粒球形度条件下，连续相温度对总效率和分流比的影响。结果表明：①总效率随着温度增加而增加，分流比则相反；②当连续相温度升高时，球形颗粒与片状颗粒之间的总效率差值增加。分离效率增加的原因是连续相黏度随着温度增加而降低[69]。目前，温度与微旋流器分离性能的关系模型研究相对较少。

连续相的黏度也会对旋流器的分离性能产生明显的影响[117,118]，连续相黏度主要依赖于其温度以及连续相运动过程中受到的剪切速率（也被称为流变性）。在一些情况下，例如从钻井液中分离钻屑[49]以及从油田含聚采出液中分离细沙或油[119,120]，这些情况对应的连续相是比纯水黏度大得多的非牛顿流体。通过室内试验研究连续相黏度对微旋流器分离性能的影响时，可向混合液中添加合适浓度的羧甲基纤维素（CMC）[49]或聚丙烯酸（PAA）[53]来提高连续相黏度或制备出高黏度的非牛顿流体连续相。连续相黏度升高将会导致分离效率降低。Mognon 等人[49]观察到当增加入口混合液中 CMC 浓度时（流体的黏度增加），微旋流器的总效率降低，分流比升高且鱼钩效应的程度降低。Wu 等人[53]在微旋流器入口混合液中加入 PAA 并发现，当 PAA 浓度增加到一定程度时，即使入口处理量增加，分离效率也很难得到提升。Tavares 等人[23]根据试验和理论计算建立了考虑黏度影响的微旋流器分离性能数学模型。随着连续相黏度的增加，流体的速度将会降低而无法获得足够的离心加速度，最终使分离效率降低。因此对于非牛顿流体需要采取合适的方法（尤其是物理方法）来降低其黏度，例如可以在微旋流器前增加一个降黏单元。

二、操作参数

与常规旋流器相同，微旋流器的操作参数主要包括处理量、分流比以及入口压力。这些操作参数均会对微旋流器的分离性能产生一定的影响。

1. 处理量

处理量也被称为处理能力，它通过控制旋流器的入口速度，决定混合液在旋流器中所受到的离心力大小，这使得处理量成为最重要的操作参数[20]。对于单个微旋流器而言，处理量明显低于常规旋流器，其值通常低于 $1m^3/h$。图 7-55 归纳了处理量对微旋流器分离性能的影响，包括对总效率、压力损失、切割粒径、鱼钩效应及分离锐度的影响，对应的参考文献如表 7-23 所示。

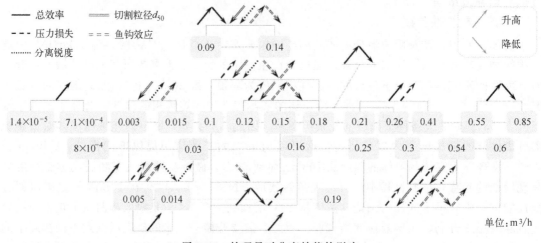

图 7-55 处理量对分离性能的影响

图 7-55 处理量对分离性能的影响

表 7-23 不同处理量范围所涉及的文献

序号	处理量 Q_i/(m³/h)	文献	序号	处理量 Q_i/(m³/h)	文献
1	$1.4×10^{-5}～7.1×10^{-4}$	[50]	9	$0.1～0.19$	[53]
2	$8×10^{-4}～0.003$	[35]	10	$0.12～0.18$	[46]
3	$0.003～0.015$	[36]	11	$0.15～0.26$	[84]
4	$0.003～0.03$	[21]	12	$0.21～0.41$	[115]
5	$0.005～0.014$	[87]	13	$0.25～0.6$	[54]
6	$0.09～0.14$	[111]	14	$0.3～0.54$	[86]
7	$0.1～0.15;0.11～0.16$	[20]	15	$0.55～0.85$	[85]
8	$0.1～0.18$	[25]			

此外，Niazi 等人[43]对比了不同处理量下球形颗粒和片状颗粒对微旋流器分离效果的影响规律。值得注意的是，当处理量从 $0.144m^3/h$ 增加到 $0.432m^3/h$ 时，旋流器对球形颗粒的总效率呈现出逐渐增加的趋势，然而对于片状颗粒则呈现出先增加后降低的趋势。

2. 分流比

关于分流比的定义，对于密度比连续相大和小的离散相而言也不相同，对于前者，分流比一般指底流处理量与入口处理量之比；对于后者，则是溢流处理量与入口处理量之比。方便起见，这里以前者为例进行分析介绍。在旋流分离过程中，分流比受其他操作参数（入口处理量和入口压力）以及介质物性参数（如流体黏度）影响。然而当这些操作参数及介质物性参数处于某一定值时，研究人员[2,49,56]通过设计不同的底流和溢流出口直径来改变微旋流器的分流比大小。在实际工业应用中，通常将多个微旋流器进行并联来满足工业中的大处理量要求，来自每个微旋流器底流和溢流出口的流体将会分别进入对应底流收集腔和溢流收集腔[121]，整个系统的分流比可以通过调节收集腔后的控制阀来实现。分流比对微旋流器分离性能的影响如图 7-56 所示，相关的参考文献如表 7-24 所示。

表 7-24 不同分流比范围所涉及的文献

序号	分流比 R_f/%	文献	序号	分流比 R_f/%	文献
1	$1～8$	[116]	5	$11～40$	[56]
2	$2～50$	[84]	6	$15～35$	[111]
3	$3.5～9.1$	[26]	7	$18～78.5;31～81$	[20]
4	$6.6～36.8$	[2]			

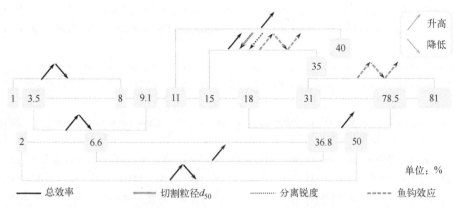

图 7-56 分流比对分离性能的影响

3. 入口压力

与处理量和分流比相比，旋流器的入口压力对分离性能的影响较小[23,122-124]。当其他条件不变仅增加微旋流器的入口压力时，分离效率会略微升高，但是对应的能耗将会明显增加。Neesse 等人[54] 基于主直径为 10mm 的微旋流器获得了不同入口压力下（0.5～5MPa）的级效率曲线。结果显示级效率随着入口压力的增加而增加，尤其是对于小于 $3\mu m$ 的颗粒，同时旋流器的切割粒径从 $1\mu m$ 降到了 $0.4\mu m$。尽管如此，旋流器的最大压力损失（指入口和出口的压力差）比常规旋流器（0.05～0.2MPa）[8,22,53,56] 增加了 10 倍。

参 考 文 献

[1] Yang Q, Lv W, Shi L, et al. Treating methanol-to-olefin quench water by minihydrocyclone clarification and steam stripper purification [J]. Chemical Engineering and Technology, 2015: 38 (3): 547-552.

[2] Mognon J L, da Silva J M, Bicalho I C, et al. Modular mini-hydrocyclone desilter type of 30 mm: An experimental and optimization study [J]. Journal of Petroleum Science and Engineering, 2015, 129: 145-152.

[3] Hwang K J, Hwang Y W, Yoshida H, et al. Improvement of particle separation efficiency by installing conical top-plate in hydrocyclone [J]. Powder Technology, 2012, 232: 41-48.

[4] Grady S A, Wesson G D, Abdullah M, et al. Prediction of 10-mm hydrocyclone separation efficiency using computational fluid dynamics [J]. Filtration & Separation, 2003, 40 (9): 41-46.

[5] Tue Nenu R K, Hayase Y, Yoshida H, et al. Influence of inlet flow rate, pH, and beads mill operating condition on separation performance of sub-micron particles by electrical hydrocyclone [J]. Advanced Powder Technology, 2010, 21 (3): 246-255.

[6] Zhao L, Jiang M, Wang Y. Experimental study of a hydrocyclone under cyclic flow conditions for fine particle separation [J]. Separation and Purification Technology, 2008, 59 (2): 183-189.

[7] Endres E, Dueck J, Neesse T. Hydrocyclone classification of particles in the micron range [J]. Minerals Engineering, 2012, 31: 42-45.

[8] Lv W J, Huang C, Chen J Q, et al. An experimental study of flow distribution and separation performance in a UU-type mini-hydrocyclone group [J]. Separation and Purification Technology, 2015, 150: 37-43.

[9] He F, Zhang Y, Wang J, et al. Flow patterns in mini-hydrocyclones with different vortex finder depths [J]. Chemical Engineering and Technology, 2013, 36 (11): 1935-1942.

[10] Huang C, Wang J G, Wang J Y, et al. Pressure drop and flow distribution in a mini-hydrocyclone group: UU-type parallel arrangement [J]. Separation and Purification Technology, 2013, 103: 139-150.

[11] Fan Y, Wang J, Bai Z, et al. Experimental investigation of various inlet section angles in mini-hydrocyclones using particle imaging velocimetry [J]. Separation and Purification Technology, 2015, 149: 156-164.

[12] Lloyd P J, Pj L, As W, et al. Filtration applications of particle characterization [J]. Filtr. Sep., 1975, 12: 246-250.

[13] Svarovsky L. Solid-liquid separation [M]. 4th. Oxford: Butterworth Heinemann Ltd, 2000.

[14] Mognon J L, Bicalho I C, Ataíde C H. Mini-hydrocyclones application in the reduction of the total oil-grease (TOG) in a prepared sample of produced water [J]. Separation Science and Technology (Philadelphia), 2016, 51 (2): 370-379.

[15] Pinto R C V, Medronho R A, Castilho L R. Separation of CHO cells using hydrocyclones [J]. Cytotechnology, 2008, 56 (1): 57-67.

[16] Moradinejad S, Vandamme D, Glover C M, et al. Mini-hydrocyclone separation of cyanobacterial and green algae: Impact on cell viability and chlorine consumption [J]. Water (Switzerland), 2019, 11 (7): 1743.

[17] Bhardwaj P, Bagdi P, Sharma A S, et al. Microfluidic chip for particle-liquid separation [EB]. 2011, 11: 391-398. https://doi.org/10.1115/IMECE2011-62343.

[18] Ni L, Tian J, Song T, et al. Optimizing geometric parameters in hydrocyclones for enhanced separations: A review and perspective [J]. Separation and Purification Reviews, 2019, 48 (1): 30-51.

[19] HG/T 4380—2012. 液-固微旋流分离器技术条件.

[20] Yu J F, Fu J, Cheng H, et al. Recycling of rare earth particle by mini-hydrocyclones [J]. Waste Management, 2017, 61: 362-371.

[21] Zhu G, Liow J L. Experimental study of particle separation and the fishhook effect in a mini-hydrocyclone [J]. Chemical Engineering Science, 2014, 111: 94-105.

[22] Chen C, Wang H L, Gan G H, et al. Pressure drop and flow distribution in a group of parallel hydrocyclones: Z-Z-type arrangement [J]. Separation and Purification Technology, 2013, 108: 15-27.

[23] Tavares L M, Souza L L G, Lima J R B, et al. Modeling classification in small-diameter hydrocyclones under variable rheological conditions [J]. Minerals Engineering, 2002, 15 (8): 613-622.

[24] Izquierdo J, Aguado R, Portillo A, et al. Empirical correlation for calculating the pressure drop in microhydrocyclones [J]. Industrial and Engineering Chemistry Research, 2018, 57 (42): 14202-14212.

[25] Hwang K J, Hsueh W S, Nagase Y. Mechanism of particle separation in small hydrocyclone [J]. Drying Technology, 2008, 26 (8): 1002-1010.

[26] Yang Q, Li Z M, Lv W J, et al. On the laboratory and field studies of removing fine particles suspended in wastewater using mini-hydrocyclone [J]. Separation and Purification Technology, 2013, 110: 93-100.

[27] Mansour-Geoffrion M, Dold P L, Lamarre D, et al. Characterizing hydrocyclone performance for grit removal from wastewater treatment activated sludge plants [J]. Minerals Engineering, 2010, 23 (4): 359-364.

[28] Hsu C Y, Wu R M. Effect of overflow depth of a hydrocyclone on particle separation [J]. Drying Technology, 2010, 28 (7): 916-921.

[29] Wang B, Yu A B. Computational investigation of the mechanisms of particle separation and "fish-

hook" phenomenon in hydrocyclones [J]. AIChE Journal, 2012, 59 (4): 215-228.

[30] Cilliers J J, Diaz-Anadon L, Wee F S. Temperature, classification and dewatering in 10 mm hydrocyclones [J]. Minerals Engineering, 2004, 17 (5): 591-597.

[31] Pasquier S, Cilliers J J. Sub-micron particle dewatering using hydrocyclones [J]. Chemical engineering journal, 2000, 80 (1-3): 283-288.

[32] Frachon M, Cilliers J J. A general model for hydrocyclone partition curves [J]. Chemical Engineering Journal, 1999, 73 (1): 53-59.

[33] Vega-Garcia D, Brito-Parada P R, Cilliers J J. Optimising small hydrocyclone design using 3D printing and CFD simulations [J]. Chemical Engineering Journal, 2018, 350 (April): 653-659.

[34] Medronho R A, Schuetze J, Deckwer W D. Numerical simulation of hydrocyclones for cell separation [J]. Latin American Applied Research, 2005, 35 (1): 1-8.

[35] Zhu G, Liow J L, Neely A. Computational study of the flow characteristics and separation efficiency in a mini-hydrocyclone [J]. Chemical Engineering Research and Design, 2012, 90 (12): 2135-2147.

[36] Zhu G, Liow J L, Neely A. Study of the transitional flow and particle separation with a fishhook effect in a mini-hydrocyclone [J]. American Society of Mechanical Engineers, Fluids Engineering Division (Publication) FEDSM, 2012, 2: 289-298.

[37] Schubert H. On the origin of "anomalous" shapes of the separation curve in hydrocyclone separation of fine particles [J]. Particulate Science and Technology, 2004, 22 (3): 219-234.

[38] Tue Nenu R K, Yoshida H, Fukui K, et al. Separation performance of sub-micron silica particles by electrical hydrocyclone [J]. Powder Technology, 2009, 196 (2): 147-155.

[39] Dueck J, Farghaly M, Neesse T. The theoretical partition curve of the hydrocyclone [J]. Minerals Engineering, 2014, 62: 25-30.

[40] Nageswararao K. Critical analysis of the fish hook effect in hydrocyclone classifiers [J]. Chemical Engineering Journal, 2000, 80 (1-3): 251-256.

[41] Nageswararao K. Comment on: "Experimental study of particle separation and the fish hook effect in a mini-hydrocyclone" by G. Zhu and J. L. Liow [Chemical Engineering Science 111 (2014) 94-105] [J]. Chemical Engineering Science, 2015, 122: 182-184.

[42] Abdollahzadeh L, Habibian M, Etezazian R, et al. Study of particle's shape factor, Inlet velocity and feed concentration on mini-hydrocyclone classification and fishhook effect [J]. Powder Technology, 2015, 283: 294-301.

[43] Niazi S, Habibian M, Rahimi M. A comparative study on the separation of different-shape particles using a mini-hydrocyclone [J]. Chemical Engineering and Technology, 2017, 40 (4): 699-708.

[44] Hwang K. J, Wu W. H, Qian S, et al. CFD study on the effect of hydrocyclone structure on the separation efficiency of fine particles [J]. Separation Science and Technology, 2008, 43 (15): 3777-3797.

[45] Tian J, Ni L, Song T, et al. An overview of operating parameters and conditions in hydrocyclones for enhanced separations [J]. Separation and Purification Technology, 2018, 206 (April): 268-285.

[46] Hwang K J, Lyu S Y, Nagase Y. Particle separation efficiency in two 10-mm hydrocyclones in series [J]. Journal of the Taiwan Institute of Chemical Engineers, 2009, 40 (3): 313-319.

[47] Dueck J G, Min Kov L L, Pikushchak E V. Modeling of the "fish-hook" effect in a classifier [J]. Journal of Engineering Physics and Thermophysics, 2007, 80 (1): 64-73.

[48] Niazi S, Habibian M, Rahimi M. Performance evaluation of a uniflow mini-hydrocyclone for removing fine heavy metal particles from water [J]. Chemical Engineering Research and Design, 2017, 126: 89-96.

[49] Mognon J L, da Silva J M, Bicalho I C, et al. Mini-hydrocyclones applied to the removal of solids

from non-newtonian fluids and analysis of the scale-up effect [J]. Elsevier, 2016.

[50] Bagdi P, Bhardwaj P, Sen A K. Analysis and simulation of a micro hydrocyclone device for particle liquid separation [J]. Journal of Fluids Engineering, Transactions of the ASME, 2012, 134 (2): 1-9.

[51] Huang Y, Li J, Zhang Y, et al. High-speed particle rotation for coating oil removal by hydrocyclone [J]. Separation and Purification Technology, 2017, 177: 263-271.

[52] Nowak A, Surowiak A. Methodology of the efficiency factors of fine grained clayish suspensions separation in multileveled hydrocyclone systems [J]. Archives of Mining Sciences, 2013, 58 (4): 1209-1220.

[53] Wu S E, Hwang K J, Cheng T W, et al. Effectiveness of a hydrocyclone in separating particles suspended in power law fluids [J]. Powder Technology, 2017, 320: 546-554.

[54] Neesse T, Dueck J, Schwemmer H, et al. Using a high pressure hydrocyclone for solids classification in the submicron range [J]. Minerals Engineering, 2015, 71: 85-88.

[55] Hwang K J, Chou S P. Designing vortex finder structure for improving the particle separation efficiency of a hydrocyclone [J]. Separation and Purification Technology, 2017, 172: 76-84.

[56] Kyriakidis Y N, Silva D O, Barrozo M A S, et al. Effect of variables related to the separation performance of a hydrocyclone with unprecedented geometric relationships [J]. Powder Technology, 2018, 338: 645-653.

[57] Gonçalves S M, Barrozo M A S, Vieira L G M. Effects of solids concentration and underflow diameter on the performance of a newly designed hydrocyclone [J]. Chemical Engineering and Technology, 2017, 40 (10): 1750-1757.

[58] Hwang K J, Chou S P. Designing vortex finder structure for improving the particle separation efficiency of a hydrocyclone [J]. Separation and Purification Technology, 2017, 172: 76-84.

[59] Liow J L, Oakman O A. Performance of mini-axial hydrocyclones [J]. Minerals Engineering, 2018, 122 (July 2017): 67-78.

[60] Yang Q, Wang H, Wang J, et al. The coordinated relationship between vortex finder parameters and performance of hydrocyclones for separating Light dispersed phase [J]. Separation and Purification Technology, 2011, 79 (3): 310-320.

[61] Wang J, Priestman G H, Tippetts J R. Modelling of strongly swirling flows in a complex geometry using unstructured meshes [J]. International Journal of Numerical Methods for Heat and Fluid Flow, 2006, 16 (8): 910-926.

[62] Bai Z S, Wang H L. Numerical simulation of the separating performance of hydrocyclones [J]. Chemical Engineering and Technology, 2006, 29 (10): 1161-1166.

[63] Zhao L, Jiang M, Xu B, et al. Development of a new type high-efficient inner-cone hydrocyclone [J]. Chemical Engineering Research and Design, 2012, 90 (12): 2129-2134.

[64] Zhao L, Li F, Ma Z, et al. Theoretical analysis and experimental study of dynamic hydrocyclones [J]. Journal of Energy Resources Technology, 2010, 132: 429011-429016.

[65] Bradley D. The hydrocyclone: International series of monographs in chemical engineering [J]. Elsevier, 2013.

[66] Schütz S, Gorbach G, Piesche M. Modeling fluid behavior and droplet interactions during liquid-liquid separation in hydrocyclones [J]. Chemical Engineering Science, 2009, 64 (18): 3935-3952.

[67] Rietema K, Maatschappij S I R. Performance and design of hydrocyclones—I: General considerations [J]. Chemical Engineering Science, 1961, 15 (3-4): 298-302.

[68] Cilliers J J, Harrison S T L. The application of mini-hydrocyclones in the concentration of yeast suspensions [J]. Chemical Engineering Journal, 1997, 65 (1): 21-26.

［69］ Bai Z S，Wang H L，Tu S T. Numerical and experimental study on the removal of catalyst particles from oil slurry by hydrocyclone ［J］. Petroleum Science and Technology，2010，28 (5)：525-533.

［70］ Saengchan K，Nopharatana A，Songkasiri W. Enhancement of tapioca starch separation with a hydro-cyclone：Effects of apex diameter，feed concentration，and pressure drop on tapioca starch separation with a hydrocyclone ［J］. Chemical Engineering and Processing：Process Intensification，2009，48 (1)：195-202.

［71］ Wang J，Bai Z，Yang Q，et al. Investigation of the simultaneous volumetric 3-component flow field inside a hydrocyclone ［J］. Separation and Purification Technology，2016，163：120-127.

［72］ Zhu G，Liow J L，Neely A J. Computational study of flow in a micro-sized hydrocyclone ［M］. New Zealand：In Proc. 17th Australasian Fluid Mechanics Conference，2010.

［73］ Bai Z，Wang H，Tu S. Oil-water separation using hydrocyclones enhanced by air bubbles ［J］. Chemical Engineering Research and Design，2011，89 (1)：55-59.

［74］ 庞学诗. 水力旋流器理论及应用 ［M］. 长沙：中南大学出版社，2005.

［75］ 王剑刚. 三维旋转湍流场激光测速研究 ［D］. 上海：华东理工大学，2016.

［76］ Liu L，Zhao L，Yang X，et al. Innovative design and study of an oil-water coupling separation mag-netic hydrocyclone ［J］. Separation and Purification Technology，2019，213 (December 2018)：389-400.

［77］ Mokni I，Dhaouadi H，Bournot P，et al. Numerical investigation of the effect of the cylindrical height on separation performances of uniflow hydrocyclone ［J］. Chemical Engineering Science，2015，122：500-513.

［78］ Tang B，Xu Y，Song X，et al. Numerical study on the relationship between high sharpness and con-figurations of the vortex finder of a hydrocyclone by central composite design ［J］. Chemical Engineer-ing Journal，2015，278：504-516.

［79］ Liu Y，Yang Q，Qian P，et al. Experimental study of circulation flow in a light dispersion hydrocy-clone ［J］. Separation and Purification Technology，2014，137：66-73.

［80］ Patra G，Velpuri B，Chakraborty S，et al. Performance evaluation of a hydrocyclone with a spiral rib for separation of particles ［J］. Advanced Powder Technology，2017，28 (12)：3222-3232.

［81］ Qian P，Ma J，Liu Y，et al. Concentration distribution of droplets in a liquid-liquid hydrocyclone and its application ［J］. Chemical Engineering and Technology，2016，39 (5)：953-959.

［82］ Bicalho I C，Mognon J L，Shimoyama J，et al. Separation of yeast from alcoholic fermentation in small hydrocyclones ［J］. Separation and Purification Technology，2012，87：62-70.

［83］ Yan C，Yang Q，Wang H L. Simulation on the flow field of mini-hydrocyclones for different inlet si-zes ［J］. Advanced Materials Research，2014，864-867：1183-1191.

［84］ Yu J，Fu J. Separation performance of an 8 mm mini-hydrocyclone and its application to the treatment of rice starch wastewater ［J］. Separation Science and Technology (Philadelphia)，2020，55 (2)：313-320.

［85］ Yang Q，Lv W，Ma L，et al. CFD study on separation enhancement of mini-hydrocyclone by particu-late arrangement ［J］. Separation and Purification Technology，2013，102：15-25.

［86］ Tue Nenu R K，Yoshida H. Comparison of separation performance between single and two inlets hydrocyclones ［J］. Advanced Powder Technology，2009，20 (2)：195-202.

［87］ Shakeel Syed M，Rafeie M，Henderson R，et al. A 3D-printed mini-hydrocyclone for high through-put particle separation：Application to primary harvesting of microalgae ［J］. Lab on a Chip，2017，17 (14)：2459-2469.

［88］ Ni L，Tian J，Zhao J. Experimental study of the relationship between separation performance and lengths of vortex finder of a novel de-foulant hydrocyclone with continuous underflow and reflux function [J]. Separation Science and Technology, 2017, 52 (1): 142-154.

[89] 赵宇，赵立新，徐保蕊，等. 基于正交法的一体化二次分离旋流器结构参数优选 [J]. 流体机械，2016, 44 (03): 29-33.

[90] Zhao C, Sun H, Li Z. Structural optimization of downhole oil-Water separator [J]. Journal of Petroleum Science and Engineering, 2017, 148: 115-126.

[91] Jiang L, Liu P, Zhang Y, et al. The performance prediction model of W-shaped hydrocyclone based on experimental research [J]. Minerals, 2021, 11 (2): 118.

[92] 方萍. 试验设计与统计分析 [M]. 北京：中国农业出版社，2014.

[93] 李云雁，胡传荣. 试验设计与数据处理 [M]. 北京：化学工业出版社，2005.

[94] 李莉，张赛，何强，等. 响应面法在试验设计与优化中的应用 [J]. 实验室研究与探索，2015, 34 (8): 41-45.

[95] Rocha C A O, Ullmann G, Silva D O, et al. Effect of changes in the feed duct on hydrocyclone performance [J]. Powder Technology, 2020, 374: 283-289.

[96] 王尊策，郜冶，吕凤霞，等. 液-液水力旋流器入口结构参数对压力特性的影响 [J]. 流体机械，2003, 02: 16-19, 26.

[97] Li C, Huang Q. Analysis of droplet behavior in a de-oiling hydrocyclone [J]. Journal of Dispersion Science and Technology, 2017, 38 (3): 317-327.

[98] Li F, Liu P, Yang X, et al. Numerical simulation on the effects of different inlet pipe structures on the flow field and seperation performance in a hydrocyclone [J]. Powder technology, 2020, 373: 254-266.

[99] 史仕荧，吴应湘，孙焕强，等. 柱形旋流器入口结构对油水分离影响的数值模拟 [J]. 流体机械，2012, 40 (4): 25-30.

[100] 高晨曦. 旋流器入口结构优化及制造技术研究 [D]. 大庆：大庆石油学院，2002.

[101] 王圆，赵立新，王月文，等. 不同入口形式油水分离旋流器数值模拟的对比分析 [J]. 流体机械，2017, 45 (07): 22-27.

[102] Wang C, Wu R. Experimental and simulation of a novel hydrocyclone-tubular membrane as overflow pipe [J]. Separation and Purification Technology, 2018, 198: 60-67.

[103] Chen J, Hou J, Li G, et al. The effect of pressure parameters of a novel dynamic hydrocyclone on the separation efficiency and split ratio [J]. Separation Science and Technology (Philadelphia), 2015, 50 (6): 781-787.

[104] Zhao L, Jiang M, Li F. Experimental study on the separation performance of air-injected de-oil hydrocyclones [J]. Chemical Engineering Research and Design, 2010, 88 (5-6): 772-778.

[105] Pratarn W, Wiwut T, Yoshida H. Classification of silica fine particles using a novel electric hydrocyclone [J]. Science and Technology of Advanced Materials, 2005, 6 (3-4 SPEC. ISS.): 364-369.

[106] Emami S, Tabil L G, Tyler R T. Performance comparison of two media during starch-protein separation of chickpea flour using a hydrocyclone [J]. Journal of Food Process Engineering, 2010, 33 (4): 728-744.

[107] Fecske A. Small diameter multiple hydrocyclone for starch processing [J]. Starch - Stärke, 1983, 35 (4): 109-113.

[108] Lv W, Chen J, Chang Y, et al. UU-type parallel mini-hydrocyclone group separation of fine particles from methanol-to-olefin industrial wastewater [J]. Chemical Engineering and Processing - Process Intensification, 2018, 131 (February): 34-42.

[109] Zhang Y, Liu Y, Qian P, et al. Experimental investigation of a minihydrocyclone [J]. Chemical Engineering and Technology, 2009, 32 (8): 1274-1279.

[110] Zhang Y, Qian P, Liu Y, et al. Experimental study of hydrocyclone flow field with different feed

concentration [J]. Industrial and Engineering Chemistry Research, 2011, 50 (13): 8176-8184.

[111] Hu Z, Wang B, Bai Z, et al. Centrifugal classification of pseudo-boehmite by mini-hydrocyclone in continuous-carbonation preparation Process [J]. Chemical Engineering Research and Design, 2020, 154: 203-211.

[112] Roldán-Villasana E J, Williams R A. Classification and breakage of flocs in hydrocyclones. Minerals Engineering, 1999, 12 (10): 1225-1243.

[113] Woodfield D, Bickert G. Separation of flocs in hydrocyclones-significance of floc breakage and floc hydrodynamics [J]. International Journal of Mineral Processing, 2004, 73 (2-4): 239-249.

[114] Wallace L B, Dabir B, Petty C A. Preliminary findings on the effect of polyacrylamide on particle-liquid separation in hydrocyclones [J]. Chemical Engineering Communications, 1980, 7 (1-3): 27-36.

[115] Habibian M, Pazouki M, Ghanaie H, et al. Application of hydrocyclone for removal of yeasts from alcohol fermentations broth [J]. Chemical Engineering Journal, 2008, 138 (1-3): 30-34.

[116] Bai Z, Wang H, Tu S. Removal of catalyst particles from oil slurry by hydrocyclone [J]. Separation Science and Technology, 2009, 44 (9): 2067-2077.

[117] Muzanenhamo P K. Assessing the effect of cone ratio, feed solids concentration and viscosity on hydrocyclone performance [D]. Cape Town: University of Cape Town, 2014.

[118] Marthinussen S A, Chang Y F, Balakin B, et al. Removal of particles from highly viscous liquids with hydrocyclones [J]. Chemical Engineering Science, 2014, 108: 169-175.

[119] Wang Z, Zhao L, Li F, et al. Characteristics study of hydrocyclone used for separating polymer-flood produced-water [C]. In The Ninth International Offshore and Polar Engineering Conference; International Society of Offshore and Polar Engineers, 1999.

[120] 夏宏泽, 赵立新, 刘琳, 等. 聚合物对旋流器内油滴聚结与分离效率的影响 [J]. 机械科学与技术, 2021, 40 (07), 993-999.

[121] Yu J, Fu J, Cheng H, et al. Recycling of rare earth particle by mini-hydrocyclones [J]. Waste Management, 2017, 61: 362-371.

[122] Lee J. Separation of fine organic particles by a low-pressure hydrocyclone (LPH) [J]. Aquacultural Engineering, 2014, 63: 32-38.

[123] Hou R, Hunt A, Williams R A. Acoustic monitoring of hydrocyclone performance [J]. Minerals engineering, 1998, 11 (11): 1047-1059.

[124] Asomah A K, Napier-Munn T J. An empirical model of hydrocyclones incorporating angle of cyclone inclination [J]. Minerals Engineering, 1997, 10 (3): 339-347.

第八章

旋流分离过程的聚结强化

现行的油水分离方法较为多样，按照分离原理可以概括为物理法（重力分离、旋流分离、聚结分离、粗粒分离、膜分离、过滤分离等）、化学法（凝聚分离、盐析分离、氧化还原、电解等）、生物法（活性污泥、生物滤池、生物膜、氧化池等）及物理化学法（浮选分离、吸附、离子交换等）等多种类型。在诸多的分离方法中，旋流分离设备具有结构小型、操作简单、处理量大、分离高效等诸多优点，被应用于石油、化工、环保等多个领域。水力旋流设备是在液流旋转过程中产生的离心力作用下实现非均相物系间的介质分离。旋流分离过程为不完全分离，使用过程中分离性能受结构形式、操作参数及介质物性参数等多种因素影响。在使用旋流器处理含油污水时可以发现其对浮油可呈现出较好的分离效果，但对分散油及乳化油等小粒径油滴的分离及净化效果一般。如能使油水混合介质中小粒径油滴在进入旋流器之前聚结为较大油滴，则可以进一步提高旋流分离器的分离及净化效果。

聚结技术由于可实现颗粒或液滴的粗粒化，对离散介质实现粒径重构，为非均相介质间的高效分离提供保障，因而在分离领域被广泛应用。聚结分离技术主要是指通过某一种或多种物理化学方法将互不相溶介质体系中的离散颗粒尺寸增大，在电场、超声波、重力场或离心力场的辅助作用下实现两相或多相介质分离。对于油水分离而言，由于液滴的破碎甚至乳化现象大幅降低了油水分离设备的分离精度，因此聚结技术在油水分离领域与重力、离心、旋流、气浮等多种分离方法配套使用，大幅增加了分离设备对小粒径油滴的去除效果。

如何实现油滴间的高效聚结成为进一步提升旋流分离器分离性能，进而增强采出液及油田污水的分离及净化效果的技术关键。在诸多聚结方法中，由于水力聚结具有工艺简单、结构小型且处理连续高效等特点，可为旋流分离器提供连续稳定的介质输入，在实现油滴聚结的同时保障旋流分离稳定高效运行[1-8]。但目前关于采用聚结方法增强旋流器分离性能的报道相对较少，因为实现水力聚结与旋流分离的高效耦合存在两大难点：首先是结构上需合理设计使聚结分离设备仍保持小型高效连续运行等；其次是装置流场内部的介质分布特性需保障油相及不同粒径油滴合理分布，使其分布规律同时满足聚结与分离的高效运行需求。因此，通过合理的水力聚结结构设计，寻求水力聚结与旋流分离技术间的最佳耦合方法及最优工艺参数，是进一步提升油水分离精度的重要研究方向之一。本章主要针对上述问题，对旋流分离过程的聚结强化原理、方法及相关验证工作进行介绍。

第一节 聚结方法与装备

一、水力聚结

水力聚结技术的典型代表是旋流聚结技术，旋流聚结的作用原理是旋流场内均匀分布的油水两相在离心力的作用下，由于油滴在径向、切向及轴心均存在速度差，轻质相在向轴心运移的过程中会发生碰撞，因此小粒径油滴碰撞聚结为大油滴成为可能[9-16]。其工作原理简图如图8-1所示。

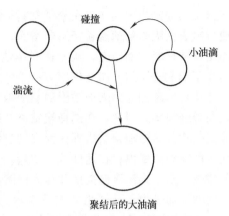

图 8-1　水力聚结原理

　　水力聚结是在微湍流情况下，细小油滴在湍流脉动运动状态时冲破液膜界面膜阻力发生碰撞聚结的一种油滴聚结长大行为。在污水中，当两个或多个液滴在同一方向的相对运动速度不为零时，距离又足够小，液滴之间就会发生碰撞。碰撞简单来说会产生三种不同的结果：碰撞后反弹、碰撞后聚结、碰撞后破碎。油滴动能与表面能之比在一定范围内时碰撞聚结才发生。

　　目前，水力聚结技术常作为一种提高和改善除油效率的一种手段，并非单一的油水分离技术。因此，常常搭配重力分离设备、旋流分离设备使用。江汉机械研究所设计制造了一套聚结耦合水力旋流组合设备，在油田现场进行了试验验证，其结构如图8-2所示。该套设备为撬装设备，由螺杆泵、管汇、调节阀、流量计、水力旋流器、聚结器、电控柜和底座组成。三相分离器出水为该撬装设备的进水，经低剪切的螺杆泵增压后进入聚结器，将细小油滴聚结为较大油滴，强化除油效果后进入到旋流器，经旋流器后除去大量油污。现场试验证明，将聚结器和水力旋流器耦合，一般可以将水力旋流器的除油效率从54%提高到85%[17-23]。

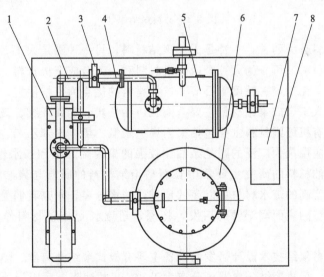

图 8-2　聚结耦合水力旋流组合设备结构示意图
1—螺杆泵；2—管汇；3—调节阀；4—流量计；5—水力旋流器；6—聚结器；7—电控柜；8—底座

二、材料聚结

　　在聚结除油的研究中，关于材料聚结的研究始终是聚结分离技术相关学者的主要研究方向[24-32]。材料聚结的聚结机理按照聚结材料对油滴亲和力的差异可分为润湿聚结和碰撞聚结[33-35]。两种聚结机理示意图如图8-3所示。润湿聚结原理如图8-3（a）所示，该理论建立在亲油疏水材料上，碰撞聚结原理如图8-3（b）所示，该理论建立在亲水疏油材料上。

润湿聚结理论指出油滴先在聚结材料上润湿附着，随后自由油滴与先吸附的油滴碰撞聚结，使材料表面吸附的油滴粒径不断增大，当油滴粒径增大到一定程度时，在浮力或流体曳力的作用下从材料表面脱离，从而达到小油滴先聚结为大油滴后油相分离的目的[36-38]。究其原因在于油滴分子间的相互作用力小于油滴分子与聚结材料固体分子间的相互作用力，亲油疏水介质可以增加介质表面黏附油滴的数量，从而增加自由油滴与黏附油滴之间的碰撞概率，提高聚结效率。因此，在选择聚结材料时，具有较好油相润湿性的聚结材料有利于提高油滴分离效率。而碰撞聚结机理认为聚结过程发生在油滴之间，碰撞聚结发生的主要原因是两油滴之间在湍流场内存在速度差、质量差，两油滴之间会发生碰撞，碰撞使得油滴之间的界面膜破裂，多个小油滴碰撞聚并为大油滴。究其根本在于促使聚结的合力大于连续相和离散相之间的界面张力，具体用公式可表示为：$F > \pi d\sigma$。式中 F 为促使油滴聚结的各类力的合力，d 为油滴粒径，σ 为界面张力系数。事实上，无论是润湿聚结还是碰撞聚结，在通过材料聚结的过程中，二者往往是同时存在的。

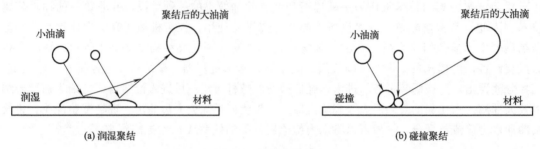

图 8-3　材料聚结原理

现有的聚结材料分为两种，一种是天然聚结材料，另一种则是人工合成聚结材料[39-41]。其中人工合成聚结材料又可分为人工合成无机材料和人工合成有机材料。天然聚结材料主要有石英砂、氧化铝、无烟煤、铁磁矿石等。这类材料的优点为价格便宜，成本较低，但直接使用效果不理想。人工合成聚结材料主要有陶粒、活性炭、金属纤维、玻璃纤维、不锈钢板和有机纤维材料，有机纤维材料主要包括聚丙烯、聚氯乙烯、聚苯乙烯、聚氨酯、聚酰胺等聚合物，其中目前应用最为广泛的则是亲油性较强的聚丙烯纤维和亲水性较强的玻璃纤维。目前，关于聚结除油材料的研究主要集中在新型聚结材料的研制与聚结材料表面的改性处理。由于表面粗糙度高的疏水材料可以高效地进行油水分离，研究者们受荷叶表面的超疏水性和自然界动物独特的表面润湿性的启发，将探索超疏水-超亲油材料作为提高油水分离效果的研究方向。

目前，基于材料聚结技术设计研发的设备主要有板式聚结分离器、填料式聚结分离器和滤芯式聚结分离器。板式聚结分离器可分离大于 $60\mu m$ 的油滴，适用于处理含油质量浓度在 $200 \sim 1000mg/L$ 的污水，出口水中含油质量浓度在 $50mg/L$ 左右。填料式聚结分离器可去除粒径大于 $10\mu m$ 的油滴，进口水中含油质量浓度在 $20 \sim 1000mg/L$ 内变化时，出口含油质量浓度最低可以达到 $4.6mg/L$。滤芯式聚结分离器可有效去除 $2\mu m$ 以上的分散相油滴，出水含油质量浓度最低可以达到 $4.2mg/L$ 以下。在实际的工业应用中，需要结合聚结分离器自身的特点和油水分离效果的要求进行选择[42]。

三、静电聚结

静电聚结技术主要用于去除原油中的水滴，通过施加电场令油水混合液中的小水滴不断运动、碰撞、聚结可以增加油水分离的速度[43-48]。静电聚结的工作原理如图 8-4 所示，将高幅值的电压施加于 W/O 乳状液，使得分散相水滴在电场作用下极化、变形，大大增加水滴间碰撞聚结的概率，油水两相最终破乳并得到分离。在静电聚结过程中，分散相水滴在电场力的作用下，呈现出几种不同的迁移和聚并方式。水滴在外加强电场的作用下两端产生感生极化电荷，形成偶极子。偶极子聚结较近时，异端相互吸引、接触、排液、融合、聚并为大液滴，即水滴发生了"偶极聚结"。在实际工业应用中，水相中往往溶有酸碱盐等杂质[49-55]。当外部施加的电场为周期变化的电场（如交变电场、脉冲电场、三角波形电场等）时，溶解在水相中的正负离子随电场周期性地冲击油水乳状液的界面膜，使得界面膜的机械强度有所降低，即水滴发生了"振荡聚结"。当电聚结器的电极板是裸电极时，极板附近的水滴极易与电极板接触，从而获得与极板相同极性的电荷，在电场力的作用下向极性相反的极板运动，即水滴存在"电泳"现象。水滴之间的极化电场、电场板边缘区域的电场均为非均匀电场，在非均匀电场中，水滴会受到介电泳力的作用，向电场密度较大的方位运动，而介电泳力的存在，也是电聚结过程中水链形成的基础。当外加电压足够大并超过临界值时，电聚结器内的电压随之显著升高，水滴会过度拉伸，发生电分散。电分散会显著降低电聚结的效果，在实际应用中应尽量避免[56-70]。

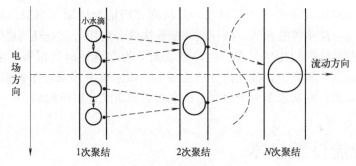

图 8-4　静电聚结原理

　　管式静电预聚结技术和容器内置式静电聚结技术可以解决传统三相分离器和加电脱水器占地面积大、工艺复杂、能耗高、无法处理高含水原油乳化液等问题[71-78]。基于这些新技术的新型静电聚结设备已经在海洋油田、陆上高含水油田开发中得到越来越多的应用。其中，管式静电预聚结技术代表的设备主要有紧凑型静电分离器（CEC）、在线静电聚结器（IEC）。容器内置式静电聚结技术代表的设备主要是容器内置式静电聚结器（VIEC），与管式静电预聚结技术不同的是容器内置式静电聚结技术采用了电聚结过程与沉降过程同时进行的油水分离思路。针对现代高含水、高黏、重质、含聚原油生产现状，将静电聚结技术与气浮选、旋流和超声波等方法结合往往会取得更好的分离效果。由于静电力是一种依靠不同极性水滴相互吸引而发生作用的短程力，对于含水较高的油水乳状液，水滴相互距离较远，引入湍流或剪切流可以使水滴相互靠近，从而增加水滴碰撞聚结的机会，提高静电聚结效率。

四、化学法聚结

　　化学法聚结又称化学破乳，是油田使用最广泛的一种破乳方法，通过添加破乳剂改变乳状液体系的界面性质，使之由较稳定变为不稳定，从而达到破乳的目的[79,80]。化学破乳具有以下优点：①脱水速率相对较快；②油/水界面清晰；③用量少、成本低，使用量一般在 $100\sim1000\mu L$；④能降低原油挥发；⑤能耗低；⑥不产生沉淀；⑦脱出水中含油量少等。目前，国内外采取的化学破乳方法主要有盐析法、酸碱法、凝聚法和混合法。盐析法是通过向油水混合液中投加无机盐电解质，去除乳化油滴外围的水化离子，破坏双电层，油珠由于吸引力而相互聚合，从而达到破乳的目的。同时，某些金属阳离子在碱性条件下水解生成难溶的氢氧化物胶体，在水中借助范德华力吸附油滴，产生凝聚作用。很多阴离子表面活性剂可以与一些金属阳离子发生皂化反应，生成难溶性物质，从而提高处理效果。该法操作简单，费用较低，但单独使用时投药量大，且对表面活性剂稳定的含油废水处理效果不好，因此常用于初级处理。酸碱法是向废水中先加酸化试剂（为了防止引入氮和氯，通常采用硫酸作为酸化试剂），再用 CaO 来中和。处理剂中通常含—COO—、—O—和—SO$_2$—等亲水基团，酸化后变成—COOH、—OH 和—SO$_2$H，降低了这些基团的水化能力、ε 电位绝对值及水化膜厚度，破坏了油珠的双电层，同时还破坏了使油珠稳定的黏土和处理剂的乳化作用，达到破乳分离和初步沉降的目的。该法所使用的工艺设备简单，处理效果比较稳定，但酸化后静置分离油层所需时间较长，同时硫酸等的使用对设备有一定的腐蚀作用，目前只是作为一种预处理方法。凝聚法是向废水中加入絮凝剂，水解后形成大量的多核羟桥络离子，它们带有大量的正电荷，首先降低或者抵消胶体的 ε 电位，使胶体颗粒脱稳并相互碰撞，发生凝聚作用，聚结成较大的矾花，从而达到净化的目的。该法适应性强，可去除乳化油和溶解油以及部分难以生化降解的复杂高分子有机物，其机理可归纳为压缩双电层、电中和、吸附架桥、沉淀网捕。混合法是将盐析法、酸碱法和凝聚法联合使用，研究证明能够取得更好的破乳效果。按照目前破乳剂使用的情况，可将破乳剂分为水溶性破乳剂和油溶性破乳剂两大类。破乳剂属表面活性剂类型，破乳剂分子由亲油、亲水部分组成：亲油部分为碳氢基团，特别是长链碳氢基团；而亲水部分则由离子或非离子型亲水基团所构成。

第二节　旋流聚结技术

一、旋流聚结机理

旋流聚结的根本原因是旋流场中的碰撞使油滴之间的界面膜破裂，致使两个或两个以上的液滴合并成一个颗粒。碰撞后液滴合并的条件是导致液滴合并的力超过水和油之间的界面张力。因此，为了在旋流场中实现聚结，液滴之间必须发生碰撞。液滴在旋流场中的碰撞主要有三种形式：径向碰撞、切向碰撞和轴向碰撞。旋流聚结器中油滴碰撞聚结的过程和原理如图 8-5 所示，具体可表述如下[80-83]。

1. 径向碰撞聚结

油滴在旋流场中绕中心做三维螺旋运动。在径向力的作用下，油滴的旋转半径在旋转过程中逐渐减小。最后，油滴的径向运动在聚结内芯处停止。假设旋流场中不存在衍生涡流，油滴所受合力径向力方程可表示为式（8-1）：

$$\sum F_r = F_p - F_a - F_s \pm F_M \tag{8-1}$$

当油滴处于旋流场的外部准自由涡中时，马格纳斯力的方向朝向中心，F_M 前面的符号是"+"。油滴径向运动微分方程如式（8-2）所示：

$$m_o \frac{dv_r}{dt} = F_p - F_a - F_s + F_M \tag{8-2}$$

径向运动速率可表示为式（8-3）：

$$\frac{\mathrm{d}v_r}{\mathrm{d}t} = \frac{v_t^2}{r} \times \frac{\rho_w - \rho_o}{\rho_o} - \frac{18v_r\mu_w}{d_o^2\rho_o} + \frac{6k\rho_w\omega v_r}{\pi\rho_o} \qquad (8\text{-}3)$$

当油滴径向力在旋流场中达到平衡时，$\sum F_r = 0$，外部准自由涡中的油滴径向速度方程可表示为式（8-4）：

$$v_r = \frac{v_t^2}{r} \times \frac{(\rho_w - \rho_o)\pi d_o^2}{18\mu\pi - 6k\rho_w\omega d_o^2} \qquad (8\text{-}4)$$

当油滴处于内部准强制涡时，马格纳斯力的方向是朝向壁面的，F_M 前的符号为 "-"。外部准自由涡中油滴径向速度方程可表示为式（8-5）：

$$v_r = \frac{v_t^2}{r} \times \frac{(\rho_w - \rho_o)\pi d_o^2}{18\mu\pi + 6k\rho_w\omega d_o^2} \qquad (8\text{-}5)$$

式（8-4）和式（8-5）表明，无论油滴是在内部准强制涡中还是在外部准自由涡中，不同直径油滴的径向速度是不同的。

油滴 a_0 以径向速度 v_{r1} 进入聚结器并向中心移动，直径较大的油滴 b_0 以径向速度 v_{r2} 稍晚进入聚结器。根据式（8-5）可知，$v_{r1} < v_{r2}$，如图 8-5（a）所示，Δt_1 时间后两油滴分别移动到 a_1 和 b_1 位置并发生碰撞聚结。

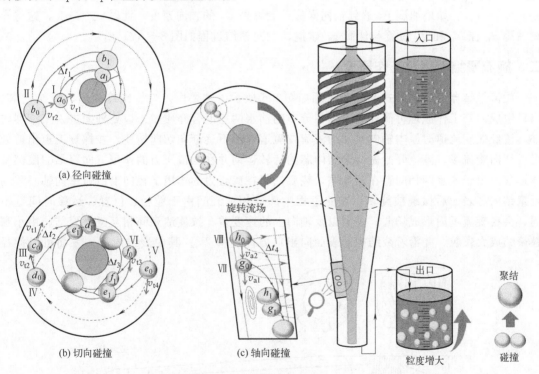

图 8-5 旋流聚结器中油滴碰撞聚结的过程和原理

2. 切向碰撞聚结

旋流聚结器中液体流动以切向旋转为主，这是产生油水分离所需离心力的主要因素。根据液体流动的切向速度分布，旋流聚结器内的旋流场可分为内部准强制涡和外部准自由涡，切向速度可由式（8-6）表示：

$$v_t = Cr^{-n} \qquad (8\text{-}6)$$

在外部准自由涡中，$n \in (0, 1)$，切向速度随径向位置的减小而增大。如图 8-5（b）

所示，有两种类型的聚结。一种情况是，油滴 c_0 以切向速度 v_{t1} 进入旋流聚结器，并且较大的油滴 d_0 以切向速度 v_{t2} 在同一径向位置进入旋流聚结器。由于油滴 d_0 直径较大，因此油滴 d_0 在径向方向上运动速度较快，但油滴 c_0 的切向速度较大，即 $v_{t1}>v_{t2}$。在 c_1 和 d_1 位置，Δt_2 时间后油滴 c_0 与油滴 d_0 以较大的旋转弧度发生碰撞，油滴 c_0 与 d_0 合并成较大的油滴。另一种情况是，油滴 e_0 以切向速度 v_{t3} 先进入旋流聚结器，然后油滴 f_0 从更靠近旋流聚结器中心的位置进入旋流聚结器。但油滴 f_0 的直径小于油滴 e_0，且油滴 f_0 的切向速度大小为 v_{t4}。由于径向位置不同且 $v_{t3}>v_{t4}$，油滴 f_0 相比于直径更大的油滴 e_0 获得了更大的径向速度。因此，Δt_3 时间后两油滴会发生碰撞，随后油滴 e_1 和 f_1 会发生聚结。

在内部准强制涡中，$n=-1$，径向位置的切向速度分布与外部准自由涡相反。内部流体的转速小于外部流体的转速。旋转的形式类似于刚体，由于该区域的切向差异，切向碰撞聚结很少发生，但存在随机湍流作用下的聚结。

3. 轴向碰撞聚结

在准自由涡和准强制涡的过渡区，流体存在较大的轴向速度梯度，会引起油滴之间的轴向碰撞，并且在旋流聚结器的轴截面上存在大量由紊流引起的衍生涡流。当油滴 g_0 以轴向速度 v_{a1} 向出口移动的过程中，另一个油滴 h_0 以轴向速度 v_{a2} 在相同的径向位置跟随 g_0，存在 $v_{a2}<v_{a1}$。如果油滴 g_0 遇到轴向涡流，会降低 g_0 的轴向速度，此时 $v_{a1}<v_{a2}$，这将导致油滴 h_0 在 h_1 和 g_1 位置与油滴 g_0 碰撞，轴向聚结过程如图 8-5（c）所示。

二、旋流聚结装置及工作原理

旋流聚结器的结构形式及分离原理如图 8-6 所示，主要由入口、螺旋流道、聚结内芯、出口组成。其工作原理可简述为：均匀分布的油水两相混合介质由入口处轴向进入聚结器内部，流经螺旋流道时原本轴向运动的液流在流道作用下逐渐向切向转变，在螺旋流道出口处形成切向旋流场，液流开始做绕聚结内芯的旋转运动并在入口压力的作用下向聚结器底部整体运移。由于油水两相间存在密度差，轻质油相在离心力的作用下径向上由边壁向轴心移动至聚结内芯表面后做绕柱旋转，在此过程中离散相油滴间由于粒径、位置、运移时间等不同，会在旋流场内形成切向、径向以及轴向上的速度差，致使油滴间相互碰撞聚结，由小颗粒聚结成大颗粒，并沿着聚结内芯表面向出口方向运移[84]。其中聚结内芯一方面可以使径

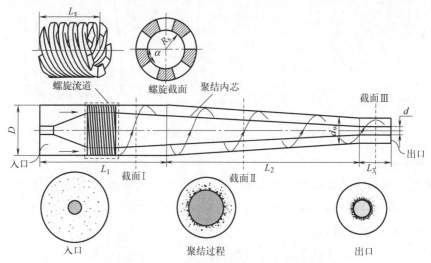

图 8-6 旋流聚结器结构形式及分离原理

向速度较大的油滴减缓或停止径向运移，致使径向速度较小的油水与之发生碰撞聚结，另一方面可以消除聚结器内的强制涡区，使流场内均呈现切向速度差的准自由涡特性，进而增强油滴间的聚结，同时消除轴心处气核附近的强湍流引起的油滴破碎。锥管的作用是使液流受到轴向向上的力，延长油水两相在场内的停留时间，使油滴间充分聚结。尾管末端用来连接旋流分离器，从尾管出口处流出的液流油相在内侧水相在外侧，同时油滴完成聚结呈大粒径状态，可缩短后端旋流分离器的分离时间，进而提高分离效率。

三、旋流聚结装置的性能分析

1. 基于 PBM 模型的旋流聚结器性能数值模拟分析方法

(1) 示例结构及网格划分　本书示例的旋流聚结器的流体域和主要结构参数如图 8-7 所示。环形入口腔的直径 $D_1=120mm$，入口腔的长度 $L_1=350mm$，螺旋流道的长度 $L_2=100mm$，圆柱形聚结腔的长度 $L_3=60mm$，锥形聚结腔 L_4 的长度 $=400mm$，横截面 B 中的内部聚结芯的直径 $D_2=80mm$，出油管的内径 $D_3=15mm$，出口管的长度和直径分别为 $L_5=100mm$ 和 $D_4=60mm$。聚结内芯的锥角 $\alpha=3°$，螺旋流道角 $\beta=36°$。借助 Gambit 软件建立了旋流聚结器的仿真模型，采用六面体和四面体双结构化网格建立了高质量流体域模型的网格划分。网格划分模型采用分段局部细化方法，将入口管、螺旋流道、锥形聚结腔和出口管划分为不同的部分，并对螺旋流道和近壁区域网格进行细化，提高数值模拟精度。

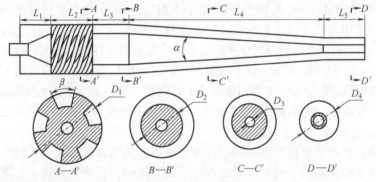

图 8-7　旋流聚结器分析界面示意图

为消除网格数对数值模拟结果的影响，建立了旋流聚结器不同网格水平的流体域模型，进行了网格无关试验。结果表明：随着网格数从 239200 增加到 423600，分析截面上的油滴粒径明显增大；当网格数从 423600 增加到 697240 时，油滴的尺寸分布略有变化。因此，为缩短计算时间，选择网格数为 423600 的流体域模型进行数值模拟。旋流聚结器流体域模型的网格独立性试验结果及选取的结构网格细节如图 8-8 所示。在对聚结器进行结构优化时，主要针对受连接工艺限制较小的且对流体域主要形式影响较大的锥段聚结腔长度 L_4、出口管长度 L_5 及聚结内芯底径 D_3 展开。

(2) 模拟方法及边界条件　采用 ANSYS-Fluent 求解器对旋流聚结器的聚结性能和流场特性进行了预测。采用 RSM 湍流模型来模拟旋流聚结器内的旋流流动。选用密度与原油相近的 GL-5-85W-90 重负荷车辆齿轮油（密度为 850kg/m³）作为实验用油。采用马尔文流变仪测得 25℃时实验用油的黏度值为 1.03Pa·s，数值模拟时设置油相物性参数与实验油品相同。水相黏度值为 1.003mPa·s，入口油滴粒径分布在 0～200μm，设置尺寸组数为 10 来表征真实的粒径分布，其可行性已在相关参考文献中被证实。油水间界面张力系数为

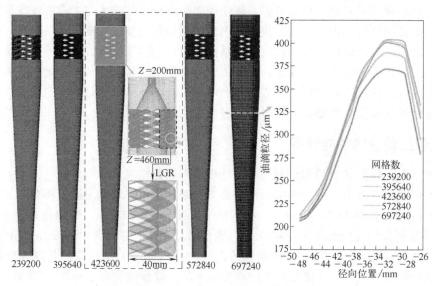

图 8-8 网格独立性试验结果及选取的结构网格细节

0.0037N/m，油相浓度分布范围为 1%～5%。入口边界条件为速度入口 (velocity)，入口进液量为 3.0～6.0m³/h，出口为自由出口 (outflow)。选用双精度压力基准算法隐式求解器稳态求解，使用 SIMPLEC 算法进行速度压力耦合，压力交错项选择 PRESTO。动量、湍动能和湍流耗散率为二阶迎风离散格式，收敛精度设为 10^{-6}。壁面设置为不可渗漏，无滑移边界条件，采用壁面函数法计算近壁剪应力、湍动能和湍流耗散。同时在模拟计算时采用群体平衡模型 (population balance model，PBM) 预测油滴粒径变化，选用可用于描述液液混合介质的 Luo 破碎模型，聚结模型采用湍流聚结 Luo 模型。该模型基于连续相的湍流耗散率将油滴聚结过程简化为截留、碰撞及汇合三个过程，对于模拟油水两相流具有较高的精度。

2. 旋流聚结器性能实验分析方法[85-88]

旋流聚结器样机的锥形聚结腔采用有机玻璃制作，为高速摄像实验提供可视化条件，其他部分采用 304 不锈钢制作。通过实验过程评估旋流聚结器的聚结性能，如图 8-9 所示。采用奥林巴斯的 I-Speed-3-T2 系列高速摄像机 (high-speed video，HSV) 采集旋流聚结器的液滴图像，其最高帧速率为 150000 帧/s，并通过专用配套软件 I-Speed 分析高速摄像试验的结果。水相和油相分别储存在水箱和油箱中，水相由螺杆泵输送，通过变频控制器调节螺杆泵频率进而控制进液量。油相由计量柱塞泵增压，通过调节计量标尺控制柱塞泵供液量，进而调节进入旋流聚结器的入口流体含油浓度。水箱中的温度可以调节以确保恒定，此处水温为 25℃。油水混合液通过静态混合器实现两相介质均匀混合，静态混合器后端连有浮子流量计及压力表，可实现入口处的压力、流量实时监测，经过测量后的油水混合物进入实验样机。由旋流聚结器聚结的混合液体进入再循环罐中。在连接入口和出口的管道上分别安装两个取样阀，用于采集聚结前后的取样。

为了实现对油滴粒径分布的精确测量，构建了蠕动测量样液循环系统，以减弱常规离心循环系统中叶片剪切对油滴粒度分布的影响。改进的样品液循环系统与基于激光衍射法的粒度分析仪相连，以测量连续介质中分散相的粒度分布。改进的实验粒度测量系统如图 8-10 所示。此处，粒度分析仪为 Malvern 公司的 MS2000（粒度测量范围为 0.2～2000μm），激光发射器产生波长为 633nm 的激光，激光通过准直镜后平行射入待测液体中。激光方向在测量液体中颗粒衍射的作用下改变。在光斑检测器识别傅里叶透镜之后，最终识别的衍射光

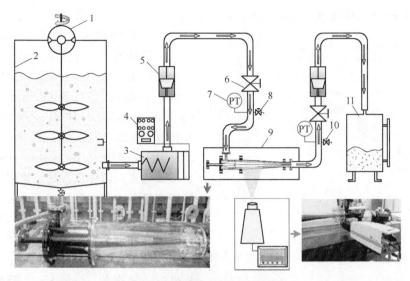

图 8-9　油滴粒径测量实验系统

1—搅拌器；2—混合罐；3—螺杆泵；4—变频器；5—浮子流量计；6—球阀；7—压力计；

8—入口取样阀；9—旋流聚结器；10—出口取样阀；11—回收罐

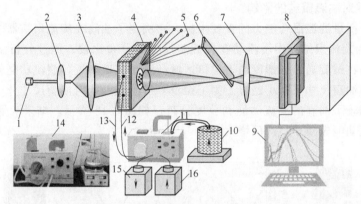

图 8-10　改进的油滴粒径测量实验系统

1—激光；2—显微物镜；3—准直透镜；4—试验颗粒；5—信号接收器；6—信号检测器；7—傅里叶透镜；

8—信号放大 A/D 转换器；9—颗粒分析系统；10—测量样品；11—蠕动循环泵；12—输入软管；

13—输出软管；14—蠕动循环泵实物；15—废液罐；16—蒸馏水箱

通过转换器转换为数字信号，并传输到测量软件系统。测量采用湿法，MS2000 的传统流体泵送系统为叶片搅拌式，高速旋转的叶片会破碎油滴，影响测量结果的准确性。因此，蠕动泵 BT-601 的循环分散系统被用于输送油水混合物。循环分散系统通过蠕动泵将混合物从入口管挤压到粒度分析仪中的样品池，这减小了被测液体运输过程中对粒度的影响误差。

　　通过比较出口和进口处的液滴尺寸分布来评估旋流聚结器的聚结性能。在实验过程中，在入口和出口获得了四组样品，并对每组的液体粒度进行了 4 次测量，以 4 次的平均粒度分布作为最终测试结果，以减小误差。

　　为了定性分析旋流聚结器流场中的粒径分布和油滴变化，将聚结器外壁加工成透明有机玻璃材料。利用高速摄像技术拍摄并分析旋流聚结器内的流场和油滴尺寸分布。

　　3. 聚结器内油滴粒径及油相浓度分布

　　选取进口流量为 $4.0 m^3/h$、含油浓度为 2% 的旋流聚结器数值模拟结果，分析旋流聚结

器中油水两相的分布和油滴粒径的变化。通过数值模拟获得了旋流聚结器不同截面的油体积

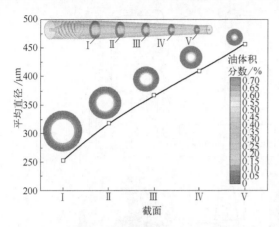

图 8-11 不同截面上油体积分数分布及油滴平均值

分数和出口油滴尺寸的平均值，如图 8-11 所示。结果表明，流体越靠近旋流聚结器出口，聚结锥附近的油相在轴向上的体积分数越大。从截面Ⅰ（$z = 480$mm）到截面Ⅴ（$z = 960$mm），油体积分数的最大值从 0.15% 增加到 0.65%，平均直径从 $253.51\mu m$ 增加到 $456.74\mu m$。这是因为由于螺旋流道，液体流在聚结锥周围形成切向旋转流场，油滴在径向离心力的作用下逐渐向轴线移动，并在离开旋流聚结器之前聚集在聚结芯周围。因此，存在一种分层流动状态，其中油相位于内部，水相位于外部，并从出口一起流出。结果表明，旋流聚结器不仅可以聚结油滴，增加颗粒尺寸分布，而且可以重构油水分布，为改善后端分离器的油水分离性能提供了有利条件。

4. 湍流特性对油滴聚结的影响

湍流动能是衡量湍流混合能力的重要指标，它决定了油滴在旋流聚结器中的碰撞强度和概率。图 8-12 为旋流聚结器中湍流动能和液滴尺寸的分布比较。通过分析湍流动能分布轮廓，可以看出，在螺旋通道、螺旋通道出口区域和聚结芯壁附近，湍流动能较大。在湍流动能较高的区域，油滴尺寸呈减小趋势。为了定量分析湍流动能对油滴尺寸分布的影响，在三个不同截面处比较了油滴的湍流动能和粒度分布，如图 8-12 所示。结果表明，随着径向半径的减小，湍流动能先减小，然后增大。

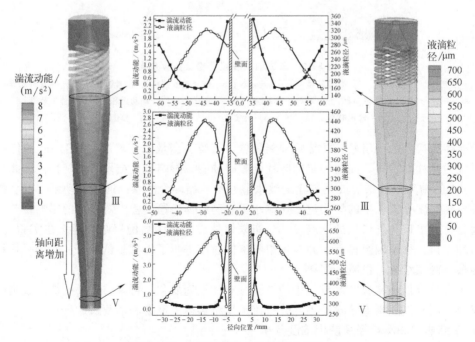

图 8-12 液滴粒径分布与湍流动能比较

当湍流动能小于 $0.2\mathrm{m}^2/\mathrm{s}^2$ 时，油滴尺寸随着截面 I 中径向半径的减小而继续增大。这是因为流场对油滴的剪切力没有达到油滴的临界破碎值，但强湍流增加了油滴的碰撞概率，这使得该区域的油滴尺寸逐渐增大。当湍流动能增加到 $0.2\mathrm{m}^2/\mathrm{s}^2$ 附近时，油滴尺寸最大，约 $324\mu\mathrm{m}$。当湍流动能继续增加时，由于流场对油滴的剪切作用，粒径为 $324\mu\mathrm{m}$ 的油滴破碎，剪切力大于油和水之间的界面张力，导致大直径油滴破裂。油滴的最大直径随着截面靠近出口而逐渐增大，这是由于油相浓度的增加，提高了油滴的碰撞概率。此外，可以发现，聚结内芯壁面附近的湍流动能急剧增加，因为壁面附近的黏性阻尼减小了切向速度波动，并且壁面也阻止了正常速度波动，导致壁面附近存在较大时均速度梯度，湍流运动表现出强烈的各向异性，这也产生了较大的雷诺剪切应力。结果表明，聚结内芯壁面附近是油滴聚结或破裂的主要区域，该区域的油滴聚结或破碎主要取决于油滴与连续相之间的界面张力。同时，结果表明，油滴的粒径越大，油滴破碎的临界流体剪切应力越小，并且聚结内芯壁附近的油滴破裂越明显。

5. 旋流聚结器性能的可视化分析

进行高速摄像可视化实验以观察旋流聚结器中的油滴聚结现象，实验系统如图 8-9 所示。首先，将流体入口流速稳定在 $4.3\mathrm{m}^3/\mathrm{h}$。为了减少高油浓度对高速摄影机结果的干扰，将油相体积分数控制为 1.2%，以确保锥形聚结室的清晰度。然后将拍摄帧速率调整为 500 帧/s，并在流场稳定时开始记录。如图 8-13 所示，通过高速摄像机获得分析区域 A 和 B 之间的油滴形态特征。从图 8-13 可以看出，区域 A 中的油滴都处于小颗粒直径分布的状态，图中的圆圈表示此时观察区域中的最大油滴位置。为了减小分析误差，在区域 A 和 B 的油滴运动视频中随机选择四个不同时间的图形进行分析。区域 B 中的油滴比区域 A 中的大，并且区域 B 中最大油滴在不同时间明显大于区域 A 中最大油滴。结果表明，当油滴从 A 区移动到 B 区时，会发生明显的聚结。高速摄像可视化的实验结果定性地验证了旋流聚结器的聚结性能。

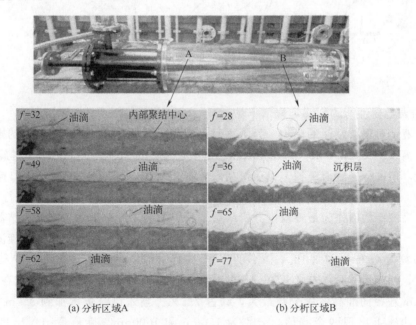

(a) 分析区域A   (b) 分析区域B

图 8-13 不同分析区域 HSV 实验结果的比较

高速摄像实验期间，分别在旋流聚结器的出口和入口获得样品，并通过显微镜系统观察和分析样品液中油滴的粒度分布。目镜的放大倍率为10，物镜的放大倍率为5。用载玻片上的标尺校准图像的大小，并将旋流聚结器入口和出口处样品液体的显微图像放大50倍，如图8-13所示。从图8-13可以看出，虽然出口样品中仍有一些小颗粒油滴，但小直径油滴的数量明显减少，而大直径油滴数量明显增加，出口样品中的最大油滴也明显大于进口样品中的油滴。为了定量分析HSV和显微镜实验中提到的聚结性能，分别使用改进的Malvern粒度仪分析系统（如图8-10所示）分析旋流聚结器入口和出口处样品的油滴尺寸，对每个参数进行四次测试，以减少实验误差，并将结果进行比较，如图8-14所示。结果表明，旋流聚结器入口的油滴尺寸分布在0～200μm范围内，粒径约为20μm的油滴体积分数最大。出口处油滴的尺寸分布在0～600μm范围内，220μm附近的油滴体积分数最大。旋流聚结器出口0～100μm范围内的油滴体积分数明显降低，峰值粒径分布出现在200～300μm范围内，大于入口。旋流聚结器出口处的油滴粒径分布明显高于入口。HSV、显微分析和粒度分析结果表明，旋流聚结器出口油滴的粒度分布明显大于入口油滴的粒径分布。在入口流速为4.3m³/h、油浓度为1.2%的情况下，旋流聚结器可将0～200μm油滴扩大至0～600μm，定性和定量地验证了聚结性能，这证明了所提出的旋流聚结器的合理性和高效性。

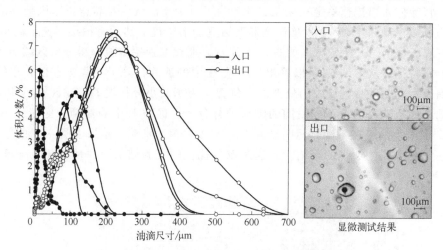

图8-14 聚结器出口与进口液滴直径分布比较

6. 旋流聚结器性能的影响因素

（1）进液量对聚结性能的影响 为了研究入口流量对旋流聚结器聚结性能的影响，实验研究了进口流量为3.2m³/h、3.9m³/h、4.3m³/h、5.5m³/h以及6.0m³/h时旋流聚结器的聚结特性，还进行了数值模拟，以获得在入口流速为3.0～6.0m³/h时，入口流速对液滴尺寸的影响。在不同入口流速条件下的样品粒度分析中，对不同参数的样品进行三次测量，三次测量结果的平均值作为最终粒度分析结果。比较了不同入口条件下旋流聚结器出口油滴的粒度分布，分析了入口流速对旋流聚结器聚结性能的影响。不同入口流速下旋流聚结器出口处油滴的粒度分布如图8-15（a）所示。图8-15（a）中的结果表明，当入口流速为3.2m³/h时，油滴尺寸分布在1～800μm的范围内，液滴的峰值体积分数出现在300μm的位置，300μm粒径的油滴体积分数最大，约占7.5%。当入口流量增加到3.9m³/h时，颗粒尺寸分布曲线上出现两个峰值，分别为156μm和1000μm。旋流聚结器出口处直径为1000μm左右的油滴数量增加，而直径小于100μm的油滴体积分数减少。结果表明，当入口流量从3.2m³/h增加到3.9m³/h时，旋流聚结器的聚结性能增强。当入口流速增加到

$4.3m^3/h$ 时，油滴尺寸分布在 $1\sim700\mu m$ 范围内，体积分数的峰值位置向小颗粒尺寸方向移动。随着流速继续增加，较大液滴的体积分数逐渐减小。当入口流速增加到 $6.0m^3/h$ 时，旋流聚结器出口处的油滴尺寸分布在 $0\sim200\mu m$ 范围内，聚结性能明显降低。这是因为，随着入口流速的增加，旋流聚结器中的湍流动能逐渐增加，流场对油滴的剪切作用增强，因此粒径较大的油滴更容易破碎。通过实验和模拟获得了具有不同入口流速的旋流聚结器出口处油滴尺寸的平均值，如图 8-15（b）所示。当入口流速分布在 $1.0\sim6.0m^3/h$ 范围内时，随着入口流速的增加，油滴尺寸的平均值逐渐减小。然而，在实验结果中，当入口流速为 $3.9m^3/h$ 时，平均直径存在峰值。模拟值的平均直径大于实验值，这是粒径测量过程中液滴的破碎和 PBM 计算偏差造成的差异。然而，数值模拟结果与实验结果得出的趋势一致。

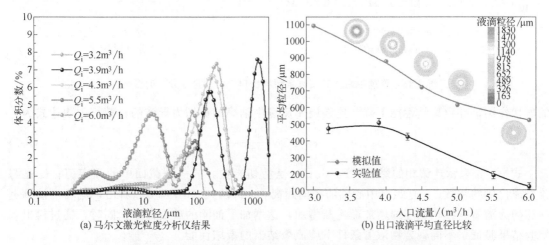

(a) 马尔文激光粒度分析仪结果　　　　(b) 出口液滴平均直径比较

图 8-15　入口流速对旋流聚结器出口处液滴尺寸分布的影响

（2）连续相介质黏度对聚结性能的影响　为了研究含聚浓度对连续相介质流变特性的影响，配置不同含聚浓度的溶液，聚合物选用水解聚丙烯酰胺（PAM）干粉，分子量为 1200 万。首先依据《用于提高石油采收率的聚合物评价方法》（SY/T 6576—2016）确定聚合物母液配置方法：以 1000mL 烧杯作为搅拌容器，向烧杯内加入 600mL 蒸馏水，控制温度为 30℃，打开搅拌器设置搅拌转速为 1000r/min，将 3.39g PAM 干粉均匀撒至烧杯内，2min 后将搅拌器调至 50r/min 持续搅拌 30min 即获得浓度为 5000mg/L 的聚合物母液。采用稀释母液的方法获取含聚浓度分别为 100mg/L、200mg/L、300mg/L、400mg/L 的含聚目的液。采用马尔文旋转流变仪（Kinexus Pro）对不同含聚目的液的流变特性进行测量分析，该型号流变仪的角速度范围为 10rad/s～500rad/s；温度变化范围为 $-40\sim200$℃；扭矩范围在 $2\sim200mN\cdot m$。测量时首先对流变仪进行调零，然后按照操控软件提示向样品池内倒入待测样液，控制转子落入样品池内。流变分析时设置样品池温度为 25℃。最终获得不同含聚浓度的目的液的流变特性曲线。根据上述方法，制备了不同浓度的含聚合物溶液，并在入口流速为 $3.9m^3/h$、油浓度为 1.2% 的条件下进行了不同含聚浓度下旋流聚结器的聚结性能实验。同时，采用非牛顿模型结合 PBM 模型模拟了不同聚合浓度下旋流聚结器中油滴的尺寸分布。数值模拟结果与实验结果的比较如图 8-16（b）所示。

图 8-16（b）显示，随着聚合浓度的增加，旋流聚结器出口处的油滴尺寸分布逐渐减小，数值模拟结果与实验结果一致。当连续相不含聚合物时，旋流聚结器出口处的液滴尺寸平均值为 $502.5\mu m$。当聚合物浓度增加到 500mg/L 时，平均直径减小到 $382.4\mu m$。同时，数值模拟结果表明，聚合物浓度的增加不仅会降低油的轴向聚集程度，还会增加流场对油滴

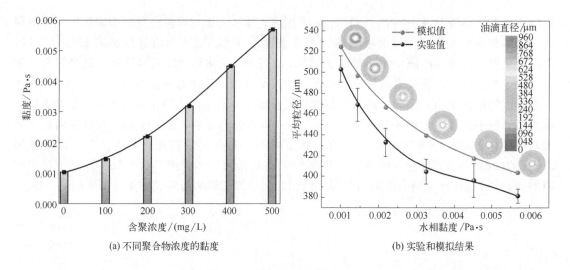

(a) 不同聚合物浓度的黏度   (b) 实验和模拟结果

图 8-16 连续相黏度对旋流聚结器出口处油滴直径分布的影响

的剪切作用，导致聚结性能下降。这是旋转流场中油滴的剪切力导致的，剪切力表达式为：

$$\tau = nC\mu \frac{1}{r^{n+1}} \tag{8-7}$$

式中，μ 表示连续相的黏度，Pa·s；n 是剪切指数，同一横截面中的固定值；C 是与流量成比例的常数；r 是距离中心轴的径向距离，m。从式（8-7）可以看出，流场中油滴上的剪切力随着连续相黏度的增加而逐渐增加，这增加了油滴的破裂概率。同时，通过模拟和实验结果验证了不同聚合物浓度条件下旋流聚结器的聚结性能。

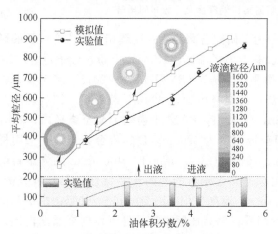

图 8-17 不同油相浓度旋流聚结器入口和出口油滴平均直径的比较

（3）油相浓度对聚结性能的影响　通过不同油相浓度的数值模拟和实验研究，分析了不同油相浓度条件下旋流聚结器的聚结性能。当分析旋流聚结器入口和出口处不同油相浓度的油滴尺寸分布时，入口流速为 $Q_i = 3.9\text{m}^3/\text{h}$，实验期间油相体积分数分别调整为 1.2%、2.0%、3.5%、4.2% 和 5.4%。分析不同油相浓度样品的油滴大小，每个样品组测试三次，取三次测试的平均值作为最终结果。不同油相浓度旋流聚结器入口和出口油滴平均直径的比较如图 8-17 所示，底部的柱形图表示不同含油浓度下旋流聚结器入口处油滴的平均直径。图 8-17 表明，随着入口油相体积

分数的增加，旋流聚结器出口处的油滴平均直径逐渐增大，同时，在油相浓度为 1.2%～5.4% 的情况下，入口处油滴的平均值分布在 0～200μm 的范围内，在旋流聚结器聚结后，油滴的均值分布在 380～860μm 的区域内。这是因为油相浓度的增加导致油滴数量的增加，并增加油滴之间的碰撞概率，导致旋流聚结器的聚结性能逐渐增强。实验结果表明，在不同油相浓度下，入口油滴的平均直径分布在 0～200μm 范围内，旋流聚结器聚结后，平均直径扩大到 380～860μm。旋流聚结器出口油滴的平均直径明显高于入口油滴的直径，并随着入

口油相体积分数的增加而逐渐增大。这是因为油相浓度的增加导致油滴数量的增加，并扩大了油滴之间的碰撞概率，从而提高了旋流聚结器的聚结性能。随着进口油相浓度的增加，旋流聚结器出口油滴尺寸的平均直径逐渐增大，数值模拟结果与实验结果一致，验证了不同油相浓度条件下旋流聚结器聚结性能的高效性。

第三节　聚结强化旋流分离技术

一、旋流分离的聚结强化

本书第五章第五节借助 PIV 实验获得的旋转流场速度分布结果显示，旋流场轴向上存在二次衍生涡流。当液滴遇到衍生涡时，运动轨迹可能会发生明显的偏转，同时也会出现在衍生涡流内停留或旋转，因此流场的稳定程度很大地影响分散相油滴的运动过程。在本节的理论分析过程中，假设流场为不存在衍生涡流的流场模型，即油滴的径向运动不受流场随机特性的影响。此时旋流场内油滴在径向运动方向上受到的合力表达式为：

$$\sum F = F_P + F_M - F_a - F_s \tag{8-8}$$

油滴的径向运动状态近似计算的微分方程为：

$$m_o \frac{dv_r}{dt} = F_P - F_a + F_M - F_s \tag{8-9}$$

即：

$$\frac{dv_r}{dt} = \frac{v_t^2}{r} \times \frac{\rho_w - \rho_o}{\rho_o} + \frac{6k\rho_w\omega v_r}{\pi\rho_o} - \frac{18v_r\mu_w}{x^2\rho_o} \tag{8-10}$$

当油滴受力平衡时：$\sum F = 0$，即 $\frac{dv_r}{dt} = 0$。

可求出油滴径向速度：

$$v_r = \frac{v_t^2}{r} \times \frac{(\rho_w - \rho_o)\pi x^2}{18\mu\pi - 6k\rho_w\omega x^2} \tag{8-11}$$

令 $\Delta\rho = \rho_水 - \rho_油$，则油滴径向速度可表示为：

$$v_r = \frac{v_t^2}{r} \times \frac{\Delta\rho\pi}{\frac{18\mu\pi}{x^2} - 6k\rho_w\omega} \tag{8-12}$$

当不考虑马格纳斯力时，油滴的受力平衡方程为：

$$\sum F = F_P - F_a - F_s \tag{8-13}$$

微分方程为：

$$\frac{dv_r}{dt} = \frac{v_t^2}{r} \times \frac{\Delta\rho}{\rho_o} - \frac{18v_r\mu}{x^2\rho_o} \tag{8-14}$$

解得径向相对速度：

$$v_r = \frac{v_t^2}{r} \times \frac{\Delta\rho x^2}{18\mu} \tag{8-15}$$

由式 (8-11) 和式 (8-15) 可见，无论是否考虑随机作用力（马格纳斯力），当油滴粒径 x 一定时，旋转半径 r 位置越小，油滴的径向速度均越大。当旋转半径 r 一定时，油滴粒径 x 越大，油滴的径向速度越大。

将 $v_r = \dfrac{\mathrm{d}r}{\mathrm{d}t}$、$v_t = \omega r$ 代入公式（8-14）推导得出：

$$\frac{\mathrm{d}^2 r}{\mathrm{d}t^2} + \frac{18\mu}{x^2 \rho_o} \times \frac{\mathrm{d}r}{\mathrm{d}t} - \frac{\Delta\rho}{\rho_o}\omega^2 r = 0 \tag{8-16}$$

可以得出当旋流场角速度为 ω 时，离散相油滴在径向上在距轴心半径为 r 的位置沉降到轴心所需的时间为：

$$t = \frac{18\mu}{x^2 \Delta\rho\omega^2}\ln r \tag{8-17}$$

式（8-17）说明旋流场内离散相油滴的粒径越大，旋转时的角速度越大，距轴心相同位置时，油滴运移到流场轴心所需时间也就越短。

假设油滴运动状态处于 Stokes 区，不考虑马格纳斯力对油滴的影响，油滴在旋流场内运动的近似微分方程可表示为：

$$m_o \frac{\mathrm{d}v_r}{\mathrm{d}t} + F_a - F_P + F_s = 0 \tag{8-18}$$

即：

$$m_o \frac{\mathrm{d}v_r}{\mathrm{d}t} + 3\pi\mu v_r x - m_o \frac{\Delta\rho}{\rho_o}a = 0 \tag{8-19}$$

式中，a 为流场切向加速度，假设流场内切向加速度 a 为常数。可解得：

$$v_r = \frac{\Delta\rho}{\rho_o}\tau^* (1 - \mathrm{e}^{-\frac{t}{\tau^*}})a \tag{8-20}$$

式中，t 为油滴达到平衡速度的 99.9% 时所需要的时间；τ^* 与油滴粒径、密度及黏度相关，其表达式为：

$$\tau^* = \frac{x^2 \rho_o}{18\mu} \tag{8-21}$$

旋流场内油滴的径向运动过程分为加速运动阶段和等速运动阶段，加速阶段之后油滴达到平衡速度，油滴平衡速度可以表示为：

$$v_r = \frac{\Delta\rho}{\rho_o}\tau^* a = \frac{x^2 \Delta\rho}{18\mu}a \tag{8-22}$$

假定流场内离散相油滴密度为 $\rho_o = 840\text{kg/m}^3$，连续相密度为 $\rho_w = 1000\text{kg/m}^3$，连续相黏度为 $\mu = 1.02\text{mPa·s}$。将上述参数代入式（8-21）可算出不同粒径油滴所对应的 τ^* 值，进而得出不同油滴粒径达到平衡速度的 99.9% 时所需要的运移时间（图 8-18），即油滴在径向运动过程中由加速阶段到等速阶段所需要的时间。由图 8-18 可以看出，粒径为 $100\mu\text{m}$ 的油滴在旋流场内的加速运动时间约为 0.004s，随着粒径的逐渐增大加速时间也逐渐增加。当油滴粒径为 $1500\mu\text{m}$ 时，油滴的加速时间约为 0.6s。同时由式（8-22）可知，相同流场条件下，当油滴径向做等

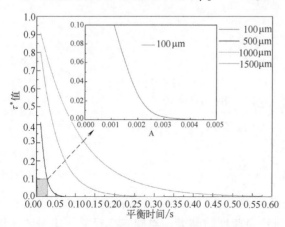

图 8-18 不同粒径油滴平衡时间对比

速运动时，油滴粒径越大，达到平衡时的速度也越大，即相同条件下越容易运动到旋流场轴心。

二、聚结强化旋流分离装置

聚结强化旋流分离装置即聚结分离器，主要由两部分构成，分别为前端的水力聚结器以及后端的旋流分离器，如图 8-19 所示。聚结器的主要作用有两点，首先是通过自身结构特点使混合液内的离散相油滴在旋流场的作用下实现碰撞聚结，使小油滴聚结成粒径较大油滴后进入到后端的油水旋流分离器内。其次，轻质油相在聚结器内的旋流场作用下沿径向向轴心运移，在到达聚结器出口时，呈油相在内侧水相在外侧的径向分层状态流入旋流器内。油水径向分层后混合液携带聚结后的大粒径油滴，进入到油水旋流分离器内。有研究者得出进入到旋流器内旋流的离散相油滴，即在零轴向速度包络面内部的油滴，更容易沿轴向向上运动由溢流口排出实现分离。而在聚结分离器内被提高了粒度值的待分离油相径向上与溢流管距离更近，经螺旋流道加速后大量油相直接进入到内旋流区域，缩短了油相径向运移的时间，同时也降低了外旋流内的随机湍流特性对油滴造成的破碎及携带等不利因素的影响[89-92]。

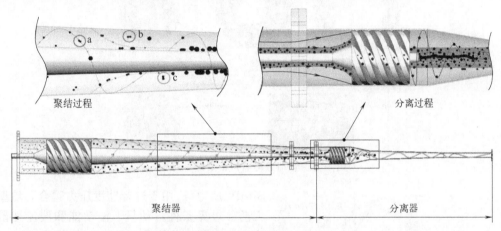

聚结过程　　　　　　　　　　　　　　　分离过程

聚结器　　　　　　　　　　　分离器

图 8-19　聚结分离器结构及工作原理

三、聚结强化旋流分离的性能验证

1. 基于欧拉-欧拉方法的数值模拟验证

（1）示例结构及网格划分　聚结分离器的流体域模型如图 8-20 所示，主要由水力聚结器及旋流分离器两部分组成。聚结器出口直接与分离器入口相连接。其中聚结器的各项参数与第五章优化后的结构参数相同，其总长度 $L_h = 1165\text{mm}$。截面 $A \sim D$ 为分析截面，其中截面 A 上，$R_1 = 60\text{mm}$，$r_1 = 38\text{mm}$；截面 B 上 $R_2 = 32\text{mm}$，$r_2 = 8\text{mm}$；截面 C 上 $R_3 = 23\text{mm}$；截面 D 上 $R_4 = 8\text{mm}$。利用 Gambit2.4.6 对聚结分离器流体域结构进行网格划分，主要采用六面体结构网格，网格划分结果如图 8-21 所示，网格单元总数为 1623450，检验结果显示网格有效率为 100%。

（2）数值模拟方法及边界条件设置　数值模拟时采用油水两相，模拟计算采用多相流混合模型（Mixture），选用双精度压力基准算法隐式求解器稳态求解，调用 PBM 模型对流场内油滴粒度分布进行数值模拟，设置粒径组数为 10，油滴的聚结破碎均采用 Luo 函数进行计算。入口油滴粒度分布在 $10 \sim 100 \mu\text{m}$；湍流计算模型为雷诺应力模型（Reynolds stress model，RSM），

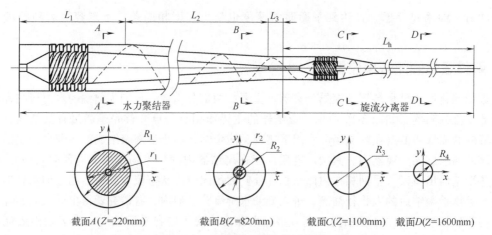

截面A(Z=220mm)　截面B(Z=820mm)　截面C(Z=1100mm)　截面D(Z=1600mm)

图 8-20　聚结分离器流体域模型

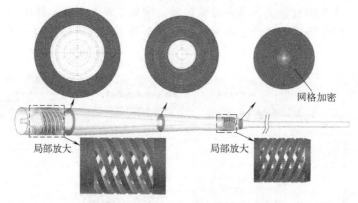

网格加密

局部放大　　局部放大

图 8-21　聚结分离器网格划分示意图

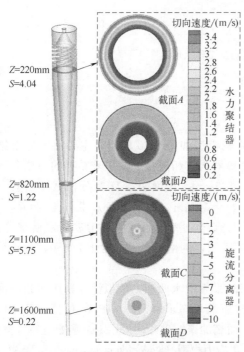

图 8-22　聚结分离器内切向速度分布云图

SIMPLEC 算法用于进行速度压力耦合，墙壁为无滑移边界条件，动量、湍动能和湍流耗散率为二阶迎风离散格式，收敛精度设为 10^{-6}，壁面为不可渗漏，无滑移边界条件。入口边界条件为速度入口（velocity），出口边界条件为自由出口（outflow），为了研究聚结分离器内部流场特性，设置操作参数为：含油浓度为 2%，处理量为 $5m^3/h$，旋流器溢流分流比为 20%。

（3）旋流数及速度场分布　对于旋流分离而言，切向速度是决定两相介质分离的重要因素之一，切向速度大小直接影响聚结性能及分离性能。通过数值模拟得出聚结分离器内切向速度分布云图如图 8-22 所示，图 8-23 为分析截面 $A\sim D$ 过轴心截线上的切向速度分布。可以看出，在聚结器内流体在螺旋流道出口处切向速度较大，轴向向出口处流动的过程中混合介质切向动能逐渐降低，致使切向速度逐渐降低，由截面 A 运动至截面 B 时切向速度最大值由

3.4m/s 降低至 1.8m/s。当流体进入到分离器内部时，在分离器内螺旋流道的作用下混合介质产生二次旋转加速，致使截面 C 处的流体切向速度明显升高，最大切向速度分布在 10m/s 附近，流场呈现出了外部为强制涡、内部为准自由涡的分布特性。随着混合介质轴向向底流出口的运动，切向速度又逐渐降低，至截面 D 时，切向速度最大值降低至约 3.8m/s。

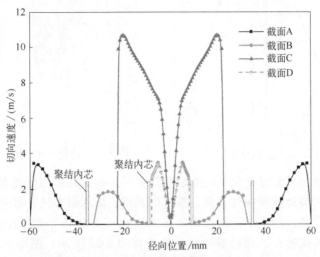

扫码看彩图

图 8-23 分析截面切向速度分布曲线

旋流数作为反映流体旋转强弱的一项重要参数，其定义为流体切向动量的轴向通量与轴向动量通量之比，用旋流数可以表征聚结器内流体的旋转强度。聚结分离器内不同截面上的旋流数分布情况如图 8-24 所示。可以看出，由聚结分离器的螺旋流道出口至底流口的轴向方向，旋流数呈先降低后升高又降低的趋势。说明虽然在聚结器的锥段及出口管区域流体旋转强度有所降低，但通过分离器螺旋流道的切向加速，可对流体介质进行旋转补偿，经分离器内的螺旋流道加速后流体的旋转强度甚至要高于聚结器内旋转强度，充分说明本聚结分离器的设计在研究的边界条件下可使油水混合介质满足分离所需的旋转强度。

（4）油相分布及油滴聚结破碎特性分析　分析流体域内油相分布位置及油滴聚结破碎特性，可以反映出聚结分离器的聚结效果及分离性能。数值模拟得出聚结分离器内部油相体积分数分布及油滴粒径分布云图，如图 8-25 所示。由图 8-25 可以看出在旋流分离器的入口处，油相均分布在靠近轴心区域，沿着螺旋流道内侧进入到分离器，到达分离器分离腔内的液流呈现出油相在内侧水相在外侧的分层状态，油相靠近溢流口，缩短了径向运移时间，由溢流口流出。而从油滴粒径分布云图可以看出，分离器入口处的油滴粒度较大，即聚结器实现了将小油滴聚结成较大油滴后进入到分离器内部。

图 8-26 为分离器入口截面过轴心截线上的油相体积分数及油滴粒径大小分布对比曲线，可以看出在分离器入口截面位置由分离器外壁到聚结内芯的近壁处无论油相体积分数还是油滴粒径均呈现出逐渐升高的趋势。油滴粒径最大值在 2500μm 左右，而边壁处油相体积分数分布较低，油滴粒径分布也较小，分布在 250μm 左右。充分说明聚结器可以有效地将油相在进入旋流器入口时将油相集中至轴心区域，且可将小油滴聚结为较大油滴呈油相在内侧水相在外侧的分层流进入到旋流器内。

2. 基于欧拉-拉格朗日方法的数值模拟验证

为了揭示油滴在聚结分离器内的运动特性，采用 DPM 与 PBM 耦合的方法对油滴在聚

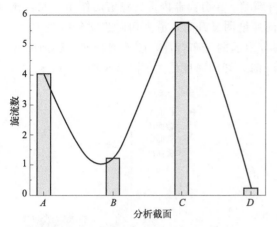

图 8-24 不同分析截面旋流数分布情况

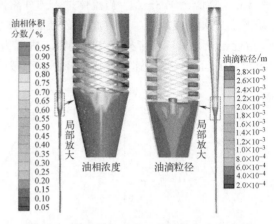

图 8-25 油相体积分数及油滴粒径分布云图

结分离器内的运移轨迹及粒径变化进行数值模拟分析。油滴在聚结分离器内的运动轨迹主要可以分为底流逃逸与溢流捕获两种类型。模拟时采用点源入射方法，打开随机模型获得相同入射点进入聚结分离器内的两个不同运动轨迹的油滴，其中一个油滴由分离器的底流逃逸，另一个被分离器的溢流捕获，两种油滴运动轨迹如图 8-27 所示，图中轨迹线颜色表示油滴在流场内的停留时间。图 8-28 为两种运动轨迹的油滴在聚结分离器内运动过程中的停留时间分布曲线对比。可以看出两油滴在前 0.2s 内未进入螺旋流道，具有相同的停留时间。在 0.2s 后两油滴进入到聚结器的螺旋流道内，此时两油滴的停留时间逐渐发生变化。由底流逃逸的油滴在相同的位置内较被溢流捕获的油滴具有更短的停留时间，相同运移时间内由底流逃逸的油滴距聚结分离器入口具有更大的轴向距离。进入分离器内后，底流逃逸油滴随外旋流朝底流口方向运移，油滴从进入聚结器到由底流口排出的过程累计用时约为 1.52s。而溢流捕获的油滴径向上穿透零轴速度包络面进入到内旋流内，最终由溢流口排出，该过程中，油滴在聚结分离器内总停留时间约为 1.85s。

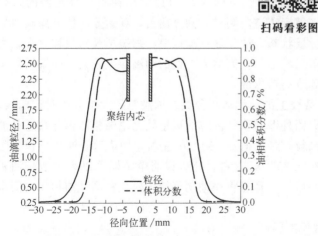

图 8-26 分离器入口截面油滴粒径与
油相体积分数分布对比

扫码看彩图

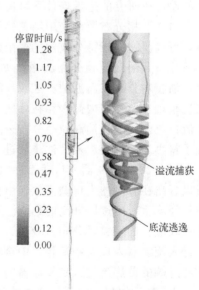

图 8-27 油滴不同形式的运移
轨迹及停留时间

两种轨迹油滴在运动过程中合速度的变化情况如图 8-29 所示。可以看出两种轨迹的油滴运动过程中存在相同的合速度变化趋势。首先油滴运动至聚结器的螺旋流道内时，合速度值呈现出明显的升高趋势，即一次增强区域，油滴流出螺旋流道后合速度值均出现明显的衰减。油滴运动至分离器的螺旋流道内时合速度值再次升高，即二次增强区域。结果显示，二次增强后的合速度值明显高于一次增强后的合速度值，说明聚结分离器可实现在固定入口进液条件下，通过自身结构特性实现液流由轴向运动向切向运动的转换。两种运动轨迹油滴的合速度分布在一次增强后出现差异，即底流逃逸油滴在轴向 0.2~0.5m 区域内合速度值要大于溢流捕获油滴，这是因为在该区域内溢流捕获油滴运动轨迹在径向上更靠近轴心区域。由前所述，连续相介质切向速度分布由外到内呈逐渐降低趋势，致使该区域内溢流捕获油滴合速度值小于底流逃逸油滴。

扫码看彩图

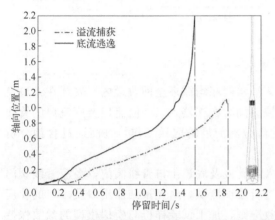

图 8-28　不同运动轨迹油滴在聚结分离器内的停留时间

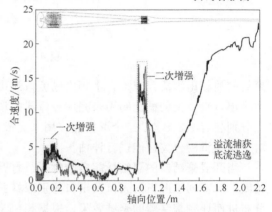

图 8-29　不同运动轨迹油滴运动过程中合速度变化

两种轨迹油滴在运动过程中的粒径变化情况如图 8-30 所示。由图 8-30 可以看出，底流逃逸的油滴在聚结器螺旋流道内无明显的聚结现象，而溢流捕获油滴在聚结器的螺旋流道内开始发生聚结，粒径逐渐增大。无论是由底流逃逸的油滴还是被溢流捕获的油滴，均在聚结器内部出现了明显的粒径增大现象，直至油滴进入分离器的螺旋流道内时，油滴粒径在剪切作用下逐渐降低。

3. 聚结强化旋流分离性能的实验验证方法

为了分析加装聚结器前后旋流分离的性能变化，在实验研究过程中，无论是聚结器的聚

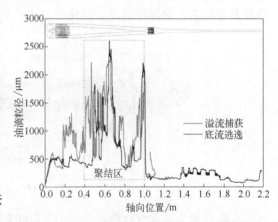

图 8-30　不同运动轨迹油滴运动过程中粒径变化

结性能实验还是分离器的分离性能实验均采用图 8-31 所示实验工艺完成性能测试。实验时，水相及油相分别储存在水罐及油罐内，水相由螺杆泵输送，通过变频控制器调节螺杆泵频率进而控制进液量。油相由计量柱塞泵增压，通过调节计量标尺控制柱塞泵供液量，进而控制介质含油浓度。水罐内可实现持续加热，保证恒定的介质温度。油水混合液通过静态混合器实现两相介质均匀混合，静态混合器后端连有浮子流量计及压力表，可实现入口处的压力、流量实时监测，被测量后的油水混合液进入到实验样机内。在开展分离性能实验时，分别连接入口、底流及溢流管线，油水混合介质由入口管线进入到分离器内，实现油水两相旋流分

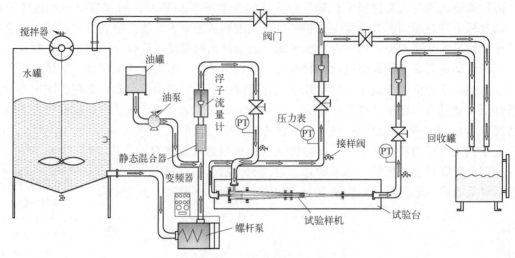

图 8-31 实验流程及工艺

离后的油相由溢流口流出，水相由底流口流出，油水两相均循环至回收罐内。安装在入口及两个出口管线上的截止阀用来完成分流比的调控。同时在连接入口、溢流口及底流口的管线上分别装有 A、B、C 三个取样点，用来完成旋流分离前后的取样工作，进而通过含油分析对实验样机的分离性能进行评估。

当开展聚结器的聚结性能实验时，只打开入口管线及底流出口管线阀门，溢流管线阀门关闭。对不同工况下的入口及出口分别取样并进行粒度测试，对比聚结器出口及入口的粒度分布进而评判聚结器的聚结效果。根据相似参数准则，加工试验样机与模拟模型的参数保持一致，聚结器样机实物如图 8-32 所示。样机主要由上盖板、螺旋流道、入口管、锥段、出口管及聚结内芯等部件组成，材料为 304 不锈钢，入口及出口与管线间均为法兰连接。

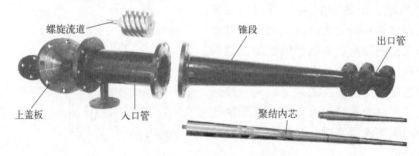

图 8-32 聚结器实验样机

实验介质为油水混合液，选用 GL-5-85W-90 重负荷车辆齿轮油作为实验用油，采用马尔文流变仪测得 25℃时实验用油的黏度随剪切速率的变化曲线如图 8-33 所示，结果显示当剪切速率大于 $400s^{-1}$ 时，油相黏度稳定在 $1.03Pa \cdot s$，同时测得油品密度为 $850kg/m^3$，实验时加热水罐使介质温度稳定在 25℃。

为了研究聚结器对分离器油水分离性能的影响，对分离器加装聚结器前后的分离性能开展实验研究。通过与数值模拟结果进行对比验证数值模拟结果的准确性，同时确定出聚结器对分离器分离性能的影响规律以及聚结分离器的最佳操作参数。

实验采用图 8-31 所示工艺，针对分离器及聚结分离器分别开展性能测试。分离器样机如图 8-34 所示，连接分离器样机，控制入口含油浓度稳定在 2%，调节分流比在 5%～30%

范围内变化，调整入口进液量在 $1\sim6\text{m}^3/\text{h}$ 范围内变化。当达到待分析工况参数时，在取样阀分别对入口、溢流口及底流口取样。在对聚结分离器分离性能进行实验时，按照同样的实验方法，调整与分离器相同的工况参数，对入口、溢流及底流取样，聚结分离器样机的连接方式如图 8-35 所示。

分离器的效率计算方法分为质量效率、简化效率及综合效率三种。其中质量效率将分离效率定义为溢流所含油的质量与入口含油质量的比值，考虑了分流比对分离效率的影响。本实验采用质量效率作为分离器分离性能的评价指标。

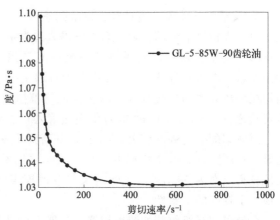

图 8-33　实验用油黏度随剪切速率变化曲线

图 8-36 所示为实验过程中在相同工况条件下入口、底流、溢流的典型样液。为了完成分离效率计算，必须获取各样液的含油浓度值。在对样液进行含油分析时，首先利用射流萃取器（CQQ-1000×3）以四氯化碳为萃取剂，对样液进行萃取，最后通过吉林北光分析仪器厂生产的红外分光测油仪（JLBG-126）测量样液的含油浓度。含油分析系统的实物图如图 8-37 所示。

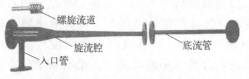

图 8-34　旋流分离器实验样机

图 8-35　聚结分离器性能实验
连接实物图

图 8-36　分离性能实验不同接样口
获取的典型样液

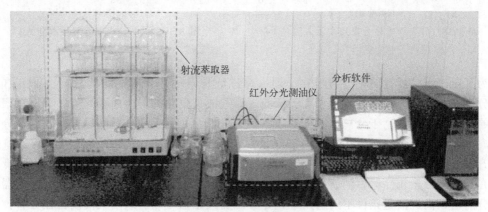

图 8-37　含油分析系统

4. 聚结强化旋流分离性能的影响因素

(1) 入口进液量的影响 首先开展入口进液量对分离器分离效果的影响实验,通过调节入口阀门控制进液量,同时调节溢流及底流出口阀门控制分流比,使溢流分流比稳定在20%左右,在入口进液量1~6m³/h内选取17个实验点,得到图8-38所示的分离器单体实验样机分离效率随进液量变化的实验值与模拟值对比结果。由图8-38可以看出,分离器单体实验值在0.96~4.86m³/h范围内随着入口进液量的增大,分离效率呈明显的升高趋势,且分离效率的变化幅度较大,由81%升高到了98.8%。当入口进液量大于5.35m³/h时分离效率有所降低,但变化幅度较小。同时可以看出分离器单体的最佳处理量为4.86m³/h,最佳分离效率为98.8%。实验结果与数值模拟结果拟合良好,二次拟合结果$R^2=0.952$,呈现出了较好的一致性。

在分离器样机前端加装聚结器,开展入口进液量对聚结分离器分离效率的影响实验,同样调整入口流量参数在1~6m³/h内,调整17个与分离器单体性能测试时相同的实验点,控制溢流分流比稳定在20%,得出聚结分离器分离效率随入口进液量变化的实验值与模拟值对比曲线如图8-39所示。由图8-39可以看出入口进液量低于5.5m³/h时,聚结分离器的分离性能随着入口进液量的增大呈升高趋势,当入口进液量继续增加时,分离效率略有降低。同时可以看出,在入口进液量低于3.9m³/h时,聚结分离器效率变化幅度较大,由83%升高到了98.7%。而在流量大于4m³/h范围内,分离效率波动较小。说明聚结分离器在低流量条件下分离性能稳定性较高流量条件下差。聚结分离器的最佳入口进液量为5.5m³/h,此时分离效率为99.4%。实验结果与数值模拟结果拟合良好,二次拟合结果$R^2=0.912$,模拟值与实验值呈现出了较好的一致性。

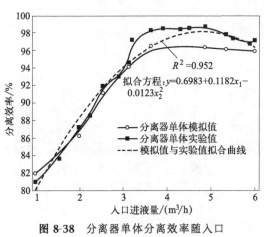

图8-38 分离器单体分离效率随入口
进液量的变化曲线

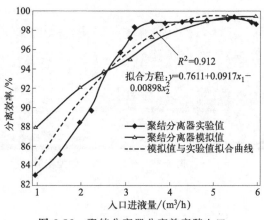

图8-39 聚结分离器分离效率随入口
进液量的变化曲线

为了对比聚结器对旋流分离器在不同入口进液量条件下分离性能的影响,得出图8-40所示分离器及聚结分离器分离效率实验值随入口进液量变化的对比曲线。可以看出,聚结分离器的分离效率明显高于分离器单体的效率,充分说明实验工况下聚结器可有效提升分离器的分离性能。同时可以看出,在入口进液量大于5m³/h时,分离器单体效率随着入口进液量的升高呈明显的降低趋势,但聚结分离器在该进液量范围内随着流量的增大效率降低不明显。在入口进液量较高时,油滴的破碎使分离器的分离效率呈下降趋势,但加装聚结器后可增强分离器在高进液量条件下的适用性。充分说明聚结器可以有效增大油滴粒径分布,同时缓解入口进液量较高时油滴的乳化现象,从而提高分离器的分离性能。

（2）分流比的影响　在开展分流比对分离器单体效率影响的实验研究时，将入口进液量调整至分离器单体的最佳处理量，即 $4.86m^3/h$，待入口流量稳定后，调节溢流分流比在 $5\%\sim30\%$ 范围内变化，从中选取 13 个特征参数完成取样并进行含油分析及效率计算，得出分离器单体模拟及实验效率随分流比的变化曲线如图 8-41 所示。由图 8-41 可以看出，无论是模拟值还是实验值，分离效率均随溢流分流比的增大呈现出先升高后降低的趋势。实验结果显示当分流比达到 25.3％ 时，分离器单体效率达到最大值 99.2％。数值模拟结果显示，在分流比为 25％ 时分离效率模拟值达到最大，说明分离器单体最佳分流比约为 25％。

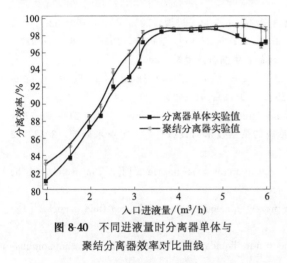

图 8-40　不同进液量时分离器单体与
聚结分离器效率对比曲线

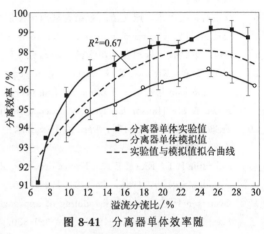

图 8-41　分离器单体效率随
分流比变化曲线

在研究分流比对聚结分离器效率的影响时，调节入口进液量为实验样机最佳处理量，即 $5.5m^3/h$，调节溢流分流比变化范围为 $5\%\sim30\%$，最终实验及模拟获得的聚结分离器分离效率随分流比的变化曲线如图 8-42 所示。由图 8-42 可以看出随着分流比的逐渐增大，聚结分离器分离效率呈先升高后降低的趋势，实验得出最佳分流比分布在 25％ 附近。数值模拟结果与实验结果二次拟合后 $R^2=0.937$，模拟值与实验值呈现出了较好的一致性。

为了分析不同分流比条件下聚结器对分离器效率的影响，将分离器单体及聚结分离器的实验结果进行对比，得出图 8-43 所示不同分流比条件下两种样机的分离效率对比曲线。结果显示聚结分离器的分离效率整体高于分离器单体，但最佳分离比均分布在 25％ 附近，说明加装聚结器可以提高旋流器的分离效率，但对分离器最佳分流比的影响相对较小。

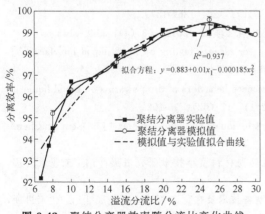

图 8-42　聚结分离器效率随分流比变化曲线

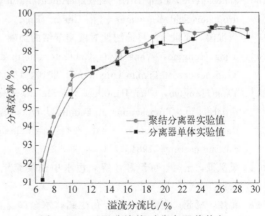

图 8-43　不同分流比时分离器单体与
聚结分离器效率对比曲线

参 考 文 献

[1] 刘合，高扬，裴晓含，等. 旋流式井下油水分离同井注采技术发展现状及展望 [J]. 石油学报，2018，39（4）：463-471.

[2] 彭松水，李默，陈志强. 油田采出水处理机理与工艺综述 [J]. 水处理技术，2014，40（8）：6-11.

[3] 王一同，丁毅飞，周卫红. 油水分离技术的研究进展 [J]. 科技风，2018，38（25）：44.

[4] 蒋明虎，邢雷，张勇. 基于离散相运移轨迹的新型旋流入口结构设计 [J]. 流体机械，2017，45（10）：42-46.

[5] 刘亚莉，吴山东，戚俊清. 聚结材料对油品脱水的影响 [J]. 化工进展，2006（S1）：159-162.

[6] Katalinic M. Coalescence in stages between two drops of a liquid [J]. Nature，1935，136：916-917.

[7] 周建. 聚结技术处理含油污水的实验研究 [D]. 青岛：中国石油大学，2009.

[8] Burtis T A，Kirbride C G. Desalting of petroleum by use of fiber-glass packing [J]. Transactions of the American Institute of Chemical Engineers，1946，42（2）：413-422.

[9] Brown A H，Hanson C. Drop coalescence in liquid-liquid systems [J]. Nature，1967，214：76-77.

[10] 张敏霞，刘涛，安明明，等. 油田采出水中油滴的聚结技术与设备 [J]. 工业水处理，2022，42（03）：33-40.

[11] Gillrdpie B T，Rideal E K. The coalescence of drops at an oil-water interface [J]. Transactions of the Faraday Society，1956，52（1）：173-183.

[12] Svendsen H F，Luo H. Modeling of approach process for equal or unequal sized fluid particles [J]. Can. J. Chem. Eng.，1996，74：321-330.

[13] Chesters A K，Hofman G. Bubbles coalescence in pure liquids [J]. Flow，Turbulence and Combustion，1982，38（1）：353-361.

[14] Reynolds O. On drops floating on the surface of water [J]. Chem. News，1881，44：211.

[15] Sorther K，Sjunblom J，Verbich S V，et al. Video-microscopic investigation of the coupling of reversible flocculation and coalescence [J]. Colloids and Surfaces A：Physicochemical and Engineering Aspects，1998，142（2）：189-200.

[16] Klink I M，Phillips R J，Dungan S R. Effect of emulsion drop-size distribution upon coalescence in simple shear flow：A population balance study [J]. Journal of Colloid a nd Interface Science，2011，353（2）：467-475.

[17] 魏超，罗和安，王良芥. 两流体颗粒间最小液膜厚度的靠近-减薄耦合模型 [J]. 化工学报，2004，55（5）：732-736.

[18] Scheele G F，Leng D E. An experimental study of factors which promote coalescence of two colliding drops suspended in water [J]. Chem. Eng. Sci.，1971，26：1867-1879.

[19] 唐洪涛，崔世海. 界面物性对液滴聚结的影响 [J]. 化工学报，2012，63（4）：1140-1148.

[20] Tang Hongtao，Wang Hui. Characteristic of drop coalescence resting on liquid-liquid interface [J]. Transactions of Tianjin University，2010，16（04）：244-250.

[21] Tang Hongtao，Chen Jianping，Cui Shihai. Coalescence behaviors of drop swarms on liquid-liquid interface [J]. Transactions of Tianjin University，2011，17（02）：96-102.

[22] Rautenberg D，Blass E. Coalescence of single drops in liquids on inclined plates [J]. Genman Chemical Engineering，1984，7（4）：207-219.

[23] 桑义敏，云昊，韩严和，等. 污水中油滴聚结机理与材料聚结技术研究进展 [J]. 工业水处理，2016，36（10）：6-10.

[24] 蒋炜，杨超，袁绍军，等. 仿生超疏水金属材料制备技术及在化工领域应用进展 [J]. 化工进展，2019，38（1）：344-364.

[25] Feng L，Zhang Z，Mai Z，et al. A superhydrophobic and superleophilic coating mesh film for the

separation of oil and water [J]. Angewandte Chemie International Edition, 2004, 43: 2012-2014.

[26] Lee C H, Johnson N, Drelich J, et al. The performance of superhydrophobic and supe roleophilic carbon nanotube meshes in water-oil filtation [J]. Carbon, 2011 (49): 669-676.

[27] Tian D, Zhang X, Wang X, et al. Micro/nanoscale hierarchical structured ZnO mesh film for separation of water and oil [J]. Physical Chemistry Chemical, 2011, 13 (32): 14606-14610.

[28] Cao Y, Zhang X, Tao L, et al. Mussel-inspired chemistry and michael addition reaction for efficient oil/water separation [J]. ACS: Applied Materials & Interfaces, 2013, 5 (10): 4438-4442.

[29] Kong L, Chen X, Yu L, et al. Superhydrophobic cuprous oxide nanostructures on phosphor copper meshes and their oil/water separation and oil spill clean up [J]. ACD Applied Materials Interfaces, 2015, 7 (4): 2616-2625.

[30] Chen N, Pan Q M. Versatile fabrication of ultralight magnetic foams and application for oil/water separation [J]. ACS Nano, 2013 (7): 6875-6683.

[31] Jin X, Shi B, Zheng L, et al. Bio-inspired multifunctional metallic foams through the fusion of different biological solutions [J]. Advanced Functional Materials, 2017, 24 (18): 2721-2726.

[32] Xu L, Xiao G, Chen C, et al. Superhydrophobic and superoleophilic grapheme aerogel prepared by facile chemical reduction [J]. Journal of Materials Chemistry A, 2015 (7): 7373-7381.

[33] 党钊, 刘利彬, 向宇, 等. 超疏水-超亲油材料在油水分离中的研究进展 [J]. 化工进展, 2016, 35 (增1): 216-222.

[34] Plebon M J, Saad M A, Chen X, et al. De-oiling of produced water from offshore oil platforms using a recent commercialized technology which combines adsorption, coalescence and gravity separation [C]. San Francisco: Proceedings of the Sixteenth International Offshore and Polar Engineering Conference, 2006: 503-507.

[35] 侯士兵, 王亚林, 贾金平. 一种新聚结除油材料对含油废水的预处理 [J]. 上海环境科学, 2003, 22 (12): 979-982.

[36] 刘成波, 李发生, 桑义敏, 等. 含油废水粗粒化处理过程中除油率和油珠粒径分散度的研究 [J]. 石油化工环境保护, 2003 (2): 24-27.

[37] 杨骥, 许德才, 贾金平, 等. 聚丙烯、聚乙烯苯和丁苯橡胶粗粒化法处理模拟含油废水 [J]. 环境化学, 2006, 25 (6): 752-756.

[38] 李秋红, 娄世松, 李萍, 等. 聚氯乙烯聚结处理含油废水研究 [J]. 辽宁石油化工大学学报, 2009, 29 (1): 4-6.

[39] 何月, 凌庭瑾, 陈业钢. 新型改性聚丙烯腈处理含油废水的研究 [J]. 环境科学与管理, 2010, 35 (7): 100-102.

[40] 李孟, 钟晨. 改性陶瓷滤料处理武钢含油废水的应用研究 [J]. 武汉理工大学学报, 2011, 33 (7): 116-119, 151.

[41] 郝思远, 何建设, 王奎升, 等. 三种不同材料滤芯聚结处理含油污水的实验研究 [J]. 环境工程, 2015, 33 (增刊): 174-178.

[42] 刘立新, 赵晓非, 陈美岚, 等. 树脂表面润湿性对污水聚结除油效果的影响分析 [J]. 钦州学院学报, 2018, 33 (7): 14-19.

[43] 孙治谦. 电聚结过程液滴聚并及破乳机理研究 [D]. 青岛: 中国石油大学, 2011.

[44] 吕宇玲, 田成坤, 何利民, 等. 电场和剪切场耦合作用下双液滴聚结数值模拟 [J]. 石油学报, 2015, 36 (02): 238-245.

[45] 郭长会. 油中水滴静电聚结特性及电脱水器适用条件研究 [D]. 青岛: 中国石油大学, 2015.

[46] 李彬. 直流脉冲电场作用下的油水乳状液内液滴及液滴群行为研究 [D]. 青岛: 中国石油大学, 2018.

[47] Saville D A. Electrohydrodynamics: the Taylor-melcher leaky dielectric model [J]. Annu. Rev. Flu-

id Mech，1997，29：27-64.

[48]　夏立新，曹国英，陆世维，等. 原油乳状液稳定性和破乳研究进展 [J]. 化学研究与应用，2002 (06)：623-627.

[49]　John S E，Mojtaba G. Electrostatic enhancement of coalescence of water droplets in oil：a review of the technology [J]. Chemical Engineering Journal，2002，85 (2/3)：357-368.

[50]　李可彬. 一种乳状液破乳的新方法——涡旋电场法 [J]. 环境科学学报，1996 (04)：482-487.

[51]　张其耀. 原油脱盐与蒸馏防腐 [M]. 北京：中国石化出版社，1992.

[52]　Antonio S，Mojtaba G，Mark N，et al. Electro-spraying of a highly conductive and viscous liquid [J]. Journal of Electrostatics. 2001，51-52：494-501.

[53]　Pedersen A，Ildstad E，Nysveen A. Forces and movement of water droplets in oil caused by applied e-lectric field [C]. 2004 Annual Report Conference on Electrical Insulation and Dielectric Phenomena，2004：683-687.

[54]　Hauertmann H B，Degener W，Schügerl K. Electrostatic coalescence：Reactor，process control，and important parameters [J]. Separation Science and Technology. 1989，24 (3&4)：253-273.

[55]　Noik C，Chen J Q，Dalmazzone C. Electrostatic demulsification on crude oil：a state-of-the-art review [J]. SPE 103808，1-12.

[56]　John S E，Mojtaba G. Electrostatic enhancement of coalescence of water droplets in oil：a review of the current understanding [J]. Chemical Engineering Journal，2001，85 (3)：173-192.

[57]　王尚文. 新型电极高压脉冲电场破乳试验研究 [D]. 武汉：华中科技大学，2007.

[58]　Waterman L C. Electrical coalesces [J]. Chem. Eng. Prog. ，1965，61 (10)：51-57.

[59]　Tsuneki I，Yoji N. Rapid demulsification of dense oil-in-water emulsion by low external electric field I. Theory [J]. Colloids and Surfaces A：Physicochem. Eng. ，2004，242：27-37.

[60]　Merv F. Water-in-oil emulsion formation：A review of physics and mathematical modelling [J]. Spill Science & Technology Bulletin，1995，2 (1)：55-59.

[61]　Albert S，Annie S. Emulsions stability，from dilute to dense emulsions — Role of drops deformation [J]. Advances in Colloid and Interface Science，2008，140：1-65.

[62]　Bezemer C，Goes C A. Motion of water droplets of an emulsion in a non-uniform field [J]. Brit. J. Appl. Phys. ，1955，6：224-225.

[63]　胡佳宁，金有海，孙治谦，等. 电脱盐条件下水滴聚并过程影响因素初探 [J]. 化工进展，2009，28 (sup)：121-124.

[64]　Johan S，Narve A，Inge H A，et al. Our current understanding of water-in-crude oilemulsions [J]. Advances in Colloid and Interface Science，2003：100-102，399-473.

[65]　马自俊. 乳状液与含油污水处理技术 [M]. 北京：中国石化出版社，2006.

[66]　Bailes P J，Larkai S K L. Influence of phase ratio on electrostatic coalescence of water/oil dispersions [J]. Chem. Eng. Res. Des. ，1984，64：33-38.

[67]　Williams T J，Bailey A I，Thew M T. The electrostatic destabilisation of water-in-oil emulsions in turbulent flow [J]. Inst. Phys. Conf. Ser. ，1995，143 (1)：13-16.

[68]　胡佳宁，金有海，王振波，等. 原油电脱盐技术应用现状与研究进展 [C]. 第十一届全国高等学校过程装备与控制工程专业教学改革与学科建设成果校际交流会论文集，2009：285-288.

[69]　Bailes P J，Freestone D，Sams G W. Pulsed d. c. fields for electrostatic coalescence of water-in-oil e-mulsions [J]. The Chem. Eng. ，1997，644：34-39.

[70]　Chiesa M，Melheim J A，Pedersen A，et al. Forces acting on water droplets falling in oil under the influence of an electric field：numerical predictions versus experimental observations [J]. European Journal of Mechanics B/Fluids，2005，24：717-732.

[71]　Hirato T，Koyama K，Tanaka T，et al. Demulsification of water-in-oil emulsion by an electrostatic

coalescence method [J]. Mater. Trans. JIM, 1991, 32 (3): 257-263.

[72] Brandenberger H, Nussli D, Piech V, et al. Monodisperse particle production: A method to prevent drop coalescence using electrostatic forces [J]. Journal of Electrostatics. 1999, 45: 227-238.

[73] Ha J W, Yang S M. Deformation and breakup of a second-order fluid droplet in an electric field [J]. KoreanJ. Chem. Eng,. 1999, 16 (5): 585-594.

[74] Patrick K N, Osman A B. Dynamics of drop formation in an electric field [J]. Journal of Colloid and Interface Science, 1999, 213: 218-237.

[75] Tomar G, Gerlach D, Biswas G, et al. Two-phase electrohydrodynamic simulations using a volume-of-fluid approach [J]. Journal of Computational Physics, 2007, 227 (2).

[76] Donahue C M, Hrenya C M, Zelinskaya A P, et al. Numerical simulation of deformation/motion of a drop suspended in viscous liquids under influence of steady electric fields [J]. Physics of Fluids, 2008, 20 (11).

[77] Baygents J C, Rivette N J, Stone H A. Electrohydrodynamic deformation and interaction of drop pairs [J]. Journal of Fluid Mechanics, 1998, 368.

[78] Kurup Ravi Kumar, Kurup Parameswara Achutha. Simulation of turbulent electrocoalescence [J]. Chemical Engineering Science, 2006, 61 (14): 4540-4549.

[79] Shardt Orest, Derksen J J, Mitra Sushanta K. Simulations of droplet coalescence in simple shear flow [J]. Langmuir : the ACS Journal of Surfaces and Colloids, 2013, 29 (21).

[80] Wang Duo, Yang Diling, Huang Charley, et al. Stabilization mechanism and chemical demulsification of water-in-oil and oil-in-water emulsions in petroleum industry: A review [J]. Fuel, 2021, 286: 1.

[81] Zhao Mingwei, He Haonan, Dai Caili, et al. Enhanced oil recovery study of a new mobility control system on the dynamic imbibition in a tight oil fracture network model [J]. Energy & Fuels, 2018, 32 (3).

[82] Yuming Xu, Tadeusz Dabros, Hassan Hamza. Study on the mechanism of foaming from bitumen froth treatment tailings [J]. Journal of Dispersion Science and Technology, 2007, 28 (3).

[83] Guo Kun, Li Hailong, Yu Zhixin. In-situ heavy and extra-heavy oil recovery: A review [J]. Fuel, 2016.

[84] Jarvis Jacqueline M, Robbins Winston K, Corilo Yuri E, et al. Novel method to isolate interfacial material [J]. Energy & Fuels, 2015.

[85] 余大民. 旋流聚结技术初探 [J]. 油气田地面工程, 1996, 15 (5): 22, 60.

[86] 刘永飞. 组合式旋流聚结器的结构开发及分离性能的实验研究 [D]. 青岛: 中国石油大学, 2013.

[87] 刘晓敏, 蒋明虎, 李枫, 等. 聚结装置的研制与增压方式的优选试验 [J]. 石油矿场机械, 2004, 33 (4): 35-38.

[88] 赵文君, 赵立新, 徐保蕊, 等. 聚结-旋流分离装置流场特性的数值模拟分析研究 [J]. 流体机械, 2015, 43 (7): 22-26.

[89] 赵崇卫, 王春刚, 龚建, 等. 聚结耦合水力旋流组合设备的研制 [J]. 石油机械, 2018, 46 (01): 83-87.

[90] 邢雷. 旋流场内离散相油滴聚结机理及分离特性研究 [D]. 大庆: 东北石油大学, 2019.

[91] Luo H. Svendsen H F. Theoretical model for drop and bubble break up in turbulent dispersions [J]. Aiche Journal, 1996, 42 (5): 1225-1233.

[92] Prince M J. Blanch H W. Bubble coalescence and break-up in air-sparged bubble columns [J]. Aiche Journal, 2010, 36 (10): 1485-1499.

第九章

旋流分离过程的颗粒重置强化

通过构建位于旋流器入口前端的离心力场或惯性力场，能够在不引入外界能量场及过多附加设备的基础上，借助小型分散相排序器，将入口分散相重新排序并分股喷入，实现基于不同分散相自身分离难度，对具有不同粒径范围的分散相液流，组织针对性的旋流分离过程，从而提升整体分离效率，具有加工成本及运行费用低、易于实施、旋流强化效果明显等优势。本章将聚焦于入口分散相重排序的旋流强化技术，对基于惯性力场和离心力场进行分散相重排序的旋流强化原理、排序器结构类型及应用于液液、固液、气固两相的分散相重排序强化技术及研究成果进行系统的介绍和分析。在此基础上，从组织构建分散相重排序后的多股液流，选择促进多股液流间协同高效分离的旋流场入射位置，强化分散相移动过程中的聚并长大和/或惯性碰撞等角度出发，总结分散相重排序的技术路线并进行了研究展望。

第一节　分散相重排序强化旋流分离原理及分散相排序器

一、常规旋流器分离过程

首先以用于油水两相分离的双锥水力旋流器为对象[1]，对旋流器的分离过程进行说明。图 9-1（a）为通过数值计算得到的入口内部油相浓度分布（入口含油浓度为 3%），大小不同的油滴在进入旋流器之前，在入口截面处随机分布，并且入口内部的油相分布基本不随入口位置的变化而发生改变。图 9-1（b）给出旋流器内部油相运移过程示意，在油水混合物流入旋流腔后，液流将在旋流腔内进行高速旋转流动，分散相油滴受到向中心的径向迁移力，使油滴在高速旋转过程中，逐渐由近壁面区域向中心运移，并逐渐在中心溢流管内部产生富油流。在油相运移过程中，微小粒径油滴间将发生碰撞聚并，使粒径逐渐增大，有利于油滴的快速运移。

二、理论模型

在旋流场中，假设分散相的密度相同。大小不一的颗粒将受到不同的径向力及轴向力，从而产生不同的运动速度和运动轨迹，不同粒径分散相在旋流场内运移过程中发生一定的分选和排序现象。在这个过程中，分散相主要受重力、离心力、流体阻力和连续相速度/压力梯度产生的附加力影响。表 9-1 描述了当分散相密度小于连续相密度时分散相的受力表达式，其中，d 为分散相直径，ρ_1 为分散相密度，ρ 为连续相密度，r 为分散相绕旋流器轴心的旋转半径，A 为分散相沿运动方向的投影面积，u_t 为分散相的切向速度，v 为分散相与连续相间的径向相对速度，ω 为分数相与连续相间的轴向相对速率，ζ 为阻力系数，u_r 为分散相相对于连续相在径向上保持运行平衡时的径向相对速度，u_z 为分散相相对于连续相在轴向上保持运行平衡时的相对速度。当分散相的密度大于连续相密度时，分散相迁移过程的相关理论方程详见文献［2］。

当分散相相对于连续相流体的径向和轴向运动保持平衡时，由表 9-1 给出的径向和轴向关系式可知，在旋流器入口侧到出口侧的轴向上，以及从旋流器中心区到外壁面的径向上，分散相的尺寸及质量分布逐渐增大。说明对于不同大小粒径的分散相，在旋流场内流动过程中，其沿轴向和径向迁移及分布的规律是不同的。因此，我们可以利用该规律，对入口处分散相进行重排序，使不同大小的分散相在有利于其高效分离的位置进入旋流场内部。

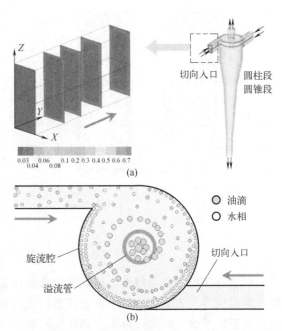

图 9-1 常规油水旋流器分离过程

表 9-1 分散相迁移过程的理论方程

沿径向受力		沿轴向受力	
分散相所受离心力 F_C	$F_C=\dfrac{\pi d^3}{6}\rho_1\dfrac{u_t^2}{r}$	分散相所受重力 F_g	$F_g=\dfrac{\pi d^3}{6}\rho_1 g$
分散相所受沿径向压力梯度力 F_B	$F_B=\dfrac{\pi d^3}{6}\rho\dfrac{u_t^2}{r}$	分散相所受沿轴向压力梯度力 F_b	$F_b=\dfrac{\pi d^3}{6}\rho g$
分散相所受沿径向斯托克斯阻力 F_D	$F_D=\zeta\dfrac{A\rho v^2}{2}=\zeta\dfrac{\pi d^2\rho v^2}{8}$	分散相所受沿轴向斯托克斯阻力 F_d	$F_d=\zeta\dfrac{A\rho\omega^2}{2}=\zeta\dfrac{\pi d^2\rho\omega^2}{8}$
分散相沿径向受力平衡关系式	$F_B-F_C-F_D=0\Rightarrow\dfrac{\pi d^3}{6}\rho\dfrac{u_t^2}{r}-\dfrac{\pi d^3}{6}\rho_1\dfrac{u_t^2}{r}-\zeta\dfrac{\pi d^2\rho u_t^2}{8}=0$	分散相沿轴向受力平衡关系式	$F_b-F_g-F_d=0\Rightarrow\dfrac{\pi d^3}{6}\rho g-\dfrac{\pi d^3}{6}\rho_1 g-\zeta\dfrac{\pi d^2\rho u_z^2}{8}=0$
分散相粒径 d 与其径向位置 r 的关系	$r=\dfrac{4(\rho-\rho_1)}{3\zeta\rho}\left(\dfrac{u_t}{u_r}\right)^2 d$	分散相粒径 d 与轴向相对速率 u_z 的关系	$u_z=\sqrt{\dfrac{4d(\rho-\rho_1)g}{3\zeta\rho}}$

三、分散相重排序强化旋流分离原理

旋流器入口分散相重排序过程及旋流强化原理如图 9-2 所示。借助设置于旋流器入口前端的分散相排序器，可以在离心力场或惯性力场作用下，将入口处无序排列的分散相液流调整为有序排列，也就是将具有不同大小粒径范围的分散相进行分区排布，形成富含大粒径分散相液流和富含小粒径分散相液流的多股液流，而后分别由特定位置高速流入旋流场内。该过程目的是根据不同大小分散相的自身特性及相互间作用，优化各股液流的入射位置及促进液流间的协同分离效果，从而强化全粒径范围内分散相的高效分离。

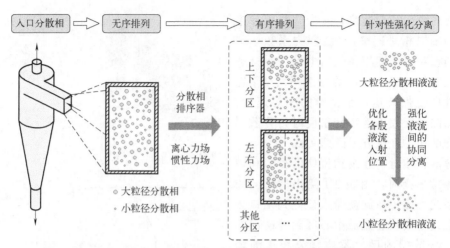

图 9-2 旋流器入口分散相重排序过程及旋流强化原理示意图

根据分散相的自身特性，对于气相和液相而言，当相邻液滴或气泡相互接触时，由于接触点附近压力与表面张力的平衡被打破，将出现液滴或气泡间的聚并现象（液滴/气泡聚结）以达到新的平衡。因此，对于液滴或气泡而言，考虑到分散相的粒径越大，其表面积越大，在径向迁移过程中，对周围小粒径分散相的碰撞聚并概率越大，从而能够利用分散相间的聚并长大机制，强化大粒径分散相对小粒径分散相的聚并效果，以提升分离效率。对于固相颗粒而言，由于大颗粒具有较大的惯性，可利用大颗粒碰撞小颗粒过程中的动量传递，加速小颗粒向壁面附近的迁移过程。对于分散相浓度不同的液流而言，分散相的聚并/碰撞效果将随其浓度的增大而增强。需要强调的是，无论是利用分散相间的聚并现象还是碰撞效果，将分散相重排序后的各股液流布置于合适的旋流场入射位置都非常重要。概括而言，可将小粒径分散布置于强旋流场内且具有较大停留时间的入射位置，同时防止其未经分离而直接排出。对于较容易分离的大粒径分散相，可在保证自身分离效率的同时，选择合适的入射位置，以构建大粒径分散相聚并或碰撞小粒径分散相的流动模式。表 9-2 为针对不同气、液、固分散相重排过程中可采用的强化分离思路。

表 9-2 分散相重排过程中可采用的强化分离思路

分散相	连续相	密度关系	利用分散相移动过程中的聚并长大	利用分散相移动过程中的惯性碰撞	布置各股液流于合适的入射位置
液	液	$\rho_{分散相} \neq \rho_{连续相}$	√	×	√
固	液	$\rho_{分散相} > \rho_{连续相}$	×	√	√
气	液	$\rho_{分散相} < \rho_{连续相}$	√	×	√
液	气	$\rho_{分散相} > \rho_{连续相}$	√	×	√
固	气	$\rho_{分散相} > \rho_{连续相}$	×	√	√

四、分散相排序器类型

图 9-3 给出了四种典型的分散相排序器结构。其中，图 9-3（a）为弯管排序器，其原理是液流在弯管内流动过程中将发生急速转向，在离心力和惯性力的共同作用下，分散相发生分离和重新排序[3]。图 9-3（b）为在旋流器已有切向入口的内部设置挡块结构，当液流流经挡块时，由于过流面积缩小及流速增大，在挡块后方将形成低速低压的涡流区，容易将低密度分散相卷吸进入涡流区内，实现对分散相的重排序[4]。图 9-3（c）为旋流排序器，其原理类似旋流分离过程，通过位于其内部的高速旋流场对分散相进行重排序[5]。图 9-3（d）

所示为螺旋排序器,通过螺旋流道的旋转导流作用,实现对分散相的重排序[6]。对比几种典型的排序器结构,图 9-3(a)和图 9-3(b)所示结构较为简单、占地空间小且易于安装,相比之下,图 9-3(c)和图 9-3(d)所示结构要稍显复杂,但能够组织具有较大停留时间的旋流场,对分散相,尤其是小粒径分散相的排序效果要更强。除了以上介绍的四种典型排序器外,其他能够实现多相间分离的装置和结构也可用于对分散相进行重排序[7]。

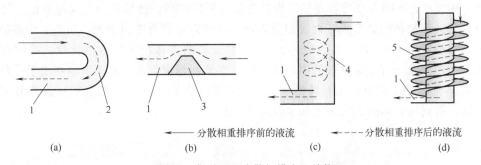

图 9-3 典型入口分散相排序器结构
1—连接旋流器切向入口端;2—弯管;3—挡块;4—旋流腔;5—螺旋流道

第二节　分散相重排序强化旋流分离研究进展

一、分散相重排序强化液液分离

1. 入口弯管排序

基于入口弯管排序器 [图 9-3(a)],赵等设计开发了一种分散相重排序梯级分离的水力旋流器[3],适用于对液液等两相介质间的高效分离。图 9-4 以油水两相分离为例,给出了该旋流器的结构及油滴重排过程示意图。该旋流器的主要结构及运行特点为:油水混合介质在流经入口弯管过程中,分散相油滴将发生重排序及碰撞聚并过程,使小粒径和大粒径油滴分别富集于弯管的内、外侧区域。同时,考虑到大粒径油滴在较大直径旋流腔内即可实现高效分离,而小粒径油滴则需要直径较小的旋流腔以增大其所受到的径向迁移力,因此在该种旋流器中,构建了同时适用于大、小粒径油滴高效分离的两层同轴旋流室。具体而言,首先借助分隔板将油滴重排序后的小粒径油滴液流和大粒径油滴液流分成两股液流,而后分别通过内、外两层切向入口送入内、外层旋流腔内,由于内层旋流腔的直径较小,可以增大小粒径油滴旋转过程中向中心处的径向迁移力,提高对小粒径油滴的分离效率。需要说明的是该类型旋流器中,分散相排序器也可为除弯管外的其

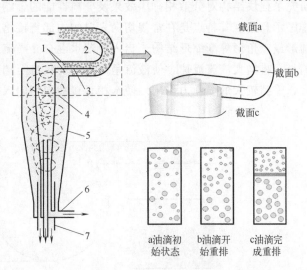

图 9-4 基于入口弯管排序的旋流器结构及油滴重排示意图
1—相邻双切向入口;2—入口弯管;3—分隔板;4—小直径旋流腔;
5—大直径旋流腔;6—合并切向底流管;7—双层同轴溢流管

他类型排序器，同时，也可根据分散相的粒径分布范围，设置三层及以上的同轴旋流腔。

为了获得该类型旋流器的分离特性，马骏等首先采用数值模拟方法研究了弯管排序器角度对分散相排序效果及分离性能的影响。图 9-5 为不同入口弯管角度下的油滴粒径分布。可见，当弯管角度由 0°增大至 180°时，对油滴的重排序和聚结效果逐渐增强。原因可归结为增大弯管角度将同时增加油滴在急速转向过程中所受到的惯性力，从而促进了油滴迁移及聚并过程。图 9-6 为不同入口弯管角度下出口处油滴平均粒径。能够更为直观地看出，外层切向入口处的油滴粒径整体要大于内层切向入口，且随着弯管角度的增大，油滴平均粒径均呈逐渐升高的趋势，并在 180°时达到最大。结合对旋流器本体结构的数值优化，能够在大直径旋流腔的内侧及小直径旋流腔的中心处形成高浓度油相聚集区，分离效率相比于优化前提高了 2.85%[8]。为了验证数值计算结果，马骏等进一步开展了 180°弯管的旋流器分离性能实验测试，得到优化运行工况下的油水分离效率达 97.08%。

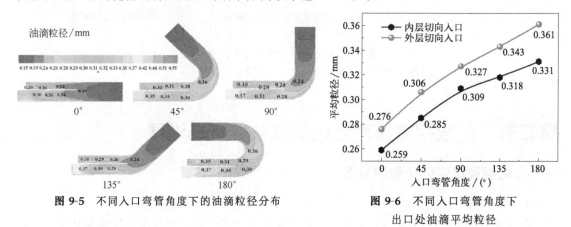

图 9-5 不同入口弯管角度下的油滴粒径分布　　**图 9-6** 不同入口弯管角度下出口处油滴平均粒径

2. 入口挡块排序

针对图 9-3（b）所示的入口挡块分散相排序思路，Liu 等基于常规双锥水力旋流器[4]，研究了挡块结构对分散相排序效果及分离性能的影响。图 9-7 为入口挡块结构类型及油滴重排序示意图。其特点是在常规切向入口的内部直接增加挡块，其中，挡块结构可为梯形、半圆形或三角形等渐缩形结构。当入口油水混合介质流经挡块时，由于液流通道的截面积逐渐缩小，将增大液流流速，使液流呈高速喷射状流至挡块后方。在流动过程中，由于水的密度大，受到较大的惯性力作用，使水相直接冲向切向入口的外侧区域（相对于旋流腔中心），

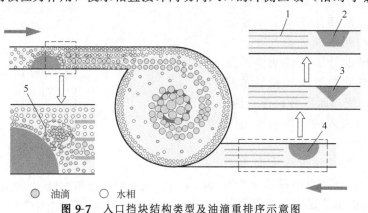

图 9-7 入口挡块结构类型及油滴重排序示意图

1—分隔板；2—梯形挡块；3—三角形挡块；4—半圆形挡块；5—油滴聚集区

同时，由于在挡块后方形成低速低压涡流区，容易将低密度的油相卷吸进入该涡流区内，而后由切向入口的内侧区域（相对于旋流腔中心）高速流出，从而实现对油滴的重排序。为了防止重排序后液流在后续流动过程中相互掺混，在挡块后方设置了多层分隔板对液流进行导向，同时也达到了对油滴的聚结效果。而后，经重排序的液流沿切向高速进入旋流腔，富水相在靠近旋流腔的内壁区域流入，而大部分油相在进入旋流场前直接在靠近旋流腔的中心处流入，能够缩短油滴向中心迁移的径向距离，促进油相的快速分离[4]。

　　为了研究及验证入口挡块对油滴重排序强化旋流分离的可行性，Liu等进一步研究了梯形、半圆形及三角形挡块对重排序效果的影响[4]。图9-8所示为不同结构挡块的入口油相浓度分布。可见，在三种挡块的顶部及后方，均发生了明显的油滴重排序现象。同时，在挡块后方的涡流区内，形成了明显的油相富集区，对应三角形挡块的高浓度油相区域最大[图9-8（a）]，其次是梯形[图9-8（c）]和半圆形[图9-8（b）]。由于梯形挡块和三角形挡块产生的严重涡流，增加了涡流内油相进入出口分隔通道的难度，因此梯形挡块和三角形挡块的油相浓度均高于半圆形。综合考虑重排后的油滴尺寸、浓度、速度分布及压力损失情况，选取半圆形作为优化的入口挡块结构。图9-9对比了采用半圆形挡块排序器前后的旋流分离效率。增大入口流量及溢流分流比，两种旋流器的油相分离效率均表现出相同的变化规律，但增加入口挡块后的整体分离效率要高出约7~8个百分点。

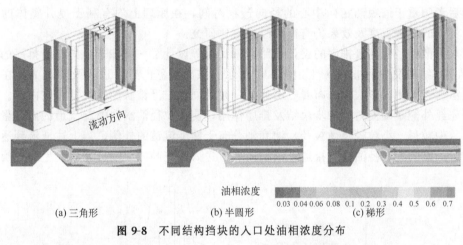

(a) 三角形　　　　　(b) 半圆形　　　　　(c) 梯形

图 9-8　不同结构挡块的入口处油相浓度分布

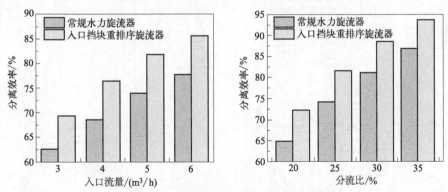

图 9-9　入口流量和分流比对分离效率的影响

3. 其他新型排序强化

除了前面两节介绍的分散相重排序旋流器外，尚有多种新型液滴排序器结构设计，有待进行深入的研究及性能分析，具有代表性的有入口反转流道排序水力旋流器及径向梯级排序水力旋流器等[6,9]。

在油滴重排序方面，徐保蕊等设计了一种入口反转流道排序水力旋流器[6]，其结构及油滴重排序过程如图 9-10 所示。该旋流器的运行原理为：油水混合液由轴向入口进入螺旋排序器内，在液流高速旋转过程中，受离心力作用发生分散相的重排序，使大粒径油滴及小粒径油滴分别集中于螺旋流道的内侧和外侧，而后经重排序的油滴进入反转螺旋流道内。由于该反转螺旋流道与入口螺旋流道旋转方向相反，因此混合液经反转螺旋流道后，会使原螺旋流道内圈的大油滴直接运移到旋流腔内近壁面区域，而外圈区域内较难分离的小油滴则直接被运移到旋流腔内邻近溢流管的区域。通过以上对油滴的重排序，能够将大粒径分散相油滴导向至旋流腔内壁附近流入，这将增大大油滴向中心运移过程中与小油滴的碰撞聚并概率。并且，由于小粒径油滴被反转螺旋流道直接运移至靠近溢流口区域，即使不被大油滴碰撞聚并，也会由于靠近溢流管而减少其向中心的运移时间，提升其分离效率。此外，为了防止液流在反转螺旋流道内出现素流，可在流道内设置分隔板进行导向。对比此处所述的入口反转排序与前面分析介绍的入口挡块排序，不同点在于重排序后的大粒径油相的入射位置不同，入口反转排序目的是将大粒径油相在近内壁区入射，而入口挡块排序是将大粒径油相在靠近中心处入射。从分离强化机理上来讲，前者侧重于大粒径油相对小粒径油相的聚并效果，而后者侧重于缩短油相向中心的径向迁移时间，在原理上均有利于提升整体的分离效率，但具体的促进程度及效果仍有待后续的对比研究。

针对分散相径向梯级排序的设计思路，宋民航等设计了一种基于径向梯级排序的水力旋流器[9]，其结构及油滴排序原理如图 9-11 所示。该旋流器的运行过程及原理为：在旋流腔上部的溢流管外侧，依次梯级布置三层通道，并共同位于呈锥状的梯级排序室内部。油水混合液首先经外侧螺旋流道的初步聚结及排序作用，使大粒径油滴向螺旋流道的内侧聚集，较小粒径（中粒径、小粒径及微粒径）油滴则分布于螺旋流道的外侧。当上述液流到达分隔板时，靠近内侧的大粒径油滴直接通过内切向入口送入旋流腔内壁附近，并发生高速旋转，而

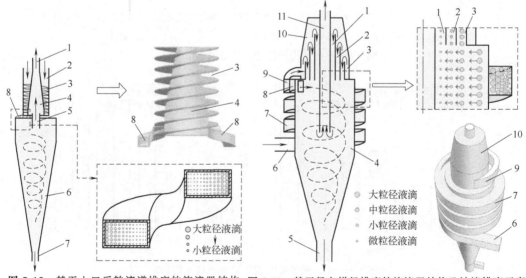

图 9-10 基于入口反转流道排序的旋流器结构及油滴排序示意图

1—富集管；2—入口管；3—螺旋片；4—空心圆锥管；
5—溢流管；6—锥段；7—底流管；8—反转螺旋流道

图 9-11 基于径向梯级排序的旋流器结构及油滴排序示意图

1—微粒径通道；2—小粒径通道；3—中粒径通道；4—旋流腔；
5—底流管；6—螺旋管入口；7—螺旋管；8—内切向入口；
9—外切向入口；10—梯级聚结腔；11—溢流管

外侧较小粒径（中粒径、小粒径及微粒径）的油滴沿切向进入梯级排序室内，并在高速旋转过程中，基于不同大小油滴的分离难易程度，对中、小、微粒径油滴进行重新排序，并依次由中粒径通道、小粒径通道及微粒径通道流出，从而在旋流腔上部，由外至内形成油滴粒径由大到小的梯级排序规律，使油滴在向中心迁移的过程中，实现由大到小的高效聚并效果。

二、分散相重排序强化固液分离

1. 蜗壳式入口排序

在固液旋流分离方面，已有实验结果表明[10]，对于相同尺寸的颗粒而言，若颗粒从切向入口处远离旋流器轴心的区域流入，经旋流分离后的底流中颗粒含量要远高于颗粒从切向入口内侧区域流入的情况。而颗粒从切向入口处靠近旋流器轴心的区域流入时，经旋流分离后的溢流中颗粒含量要远高于颗粒从切向入口外侧区域流入的情况。因此，在传统固液分离水力旋流器中，一些粗颗粒被快速分离至溢流中，而一些细颗粒容易进入到底流中，降低了旋流器的分级效率。在对入口处的颗粒重排序方面，Yang等借助数值模拟方法定量获得了颗粒排序位置对颗粒运动轨迹及分布的影响规律[11]。上述研究均表明，对入口处颗粒进行重排序有利于提高细颗粒的分离效率。为了提高对颗粒相的分级效率，Liu等设计了一种颗粒排序型水力旋流器，将常规切向入口设计为具有离心沉降功能的蜗壳室[12]，具体结构及颗粒排序示意如图9-12所示。通过蜗壳式入口结构，液流在流入旋流腔时，大粒径颗粒主要从旋流腔内壁区流入，而小粒径颗粒则从靠近于旋流腔中心处流入，从而实现对颗粒的重排序。

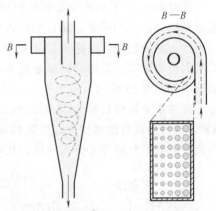

图 9-12　基于蜗壳入口排序的旋流器结构及颗粒排序示意图

针对常规切向入口水力旋流器及图9-12所示的旋流器结构，Liu等开展了对比试验测试，使用来自于研磨机的固液混合物作为分离介质，其中，固体颗粒以石英为主，密度为 $2700kg/m^3$。研究得到采用切向入口及蜗壳式入口的粒径分级效率如图9-13所示[12]。对比切向入口水力旋流器，由于蜗壳室对颗粒的排序功能使旋流器内的粗颗粒更容易进入到底流中，同时细颗粒更容易运移至溢流中，因此蜗壳式入口水力旋流器对细小颗粒具有更高的分

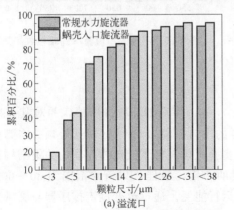

(a) 溢流口

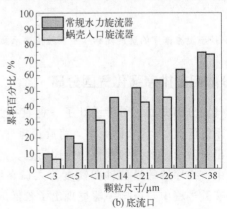

(b) 底流口

图 9-13　溢流口和底流口处粒径分布情况对比
注：常规水力旋流器即为采用切向入口的水力旋流器。

级效率，尤其对于直径小于 $31\mu m$ 的细颗粒，其分级效率要比传统水力旋流器高出 $11\%\sim18\%$。说明入口蜗壳结构对颗粒相的重排序，能够显著提高固液旋流器的分级性能。

2. 旋流式入口排序

Yang 等针对用于低浓度精细催化剂分离的微型旋流器，设计了一种新型颗粒排序单元（PAU），并使用该排序单元对微型旋流器入口处的固体颗粒进行排序[5]。图 9-14 为该旋流器结构及颗粒排列单元示意图。其中，当 PAU 出口外壁与微型旋流器入口外壁连接时，PAU 内流体的旋转方向与微型旋流器相同，使得微型旋流器入口横截面上的固体颗粒从内壁至外壁呈粒径增大的排列方式，称之为 PRM 水力旋流器 [图 9-14（a）]。当 PAU 出口外壁与微型旋流器入口内壁连接时，PAU 内流体的旋转方向与微型旋流器相反，使得微型旋流器入口横截面上的固体颗粒获得相反的颗粒排列顺序，称之为 RRM 水力旋流器 [图 9-14（b）]。

针对图 9-14 所示的旋流器及颗粒排序单元，研究表明旋流器入口处的颗粒入射位置对其运动轨迹的影响显著，靠近切向入口外壁或入口下部的颗粒更容易从底流口排出，而从入口上部入射的颗粒容易进入循环流中并从短路流排出[5]。并且，颗粒粒径越大，入口处颗粒入射位置对其运移路径的影响越小，整体的运移路径越短。不同入口流量对颗粒收集效率的影响如图 9-15 所示，对于平均粒径为 $0.53\mu m$ 和 $1.32\mu m$ 的颗粒，RRM 水力旋流器可以将分离效率分别提高至 83% 和 85%，远高于常规水力旋流器和 PRM 水力旋流器。原因是 RRM 水力旋流器能够使入口处颗粒从内壁至外壁的粒径分布逐渐减小，靠近入口外壁流入旋流腔的细颗粒更容易流入底流，从而提高了整体的分离效率。

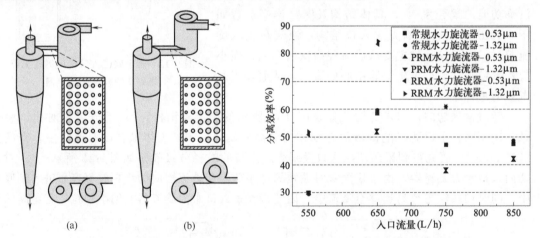

图 9-14　基于旋流排序的旋流器结构及颗粒排序示意图　　图 9-15　不同入口流量下的颗粒收集效率

三、分散相重排序强化气固分离

在气固分离方面，付等设计了一种直径为 75mm 的旋流颗粒排序器，并对其排序性能进行了系统研究[13]。该研究中，将旋流排序器的出口分隔为 12 个区域开展颗粒物测量，能够获得出截面上的详细颗粒物排序信息。经实验优化获得了旋流排序器的关键结构设计参数，其中，排序器的最佳轴向高度为入口高度的 5 倍，最佳入口流量范围为 $30\sim60m^3/h$。并且在实验过程中，该排序器显现出了较低的运行能耗。通过改变旋流排序器与旋风分离器间的布置方向，能够调整重排序后颗粒从旋风分离器入口段的不同位置进入分离器内部，从而优化气固分离效率。图 9-16 所示为四种旋流排序器布置方式及入口颗粒排序示意图。

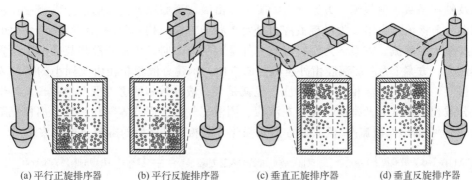

| (a) 平行正旋排序器 | (b) 平行反旋排序器 | (c) 垂直正旋排序器 | (d) 垂直反旋排序器 |

图 9-16 旋流排序器布置方式及颗粒排序示意图

付的研究表明，在入口颗粒平均粒径为 $15.7\mu m$ 时，采用垂直反旋布置方式的旋风分离器出口 $PM_{2.5}$ 浓度为 $30.8mg/m^3$，比未加装旋流排序器时的出口浓度值 $118.4mg/m^3$ 降低了 $87.6mg/m^3$，说明增加排序器能够有效提高对细颗粒物的分离效率，不同排序器布置方式下的分离效率及出口粒径分布如图 9-17 所示。在垂直反转布置方式下，小颗粒从入口的径向外侧和轴向下侧进入旋风分离器内，这是有利于小颗粒分离的最佳入口位置[14]。在这个过程中，虽然较大的颗粒被调整在不利于分离的入口位置，但由于其受到的离心力足够大，可以很容易地向内壁区移动而被分离。优化结构下的分离效率可达 98.3%，相比于增加颗粒排序器前提升了 6.4%，尤其对于 $PM_{2.5}$ 的分离效率提升了 15%～20%[15]。

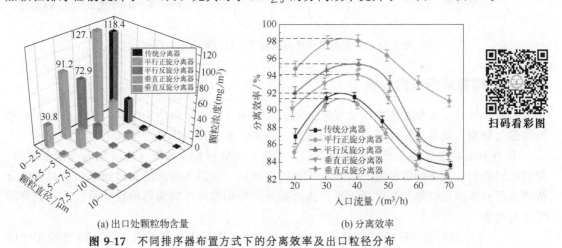

| (a) 出口处颗粒物含量 | (b) 分离效率 |

图 9-17 不同排序器布置方式下的分离效率及出口粒径分布

第三节　分散相重排序技术路线及研究展望

一、分散相重排序技术路线

基于以上分散相排序器设计及研究成果，图 9-18 进一步总结了分散相重排序后的液流入射方案及适用范围。通过分散相排序器可以将入口混合液分成富含大粒径分散相液流、富含中粒径分散相液流及富含微粒径分散相液流等多股液流，可根据分散相及各股液流的自身特性，选择旋流场内合适的位置入射。其中，方案 a 为根据分散相粒径范围构建适于自身高效分离的多层同轴旋流腔；方案 b 为沿旋流腔由外至内径向方向，构建分散相粒径由大到小的切向及轴向梯级入射液流；方案 c 为沿旋流腔由溢流至底流方向，构建分散相粒径由大到小的切向入射液流；方案 d 为沿旋流腔由外至内径向方向，构建分散相粒径由小到大的切向及轴向梯级入射液流；方案 e 为沿旋流腔由外至内径向方向，构建分散相粒径由小到大的切向入射液流；方案 f 为沿旋流腔由外至内径向方向，构建分散相粒径由大到小的切向入射液流。根据气、液、固分散相的自身特性，也就是气、液分散相的密度低及聚并长大特性，以及颗粒分散相的密度大及碰撞特性，在液液、固液、气液、固气等两相旋流分离情况下，可参考图 9-18 中给出的液流/气流入射方案来强化分散相重排序后的旋流分离效率。

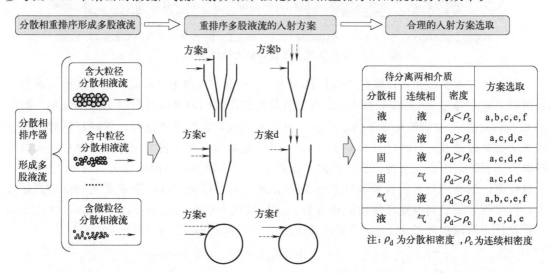

图 9-18 分散相重排序后的液流入射方案及适用范围

二、分散相重排序研究展望

目前，针对分散相重排序强化旋流分离的相关研究，主要集中于液液、固液、气固两相间的强化分离，诸多系统性研究工作仍有待进一步开展。具体研究展望如下：

① 在分散相重排序旋流强化机理方面，需进一步结合数值计算方法及实验室测量手段，开展不同类型分散相间的碰撞、聚并及迁移特性研究，获得从旋流器入口到出口全过程的分散相粒径分布演化规律及其影响因素，从而指导分散相重排序旋流器的设计及优化，提高旋流分离效率。

② 已有分散相重排序研究主要集中于对两相液流的强化分离过程，而在旋流器实际应用中，还存在多级两相旋流器串联工艺以及三相旋流分离器。对于两相旋流器串联情况，需进一步开展多级分散相重排序研究；而对于三相旋流器而言，由于存在更为复杂的旋流场，需要综合考虑三相介质自身性质、各相间的相互影响及合理的入射位置，进行系统研究。

③ 开展分散相重排序与多种旋流强化技术间的耦合强化效果研究。将传统旋流分离方法与新型强化分离技术相结合是提高分离效率的重要途径，需要在分散相重排序以及聚结强化、气泡增强、动态旋流分离等的基础上，进一步耦合重力场、电场、磁场、超声场等多物理场以及新型分离材料，深入挖掘各类技术间的协同强化分离性能。

参 考 文 献

[1] Thew M. Hydrocyclone redesign for liquid-liquid separation [J]. Chem. Eng. , 1986, 7: 17-23.

[2] Fu P, Wang F, Ma L, et al. Fine particle sorting and classification in the cyclonic centrifugal field

[J]. Sep. Purif. Technol. ，2016，158：357-366.

[3] 赵立新，宋民航，杨宏燕，等. 基于粒径选择的水力旋流分离装置：201811002039.1 ［P］. 2020-06-02.

[4] Liu Lin，Zhao Lixin，Sun Yian，et al. Separation performance of hydrocyclones with medium rearrangement internals ［J］. Journal of Environmental Chemical Engineering，2021，9：105642.

[5] Yang Q，Wang H，Liu Y，et al. Solid/liquid separation performance of hydrocyclones with different cone combinations ［J］. Separation and Purification Technology，2010，74：271-279.

[6] 赵立新，蒋明虎，徐保蕊，等. 轴流式反转入口流道旋流器：201510232863.6 ［P］. 2017-03-15.

[7] Zhao Lixin，Xu Baorui，Jiang Minghu，et al. Flow-field distribution and parametric-optimisation analysis of spiral-tube separators ［J］. Chemical Engineering Research and Design，2012，90：1011-1018.

[8] 马骏，何亚其，白健华，等. 入口结构对粒径重构旋流器分离性能影响分析 ［J］. 机械科学与技术，2021，40（9）：1347-1354.

[9] 宋民航，赵岩，邵春岩，等. 一种粒径分级聚结式旋流器：201920899416.X ［P］. 2020-06-05.

[10] Wang Z，Chu L，Chen W，et al. Experimental investigation of the motion trajectory of solid particles inside the hydrocyclone by a Lagrange method ［J］. Chem. Eng. J. ，2008，138：1-9.

[11] Yang Q，Lv W，Ma L，et al. CFD study on separation enhancement of mini-hydrocyclone by particulate arrangement ［J］. Sep. Purif. Technol. 2013，102：15-25.

[12] Liu P，Chu L，Wang J，et al. Enhancement of hydrocyclone classification efficiency for fine particles by introducing a volute chamber with a pre-sedimentation function ［J］. Chem. Eng. Technol. ，2008，31：474-478.

[13] 付鹏波，汪林华，王飞，等. 进口颗粒排序型旋流器：201610665460.5 ［P］. 2019-01-01.

[14] Elsayed K，Lacor C. The effect of the dust outlet geometry on the performance and hydrodynamics of gas cyclones ［J］. Comput. Fluids，2012，68：134-147.

[15] Fu P，Wang F，Yang X，et al. Inlet particle-sorting cyclone for the enhancement of PM2.5 separation ［J］. Environmental Science & Technology，2017，51（3）：1587-1594.

第十章

旋流分离过程的气携强化

气携式水力旋流器把旋流分离技术与气浮选技术巧妙地结合在一起，其多力场耦合效应有效地改善水力旋流器的分离效果。气携式液液水力旋流器是在以往的常规静态水力旋流器的基础上向旋流器内部注气，利用注入微气泡的携带作用将难以分离的细小油滴运移至核心处，以促进油水分离。由于是利用气泡的携带作用，故名气携式液液水力旋流器。

气体密度在油气水三相中最小，在注气条件下，当气体以一定形式进入水力旋流器后，会有一部分气体进入旋流器的核心处，最终由溢流口排出。在此过程中，如果气泡的粒径大小适当，将会携带油滴，形成油气复合体，从而加速油滴的运移过程，同时也会将粒径微小难以分离的油滴带入核心处，实现气浮选和旋流分离的协同效应。但如果气泡粒径过大，在其向中心运移时，速度明显加快，在混合介质中的停留时间变短，则携带油滴的能力降低；另一方面，过量气体占据旋流器中心大部分空间，不利于油相从溢流口排出。

20 世纪 80 到 90 年代，Miller 等对气携式水力旋流器的分选机理展开了研究[1-4]，利用旋流器内的离心力作用和边壁充气方式，对细粒物料进行快速浮选。1987 年，Baker 等人对气携式水力旋流器内的平均停留时间做了试验研究[5]，选用直径 46.7mm、长度 33.4mm的气携式水力旋流器，其水相从入口进入到底流排出的平均停留时间为 0.5～1.0s。许多学者先后对气携式水力旋流器内的流场特性、气泡的形成以及浮选特性等方面做了研究，并得出了一些有益的结论，为阐明气携式水力旋流器的浮选机理提供了依据。90 年代前后，褚良银等[6-9]通过改进试验装置和测试手段对旋流器内压力场分布、气泡运行行为、颗粒受力与运动进行了研究，并取得了一些理论上的突破。东北石油大学针对气携式液液分离水力旋流器油水分离方面开展了相关的研究工作[10-15]，对注气方式、注气位置、微孔孔径以及操作参数等对分离效率的影响开展了相关研究。

第一节　强化原理

在常规脱油型油水分离旋流器中，油为分散相介质，水为连续相介质。而在气携式旋流器中，大部分油相是以油气复合体的形式由气泡携带而排出。

一、离心力

油气复合体受到的离心力 F_a 可表示为：

$$F_a = m_c a_t = \frac{\pi}{6} d^3 \rho_c \frac{v_t^2}{r} \tag{10-1}$$

式中，m_c 为油气复合体的质量；ρ_c 为油气复合体的密度；d 为油气复合体的直径；v_t 为油气复合体的切向速度；r 为回转半径。

显然，离心力是使油气复合体向外（指向器壁）运动的力。

二、浮力

旋流器内的流场为组合涡，而涡流运动的特点是外部压力最高，轴心处压力最低，径向存在压力差。由压力差产生的力叫浮力。浮力也是造成油气复合体径向流动的原因之一。

为分析方便，在任意半径 r 处取一微元体，如图 10-1 所示，设其质量为 m，当量直径为 d。微元体以切向速度 v_t 运动时，作用其上的离心力为 mv_t^2/r。由于压力差的存在，假定微元体外侧压力为 $p+\mathrm{d}p$，而内侧压力为 p，径向上压力梯度为 $\mathrm{d}p/\mathrm{d}r$。微元体周围的连续相介质可看作做匀速圆周运动，其质量为 m_w 时，对直径为 d 的油气复合体在径向上的作用力 F_P 可写作：

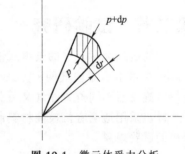

图 10-1 微元体受力分析

$$F_P = \frac{\pi}{6}d^3 \times \frac{\mathrm{d}p}{\mathrm{d}r} = m_w \frac{v_t^2}{r} = \frac{\pi}{6}d^3\rho_w \frac{v_t^2}{r} \qquad (10\text{-}2)$$

式中，ρ_w 为连续相水的密度。

比较式（10-1）和式（10-2），由于在气携式旋流器中，连续相介质为水，分散相介质视为复合体，则 $\rho_w > \rho_c$，因此 $F_P > F_a$。显然，F_P 是指向核心的，浮力是使油气复合体向内（指向核心）运动的力。在这个力的作用下，轻质相油气复合体向内运动的速度大于连续相水的速度，产生了分离。

三、径向运动阻力——斯托克斯阻力

当油气复合体沿径向相对于水运动时，液体的黏性会对其运动产生阻力。如果旋流器中混合液的动力黏度为 μ，油气复合体与水在径向上的相对运动速度为 v_r，则其沿径向运动时，油气复合体所受阻力用斯托克斯公式表示为：

$$F_S = 3\pi\mu d v_r = \frac{18 m_c \mu v_r}{d^2 \rho_c} \qquad (10\text{-}3)$$

显然，F_S 的方向是指向器壁的。

四、径向运动方程

油气复合体在此仅考虑其在径向上所受的离心力 F_a、浮力 F_p 和斯托克斯阻力 F_s，则在径向上所受的合力为

$$\sum F = F_p - F_a - F_s \qquad (10\text{-}4)$$

此合力正是使油气复合体与水分离并向核心运移的主要力。在此合力的作用下油气复合体的径向运动方程为：

$$\frac{\pi}{6}\rho_c d^3 \frac{\mathrm{d}v_c}{\mathrm{d}t} = F_p - F_a - F_s \qquad (10\text{-}5)$$

将前面几个公式整理有：

$$\frac{\pi}{6}\rho_c d^3 \frac{\mathrm{d}v_c}{\mathrm{d}t} = \frac{\pi}{6}d^3(\rho_w - \rho_c)\frac{v_t^2}{r} - 3\pi\mu d v_r \qquad (10\text{-}6)$$

当油气复合体受力达到平衡时，分散相与连续相的相对速度 v_r 为：

$$v_r = \frac{\Delta\rho d^2}{18\mu} \times \frac{v_t^2}{r}$$

(10-7)

式中，$\Delta\rho$ 为水与油气复合体的密度差。

气携式旋流器内复合体所受的向心浮力是使其径向向内运动进入中心柱区的主要推动力，而所受向上浮力则是使其轴向向上运动进入溢流口的主要推动力[16]。分析可以发现，气携式旋流器内液滴的分离程度不仅与液滴的密度和粒度有关，而且还与液滴表面的物理化学性质有关。

第二节　试验研究

东北石油大学开展的气携式液液水力旋流器的试验研究工作主要针对空气压缩机注气与 Nikuni 气液混合泵注气两种方式进行；注气方式分别是入口混合注气、旋流器不同位置注气等；旋流器不同位置注气又可分为单点注气、多点注气、微孔壁面注气等几种形式。

样机采用透明有机玻璃材料制成，可以方便地观察样机中的流场分布情况和气携式油水分离的试验现象。

一、试验样机

1. 锥段单点注气样机

该样机在标准的 $4m^3/h$ 的有机玻璃旋流器的不同位置上开了 4 个注气孔，孔径为 1mm，分别是旋流器的大锥段 1 个、小锥段 3 个。大小锥段注气截面位置见图 10-2，D 为旋流器主直径，实物照片见图 10-3。该样机主要用于完成空气压缩机入口及大小锥段单点注气试验。

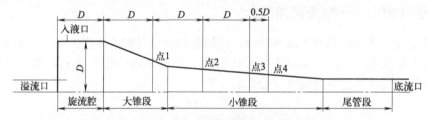

图 10-2　气携式水力旋流器注气点位置示意图

2. 微孔壁面注气样机

旋流腔采用刚性较好的微孔管（聚乙烯泡沫），即由超高分子量聚乙烯粉末通过特殊工艺烧结加工而成。试验采用的微孔管的型号及孔径尺寸见表 10-1，为便于注气，微孔管外部与钢套形成一个注气腔体，其余段采用有机玻璃材料，以便现象观察。旋流腔及钢套实物照片如图 10-4 所示。

表 10-1　微孔管型号及孔径尺寸

微孔管材料	微孔平均孔径/μm
PE-1	140～111
PE-2	80～64
PE-3	45～39

二、试验物料

油相介质选用型号为 GL-3-85W/90 的机油，其运动黏度为 $17～19mm^2/s$。试验混合液采用这种油介质和水以一定比例混合而成，通过双柱塞计量泵把油相介质经过静态混合器注入工艺系统中。

图 10-3 样机实物照片

图 10-4 微孔管材料及旋流腔钢套实物照片

三、空气压缩机入口注气试验

空气压缩机入口注气是将压缩空气直接经旋流器入口与来液充分混合后进入到旋流体内。

为对比注气与否对旋流器分离效果的影响，首先进行了不注气条件下油水分离性能试验，并加大了旋流器入口含油量。典型试验曲线见图 10-5～图 10-7。试验中入口介质的含油浓度为 600mg/L。在分流比 $F=15\%$ 左右时不注气可获得 85% 的分离效率，旋流器底流水中含油浓度可降到 91mg/L。而分流比 F 在 10% 以下时，效率低于 70%，底流水中的含油浓度在 180mg/L 以上。同时在分流比大于 20% 时，效率也存在一个下降的趋势。

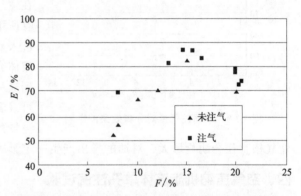

图 10-5 注气与未注气的对比数据（Q_i = 3.85m³/h）

入口注气条件下可获得 95.7% 的分离效率，底流水中含油浓度降到 25.7mg/L。注气情况下同不注气相比，水力旋流器的分离效率均有明显的提高。

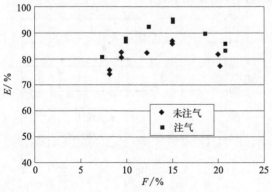

图 10-6 注气与未注气的对比数据（Q_i = 4.10m³/h）

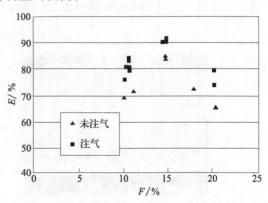

图 10-7 注气与未注气的对比数据（Q_i = 4.25m³/h）

从不同流量条件下水力旋流器的分离效率对比可以看出，在低流量时，注气对分离效果的改善作用较小，流量加大后，其改善作用有所提高。但当流量过高时，旋流器内流场中流速提高，离心力加大，有利于气泡向中心运移，并携带部分油滴进入中心区域，使分离效率提高。另一方面，当流速过高时，会使气泡-油滴复合体产生剪切破碎，造成一定意义上的乳化作用，反而使分离效率有所降低。

从图 10-5～图 10.7 可以看出，流量为 $4.10 m^3/h$ 时分离效果最好。不注气时最高分离效率为 85%，注气时该值提高到 95.7%，底流水中含油浓度为 $25.7 mg/L$。

还可看出，分流比 $F=15\%$ 左右时旋流器具有最佳的处理效果。当分流比 F 过低或过高时都对油水分离产生不利影响。这可能是由于分流比过小时，分离出的油不能有效地由溢流口排出，而随底流排出，降低了分离效率；而当分流比过高时，旋流器内的流场又在一定程度上改变了原有的分布特征，即旋流器内的中心低压区上移，有效分离段缩短。

注气量影响试验是在流量 $Q_i=4.1 m^3/h$、分流比 $F=15\%$ 的前提下完成的。试验过程中通过调节进气阀来改变注气量大小（注入的气体体积为入口压力状态下的体积）。注气量变化范围是气液体积比 $R_{gl}=0.3\%～13\%$。

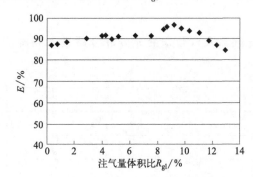

图 10-8 不同注气量对分离效果的影响

从试验结果来看（图 10-8），在气液体积比 $R_{gl}=8\%～10\%$ 时分离效果是最好的，效率最高可达 95.7%，底流水中含油浓度为 $25.7 mg/L$。在注气量过低或过高的情况下，分离效率都会有所下降。这是因为在注气量过低时，气体在进入旋流器入口之前的管路中，不能较好地与液体介质混合均匀。在试验过程中也可以观察到这一现象，即当注气量少时，旋流器入口处可以看到明显的注气断续现象，从而不能保证流场的稳定性。当注气量过高时，旋流器核心处气核直径会明显增大，对油的排出产生一定影响。

四、空气压缩机旋流体单孔注气试验

旋流器单孔注气试验现象见图 10-9。可以明显看出，注入的气流对流场的冲击作用较明显。

以大锥段注气为例，试验数据点如图 10-10 所示。可见分流比 $F=15\%$ 仍为最佳工况点。由小锥段注气的试验数据点图 10-11 也可发现同样的变化规律。

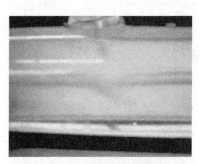

图 10-9 单孔注气试验现象

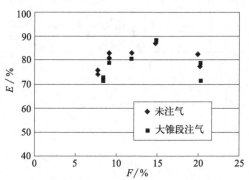

图 10-10 大锥段注气与否的试验数据对比

不同注气位置的影响参见图 10-11。可以看出，大锥段注气和小锥段第 2、3 孔注气对分离效果的改善几乎没有作用，而小锥段第 1 孔注气则对分离效率的提高有一定的作用，效率最高为90.3%。分析其原因，虽然注入的气体在与液体混合后可携带一部分油滴进入气核区，改善分离效果，但同时又会对流场产生一定的破坏作用。这种破坏作用一方面使注气孔附近流场的紊流程度增加，另一方面，注入的气流又会冲击旋流器的中心油气核，造成一定的阻碍作用，不利于油

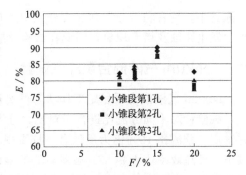

图 10-11　小锥段单点注气试验数据对比

相的排出。因此，判断这种单孔注气的形式是否对旋流器分离效率的改善发挥作用，还要看上述的有利因素和不利影响哪一方占主导地位。

由此可见，单孔注气位置的不同对旋流器分离性能的影响是非常大的。

五、旋流腔微孔注气

压缩空气通过管线进入环空腔内，在空气压缩机的压力下，气体随着液流通过微孔材料的旋流腔壁进入旋流器内部，并随着旋转的液流运移到中心低压区。

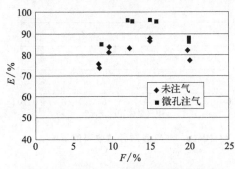

图 10-12　微孔注气方式分流比
变化对分离效率的影响

微孔注气条件下分流比对分离效率的影响试验数据见图 10-12。可以看出，分流比在 12%～15% 左右时分离效果较为理想，最高效率可达 95.3%，此时底流水中含油浓度降到了 28.2mg/L，同未注气时相比，效果明显改善。

改变注气量进行的试验如图 10-13 所示。实验采用 PE-3 型微孔管进行。可以看出，注气比 9%～10% 左右时，水力旋流器分离效率最高，达 95.3%，此时底流含油浓度为 28.2mg/L。

试验针对不同微孔孔径的影响进行了研究。所用微孔管为三个系列：PE-1、PE-2 和 PE-3。微孔孔径按顺序减小。试验是在最佳流量下改变分流比进行的，结果如图 10-14 所示。

可以看出，PE-3 型具有最好的效果。理论上来讲，在一定程度上，孔径越小，形成的

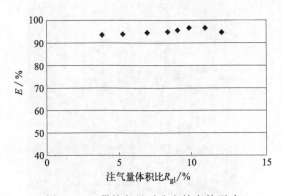

图 10-13　微注气量对分离效率的影响

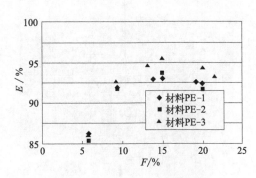

图 10-14　不同微孔孔径的影响

气泡越小，越有利于分散到混合介质中形成油-气复合体，但太小的微孔也会在运转一段时间后发生腐蚀及堵塞现象，因此在试验及应用中需要考虑反冲洗问题，以免发生堵塞。

六、 Nikuni气液混合泵注气试验

Nikuni气液混合泵稳定工作状态可实现的最大气液体积比为12%。

试验针对不同分流比进行了对比，分流比变化范围为6%~24%（如图10-15所示）。研究发现，分流比15%仍为最佳点，且发现不同分流比间的效率差同其他试验结果相比有所减小，最高效率值为94%。虽然与旋流器入口注气的试验结果相近，同不注气条件相比分离效率有一定程度的提高，但没有达到预期的结果。原因可能是经混合泵将气与液体介质进行混合之后，势必存在一些未溶解的气体，这部分气体在进入水力旋流器之后以大气泡的形式存在，对流场的稳定有一定的破坏作用。

注气量的变化数据如图10-16所示，注气量过小仍然不利于分离效率的提高。注气量在8%左右分离效果最好。

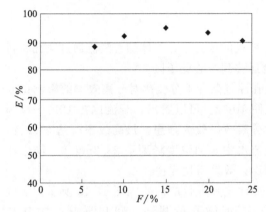

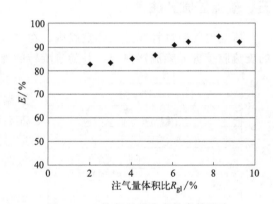

图 10-15　气液混合泵注气方式中分流比的影响　　　图 10-16　注气量对分离效率的影响

七、气携式液液水力旋流器现场试验研究

试验工艺及装置照片如图10-17和图10-18所示。

试验所采用的来水缓冲罐搅拌电机的功率为3.0kW；考虑到现场应用的适应性与可行性，试验选取增压泵为立式管道泵，其电机功率22.0kW；注气使用空气，压缩机功率4.0kW，

图 10-17　试验工艺照片　　　　　　　　图 10-18　试验装置照片

最大注气量为 0.6m³/min，最大注气压力为 1.2MPa；回收水泵采用管道泵，其电机功率为 2.2kW，试验装置（除来水缓冲罐及污水罐）为一体化撬装结构，坐落于室外试验区地坪上。

试验用含油污水取自一次沉降罐的底部，来液首先进入来水缓冲罐，经缓冲、搅拌之后，由增压泵增压分别进入一级气携式液液水力旋流器和倒锥式水力旋流器进行分离处理；经一级旋流器分离出来的污水，经旋流器底流口分别进入二级常规水力旋流器和倒锥式水力旋流器进行深度处理；再将两级分离效率较高的旋流器进行串联组合，进行现场污水处理试验，以确定最高的分离效率；经试验装置处理后的污水进入污水缓冲罐，排入回收水池。

试验的具体工艺流程如图 10-19 所示。

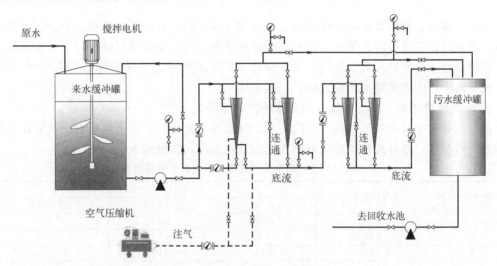

图 10-19 试验装置工艺流程图

进入试验系统的污水含油浓度为 1500～2900 mg/L，含聚合物浓度为 410 mg/L。

1. 气携式水力旋流器与倒锥式水力旋流器分离效率对比

本试验分别研究第一组中气携式液液水力旋流器和倒锥式水力旋流器，在入口流量为 4m³/h，分流比从 10%～30% 依次增加的情况下的分离效率。

两种旋流器分离效率对比曲线如图 10-20 所示。

从图中可知，气携式水力旋流器在各种分流比下都要比倒锥式旋流器的分离效率高。在分流比为 25% 时，最高分离效率可达 76%。就这两种旋流器而言，气携式液液水力旋流器具有更高的分离效率。

2. 常规水力旋流器与倒锥式水力旋流器分离效率对比

本试验用气携式液液旋流器分别与二级单体的普通和倒锥式水力旋流器串联，研究对比普通旋流器和倒锥式旋流器的分离效率。

普通旋流器与倒锥式旋流器的分离效率对比如图 10-21 所示。

从图中可以看出，普通旋流器的分离效率在各种分流比下都高于倒锥式旋流器的分离效率。在分流比为 10% 时，最高分离效率可达 81%。由此可见，在两级串联条件下，普通旋流器作为第二级的分离效率要优于倒锥式旋流器。

倒锥式旋流器的分离效率相对较低，出现这种情况的原因和倒锥式旋流器的工作原理有关，它是依靠倒锥的锥面结构以及内旋流场的携带作用，使待分离的油滴在锥面附近聚集，

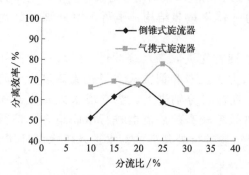

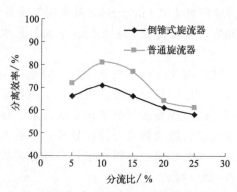

图 10-20 气携式与倒锥式流器分离效率对比曲线 图 10-21 倒锥式与普通旋流器分离效率对比曲线

并向溢流口移动。倒锥式旋流器特有的工作原理使得该旋流器的油滴粒径要合适,油滴粒径太小,油滴难以在锥面附近聚集,就会影响分离效果。经一级旋流器分离以后,底流液体油滴粒径相对较小,所以在第二级进行油水分离时,普通旋流器要优于倒锥式旋流器。因此,在二级分离中,选用普通水力旋流器。

3. 一级气携式与二级常规旋流器串联组合效率研究

将一级分离中分离效率较高的气携式水力旋流器和常规旋流器串联组合,研究在其他参数不变的情况下,总分离效率随气液体积比的变化情况,数据如表 10-2 所示。

表 10-2 气携式和常规旋流器串联组合的试验数据

气液体积比/%	总分离效率/%	含油浓度/(mg/L)		
		入口浓度	1级底流	2级底流
50	76	2462	1206	591
30	89	1822	973	201
30	90	1117	436	112
30	87	985	238	96
25	83	953	243	91

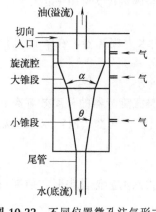

图 10-22 不同位置微孔注气形式

从表 10-2 的试验数据可以得知,第一级采用气携式液液水力旋流器与第二级的常规水力旋流器串联使用,对现场采出含聚污水进行分离处理,两级整体分离效率可达 90% 左右,表明这两种旋流器的组合具有较高的分离效率。

除旋流腔微孔注气以外,赵立新等针对大锥段和小锥段注气等形式(如图 10-22 所示)也开展了相应的研究工作[16]。

针对待处理的油水两相混合介质,优化注气方式、注气位置、注气量以及微孔材料等参数,结合流场分析和试验研究,注入微气泡辅助强化油水旋流分离将有效改善油水两相分离性能。

参 考 文 献

[1] Miller J D. Flotation apparatus and method for achieving flotation in a centrifugal field:US Patent 4 399027 [P],1982-03-10.

[2] Miller J D. Concept of an air-sparged hydrocyclone [C]. Chicago:Proceedings of SME-AIME Annual

Meeting, 1981.

[3] Miller J D, Kinneberg D J, Van Camp M C. Principles of swirl flotation in a centrifugal field with an air-sparged hydrocyclone [C]. Chicago: Proceedings of SME-AIME Annual Meeting, 1982.

[4] Miller J D, Van Camp M C. Fine coal cleaning with an air-sparged hydrocyclone [C]. Houston: Proceedings of AICHE National Meeting, 1981.

[5] Baker M W, Gopalakrishman S, Rogocin Z, et al. Hold-up volume and mean residence time measurements in the air-sparged hydrocyclone [J]. Particulate Science & Technology, 1987 (4).

[6] 褚良银, 罗茜, 余仁焕. 充气水力旋流器内流场的研究 [J]. 化工矿物与加工, 1994 (3): 20-23.

[7] 褚良银, 罗茜, 余仁焕. 充气水力旋流器内压力分布的研究 [J]. 化工矿物与加工, 1994 (5): 16-19.

[8] 褚良银, 罗倩, 余仁焕. 充气水力旋流器分级与富集特性的研究 [J]. 有色金属 (选矿部分), 1996 (5): 29-33.

[9] 褚良银, 罗茜, 余仁焕. 充气水力旋流器内颗粒的受力与运动 [J]. 化工装备技术, 1995 (5): 5-7.

[10] 赵立新, 蒋明虎. 含气条件下水力旋流器的压力特性研究 [J]. 石油机械, 2004, 32 (2): 1-4.

[11] 刘书孟, 蒋明虎, 张振家, 等. 溶气提高脱油型水力旋流器除油效率研究 [J]. 石油机械, 2005, 33 (8): 14-16.

[12] 蒋明虎, 赵立新, 王学佳, 等. 气携式水力旋流器分离性能试验 [J]. 大庆石油学院学报, 2006, 30 (1): 53-56.

[13] 赵立新, 王学佳, 刘书孟, 等. 入口注气条件下水力旋流器的试验研究 [J]. 化工装备技术, 2005, 26 (6): 8-9.

[14] 赵立新, 蒋明虎, 孙德智, 等. 脉动流条件下气体对旋流分离特性的影响 [J]. 石油机械, 2005, 33 (5): 1-4.

[15] Lixin Zhao, Minghu Jiang, Feng Li. Effects of geometric and operating parameters on the separation performance of air-injected de-oil hydrocyclone [C]. Hamburg: 25th International Conference on Offshore Mechanics and Arctic Engineering, 2006。

[16] 赵立新, 蒋明虎, 刘书孟. 微孔材料对气携式液-液水力旋流器性能的影响 [J]. 石油机械, 2006, 34 (10): 5-7.

第十一章

旋流分离过程的颗粒耦合强化

第一节　颗粒耦合旋流油水分离强化机理

颗粒与界面（例如气-液、固-液或液-液）的复杂相互作用支撑了重要的工业应用[1]，基于耦合原理，采用向待分离两相混合液中加入第三相介质的方式在水力旋流器中增加力系，改善旋流分离性能。目前我们主要研究了气泡、轻质颗粒、磁性颗粒三种介质对旋流场中油水两相运动及分离的影响规律。三种介质对混合液分离各有优势，颗粒等固相介质能有效避免类似于气泡尺寸变化、气泡消失等问题，且颗粒可以直接加入混合相中，避免了多孔材料的使用。其中磁性颗粒利用磁力与离心力的协同作用与油滴发生碰撞耦合，但其需要引入磁场发生装置，磁场与离心力场耦合作用下的流场也更复杂多变。轻质颗粒在强化分离过程中缺少磁力的协同作用，但轻质颗粒材料可以具有一定的亲油疏水性，吸附作用在颗粒强化油水分离过程中发挥有效的协同作用。本章主要介绍轻质颗粒耦合旋流油水分离强化研究情况。

颗粒耦合旋流油水分离强化是一个基于流体力学、颗粒动力学和物理化学合成的复杂过程。颗粒与油滴之间的耦合分离过程如图 11-1 所示，在这个过程中碰撞是颗粒"携带"或"推动"油滴的先决条件。旋流分离器中的离心加速度是重力加速度的数百倍，这可以加强颗粒和油滴的碰撞和组合[2]。在离心力和重力的影响下，不同直径/密度的颗粒和油滴具有不同的径向速度和沉降速度，这也会增加碰撞概率。旋流场中，油滴在离心力的作用下向旋流器中心及顶部溢流方向运动，而小粒径油滴由于所受离心力不足而具有随水相向边壁及底部底流方向运动的趋势（a-1、b-4）。将粒径大于分离系统中油滴粒径中值的颗粒作为驱油相，这些颗粒在运动过程中可以形成径向和轴向移动的动态颗粒膜——从外侧到内侧的径向移动，从下侧到上侧的轴向移动。因此在径向与轴向上，颗粒与向外向下运动的小油滴发生反向拦截碰撞（a-2、b-3），与向内向上运动的大油滴发生同向耦合碰撞（a-3、b-2）。在两个流体颗粒相对速度不太大的情况下碰撞后通常有两种结果：第一种结果为油滴附着到颗粒上，油滴与颗粒碰撞后形成易分离的颗粒-油滴复合体（a-4、b-1）；第二种结果为油滴在惯性及流体的影响下从颗粒表面滑落，油滴与颗粒碰撞后粒径保持不变，但速度发生变化。此外，颗粒-油滴复合体也有较大概率与其他油滴继续发生碰撞，促进油滴间的聚合。因此根据与颗粒碰撞耦合情况油滴的存在形态可分为以下几种类型：①游离油滴，独立于颗粒存在，与颗粒没有相互作用；②分离油滴，与颗粒发生碰撞后分开，受到颗粒的推动作用；③结合油滴，与颗粒发生碰撞后由于吸附作用而与颗粒形成复合体。颗粒在与油滴的耦合过程中不断形成对油滴的"携带"或"推动"作用，以强化离心力或叠加接触力驱动油滴进一步分离，尤其是离心力不足以支持离心分离的小油滴。

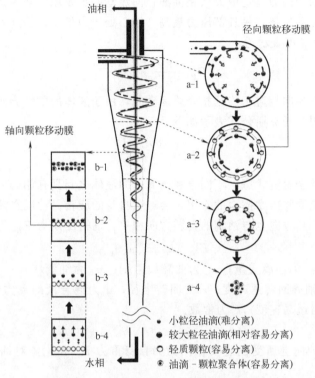

图 11-1 颗粒与油滴之间的耦合分离过程

第二节 颗粒-油滴耦合分析

一、耦合场中油滴受力分析

传统的旋流分离技术主要是利用旋转运动过程中油滴与连续相水之间的径向速度差与轴向速度差来实现快速分离，而颗粒耦合旋流分离技术利用颗粒强化油滴所受离心力或增大油滴所受接触力使其向旋流器中心运动的径向速度与轴向速度加快，促进更多油滴顺利运动到溢流口成功分离。由于颗粒与油滴之间的碰撞耦合存在随机性，因此耦合场中存在游离油滴、分离油滴以及结合油滴，且其受力情况不同。研究分析三种类型油滴在耦合场中的径向合力与轴向合力，对实现颗粒调控油滴运动具有重要意义。

旋流器主要是利用旋转运动过程中离散相与连续相的离心力差异，使它们之间形成径向速度差来实现快速分离。以轻于水的油滴为例，油滴在运动过程中的径向合力及轴向合力大小决定着其是否能够顺利运动到旋流器中心溢流位置而被成功分离。对水力旋流器内部离散相进行受力分析，总结离散相运动速度变化规律，进而分析其对分离性能的影响，做出合理的效率预测等是旋流分离技术开发与应用中的一项重要依据。

1. 径向力

当离散相油滴在旋流场中运动时，存在使油滴向外（远离轴心）运动的离心力 F_c，其表达式可表示如下[3]：

$$F_C = m_o a_o = \frac{\pi}{6} x_o^3 \rho_o \omega_o^2 r \qquad (11-1)$$

压力梯度产生的径向力是造成离散相油滴径向流动的主要原因之一。旋流器内的流场为组合涡流，而涡流运动的特点是外部压力最高，轴心处压力最低，径向存在压力差。其径向产生的压力梯度力 F_P 可表示为：

$$F_P = \frac{\pi}{6} x_o^3 \rho_w \omega_o^2 r \qquad (11-2)$$

当离散相油滴沿径向相对于连续相介质运动时，由于液体的黏性会对油滴的运动产生阻力，油滴所受阻力用斯托克斯公式表示如下：

$$F_S = \frac{18 m_o \mu v_r}{x_o^2 \rho_o} \qquad (11-3)$$

旋流场内液体处于涡流状态，不同半径圆周上的液体之间具有相对的径向速度差。离散相油滴由于受到各流层间内摩擦力的作用，会产生自身的旋转。油滴在流场中的旋转是产生马格纳斯力的原因，其方向也与油滴的自转方向相关，马格纳斯力 F_M 可表示为：

$$F_M = k \rho_w x_o^3 \omega_o v_r \qquad (11-4)$$

上述公式中，m_o 为油滴质量；a_o 为油滴加速度；x_o 为油滴粒径；ρ_o、ρ_w 分别为油滴和水的密度；ω_o 为油滴回转角速度；r 为回转半径；μ 为混合液的动力黏度；v_r 为油滴与连续相水的径向相对运动速度；k 为常数。

2. 轴向力

离散相油滴在轴向上所受的主要作用力为自身重力 F_g 和流体对油滴产生的浮力 F_b，可分别表示为：

$$F_g = \frac{\pi x_o^3}{6} \rho_o g \qquad (11-5)$$

$$F_b = \frac{\pi x_o^3}{6} \rho_w g \qquad (11-6)$$

油滴在轴向上运动时也受到流体对其产生的阻力作用，其表达式为：

$$F_s = \frac{18 m_o \mu v_a}{x_o^2 \rho_o} \qquad (11-7)$$

式中，v_a 为油滴与连续相水的轴向相对运动速度。

3. 油滴所受合力

根据式（11-1）～式（11-7）及图 11-2 耦合场内油滴的受力分析可获得游离油滴、分离油滴、结合油滴在旋流场中的径向合力及轴向合力的表达式，如表 11-1 所示。游离油滴由于独立于颗粒存在，与颗粒没有相互作用，其受力情况与传统旋流场中油滴受力情况相同，在径向上主要受到旋流运动产生的离心力 F_C，径向压力梯度力 F_P，连续相水对油滴施加的斯托克斯阻力 F_S 以及由油滴自转产生的马格纳斯力 F_M，在轴向上主要受到自身重力 F_g、向上浮

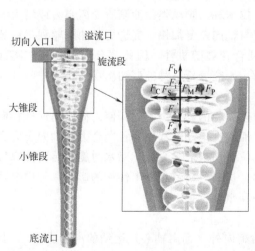

图 11-2 耦合场内油滴的受力分析

力 F_b 以及流体阻力 F_s。分离油滴与颗粒发生碰撞接触产生了附加的接触力，因此分离油滴在传统旋流场油滴受力的基础上还受到颗粒对油滴的径向推力 F_I、轴向推力 F_i 作用，其大小由颗粒运动的速度及与油滴的碰撞角度决定，方向在径向上主要指向旋流器轴心，在轴向上主要指向旋流器顶部。结合油滴为颗粒-油滴复合体，结合油滴的受力类型虽然与游离油滴相同，但它具有更小的密度、更大的粒径，其受力情况相对于传统旋流场中的油滴受力也发生了变化。通过对比不同类型油滴合力公式可知，相对于常规旋流场油滴/游离油滴，分离油滴及结合油滴所受到指向旋流器中心的径向合力和指向旋流器顶部溢流管的轴向合力均较大。下面将结合常规旋流场与耦合场中的油滴运动速度分析进一步验证颗粒耦合旋流对油水分离的强化作用。

表 11-1　耦合场中油滴所受合力表达式

	径向合力		轴向合力	
游离油滴	$F_{\Sigma r0}=F_P-F_C-F_S\pm F_M$	(11-8)	$F_{\Sigma a0}=F_b-F_g-F_s$	(11-9)
分离油滴	$F_{\Sigma r1}=F_P-F_C-F_S\pm F_M+F_I$	(11-10)	$F_{\Sigma a1}=F_b-F_g-F_s+F_i$	(11-11)
结合油滴	$F_{\Sigma r2}=F_P{}'-F_C{}'-F_S{}'\pm F_M{}'$	(11-12)	$F_{\Sigma a2}=F_b{}'-F_g{}'-F_s{}'$	(11-13)

二、耦合场中油滴运动速度分析

1. 游离油滴（常规旋流场油滴）运动速度

由于游离油滴没有与颗粒发生相互作用，故其在旋流分离器中的运动仍以其自身的密度和粒度进行，因此游离油滴在耦合场中的运动速度规律与常规旋流场中油滴基本相同。当忽略油滴自转，油滴在径向和轴向上达到平衡时，即 $F_{\Sigma r0}=0$、$F_{\Sigma a0}=0$。油滴的密度小于水的密度，则由式（11-8）、式（11-9）有：

$$F_{\Sigma r0}=F_P-F_C-F_S=\frac{\pi}{6}x_o^3\rho_w\omega_o^2r-\frac{\pi}{6}x_o^3\rho_o\omega_o^2r-\frac{18m_o\mu v_{r0}}{x_o^2\rho_o} \tag{11-14}$$

$$F_{\Sigma a0}=F_b-F_g-F_s=\frac{\pi}{6}x_o^3\rho_w g-\frac{\pi}{6}x_o^3\rho_o g-\frac{18m_o\mu v_{a0}}{x_o^2\rho_o} \tag{11-15}$$

整理可得此时油滴在径向和轴向上的运动速度：

$$v_{r0}=\frac{x_o^2(\rho_w-\rho_o)\omega^2r}{18\mu} \tag{11-16}$$

$$v_{a0}=\frac{x_o^2(\rho_w-\rho_o)g}{18\mu} \tag{11-17}$$

2. 分离油滴运动速度

由于颗粒相对于连续相介质水密度更小，故由公式（11-1）、式（11-2）可知，颗粒在径向和轴向方向上的运动速度方向分别是径向向内和轴向向上，且颗粒比油滴粒径更大、密度更小，即 $x_s>x_o$，$\rho_s<\rho_o$，同样通过式（11-1）、式（11-2）可以说明相同条件下颗粒向旋流器中心及顶部运移的加速度更大。因此颗粒在与油滴的接触碰撞过程中，对油滴产生的接触力作用指向旋流器轴心及顶部溢流方向。同理，当 $F_{\Sigma r1}=0$、$F_{\Sigma a1}=0$ 时，可以由式（11-10）、式（11-11）得到分离油滴在径向和轴向上的运动速度。

$$F_{\Sigma r1}=F_P-F_C-F_S+F_I=\frac{\pi}{6}x_o^3\rho_w\omega_o^2r-\frac{\pi}{6}x_o^3\rho_o\omega_o^2r-\frac{18m_o\mu v_{r1}}{x_o^2\rho_o}+F_I \tag{11-18}$$

$$F_{\Sigma a1}=F_b-F_g-F_s+F_i=\frac{\pi}{6}x_o^3\rho_w g-\frac{\pi}{6}x_o^3\rho_o g-\frac{18m_o\mu v_{a1}}{x_o^2\rho_o}+F_i \tag{11-19}$$

整理可得：

$$v_{\mathrm{r1}} = \frac{x_{\mathrm{o}}^2(\rho_{\mathrm{w}} - \rho_{\mathrm{o}})\omega^2 r}{18\mu} + \frac{F_{\mathrm{I}}}{3\pi x_{\mathrm{o}}\mu} \qquad (11\text{-}20)$$

$$v_{\mathrm{a1}} = \frac{x_{\mathrm{o}}^2(\rho_{\mathrm{w}} - \rho_{\mathrm{o}})g}{18\mu} + \frac{F_{\mathrm{i}}}{3\pi x_{\mathrm{o}}\mu} \qquad (11\text{-}21)$$

3. 结合油滴运动速度

结合油滴的运动实质上是油滴与颗粒的聚合体运动。然而，聚合体的密度比油滴本身的密度要小得多，而其粒度则要大得多。由式（11-1）、式（11-2）可知，当聚合体的密度小于连续相介质密度（$\rho_{\mathrm{m}} < \rho_{\mathrm{w}}$）时，它所受到的径向压力梯度力会大于离心力。同样，其向上浮力会大于重力，这时聚合体在径向和轴向方向上的加速度方向分别是径向向内和轴向向上。同理，当聚合体在径向及轴向上达到受力平衡时，可由式（11-12）、式（11-13）得出聚合体的运动速度。

$$F_{\Sigma\mathrm{r2}} = F_{\mathrm{P}}{}' - F_{\mathrm{C}}{}' - F_{\mathrm{S}}{}' \pm F_{\mathrm{M}}{}' = = \frac{\pi}{6}x_{\mathrm{m}}^3\rho_{\mathrm{w}}\omega_{\mathrm{m}}^2 r - \frac{\pi}{6}x_{\mathrm{m}}^3\rho_{\mathrm{m}}\omega_{\mathrm{m}}^2 r - \frac{18m_{\mathrm{m}}\mu v_{\mathrm{r2}}}{x_{\mathrm{m}}^2\rho_{\mathrm{m}}} \qquad (11\text{-}22)$$

$$F_{\Sigma\mathrm{a2}} = F_{\mathrm{b}}{}' - F_{\mathrm{g}}{}' - F_{\mathrm{s}}{}' = \frac{\pi}{6}x_{\mathrm{m}}^3\rho_{\mathrm{w}}g - \frac{\pi}{6}x_{\mathrm{m}}^3\rho_{\mathrm{m}}g - \frac{18m_{\mathrm{m}}\mu v_{\mathrm{a2}}}{x_{\mathrm{m}}^2\rho_{\mathrm{m}}} \qquad (11\text{-}23)$$

整理可得：

$$v_{\mathrm{r2}} = \frac{x_{\mathrm{m}}^2(\rho_{\mathrm{w}} - \rho_{\mathrm{m}})\omega^2 r}{18\mu} \qquad (11\text{-}24)$$

$$v_{\mathrm{a2}} = \frac{x_{\mathrm{m}}^2(\rho_{\mathrm{w}} - \rho_{\mathrm{m}})g}{18\mu} \qquad (11\text{-}25)$$

式中，m_{m} 为聚合体质量；x_{m} 为聚合体粒径；ρ_{m} 为聚合体的密度；ω_{m} 为颗粒回转角速度。

4. 运动速度对比

通过上述分析可知，相对于常规旋流场油滴（游离油滴）的运动速度，由于颗粒对油滴的耦合作用，结合油滴与分离油滴的运动速度明显发生改变，而油滴的径向速度与轴向速度决定了油滴能否与连续相水成功分离而顺利运动到溢流口中。下面以结合油滴、分离油滴与常规旋流场油滴（游离油滴）的速度差值 Δv 进行计算，分析耦合场的分离优势。

分离油滴与常规旋流场油滴径向速度差：

$$\Delta v_{\mathrm{r1}} = v_{\mathrm{r1}} - v_{\mathrm{r0}} = \frac{x_{\mathrm{o}}^2(\rho_{\mathrm{w}} - \rho_{\mathrm{o}})\omega^2 r}{18\mu} + \frac{F_{\mathrm{I}}}{3\pi x_{\mathrm{o}}\mu} - \frac{x_{\mathrm{o}}^2(\rho_{\mathrm{w}} - \rho_{\mathrm{o}})\omega^2 r}{18\mu} = \frac{F_{\mathrm{I}}}{3\pi x_{\mathrm{o}}\mu} \qquad (11\text{-}26)$$

分离油滴与常规旋流场油滴轴向速度差：

$$\Delta v_{\mathrm{a1}} = v_{\mathrm{a1}} - v_{\mathrm{a0}} = \frac{x_{\mathrm{o}}^2(\rho_{\mathrm{w}} - \rho_{\mathrm{o}})g}{18\mu} + \frac{F_{\mathrm{i}}}{3\pi x_{\mathrm{o}}\mu} - \frac{x_{\mathrm{o}}^2(\rho_{\mathrm{w}} - \rho_{\mathrm{o}})g}{18\mu} = \frac{F_{\mathrm{i}}}{3\pi x_{\mathrm{o}}\mu} \qquad (11\text{-}27)$$

颗粒耦合旋流油水分离强化利用颗粒对油滴的"推动"或"携带"作用，强化离心力或叠加接触力驱动油滴进一步分离，尤其是离心力不足以支持离心分离的小油滴。其中分离油滴主要体现了颗粒对油滴的推动作用。通过式（11-26）、式（11-27）可知，与颗粒的耦合接触力是分离油滴相对于常规旋流场油滴（游离油滴）径向速度和轴向速度加快的主要原因，在离心和重力的影响下，不同直径/密度的颗粒和油滴具有不同的径向速度和沉降速度，这大大增加了颗粒与油滴的耦合碰撞概率，加强了颗粒与油滴的耦合接触力，促使更多的颗粒推动油滴分离。

结合油滴与常规旋流场油滴径向速度差：

$$\Delta v_{r2} = v_{r2} - v_{r0} = \frac{x_m^2(\rho_w - \rho_m)\omega^2 r}{18\mu} - \frac{x_o^2(\rho_w - \rho_o)\omega^2 r}{18\mu} = \frac{\omega^2 r x_m^2(\rho_w - \rho_m) - \omega^2 r x_o^2(\rho_w - \rho_o)}{18\mu}$$

$$(11-28)$$

结合油滴与常规旋流场油滴轴向速度差：

$$\Delta v_{a2} = v_{a2} - v_{a0} = \frac{x_m^2(\rho_w - \rho_m)g}{18\mu} - \frac{x_o^2(\rho_w - \rho_o)g}{18\mu} = \frac{x_m^2(\rho_w - \rho_m)g - x_o^2(\rho_w - \rho_o)g}{18\mu}$$

$$(11-29)$$

另一方面，结合油滴则主要体现了颗粒对油滴的携带作用。在相同的入口速度与所在位置处，当油滴结合颗粒的数量越多，即聚合体密度 ρ_m 越小，粒径 x_m 越大时，通过式（11-28）、式（11-29）可知，结合油滴与常规旋流场油滴（游离油滴）径向向内运动的速度差越大，轴向向下运动的速度差也越大，且油滴与颗粒发生耦合的概率越高，油滴直接进入旋流器内旋流的概率也越高，而未能直接进入内旋流的油滴，在外旋流区域与颗粒发生耦合后，同样会沿径向向内、沿轴向向上运动进入内旋流区域与连续相介质发生分离，实现颗粒对油滴的携带作用。

三、油滴-颗粒碰撞聚合行为

为了揭示耦合场内油滴与颗粒的碰撞聚合机理，基于高速摄像技术构建以磁性转子驱动的耦合场内油滴及颗粒运动特性及碰撞后续发展行为的实验监测系统。实验装置如图 11-3 所示。实验的主要方法及流程如下：①按照图 11-3 所示位置完成实验装置摆放，并完成各实验仪器的电源及信号传输线路连接，将两个注射器分别吸满实验用油与实验颗粒；②烧杯内放入实验选用的 25mm 磁性转子，加入适量蒸馏水后启动磁力搅拌器调整流场温度及转速，直至流场转速及温度稳定在设定值；③依次打开光源及高速摄像系统，调整高速摄像机焦距及光强至控制器屏幕上显示清晰的流场区域；④调整高速摄像机至合适帧率后，利用注射泵将油滴缓慢注射至流场中，随流场做旋转运动；⑤按动控制器上的 Record 键，开始对旋流场内的油滴运动行为展开追踪记录，获取油滴运动过程中的碰撞聚结等相关的运动特性图像；⑥利用注射泵注射颗粒，对旋流场内的颗粒运动行为展开追踪记录，获取颗粒运动过程中与油滴的碰撞聚结等相关的实验图像；⑦关闭系统，导出实验结果，实验结束。通过图 11-3 所示实验系统获取的旋流场图像如图 11-4 所示，依照实验设计从图像中提取观察区部分进行整理。其中观察区内的油滴、颗粒、气核以及油滴颗粒聚结后在气核下面形成的油聚体运动特性为分析的主要对象。

对高速摄像实验获取的多个油滴与颗粒的碰撞结合、颗粒-油滴聚合体与油核的碰撞结合过程进行关键帧选取，以表征油滴聚结过程中的主要形貌特征及形变规律。分析过程中用 Δt 表示相邻两图像的间隔时间。图 11-5 所示为油滴进入流场与油核撞击后产生明显的拉伸变形，变形后的油滴做旋转运动与油核缠绕聚结的过程。图像结果显示当旋流场中只有离散相油滴时，油滴在不断地发生摆动变形，在 $\Delta t = 0.05s$ 时，油滴发生明显聚结；在 $\Delta t = 0.18s$ 时，油滴继续发生变形，并向上聚结；当 $\Delta t = 0.4s$ 以后，油核基本维持该状态不变。

图 11-6 所示为注入颗粒后，旋流场中的油核状态。由图 11-5 可知，油滴在旋流场中发生明显的聚结现象，但仍有少量油滴游离在油核外或与油核脱落。加入颗粒后，可以发现油滴可以与颗粒发生快速聚合，并可携带油滴向上运移且不断地吸附油滴，促使油滴间聚结，形成团聚现象。且相同时间间隔下与单独的油滴聚结对比，颗粒-油滴聚合体更向上向中心靠

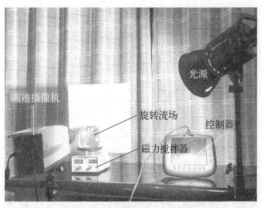

光源
高速摄像机
旋转流场
控制器
磁力搅拌器

图 11-3　高速摄像实验系统

油滴、颗粒注射区
器壁
观察区
旋流发生区

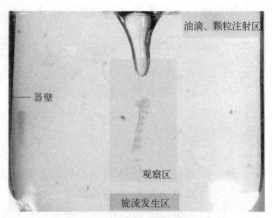

图 11-4　高速摄像实验图像的区域划分

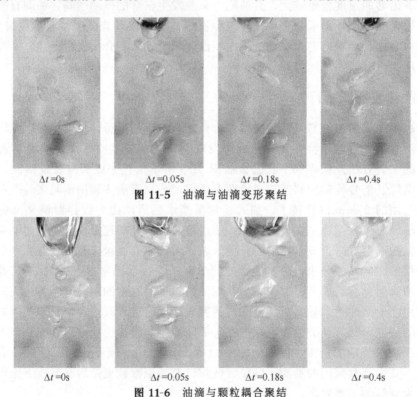

Δt =0s
Δt =0.05s
Δt =0.18s
Δt =0.4s

图 11-5　油滴与油滴变形聚结

Δt =0s
Δt =0.05s
Δt =0.18s
Δt =0.4s

图 11-6　油滴与颗粒耦合聚结

拢且脱离的油滴明显减少，验证了加入合适的微粒可促进油滴向旋转中心运移，从而实现对离心力的强化。

第三节　耦合场油滴/颗粒运动分析

一、 DEM-CFD 耦合仿真

1. 计算模型及耦合方法

目前，国内外研究学者关于水力旋流器流场的研究和认识已经不断深入，如果能通过实验精确地测量在旋流场中离散相粒子的运动与受力，就可以用来了解和预测分离过程。然而，由于较高的时间和空间分辨率要求，仅根据实验结果难以准确描述流体与颗粒的复杂运动行为。颗粒耦合旋流分离由于存在高湍流和油滴颗粒的复杂流场，因此分离过程预测与分析更具挑战性。随着计算能力的提高，在合适的边界条件下，建立有效的多相流和湍流模型求解流体与粒子的控制方程，对流场的性能预测具有较高的准确性。旋流分离器在高入口压力下工作，会引起气流的乱流。此外，沿旋流器长度的长曲率流线的存在、壁面附近的流动分离和锥形段的流动反转增强了湍流流动的各向异性，因此选择合适的湍流模型对数值预测的准确度至关重要[4]。Vakamalla 和 Mangadoddy（2017）[5] 对 75 mm 旋流分离器中的 5 种不同湍流模型进行了详细的流场对比研究，如图 11-7 所示。研究发现，与 Hsieh（1988）[6] 实验测量结果相比，k-ε、RNG k-ε 湍流模型预测的流场存在明显偏差，原因是这两种湍流模型有各向同性的假设，即在开发模型时所有方向的雷诺应力相等。因此，它们无法捕捉旋流分离器中高度湍流相关的不对称性。针对旋流器内各向异性的强三维螺旋湍流场特征，目前优选的湍流模型是大涡模型（large eddy simulation，LES）与雷诺应力模型（Reynolds stress model，RSM）。LES 预测的流场与实验结果最接近，但与其他湍流模型相比，需要很长的计算时间才能收敛。与 LES 相比，RSM 能够提供具有较粗糙网格和较少计算成本的流场预测。多位研究学者利用 RSM 预测旋流器流场与实验结果一致，具有可接受的最终误差[7-11]。

多相流模型主要分为拉格朗日方法和欧拉方法。在拉格朗日粒子跟踪（LPT）/离散相模型（DPM）方法中，粒子跟踪是通过对不同尺寸和密度粒子周围的力平衡积分来实现的，拉格朗日方法通常限制粒子质量分数不超过 10%。Narasimha Mangadoddy[5] 整理了多位研究人员利用不同多相流模型预测的性能曲线与实验数据的比较（Hsieh，1988；Delgadillo 等，2005；Mousvian 等，2009；Ghadirian 等，2013；Narasimha，2010；Rudolf，2013），见图 11-8。其中 DPM 模型预测的粒子切割尺寸与实验数据较接近，但对于细颗粒和粗颗粒，在性能曲线的尾端附近仍然存在细微的偏差。在过去 10 年中，许多研究人员利用 DPM 模型对颗粒、油滴等粒子进行了大量的 CFD 研究[12-14]。尽管 DPM 模型能够描述不同尺寸和密度的离散相行为，但它只能用于跟踪单个颗粒运动的稀释流。此外，它不能模拟颗粒-颗粒相互作用以及颗粒对流体流动的影响，这在多相耦合分离系统中很重要。为了克服 DPM 模型的缺点，由 Cundall 和 Strack 开发的离散元法（DEM）已广泛用于模拟粒子流动。

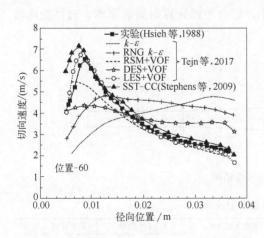

图 11-7　不同湍流模型预测的切向速度与实验
数据对比

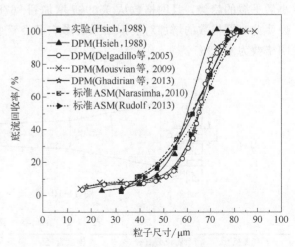

图 11-8　不同多相流模型预测的粒径
分布曲线与实验数据对比

与其他模拟方法相比，DEM 最显著的优点之一是它能够直接考虑粒子相互作用，目前越来越多的研究人员将更复杂的粒子间作用力引入 DEM，如毛细作用力、黏性作用力、表面黏附力和静电力，这些吸引力的引入可以更好地模拟粒子间的团聚与分离现象[15-18]。

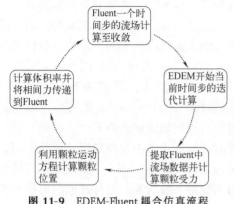

图 11-9　EDEM-Fluent 耦合仿真流程

由于单一方法的局限性，传统 CFD 或 DEM 方法没有办法独立准确地模拟复杂固液多相流动[19]。采用 CFD-DEM 耦合的方法能够充分利用各自计算的特点，发挥其优势，更准确地描述离散相的运动和离散相与流场的相互作用。EDEM-Fluent 耦合仿真流程如图 11-9 所示。本节所采用的 EDEM-Fluent 耦合模块是基于 Fluent 的 DPM 模型，EDEM 计算完成的离散相位置及物理参数（如速度、加速度）等信息赋予 DPM 模型中的每一个粒子，即 EDEM 中的粒子与 DPM 模型中的粒子建立——对应的关系，粒子受力的计算及动量的传递都在 Fluent 中完成。因此，DPM 模型仅作为媒介的作用，可以提高仿真计算效率。EDEM-Fluent 耦合方法的优点在于离散相和连续相能分别利用最适合的模拟方法进行，并且可以对离散相的形状、属性等按实际工况进行设置，能够准确地描绘出连续相和离散相之间的相互作用[20]。在每个时间步长，DEM 提供了关于每个粒子的速度、位置的信息，用于评估计算单元中的体积分数和粒子-粒子、粒子-流体相互作用。CFD 使用 DEM 提供的数据来确定流场和单个粒子上的新粒子-流体相互作用力。

2. 计算域模型及网格划分

本章旋流器模型选取为油水分离效果较好的双锥式液液分离旋流器，以旋流器顶部中心处为坐标系原点，轴向为 z 轴，径向为 xy 轴，旋流器计算域具体结构尺寸如图 11-10 及表 11-2 所示。利用 Gambit 软件对计算域进行网格划分，采用全六面体网格，网格划分如图 11-11 所示。为保证数值模拟计算的准确性，进行网格无关性检验，对不同划分网格数（268144，370240，483166，658965，867802）旋流器进行数值模拟，以旋流器溢流口的压力降（Δp_u）为检验标准，得出该旋流装置随着网格数的增加，溢流口压力损失呈现出先减小后平缓的趋势，且网格数从 658965 增加到 867802 时，溢流口压力损失基本没有变化。这说明此时网格数的增加对模拟结果的影响已经变小，综合考虑计算时间的影响，选择旋流器网格数为 658965。

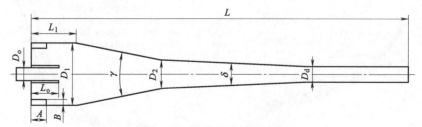

图 11-10　旋流器计算域结构

表 11-2　旋流器计算域主要尺寸

主直径	溢流管直径	锥段直径	底流管直径	旋流器长度	溢流管伸入长度
D_1	D_o/D_1	D_2/D_1	D_d/D_1	L/D_1	L_o/D_1
36mm	0.125	0.23	0.13	6.45	0.45

旋流段长度	切向入口高度	切向入口宽度	大锥角	小锥角	
L_1/D_1	A/D_1	B/D_1	γ	δ	
0.75	0.28	0.11	21.5°	5°	

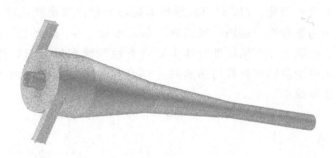

图 11-11 旋流器计算域网格划分

3. 边界条件

数值计算选用压力基准算法隐式求解器稳态求解，压力-速度耦合选用 SIMPLE 算法，一阶迎风差分离散格式，残差精度为 10^{-6}。采用拉格朗日耦合方法，表 11-3 为离散相及连续相物性参数设置，表 11-4 为边界条件设置。在旋流器中，颗粒与壁面的接触属于无黏性接触，在仿真时间步长足够小的情况下，选用 Hertz-Mindlin 无滑移接触模型。旋流器的入口采用速度入口（velocity inlet）边界条件，将旋流器的两个出口均定义为自由出口（outflow）。油滴与颗粒从两个切向入口面（surface）射入旋流器内部，设置油滴从 0s 开始与连续相混合注入，颗粒从 0.15s 开始注入。

表 11-3 离散相及连续相物性参数

相	参数	符号	单位	参数值
油滴	密度	ρ_o	kg/m³	850
	粒径	x_o	μm	50～300 之间正态分布
	泊松比	V_o	—	0.5
颗粒	密度	ρ_s	kg/m³	750、800、850、900、950
	粒径	x_s	μm	300
	泊松比	V_s	—	0.44
水	密度	ρ_w	kg/m³	998.2
	黏度	μ	kg/(m·s)	0.001

表 11-4 边界条件设置

参数	符号	单位	参数值
入口速度	v	m/s	11.8
溢流分流比	F	—	0.2
入口油滴体积分数	Q_o	—	0.5
入口颗粒体积分数	Q_s	—	0.15

二、 耦合场与单一离心场数值模拟结果对比

1. 流场速度对比

分别在旋流器旋流段、大锥段、小锥段选取 H_1、H_2、H_3（$Z=15\text{mm}$、$Z=52\text{mm}$、$Z=90\text{mm}$）截面，旋流器在三个截面上的轴向速度对比曲线如图 11-12 所示，曲线对称

性较好，以零轴速度包络面为界，在包络面外侧轴向速度为正代表流体向下流动，负值则代表向上流动。H_1、H_2、H_3 截面轴心处的轴向速度分别为 -2.83m/s、-0.42m/s、2.25m/s，说明旋流器向上的轴向速度随着轴向位置的增加逐渐减小，在大锥段末端时轴心处流体运动方向发生改变，轴向速度变为正值。对比轴向速度曲线发现 H_1 截面上轴向速度基本没有变化，H_2 截面上旋流器轴心处轴向速度变化较大，说明固体颗粒在大锥段处对流场的推动作用较强，轴向速度明显增加，H_3 截面上颗粒耦合旋流分离器轴向速度较小。这是因为在小锥段处流体主要向下运动流向底流口，而加入固体颗粒时在小锥段轴心处仍有少量固体颗粒与油滴发生耦合作用，促使油滴向上运动，带动流体整体向下的轴向速度减小。

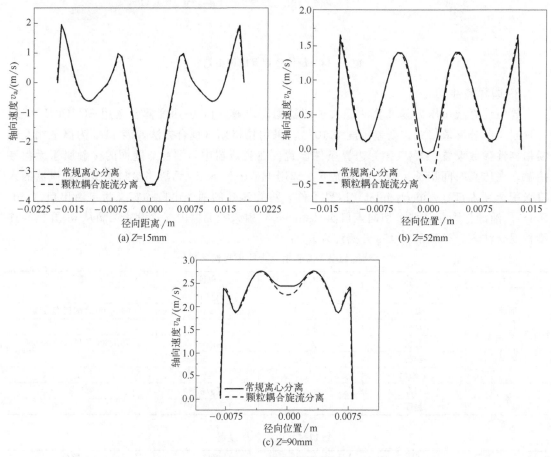

图 11-12　轴向速度对比

旋流器在 H_1、H_2、H_3 截面上的径向速度对比曲线如图 11-13 所示，径向速度的方向均是由分离器边壁指向分离器中心，径向速度的最大值随着轴向位置的增加逐渐减小。在 $Z=20\text{mm}$ 时，径向速度最大值达到 1.08m/s。由图 11-13 可知，在靠近旋流器轴心区域内，加入固体颗粒时径向速度增大，说明固体颗粒在径向位置上也对油滴有一定的推动作用，使油滴所受的径向力增大。

2. 油滴运动对比

图 11-14 为 $0.15\sim0.23\text{s}$ 耦合场与单一离心场内油滴运动过程，颗粒耦合旋流分离在 0.15s 时开始注入颗粒，因此主要针对 0.15s 后分离过程中油滴的运动进行对比分析。由

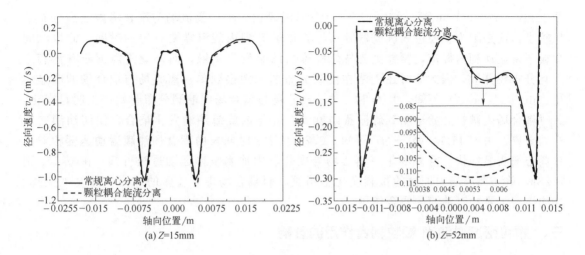

(a) Z=15mm

(b) Z=52mm

(c) Z=90mm

图 11-13　径向速度对比

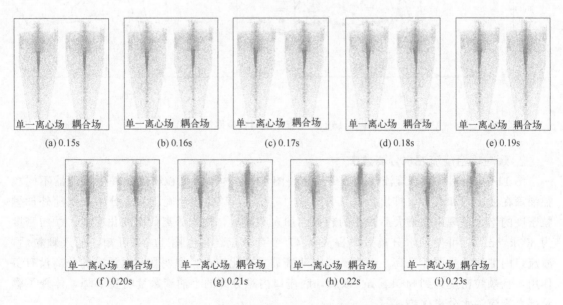

(a) 0.15s　　　　(b) 0.16s　　　　(c) 0.17s　　　　(d) 0.18s　　　　(e) 0.19s

(f) 0.20s　　　　(g) 0.21s　　　　(h) 0.22s　　　　(i) 0.23s

图 11-14　耦合场与单一离心场内油滴运动过程

图 11-14（a）～（e）可知，在 0.15～0.19s 时间段内，单一旋流场与耦合场内油滴分布差异较小，这是因为颗粒进入旋流器后从外旋流运动到内旋流需要一定的时间，此段时间颗粒还未运动到内旋流，颗粒主要与外旋流内油滴发生接触，而外旋流内不断有油滴进入且分布较分散，因此此时还无法在油滴分布图中观察到单一离心场与耦合场的明显对比。由图 11-14（f）可知，0.2s 时，单一离心场与耦合场内油滴分布开始产生明显变化，此时耦合场内颗粒开始运动到旋流器内旋流，并与内旋流油滴发生耦合，促使油滴在轴心处聚集。由图 11-14（f）～（i）可知，0.2～0.23s 时间段内耦合场油滴运动速度相对单一离心场明显加快。且观察单一离心场与耦合场内油滴整体运动过程可知，由 0.15s 到 0.23s，单一离心场内油滴的位置变化不明显，而耦合场中有较多的油滴位置发生变化，这均体现了颗粒对油滴的耦合作用。

三、 颗粒密度对油滴-颗粒耦合作用的影响

1. 颗粒-油滴耦合碰撞分析

不同时刻下颗粒与油滴的耦合碰撞次数及颗粒油滴间平均接触力如图 11-15 所示。由图 11-15 可知，当固体密度从 750 kg/m³ 到 900 kg/m³ 变化时，颗粒密度越小，颗粒与油滴之间碰撞次数越多，颗粒油滴间的平均接触力也越强。这是因为颗粒密度越小，颗粒所受离心力越强，则越容易集中在旋流器旋流腔处，在这个区域中油滴数量也是最多的，因此二者发生碰撞耦合的概率较大，而碰撞是颗粒推动携带油滴运动的先决条件，这有利于颗粒与油滴的耦合分离。

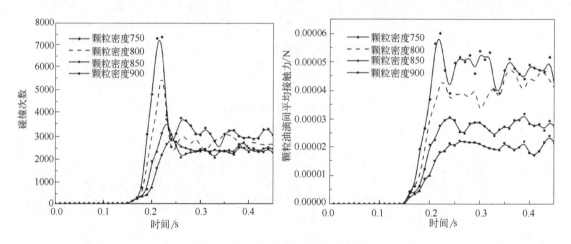

图 11-15 颗粒与油滴耦合碰撞情况

2. 颗粒耦合旋流油水分离效率

图 11-16 为颗粒耦合旋流油水分离效率，图 11-17 为不同颗粒密度条件下旋流器不同粒径油滴在溢流口和底排口排出数量。由图 11-16 可知，颗粒耦合旋流油水分离效率随外加颗粒密度的增大呈现出先增大后减小的趋势，加入颗粒后，油水分离效率变化明显。颗粒密度为 800kg/m³ 时可使油水分离效率提高 4.47 个百分点。且由图 11-17 可知，加入颗粒后，溢流口内油滴数量明显升高，而底流口内油滴数量变化较小，说明颗粒对油滴的分离没有负作用，且颗粒密度达到 800kg/m³ 以后，底流口内难分离的小油滴数量明显下降，体现了颗粒耦合旋流油水分离优势。

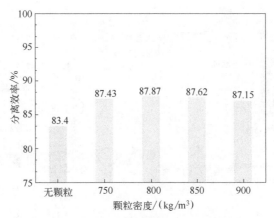

图 11-16 颗粒耦合旋流油水分离效率

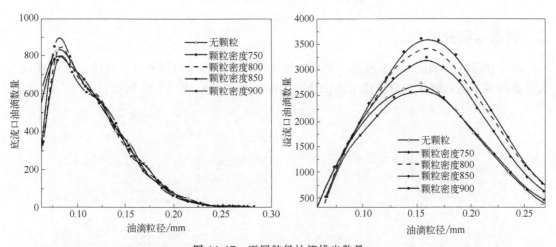

图 11-17 不同粒径油滴排出数量

第四节 颗粒耦合旋流油水分离试验

一、试验方法及试验工艺

试验颗粒选用粒径为 0.3mm 的 PP 颗粒，与油相密度接近。试验工艺流程如图 11-18 所示。①颗粒耦合旋流油水分离试验流程：由螺杆泵抽吸颗粒水溶液和齿轮油于叶片式油水混合器中充分混合，经过三通分别从旋流器两侧流入，其中油相受离心场及颗粒的耦合作用，大部分油相及颗粒从溢流口流出，水相从底流口流出，分别在入口、溢流口、底流口处接样，采用单因素试验方法，探索操作参数如分流比、处理量对油水分离效果影响。②常规旋流油水分离试验流程：由螺杆泵抽吸水溶液和齿轮油于叶片式油水混合器中充分混合，经过三通分别从旋流器两侧入口流入，大部分油相从溢流口流出，水相从底流口流出，分别在入口、溢流口、底流口处接样，试验组数与颗粒耦合旋流油水分离试验组数保持一致。

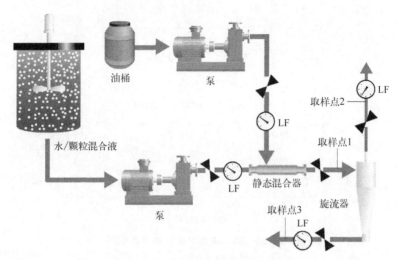

图 11-18　颗粒耦合旋流试验流程

二、试验结果分析

部分试验样液如图 11-19 所示。利用红外光谱含油分析仪得到入口、底流含油浓度，然后计算得到不同处理量及分流比下油水分离效率如图 11-20、图 11-21 所示。

图 11-19　部分试验样液

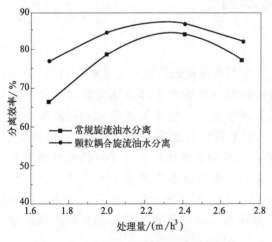

图 11-20　处理量对分离效率的影响规律

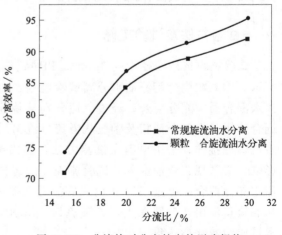

图 11-21　分流比对分离效率的影响规律

由图 11-20 可知，常规旋流油水分离与颗粒耦合旋流油水分离均呈现出先增大后减小的趋势，在处理量为 $2.4\text{m}^3/\text{h}$ 时，颗粒耦合旋流油水分离效率达到最大值为 86.86%，而常规旋流油水分离效率为 84.42%。由图 11-21 可知，随着分流比的增大，颗粒耦合旋流强化分离效果明显，在分流比为 30% 时，可提高效率 3.2 个百分点。

参 考 文 献

[1] Tang Zhaojia, Yu Liming, Wang Fenghua, et al. Effect of particle size and shape on separation in a hydrocyclone [J]. Water, 2018, 11 (1).

[2] Xiong Tai, Meng Min, Wang Ning, et al. Investigation on desorption of petroleum hydrocarbon contaminants by active and passive particle self-rotation [J]. Journal of Environmental Chemical Engineering, 2021, 9 (6).

[3] 褚良银，罗茜，余仁焕. 充气水力旋流器内颗粒的受力与运动 [J]. 化工装备技术，1995 (05)：5-7＋4.

[4] Kumar Mayank, Reddy Rajesh, Banerjee Raja, et al. Effect of particle concentration on turbulent modulation inside hydrocyclone using coupled MPPIC-VOF method [J]. Separation and Purification Technology，2020.

[5] Mangadoddy Narasimha, Vakamalla Teja Reddy, Kumar Mayank, et al. Computational modelling of particle-fluid dynamics in comminution and classification: a review [J]. Mineral Processing and Extractive Metallurgy，2020，129 (2).

[6] Hsieh K T, Rajamani K. Phenomenological model of the hydrocyclone: Model development and verification for single-phase flow [J]. International Journal of Mineral Processing，1988，22 (1-4).

[7] Mohammadi Mansour, Sarafi Amir, Kamyabi Ataallah, et al. Simulation of separation of salt solution from crude oil in a hydrocyclone [J]. Journal of Engineering，2022.

[8] Fu Pengbo, Zhu Jingyi, Li Qiqi, et al. DPM simulation of particle revolution and high-speed self-rotation in different pre-self-rotation cyclones [J]. Powder Technology，2021，394.

[9] 董辉，伍开松，况雨春，等. 基于 DEM-CFD 水力旋流器的水合物浆体分离规律研究 [J]. 浙江大学学报（工学版），2018，52 (09)：1811-1820.

[10] Liu J. et al. A review of the interfacial stability mechanism of aging oily sludge: Heavy components, inorganic particles, and their synergism [J]. Journal of Hazardous Materials，2021，415：125624.

[11] 黄渊. 旋流场中颗粒高速自转研究及应用 [D]. 上海：华东理工大学，2017.

[12] Kou Jie, Chen Yi, Wu Junqiang. Numerical study and optimization of liquid-liquid flow in cyclone pipe [J]. Chemical Engineering and Processing - Process Intensification，2020，147 (C).

[13] Maysam Saidi, Reza Maddahian, Bijan Farhanieh, et al. Modeling of flow field and separation efficiency of a deoiling hydrocyclone using large eddy simulation [J]. International Journal of Mineral Processing，2012，112-113.

[14] Maysam Saidi, Reza Maddahian, Bijan Farhanieh. Numerical investigation of cone angle effect on the flow field and separation efficiency of deoiling hydrocyclones [J]. Heat and mass transfer，2013，49 (2).

[15] Shahzad K, et al. Aggregation and clogging phenomena of rigid microparticles in microfluidics [J]. Microfluidics and Nanofluidics，2018，22 (9).

[16] Teja Reddy Vakamalla, Narasimha Mangadoddy. Numerical simulation of industrial hydrocyclones performance: Role of turbulence modeling [J]. Separation and Purification Technology，2017，176.

[17] Yan Shenglin, Yang Xiaoyong, Bai Zhishan, et al. Drop attachment behavior of oil droplet-gas bubble interactions during flotation [J]. Chemical Engineering Science，2020，223.

[18] Chu K, Wang B, Yu A, et al. Computational study of the multiphase flow in a dense medium cyclone: Effect of particle density [J]. Chemical Engineering Science，2012，73.

[19] Zhang Yuekan, Liu Peikun, Jiang Lanyue, et al. Following performance of solid particle and liquid phases inside a hydrocyclone [J]. International Journal of Coal Preparation and Utilization，2021，41 (10).

[20] Luis A Cisternas, Freddy A Lucay, Yesica L Botero. Trends in modeling, design, and optimization of multiphase systems in minerals processing [J]. Minerals，2019，10 (1).

第十二章
旋流分离过程的电场耦合强化

第一节　电场耦合旋流脱水技术研究现状

一、耦合装置结构

电场-旋流场相结合处理乳化液是通过施加外力和场能的方式实现的，其结构主要包括串联结构和耦合结构。串联结构是在乳化液进入旋流器之前施加电场，液滴经电场聚结后进入旋流器进行分离，耦合结构是在旋流器内部施加电场，乳化液进入旋流器后同时进行电聚结和离心分离过程。串联结构可以让液滴聚结为最大尺寸后再进行离心分离，分离效率更高，而耦合结构则聚结速度快、处理效率高、体积小，能有效防止电击穿[1]。

1. 电极结构

Hadidi 等[2] 研究了不同结构电极对液滴聚结行为的影响，发现电极结构对液滴电聚结效率以及防止电分散有很大影响。Luo 等模拟了三种不同结构电极的电场，发现同轴圆柱电极相比其他结构电极可以提供中等模式的非均匀电场，同时指出场的不均匀性可以有效促进液滴的聚结。丁艺等[3] 指出在同轴圆柱电场中，非均匀系数增大会促进混合相分离过程，但过大的非均匀系数易产生电分散，降低分离效率，因此在设计电极结构时，应考虑非均匀系数的影响。

同轴圆柱电极存在的主要问题是接地一侧电场作用太弱，无法对远离中心电极的液滴进行有效聚结，可以通过改进电极结构使其具有更好的聚结效果。图 12-1 所示为近几年学者提出的电极结构：其中图 12-1（a）为圆环电极[4]，其优势为将溢流管充当电极，避免了电极结构对流场的影响；图 12-1（b）为圆柱电极[5]，其优势为可以方便地调节极间间距，使液滴可以更充分地受到高电场的作用；图 12-1（c）为螺旋叶片电极[6]，它相较于前两者，在聚结方面更有优势。笔者认为可以结合螺旋流道旋流器结构进行多组叶片设计，组成电极-螺旋流道耦合结构，提高聚结效果。

电极选材时主要考虑其导电性、导热性、耐腐蚀性、强度和韧性等，通常选用铜、钢、石墨和铝合金等。乳化液含水率高时，裸电极易引发短路或电弧，在电极外围添加绝缘层可以有效防止，保证电场的稳定性[7]。由于电极放热和流动冲蚀，绝缘材料需要有绝缘、耐高温、耐磨等特点，适合做绝缘材料的有聚四氟乙烯、环氧树脂、乙烯-丙烯氟化聚合物、有机玻璃等[8]。但是绝缘层会削弱电场强度，一般情况下，涂层越薄，电场越强，在保证电场稳定性的前提下，应选择较小厚度的绝缘层[9]。

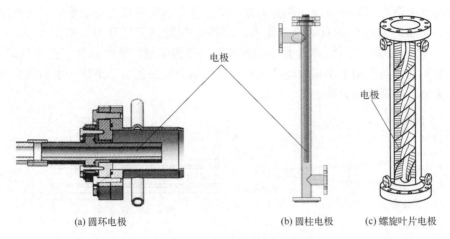

(a) 圆环电极　　　　　　　(b) 圆柱电极　　(c) 螺旋叶片电极

图 12-1　不同结构电极示意图

2. 装置结构

根据有无运动部件，耦合装置分为旋转式和静止式两种结构。旋转式结构可以主动调速，分离因数大，处理范围宽，静止式结构简单紧凑、成本低、易操作，更适合狭小空间。王永伟等设计的旋转式耦合装置如图 12-2（a）所示，圆柱电极和转鼓之间形成环形电场，旋流场靠轴转动产生，液滴在高压电场与旋流场的共同作用下发生聚结和相分离。图 12-2（b）所示为 Kwon 等[10] 设计的静止式耦合装置，锥形结构为电源正极，中心铜棒和外侧筒壁接地，形成两个高压电场区域，乳化液从入口进入后，在电场和旋流场下产生了初次分离，大部分水相从下方出口流出，含少量水的油相会沿锥形电极内壁向上运动，在电场和旋流场下产生二次分离。近期有学者将微通道技术应用到电场-旋流场中，结合电场和微通道技术，对油包水乳化液进行了快速高效的破乳[11]。

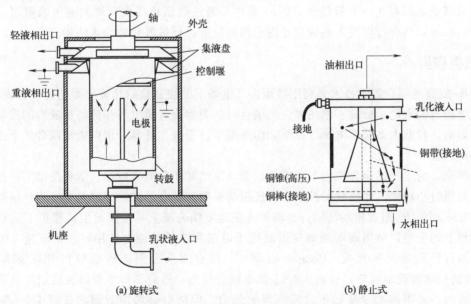

(a) 旋转式　　　　　　　　　　(b) 静止式

图 12-2　不同类型耦合装置结构示意图

为了避免电极结构对旋流器流场产生影响，有学者将旋流器部分本体充当电极结构。图 12-3（a）所示为 Gong 等[12] 设计的耦合结构，溢流管外壁充当电源正极，旋流腔内壁充当负极，乳化液由两个切向入口流入耦合装置内部，在溢流管壁段完成电聚结，在锥段进行油水两相分离，随后油相由左侧溢流口流出，水相由右侧底流口流出。图12-3（b）所示为Noik 等[13] 设计的耦合结构，两个同心的圆柱筒壁作为电极，乳化液从切向入口进入装置，在电场和旋流场共同作用下水相向边壁运动，最终油相从左侧出口流出，水相和少部分油从右侧出口流出，实现两相分离。

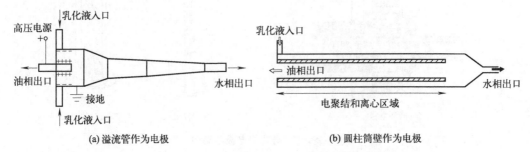

(a) 溢流管作为电极　　　　　　　　　　(b) 圆柱筒壁作为电极

图 12-3　旋流器本体作为电极的耦合结构示意图

二、操作参数

耦合结构的操作参数主要包括旋流器操作参数（入口速度、分流比等）和电参数（电压幅值、频率、占空比等），操作参数对耦合装置的分离性能有重要影响。潘子彤等[14] 设计并测试了一种新型离心脉冲电场联合破乳装置，发现耦合作用下乳化液中水滴的聚结效果与电压幅值、脉冲频率等电参数以及离心转鼓转速等参数有关，同时存在最优频率、最优电压以及最优转速范围，并得出最优操作参数。Gong 等指出耦合场下存在一个最佳速度，在此速度下离心力和电聚结效率达到一个平衡，分离效果最好。对于耦合场，增大入口速度会降低液滴在电场中的停留时间，影响电聚结效果，同时也会增加液滴的破碎率，在离心力增益和电聚结降低之间存在一个最佳值。Peng 等[15] 通过数值模拟发现增大电压幅值可以有效提高液滴粒径，同时可以增大在旋流器内的切向速度，促进乳化液油水两相分离。

三、数值模型

电场-旋流场耦合脱水技术是利用液滴在高电场下的快速聚结和旋流器的高效分离特性，对乳化液进行油水两相分离。电场和流场耦合时，要综合考虑电场和流场对液滴的运动和聚结作用影响，目前大多采用电聚结模型和湍流模型进行叠加计算，用以表示耦合场下液滴聚结及分离过程。

近年来，为了描述耦合作用下液滴的运动、聚结和相分离等过程，学者提出了一些理论模型，如通过相场法、停留时间模型、偶极聚结模型等结合湍流模型建立电场和流场的耦合模型。Hong 等[16] 通过相场法耦合电场和流场建立耦合场下单液滴模型，模拟了运动液滴在连续相下的变形，结果表明液滴变形取决于电场和流场的耦合作用，包括流速、电场强度、液滴直径和界面张力等。Podgórska 等[17] 结合多重分形破碎模型和 PBE 聚结模型（基于膜的排水和聚结效应）提出了湍流-静电耦合模型，研究了离子表面活性剂对液滴粒径分布的影响，表明添加少量盐可以降低界面张力，但同时会增加液滴的破碎率。Melheim 等[18] 用偶极力和膜变薄力表示电场的作用力，结合离散相（DPM）模型研究二维湍流和电场力耦合下液滴的聚结现象。

不同分散相含量的体系一般采用不同的电聚结模型描述，对于旋流器处理的含大量分散相液滴的乳化液系统，用偶极聚结模型（DID）可以对其液滴的相互作用进行较准确的描述[19,20]。Gong 等用偶极聚结率描述液滴在电场下的聚结行为，结合湍流系统中液滴的破碎函数构建耦合模型，研究装置内液滴的动态特性和分离效率，结果表明此模型能较准确地预测液滴动态过程和油水分离效率。目前学者主要以低强度的流动为研究对象，缺乏对高强湍流下电聚结过程的理论研究和数值分析，同时缺乏耦合场下动态测量的实验验证。

第二节　耦合场液滴聚结特性

一、液滴在耦合场中聚结机理

关于电聚结理论，学者已经做了很多研究，目前普遍认为，将一定形式的电场作用于油水乳化液，利用油水电导率差，使液滴产生极化和形态的改变，液滴在电场力作用下发生相对运动，破坏界面的稳定性，使液滴间液膜变薄直至破裂，液滴发生聚结[21]。无论液滴是否呈电中性，电场都能使其产生极化和迁移行为，同时液滴中溶解少量盐离子可以增强电场对液滴的作用，促进聚结进程[22,23]。除聚结作用外，高电场也会增加剪切速率下的剪切应力，增大液滴变形和破碎的概率[24]。

近年来，学者从微观角度提出液滴聚结是由液滴桥间的压力和液滴内部压力的相对关系决定的，并从压力演化角度解释了小液滴产生的机制，用压力关系可以解释液滴在高电压下发生聚结，低电压下发生极化和成链但不发生聚结，电场关闭后液滴恢复到初始随机状态的行为[25-27]。Eow[28] 和倪玲英[29] 等通过实验研究表明，两液滴在耦合场下的聚结过程分为三阶段：首先液滴在耦合力场下相互靠近，然后液滴间液膜变薄直至破裂，最后两液滴聚结，具体聚结过程如图 12-4 所示。当施加电场过大时液滴会发生破碎现象，在一定条件下的乳化液体系中，存在使液滴破碎的临界电场强度 E_c 和最大液滴粒径 d_m，表达式如下[30]：

$$E_c = K_P \sqrt{\frac{\lambda}{\varepsilon_0 \varepsilon_1 r}} \tag{12-1}$$

$$d_m = C \frac{\lambda}{E^2} \tag{12-2}$$

式中，K_P 为比例常数；λ 为油水界面张力；ε_1 为连续相介电常数；ε_0 为真空介电常数；r 为液滴半径；C 为修正系数；E 为电场强度。

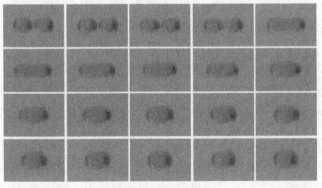

图 12-4　液滴聚结过程

液滴的碰撞聚结率由碰撞频率和聚结效率决定，聚结效率指液滴碰撞下的聚结概率，主要取决于液滴形状和界面迁移率[31]。低剪切和高剪切条件下都会发生湍流诱导的聚结，但由于液滴接触和聚结的延迟效应，单靠湍流产生的聚结效率并不高，特别是对具有稳定界面的乳化液[32]。高电场可以使聚结的时间延迟效应大大降低，提高碰撞的聚结效率。同时湍流导致液滴之间的高聚集性，可以缩短液滴之间的距离，提高电聚结效率[33]。因此耦合场对液滴聚结有双向促进作用，具有快速和聚结效率高的特点。

二、液滴在耦合场中受力分析

乳化液中分散相液滴在耦合场中受力产生迁移、聚结、部分聚结、破碎等现象。Lundgaard 等[34] 系统地介绍了液滴在电场下的受力及聚结的基本机理，以及湍流对电聚结的影响。电场近似于液滴极化后产生的偶极-偶极力的作用。除聚结作用外，高电场也会增加剪切速率下的剪切应力，增大液滴变形和破碎的概率[35]。

分散相水滴在耦合装置内受到的离心力可以表示为：

$$F_a = \frac{\pi}{6} d^3 \rho_w \frac{v_t^2}{S} \tag{12-3}$$

式中，d 为液滴直径；ρ_w 为水滴的密度；v_t 为任一点液滴的切向速度；S 为液滴距旋流器中心的径向距离。

在电场作用下，油包水乳化液中分散相液滴主要受以下几个力作用：水滴所受的阻力 F_D，重力与浮力的合力 F_B，附加质量力 F_A，薄膜减薄力 F_F，以及电场力 F_E。合力 F 表示如下：

$$F = \sum F_D + F_B + F_A + F_F + F_E \tag{12-4}$$

水滴运动时会受到周围流体的阻力作用，对于一个球形水滴，阻力可由下式计算得到：

$$F_D = \frac{1}{2} \rho_o C_d s |U-V|(U-V) \tag{12-5}$$

式中，ρ_o 代表连续相的密度；s 为水滴的投影面积；U 为连续相速度；V 为分散相速度。

曳力系数 C_d 取决于液滴的雷诺数 Re_d，具体如下：

$$C_d = \frac{24}{Re_d}\left(1 + \frac{3}{16} Re_d\right), Re_d \leqslant 1 \tag{12-6}$$

$$C_d = \frac{24}{Re_d}\left(1 + \frac{1}{6} Re_d^{\frac{2}{3}}\right), Re_d > 1 \tag{12-7}$$

液滴所受的重力与浮力的合力可以表示为：

$$F_B = (\rho_w - \rho_o) g V_d e_g \tag{12-8}$$

式中，g 为重力加速度；V_d 为分散相体积；e_g 为重力的方向矢量。

附加质量力 F_A 是一种非定常力，它描述了粒子和流体具有的相对加速度，液滴所受的附加质量力可由下式计算得到：

$$F_A = \frac{1}{2} \rho_w V_d \left(\frac{dU}{dt} - \frac{dV}{dt}\right) \tag{12-9}$$

在电场作用下，两极化液滴会相对运动、靠近，逐渐排开间隙的油膜，使得油水界面膜破裂，最终聚结为一个水滴，Vinogradova 提出了克服油膜阻力（膜减薄力）的表达式如下：

$$F_F = -\frac{6\pi\mu_o a^2 (V_r e_r)}{h} \times \left\{\frac{2h}{6b}\left[(1 + \frac{h}{6b})\ln(1 + \frac{6b}{h}) - 1\right]\right\} e_r \tag{12-10}$$

式中，μ_o 为连续相黏度；$a=r_1r_2/(r_1+r_2)$ 为两液滴的简化半径；$V_r=V_2-V_1$ 为两水滴相对速度矢量；e_r 为液滴相对运动方向矢量；h 为液膜厚度；b 为常数，与液滴尺寸有关。

在电聚结过程中，液滴在电场作用下极化后会产生偶极聚结力，对于两个相同大小的液滴，其受力表达式如下：

$$F_E=\frac{24\pi\varepsilon_0\varepsilon_1r^6E^2}{(S+2r)^4} \tag{12-11}$$

式中，r 为液滴半径；S 为两个液滴之间的距离。电场力 F_E 依赖于电场作用下液滴的极化效应，是实际力的一阶近似，只在近距范围内有效。Chiesa 等人表明，在多液滴系统和小液滴间距下，DID 模型优于点偶极子模型，DID 模型下电场力可以表示为：

$$F_r=\frac{12\pi\beta^2\varepsilon_o|E|^2r_2^3r_1^3}{|S|^4}(3K_1\cos^2\theta-1) \tag{12-12}$$

$$F_t=-\frac{12\pi\beta^2\varepsilon_o|E|^2r_2^3r_1^3}{|S|^4}K_2\sin(2\theta) \tag{12-13}$$

式中，r_1、r_2 为两液滴半径；θ 为电场方向与两液滴连线夹角；β 被定义为：

$$\beta=\frac{\varepsilon_w-\varepsilon_o}{\varepsilon_w+2\varepsilon_o} \tag{12-14}$$

系数 K_1 和 K_2 表示为：

$$K_1=1+\frac{\beta r_1^3|d|^5}{(|d|^2-r_2^2)^4}+\frac{\beta r_2^3|d|^5}{(|d|^2-r_1^2)^4}+\frac{3\beta^2r_1^3r_2^3(3|d|^2-r_1^2-r_2^2)}{(|d|^2-r_1^2-r_2^2)^4} \tag{12-15}$$

$$K_2=1+\frac{\beta r_1^3|d|^3}{2(|d|^2-r_2^2)^3}+\frac{\beta r_2^3|d|^3}{2(|d|^2-r_1^2)^3}+\frac{3\beta^2r_1^3r_2^3}{(|d|^2-r_1^2-r_2^2)^3} \tag{12-16}$$

三、液滴聚结特性实验研究

1. 实验装置简介

图 12-5 所示为实验装置示意图，主要由磁力搅拌器、电源正负极、高压脉冲电源和透明玻璃杯组成。电源型号为 HD10-5 型数显高压脉冲电源，输出电压形式方波，可调节脉冲宽度，可提供 $0\sim10\text{kV}$ 内脉冲电压，$100\sim1000\text{Hz}$ 内脉冲频率，并有短路保护功能。磁力搅拌器可以产生一定转速的旋流场，转速范围为 $0\sim2000\text{r/min}$。电源正极为实心圆柱铜棒，直径为 12mm，通过铁架台将其固定于玻璃杯中心位置；电源负极为厚度 0.5mm 的矩形铜皮，包裹在玻璃杯内壁。温度通过单独的加热装置进行控制，电场作用时间通过秒表记录。将高压脉冲电源分别接到正负电极，在玻璃杯内构成环形电场，可用于进行单电场下液滴聚结特性实验。旋转磁力搅拌器旋钮，可以产生一定强度的旋流场，调节高压脉冲电源的电压幅值和频率，可以产生一定形式的环形非均匀电场，建立电场-旋流场下的液滴聚结特性实验平台。

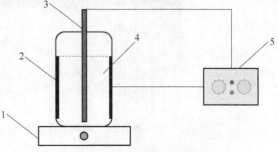

图 12-5 实验装置示意图

1—磁力搅拌器；2—电源负极；3—电源正极；

4—乳化液；5—高压脉冲电源

图 12-6 为实验用到的主要检测仪器，其中图 12-6（a）为马尔文激光粒度仪，型号为 Mastersizer2000，其可以利用先进的激光衍射技术对乳化液、悬浮液和干粉末等常规颗粒进行精确表征，粒径测量范围为 $0.02\sim2000\mu m$。图 12-6（b）为透射式电子显微镜，可以通过调节显微镜放大倍数和间距，以及电脑软件相关参数，对乳化液中分散相液滴进行微观观察并拍照。

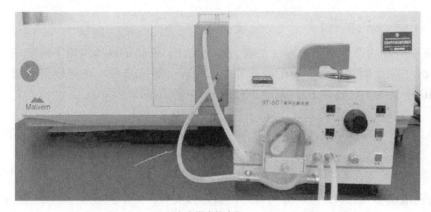

(a) 马尔文激光粒度仪　　　　　　　　　　　　　　　　　　(b) 电子显微镜

图 12-6　液滴粒径检测仪器

2. 乳化液的配置

本实验以 5 号白油、纯净水和 Span-80 液体乳化剂为原料配置所需乳化液。以配置含水率 10%、乳化剂含量 1% 的乳化液为例，配置过程如下：取 900mL 白油，100mL 去离子水，10mL 的 Span-80 乳化剂放置于烧杯中，用磁力搅拌器进行搅拌，转速设置为 2000r/min，采用间歇搅拌方式，每搅拌 1 h 然后停留 20 min，往复 3 次然后静置 2 h。若无明显分层，且用粒度仪测试液滴静置前后粒径分布变化不大，则乳化液稳定性较强，可以进行后续实验。通过图 12-7 中三种不同含量乳化剂制备的乳化液可以看出，当乳化剂含量为 0.5% 时，静置 2 h 后有明显的分层现象；乳化剂含量为 1% 时，乳化液基本没有分层，体系相对稳定；乳化剂含量为 2% 时，完全没有分层现象。考虑到乳化液稳定性和电破乳难易程度，乳化剂含量取 1% 为宜。

2%　　　　　　　　　　　1%　　　　　　　　　　　0.5%

图 12-7　不同乳化剂含量的乳化液静置后对比图

3. 实验结果及分析

（1）高电压下液滴的迁移和聚结行为　乳化液中分散相液滴会保持稳定的悬浮状态，施加高电压后液滴会产生迁移行为。图 12-8 为高速摄像拍摄的两液滴在电压 5kV、频率

100Hz时迁移过程的图像,可以看出液滴迁移的具体过程。从高速摄像视频慢放镜头发现,液滴开始时向中心电极移动,接触中心电极棒后发生反弹现象,向边壁方向迁移,原因可能为液滴与电极接触后发生了充电现象,液滴充电后带正电,在电场力作用下向边壁移动。图12-9为高速摄像拍摄的两液滴在电压5kV、频率100Hz时不同时刻下液滴聚结过程的动态图像,可以看出在高压电场下,液滴产生极化作用并在电场力作用下产生相对运动,逐渐靠近,挤压液滴之间的界面膜,破坏界面的稳定性,使液滴间液膜变薄直至破裂,液滴发生聚结。通过高速摄像实验,发现了液滴在高电场下的动态运动和聚结过程,同时也证明了电场对于液滴聚结的可行性,为后续实验提供依据。

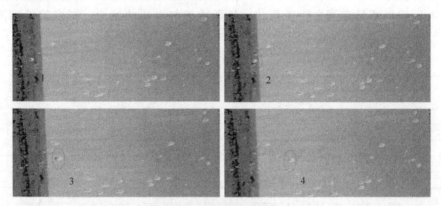

图 12-8 液滴迁移过程

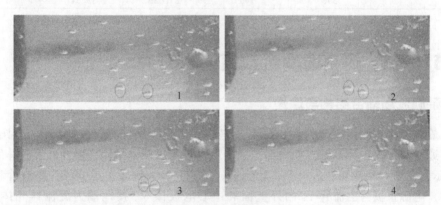

图 12-9 液滴聚结过程

（2）电压幅值对液滴聚结的影响 表12-1为电压幅值对液滴聚结影响的实验方案及测量结果,图12-10为对应的单电场和耦合场下电压幅值与液滴 d_{50}（平均粒径）的关系曲线。实验参数设置如下：含水率10%,电场作用时间20s,乳化剂含量1%,温度35℃,由粒度仪测量得到乳化液初始 d_{50} 为8.780μm。由图12-10、表12-1可以看出,单电场下随着电压幅值的增加液滴 d_{50} 逐渐增加,耦合场下液滴 d_{50} 的变化趋势与单电场类似,说明高电场可以促进液滴

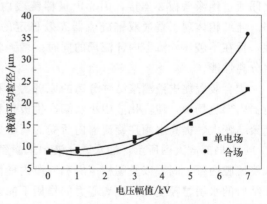

图 12-10 单电场和耦合场下电压幅值与液滴 d_{50} 的关系

聚结变大。对于本实验，电压幅值超过3kV后，液滴平均粒径明显提升，电压为7kV时液滴平均粒径增长最大，说明在一定初始条件下，存在一个使聚结效果较好的电压阈值，当电压幅值低于此值时，聚结效率低，液滴粒径变化不明显，当电压高于比值后，聚结效果显著提高。

通过对比单电场和耦合场可以发现，在低于5kV时两者聚结效果相似，电压高于5kV时，耦合场的聚结效果明显高于单电场，说明在高压电场下旋流的存在可以促进液滴聚结进程。实验同时发现，对于单电场和耦合场，液滴粒径分布曲线都会发生一定变化，呈现双峰的特点，且随着施加电压值的增加，大粒径液滴的峰逐渐右移，小粒径液滴的峰逐渐变小，说明施加电压后，部分液滴发生了聚结，且随着施加电压的增大，更多的液滴发生聚结作用。

表 12-1　电压幅值对液滴聚结影响的实验研究

序号	电压/kV	转速/(r/min)	频率/Hz	测量值/μm		
				第一次	第二次	平均值
1	1	0	100	10.667	8.380	9.523
2	3	0	100	13.191	11.286	12.238
3	5	0	100	14.495	16.249	15.372
4	7	0	100	24.909	22.285	23.174
5	1	800	100	9.748	8.054	8.901
6	3	800	100	10.819	11.618	11.219
7	5	800	100	16.712	19.880	18.296
8	7	800	100	37.629	33.847	35.738

第三节　电场-旋流场耦合数值模拟研究

一、电场-旋流场耦合结构与原理

双锥旋流器具有流场稳定性好、分离效率高和压降小等优势，因而广泛应用于油水分离。以普通双锥旋流器为基础，在内部加入高压电场构成耦合结构。耦合装置整体结构如图12-11所示，主要包括双切向入口腔、溢流管、旋流腔、大锥段、小锥段、底流管和电极棒等。其中，电源正极为溢流管11的外壁面和中心电极棒5，接地端为旋流器壳体内壁面，在旋流器正极和负极接入高压脉冲电源，构成电场-旋流场耦合结构。溢流管和旋流腔内壁之间通过绝缘盖板8连接，中心电极棒锥段内壁之间通过绝缘垫片进行绝缘处理，避免短路。此结构体现了普通双锥旋流器高效稳定的油水分离性能，以及高电压下液滴的聚结特性，旨在不破坏旋流器内部流场的同时，增强乳化液中分散相液滴的聚结作用和旋流器的油水分离性能。

耦合装置促进液滴聚结并分离的原理为：利用油水电导率差，将高压脉冲电场施加在旋流器内部流场中，使乳化液中小水滴产生极化和振荡作用，降低乳化液界面膜强度，促进水滴聚结变大，提高水滴在旋流器内所受的离心力，增强油水两相的分离效果。具体过程如图12-11中局部放大图所示：油水乳化液中水滴经双切向入口9进入旋流腔后，在溢流管外壁和旋流腔内壁之间，以及圆柱电极和锥段内壁面之间形成的高压电场作用下发生快速聚结，聚结后的水滴粒径变大，在离心力的作用下向边壁移动，油相由于密度较小向中心移动，实现油水两相的分离。最终大部分水相从底流管7流出，大部分油相从溢流管11流出，实现了油水两相的高效分离。

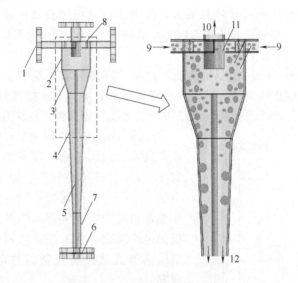

图 12-11　耦合装置结构示意图

1—入口管；2—旋流腔；3—大锥段；4—小锥段；5—电极棒；6—绝缘垫片；7—底流管；
8—绝缘盖板；9—双切向入口腔；10—溢流腔；11—溢流管；12—小锥腔

二、耦合结构电场分析

在耦合装置内，电场作用区域包括旋流腔的同轴圆柱区域和大小锥段区域，由高斯定理可得沿法向距离轴线为 S 处的同轴圆柱区域电场强度为：

$$E = \frac{Q}{2\pi\varepsilon_a S} \tag{12-17}$$

式中，Q 为圆柱截面单位长度的电荷量；ε_a 为乳化液的相对介电常数。S 点的电势可通过下式计算得到：

$$U_S = U_0 - \frac{Q}{2\pi\varepsilon_a}\ln\frac{S}{S_1} \tag{12-18}$$

式中，S_1 为中心圆柱电极半径；U_0 为施加的电压值。当点 S 位于负极表面时，电势为 0，即 $S = S_2$ 时，$U_{S_2} = 0$，则有：

$$\frac{Q}{2\pi\varepsilon_a} = \frac{U_0}{\ln S_2 - \ln S_1} \tag{12-19}$$

式中，S_2 为同轴圆柱电极中心到负极边壁的距离；U_{S_2} 为负极表面的电势。将上式代入式（12-18），可得：

$$U_S = U_0\frac{\ln S_2 - \ln S}{\ln S_2 - \ln S_1} \tag{12-20}$$

则：

$$E_S = -\nabla U_S = \frac{U_0}{S} \times \frac{1}{\ln S_2 - \ln S_1} \tag{12-21}$$

由上式可以看出，同轴圆柱电场的场强与距轴心的距离成反比，靠近轴心处场强很大，而远离轴心处场强较小。因此在同轴圆柱电场中，电聚结效应随半径的增大而减小，靠近旋流器内圆柱电极壁面的液滴尺寸增长最大，但无法对远离轴心处的液滴进行有效聚结。同时，同轴圆柱电极产生的电场为非均匀电场，场的不均匀性在一定程度上有助于液滴的迁移和聚结。

本书采用主直径为 40mm 的双锥旋流器结构，在溢流管外壁和旋流腔内壁，以及中心电极棒和锥段内壁构成高压电场区域，实现增强分离效果。电极材料为不锈钢，考虑到绝缘层对电场的削弱作用，正极选择裸电极结构，以增强同等条件下的电场强度。

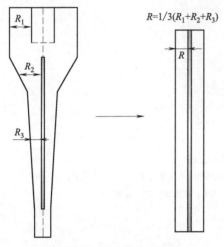

图 12-12　等效过程示意图

参考 Yoshida 文章中的方法，采用等效模型近似求解耦合结构不同电压下的平均电场强度，如图 12-12 所示。具体过程为：将溢流管外壁到旋流腔内壁、中心电极棒到大锥段内壁以及中心电极棒到小锥段内壁中间位置距离的平均值作为同轴圆柱电极的电极间距，将旋流器结构等效为同轴圆柱，然后借助仿真软件对同轴圆柱电极的电场分布进行研究。

计算得到的同轴圆柱电极的电极间距为 11.4mm，对其进行三维建模，并进行仿真分析。仿真步骤为：建立同轴圆柱电极三维结构；导入结构模型，建立计算域，并设置电极材料和计算域物理参数；设置电势和接地面，并添加电压值；进行较细化网格划分，并计算网格；对模拟结果进行分析和后处理。由图 12-13 可以看到，在同轴圆柱电极正极附近电势最高，随着径向方向的增加，电势和场强急剧衰减，靠近壁面附近场强较小。平均电场强度是一个重要的物理量，可以用来衡量施加的高压电场液滴的受力以及聚结程度等，其大小可通过电场强度分布曲线求出，具体为以电场强度在径向方向的平均值表示耦合模型的平均电场强度，以平均电场强度描述电场对液滴的聚结作用。通过上述方法计算得到的电压幅值 5kV 下的平均场强约为 6.75×10^5 V/m，可依据相同方法求出不同电压幅值下的平均电场强度。

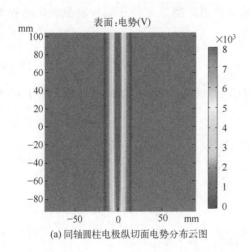

(a) 同轴圆柱电极纵切面电势分布云图

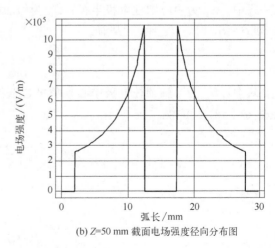

(b) Z=50 mm 截面电场强度径向分布图

图 12-13　数值模拟结果

三、电场与旋流场耦合仿真方法

对于单独旋流器内的油水分离，学者已经进行了大量的数值模拟和实验研究，以揭示油水分离的机理及不同参数对旋流器内速度场、压力场和分离效率等方面的影响。为了研究电场-旋流场对乳化液油水分离性能的影响，前文已经将电场引入旋流器内，构建了电场-旋流场耦合装置。因此有必要对电场-旋流场下乳化液两相分离过程进行耦合数值模拟，以揭示耦合场下油水分离特性及不同操作参数对乳化液内部流场和分离效率的影响。

电场对乳化液中分散相液滴的作用主要包括迁移作用和聚结作用，能够使液滴产生运动和聚结，可以通过电场力方程和液滴尺寸控制方程进行描述，如图 12-14 所示。在Fluent 中，没有直接适用于电场-旋流场下的数值模型，因此本节利用用户自定义函数，将电场的作用通过 UDF 加载到 Fluent中，结合软件自带的湍流数值模型进行耦合计算，实现耦合场的数值模拟，研究不同操

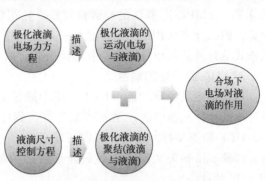

图 12-14 电场对液滴的作用

作参数对耦合装置内速度场、压力损失和分离效率等方面的影响规律，同时优选出本结构下的最佳操作参数。

1. 流体域结构及网格无关性检验

根据耦合结构可以得到流体域三维结构如图 12-15 所示。主要结构参数包括主直径 D_2、旋流腔长度 L_0、溢流直径 D_1、溢流伸入长度 L_1、大锥角 α、小锥角 β、底流直径 D_3 和底流长度 L_2，各部分初始结构尺寸如表 12-2 所示。在流体域模型建立后，首先要将整个流体域进行离散化，划分为一个个离散的网格进行计算。由于结构优化过程需要大量的网格划分工作，因此本节采用 ANSYS 自带模块进行非结构化的网格划分，并以压力损失和分离效率为对象进行网格无关性检验，结合计算精度和计算速度选择合适的网格数进行后续模拟。

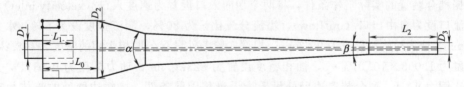

图 12-15 耦合装置流体域示意图

表 12-2 流体域尺寸表

D_2	L_0	α	β	D_3	L_2	D_1	L_1
40mm	40mm	32°	5°	8mm	50mm	12mm	22mm

2. 多相流模型及湍流模型的选择

在 Fluent 软件中，多相流模型主要包括 VOF、Mixture 及 Eulerian 等。VOF 模型适用于分层的或者自由表面流动。Eulerian 模型是 Fluent 中较为复杂的多相流模型，计算精度高，但是耗时长，且对于复杂结构收敛性较差。Mixture 模型是一种简化的多相流模型，计算量小，可以用于模拟各种不同速度的多相流，包括强烈耦合的各向同性和各向异性多相流。本节主要研究含水率为 10% 左右的均匀油水乳化液体系在旋流器内的分离特性，采用

Mixture 模型比较合适。

在 Fluent 中常用的湍流模型主要有三种：k-ϵ 模型、RNG k-ϵ 模型和 RSM 模型。RSM 模型相比其他模型，更严格地考虑了流线弯曲、涡流、旋转和张力的快速变化，对复杂流动特别是各向异性湍流具有较高的预测精度。虽然 RSM 模型需要额外的计算时间，但该模型可用于精确模拟旋流器内流体各向异性的湍流流动，因此选择 RSM 模型进行计算。

在压力-速度耦合算法方面，Fluent 软件中主要包含 SIMPLE、SIMPLEC 和 PISO 等 3 种算法。SIMPLEC 算法的收敛性较好，且花费的计算时间较短，因此选择 SIMPLEC 进行计算。Fluent 中常用的离散格式有一阶迎风格式、二阶迎风格式及 QUICK 格式等。一阶迎风格式的计算效果较好，且计算时间较短，因此采用一阶迎风格式作为离散格式。

3. 电场-旋流场的耦合

用户自定义函数功能（UDF）用于通过 C 或 C++ 函数将控制方程加载到求解器中，通过改变计算过程中的控制模型或计算过程的某些参数，实现一些软件本身无法实现的功能。UDF 的主要特征包括：可以通过 C 或 C++ 编写；通过采用宏定义 DEFINE 加入求解器；需要 udf.h 头文件；需要编译且通过的编译后文件。电场-旋流场的耦合主要是通过 UDF 实现的。

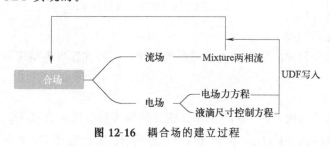

图 12-16 耦合场的建立过程

耦合场建立的重点是将电场的作用加载到湍流模型中，前文分析了液滴在电场中的电场力方程和尺寸控制方程。结合液滴尺寸控制方程和电场力方程即可表示电场在旋流器中的作用，耦合场的建立过程如图 12-16 所示。具体过程为：用液滴在旋流器中停留的时间，结合不同电压下的平均电场强度，预测液滴尺寸变化，并反馈给 Mixture 模型，同时用 UDF 将电场力作为源项加入到动量方程中，实现流场和电场的耦合。

4. 物性参数及边界条件设置

根据耦合装置的实际工作条件，将两个切向入口设置为速度入口（velocity inlet），底流口和溢流口设为自由出口（outflow），溢流分流比设为 80%，湍流强度设为 5%，水力直径设为 12mm，液滴初始粒径设为 0.22mm。根据实验条件设置分散相水相的密度为 998.2kg/m³，动力黏度为 1.003×10^{-3} Pa·s，油相密度设置为 823kg/m³，动力黏度为 0.017Pa·s，油水设置比例为 9:1。耦合装置边壁处设置为无滑移固壁条件，接触边壁处的流体相对速度为零。

四、数值模拟结果分析

1. 电压幅值对耦合流场特征的影响

在耦合分离装置中，电压幅值直接决定了液滴聚结的程度和所受电场力的大小，对分离效率有重要影响。本部分针对不同电压幅值进行数值模拟，设置处理量为 5.1m³/h，频率为 200Hz，将电压幅值设为单因素变量，其他参数保持不变，电压幅值分别为 0kV、5kV、7kV 和 9kV，并对不同电压幅值下的油相分布、压力损失及分离效率进行分析，揭示耦合场下电压幅值对油水分离性能的影响。

（1）油相分布　在最大临界电压范围内，电压幅值越大，液滴靠近速度越快，增大电压幅值可以有效缩短液滴聚结时间，使小液滴快速聚结变大，弥补了旋流器难以分离小粒径液滴的缺点。图 12-17 为不同电压幅值下耦合装置纵剖面的油相分布及溢流口附近放大云图，其中电压幅值为 0kV 时即为不加电场下的模拟结果。由图 12-17（a）可以看出，在不加电场时，溢流口最高含油浓度为 0.96，底流口附近最高含油浓度为 0.73，在大锥角和小锥角区域含油浓度梯度也较小，单独的旋流分离效果并不理想。由图 12-17（b）可以看出，施加 5kV 的电压，溢流口附近油相浓度为 0.96 的区域明显增大，最大含油浓度可达 0.99，同时底流管附近含油浓度降至 0.60，在大锥角和小锥角的分离区域油相浓度梯度变大，说明施加 5kV 的电压后旋流器的分离性能得到了明显提升。由图 12-17（c）可以看出，施加

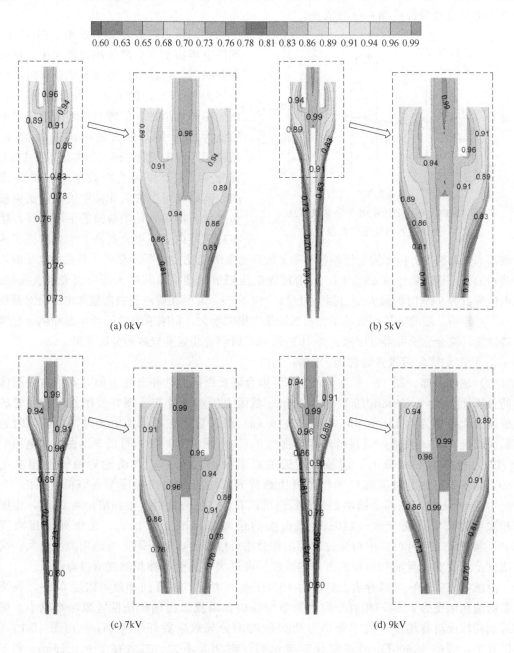

图 12-17 不同电压幅值下耦合装置纵剖面的油相分布及溢流口附近放大云图

7kV 的电压后，溢流口附近高油相浓度区域变大（0.99 以上），更多的油相聚集在溢流管处，同时底流口附近低油相浓度区域变大，底流口处油相含量进一步减小，而在大锥段和小锥段区域油相浓度梯度进一步增大，说明增大电压幅值可以进一步提高油水分离效果，主要原因为在相同的作用时间里，高电场下液滴的聚结作用更强，液滴粒径增长更大，可以增强液滴所受到的离心力，有利于油水两相的分离。随着施加电压幅值的增加，油相更加聚集于中心区域，表明增大电压可以增强旋流器的分离效率。由图 12-17 （d）可以看出，9kV 电压下最高含油浓度区域与 7kV 电压相比有小幅增加，且其锥段区域的油相浓度梯度和底流附近的低油相浓度区域与 7kV 时相差不大，说明在一定的处理量和分流比下，提高电压幅值并不能一直显著提高油水分离效果。

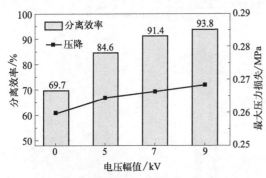

图 12-18　不同电压幅值下分离效率及最大压力损失变化曲线

（2）压力损失及分离效率　图 12-18 为不同电压幅值下分离效率及最大压力损失变化曲线图，可以看出单独旋流分离时的分离效率为 69.7%，随着电压幅值的增加，分离效率随之增加，但增幅逐渐减缓，在电压幅值为 9kV 时，最大的分离效率 93.8%，相较于不加电场下分离效率提高了 24.1 个百分点，主要原因为相较于单独的旋流分离，高电场可以使乳化液中的液滴迅速极化和聚结，提高乳化液液滴的平均直径，使其在旋流器内受到更大的离心力，增强了旋流器的油水分离能力。由不同电压幅值下的最大压力损失变化曲线可以看出，不施加电场时，耦合装置的最大压降低于 0.26 MPa，随着施加电压幅值的增大，其最大压力损失也直线增加，在电压幅值为 9kV 时的最大压力损失超过 0.267 MPa，说明在旋流器内部施加电压会对系统内压力产生影响，随着电压幅值的增大，系统压力损失增大，影响液滴的运动状态和耦合装置的分离性能，综合分析可得电压幅值为 7kV 和 9kV 时耦合装置有较好的分离效果。

2. 频率对耦合装置分离性能的影响

（1）油相分布　图 12-19 为不同频率下耦合装置纵剖面油相分布云图，其中右侧图像为不同分流比下 $Y=-18mm$ 和 $Y=-110mm$ 截面上的油相分布云图，云图显示，设置的油相浓度变化范围为 0.45~0.99。从图 12-19 （a）可以看出在不施加电场时，溢流口附近油相最大浓度 0.95，底流附近最低油相浓度为 0.7。由图 12-19 （b）可以看出在施加电压幅值为 7kV，频率为 200Hz 时，溢流口附近油相最大浓度 0.99，底流附近最低油相浓度为 0.49，相较于不加电时溢流口油相浓度明显提升，底流口油相浓度明显降低。由图 12-19 （b）中 $Y=-18mm$ 截面上的油相分布云图可以看出，轴心处最大油相浓度为 0.99，边壁处油相浓度为 0.85，而 $Y=-110mm$ 截面上的最大油相浓度为 0.92，边壁处油相浓度为 0.52，相较于 12-19 （a）中对应位置的油相分布可以看出，轴心附近的油相浓度更大，高油相浓度范围变宽，且油相沿径向方向的浓度梯度增大，边壁处油相浓度明显降低。

由图 12-19 （c）可以看出在频率为 400Hz 时，溢流口附近油相最大浓度 0.99，底流附近最低油相浓度为 0.52，相较于频率为 200Hz 时，溢流口高油相浓度区域略有减小，底流附近油相浓度略有增加，说明频率为 200Hz 时的分离效果要好于 400Hz。由图 12-19 （d）可以看出，频率为 600Hz 时油相分布与 400Hz 时相差不大，二者在 $Y=-18mm$ 和 $Y=-110mm$ 截面上的油相分布云图也一致，说明此两种频率下分离效果相似。通过对比

200Hz、400Hz 和 600Hz 频率下的油相浓度分布可以看出，在同一电压幅值下，频率的改变对油相浓度分布的影响较小，200Hz 时的油相分布情况相对较好。

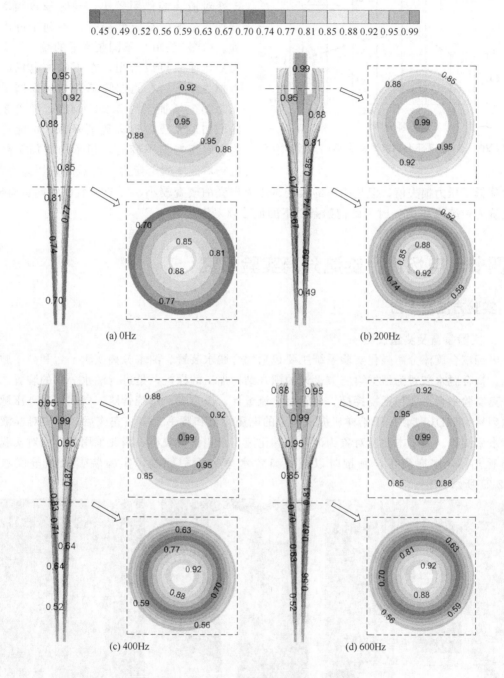

图 12-19 不同频率下耦合装置纵剖面的油相分布云图

（2）压力损失及分离效率　图 12-20 为不同频率下分离效率及最大压力损失变化曲线图。可以看出在不施加电场时分离效率最低，为 69.7%，频率为 200Hz 时对应的分离效率最高，为 91.4%，随着频率的进一步增加，分离效率逐渐降低，频率为 600Hz 时分离效率相较于 200Hz 时降低了 3.8 个百分点，说明在同一电压幅值下，频率的增加会降低油水分

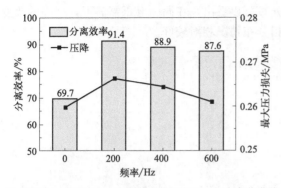

图 12-20 不同频率下分离效率及最大压力损失变化曲线

离的效果，主要因为在耦合装置中流速很快，液滴在电场中作用时间很短，频率的改变对液滴的作用较小，同时随着频率的增加，流场的稳定性降低，不利于分离进程。由图 12-20 中不同频率下的最大压力损失变化曲线可以看出，在不施加电场时压力损失最低，在施加频率为 200Hz 时最大压力损失增加至约 0.265 MPa，随着频率的增加最大压力损失逐渐降低，可能是因为在电压幅值不变时，频率的增加会降低电场对流体的电应力，使系统内压力降低，进而降低了压力损失值，但是频率的改变对压力损失的改变较小，对分离效率影响也有限，因此认为频率为 200Hz 时为此初始条件下的最佳频率值。

第四节 电场耦合旋流分离实验研究

一、实验方法及工艺

1. 实验装置及测量仪器

电场耦合旋流分离强化实验系统主要包括耦合脱水装置、油水分离实验平台和高压脉冲电源。耦合脱水装置为根据第三节设计的耦合结构加工的样机，是进行油水分离的装置，油水分离实验平台主要包括搅拌槽、齿轮泵、流量计、压力表、系统管路、阀门等。高压脉冲电源型号为 HD10-5，用于给样机提供一定的电压幅值和频率。实验完成后，需要对样液进行含水率测量。由于本实验对象为油包水乳化液，水相含量较小，因此采用蒸馏法对实验后的样液进行含水率测量，测量时以溢流口含水率为检测标准，实验装置及测量仪器如图 12-21 所示。

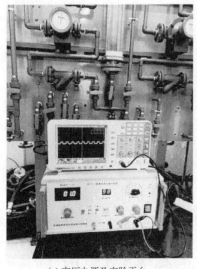
(a) 高压电源及实验平台

(b) 实验样机

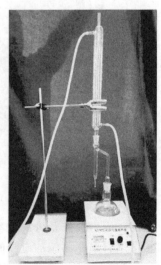
(c) 蒸馏装置

图 12-21 实验装置及测量仪器

2. 实验材料

本实验选用 5 号白油（工业级）、纯净水、Span-80 乳化剂为原材料，制备一定含水率和乳化剂含量的油包水型乳化液。其中 5 号白油为无色透明液体，作为连续相，乳化剂 Span-80 呈黄褐色黏稠状液体，可以溶解于大多数有机溶剂中，常用于制作油包水型乳化液。实验中温度设定为 65℃，三种实验材料在此温度下的各物性参数如表 12-3 所示。

表 12-3　温度 65℃ 时实验材料参数表

材料	密度/(kg/m³)	黏度/Pa·s	相对介电常数
5 号白油	823	0.017	2.5
纯净水	889	0.001	81
Span-80	994	—	—

3. 工艺流程

油水分离实验工艺流程如图 12-22 所示，首先在圆柱罐中配置所需含量的 5 号白油、纯净水和 Span-80 乳化剂，通过搅拌器将其混合均匀，同时圆柱罐中的加热装置可以调节乳化液体系的温度，并通过温度计实时测量乳化液温度值。因为高含油的油水乳化液黏度值较大，因此实验时将温度加热至 65℃，降低其黏度值，有利于提高分离效果。

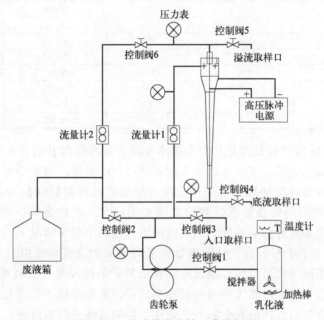

图 12-22　油水分离实验工艺流程图

二、单因素实验结果及分析

本节通过搭建耦合装置实验平台，对不同操作参数下（处理量、电压幅值、频率、分流比和含水率）乳化液在耦合装置中分离后的入口、溢流口及底流口进行接样和含水率测量工作，实验目的是揭示不同参数下耦合装置的分离性能及影响规律。

1. 处理量对分离效率的影响

本实验中设置电压为 7kV、频率为 200Hz、分流比为 80% 保持不变，通过改变处理量进行单因素实验。同时为了对比单独旋流分离与电场-旋流场耦合分离效果的差异，进行了单独旋流场下的对比实验。表 12-4 为处理量对分离效率影响的实验研究方案及测量结果，由此得到了不同处理量下分离效率曲线如图12-23所示。可以看出在电压幅值为7kV时，随着处理量的增加，分离效率先升高后降低，在处理量为5.1m³/h时分离效率最高，为85.7%，不施加电场时也有相似的趋势，在处理量为5.1m³/h时分离效率取得最大值73.1%，主要因为随着处理量的增加，在耦合装置内产生的离心力增加，增强了油水两相的分离程度，同时如果处理量过大会使内部流场紊乱，也会增大分散相液滴的碰撞和破碎概率，反而降低分离效果，单独旋流分离和耦合场下分离效率的趋势相似，说明对于耦合装置，处理量是其影响分离性能的重要参数。

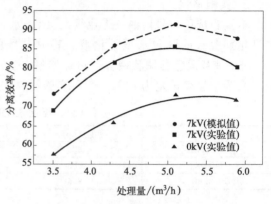

图 12-23 不同处理量下分离效率曲线图

表 12-4 处理量对分离效率影响的实验研究方案及测量结果

序号	处理量/(m³/h)	电压幅值/kV	频率/Hz	入口含水率/%	溢流含水率/%
1	3.5	0	200	10.32	4.37
2	4.3	0	200	9.73	3.31
3	5.1	0	200	10.46	2.81
4	5.9	0	200	10.11	2.87
5	3.5	7	200	9.89	3.05
6	4.3	7	200	9.83	1.83
7	5.1	7	200	10.20	1.45
8	5.9	7	200	9.92	1.95

通过对比0kV和7kV时处理量与分离效率曲线关系图可以看出，电场的存在可以显著提高乳化液油水分离的效果，同时可以发现随着处理量的增加，两者分离效率曲线差值逐渐减小，主要因为随着处理量的增加，流体在耦合装置内的停留时间减少，削弱了电场的作用。通过对比7kV时不同处理量下的数值模拟和实验结果可以发现，两者变化规律一致，都是随着处理量的增加先升高后降低，但实验结果总是小于同等情况下的模拟值，在处理量为5.1m³/h时相差5.7个百分点，且随着处理量的增加实验值与模拟值差异增大，说明在一定误差范围内，模拟结果可以较好地预测实验结果，但处理量过大时模拟结果误差较大，可能是因为处理量过大时分散相大液滴的破碎率较高，施加电场不能有效提高乳化液液滴的平均粒径，同时也会加剧流体的乳化和不稳定性，影响最终的分离效果，而在数值模拟中忽略了高流速对液滴的破碎作用。

2. 电压幅值对分离效率的影响

本实验中设置频率为200Hz、分流比为80%并保持不变，通过改变不同处理量下的电压幅值进行实验研究。图12-24为不同电压幅值下分离效率曲线图，可以看出，处理量为3.5m³/h、4.3m³/h和5.1m³/h时曲线变化规律一致，都是随着电压幅值的增加分离效率先升高后降低，在电压幅值为7kV时分离效率最高。而处理量为5.9m³/h时分离效率随电压幅值的增大一直升高，在电压幅值为9kV时取得最大值。主要原因为电压幅值在很大程度上决定了液滴聚结的程度，增大电压幅值可以有效提高分散相液滴的粒径，增大液滴在耦合装置中受到的离心力，增强耦合装置的油水分离性能。但电压过大时会使大液滴破碎为大量的小液滴，难以再次聚结，降低分离效率。同时当处理量过大时，液滴在电场中停留时间变短，此时对应的最佳电压幅值会增大。

通过对比不同电压幅值下效率曲线可以看出，处理量为 5.1m³/h 时，整体分离效率较高。由图 12-24 中处理量为 5.1m³/h 时电压幅值与分离效率的实验和模拟曲线图可以看出，在不施加电场时实验结果略大于模拟值，在耦合场下实验结果小于模拟值，同时在电压幅值为 7kV 以下，二者都是随着电压幅值的增加而升高，高于 7kV 后变化趋势不同，这可能因为电压幅值过高时会使耦合装置内产生局部短路，降低高电场下对液滴的极化和聚结作用，同时也会增大电破碎效应，影响油水分离效果。综合分析可知电压幅值对油水分离性能有重要影响，数值模拟的结果和实验结果有较好的一致性，同时在不同处理量下存在一个最佳电压幅值，使耦合装置有较高的分离效率。

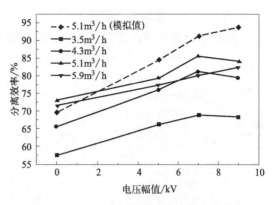

图 12-24　不同电压幅值下分离效率曲线图

3. 频率对分离效率的影响

本实验中设置处理量为 5.1m³/h、电压幅值为 7kV、分流比为 80% 并保持不变，通过改变频率进行单因素实验研究，同时设置了电压幅值 5kV 下的一组实验进行对照。表 12-5 为耦合场下频率实验研究方案及测量结果，由此可得不同频率下分离效率曲线如图 12-25 所示。由图 12-25 可以看出，电压幅值 5kV 和 7kV 时曲线变化趋势类似，都是随着频率的增加先升高后降低，电压幅值为 5kV 时在 600Hz 频率下分离效率最高，为 82.5%，电压幅值为 7kV 时在 400Hz 频率下取得最大值 87.3%。同时可以看出，在相同的电压幅值下，频率对分离效率的影响没有处理量和电压幅值大，这可能是因为流体在耦合装置内停留时间很短，而频率对分散相液滴的作用则需要一定的时间累积，因此频率的改变对分离效率的影响较小。由图 12-25 中电压幅值为 7kV 时频率与分离效率的实验和模拟曲线图可以看出，二者的最佳频率值不同但曲线走势相近，且随着频率的增加，实验结果和模拟值的误差逐渐减小。

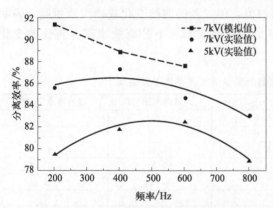

图 12-25　不同频率下分离效率曲线图

表 12-5　耦合场下频率实验研究方案及测量结果

序号	频率/Hz	电压幅值/kV	处理量/(m³/h)	入口含水率/%	溢流含水率/%
1	200	5	5.1	10.14	2.08
2	400	5	5.1	9.86	1.80
3	600	5	5.1	9.79	1.71
4	800	5	5.1	10.53	2.22
5	200	7	5.1	10.20	1.45
6	400	7	5.1	10.28	1.30
7	600	7	5.1	9.95	1.68
8	800	7	5.1	10.34	1.75

4. 分流比对分离效率的影响

本实验中设置处理量为 $5.1m^3/h$、电压幅值为 $7kV$、频率为 $200Hz$ 并保持不变，通过

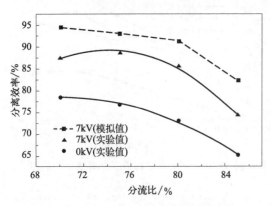

图 12-26　不同分流比下分离效率曲线图

改变分流比进行单因素实验研究，同时设置了电压幅值为 $0kV$ 下的一组实验进行对照。表 12-6 为分流比对分离效率影响的实验研究方案及测量结果，由此可得不同分流比下分离效率曲线如图 12-26 所示。由图 12-26 可以看出，在不施加电场时，随着分流比的增加分离效率逐渐下降，在分流比为 70% 时分离效率最高，为 78.4%，电压幅值为 $7kV$ 时，随着分流比的增加分离效率先升高后降低，在分流比为 75% 时分离效率取得最大值 88.3%。最佳分流比发生变化的主要原因为施加电场作用后，增强了油水分离能力，更多的油相聚集在轴心附近向溢流口流出，增大分流比更有利于油相的流出。同时当分流比过大时会使乳化液无法在耦合装置内充分分离，而直接从溢流口流出，造成大量的水相从溢流口流出，降低了分离效率。由图 12-26 中电压幅值为 $7kV$ 时分流比与分离效率的实验和模拟曲线可以看出，虽然实验得到的结果小于模拟值，但二者的曲线变化规律大致相同，说明在一定误差范围内，数值计算的结果可以较好地预测真实情况下分离效率随分流比的变化规律。

表 12-6　分流比对分离效率影响的实验研究方案及测量结果

序号	分流比/%	电压幅值/kV	处理量/(m^3/h)	入口含水率/%	溢流含水率/%
1	70	0	5.1	9.91	2.13
2	75	0	5.1	9.59	2.25
3	80	0	5.1	10.46	2.81
4	85	0	5.1	10.27	3.57
5	70	7	5.1	9.72	1.21
6	75	7	5.1	9.55	1.12
7	80	7	5.1	10.20	1.45
8	85	7	5.1	9.76	2.52

5. 含水率对分离效率的影响

本实验中设置处理量为 $5.1m^3/h$、频率为 $200Hz$、分流比为 80% 并保持不变，通过改变不同电压幅值下乳化液含水率的大小进行单因素实验研究。图 12-27 为不同电压下含水率与分离效率关系图，可以看出在电压幅值为 $0kV$ 和 $9kV$ 时，分离效率随着含水率的增加而降低，在电压幅值为 $5kV$ 和 $7kV$ 时分离效率随着含水率的增加先升高后降低，同时可以看出在含水率为 6% 时，$9kV$ 电压幅值下的分离效率最高，而含水率为 10% 和 14% 时分离效率在 $7kV$ 下取得最

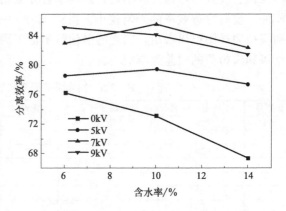

图 12-27　不同含水率下分离效率曲线图

大值，说明了电场的存在影响了不同含水率下的分离效率关系，低含水率下的最佳电压幅值高于同等情况下高含水率的最佳电压幅值。这是因为含水率的大小决定液滴在连续相中的大小和数量，当乳化液含水率较低时，相邻液滴间距变大，相同电压幅值下液滴所受电场作用变弱，达到聚结的临界电场增大，当乳化液含水率较高时液滴间距较小，在相同电压幅值下聚结时间短，聚结率高。同时含水率的提高会增加连续相与分散相之间的界面面积，降低乳化剂的浓度，利于乳化液的失稳和液滴的聚结。但是当含水率过高时，无法对分散相液滴进行有效分离，同时在高电场下易引发局部短路和电分散，降低液滴的聚结能力和耦合场下流场的稳定性。

三、正交实验分析

在上文单因素实验中，得到了不同操作参数下耦合装置的分离效率及使分离效率较优的操作参数值，本小节采用正交实验方法，对电压幅值、频率和处理量进行交叉实验方案设计，以得到多因素多水平下耦合装置分离效率关系及优化组合方案。本小节正交实验设计过程为：以电压幅值、频率和处理量为实验因素，以单因素下较优的参数范围为水平设计三因素四水平的正交表；根据正交表方案进行实验和测试；通过 SPSSAU 工具对实验结果进行极差分析，确定多因素下的因素影响水平和较优组合方案。表 12-7 为设计的正交实验方案及含水率测量结果。

表 12-7　正交实验方案及含水率测量结果

序号	电压/kV	频率/Hz	处理量/(m³/h)	入口含水率/%	溢流含水率/%
1	6	300	4.7	10.35	1.90
2	6	200	4.3	9.85	2.24
3	7	500	5.1	9.59	1.29
4	6	400	5.1	10.19	1.71
5	9	400	4.7	10.17	1.39
6	6	500	5.6	10.58	2.03
7	9	200	5.6	9.32	1.43
8	8	500	4.7	10.75	1.22
9	8	400	4.3	10.38	1.57
10	9	500	4.3	10.81	2.01
11	8	300	5.6	9.70	1.53
12	7	300	4.3	9.37	1.69
13	7	400	5.6	10.68	1.72
14	7	200	4.7	10.96	1.69
15	9	300	5.1	10.74	1.55
16	8	200	5.1	9.69	1.24

极差分析可用于研究正交试验数据，包括因素间的优势或不同水平下的优劣。表 12-8 所示为极差分析结果，其中，K_a 为不同因素和水平时分离效率对应的平均值，R 代表不同因素下的极差值，可以反映不同因素对分离效率的影响程度。图 12-28 为不同因素和水平下分离效率平均值及极差分布曲线图，可以看出电压幅值为 8kV、频率 400Hz、处理量为 5.1m³/h 时，耦合装置的分离效果最好。同时通过极差分布图可以看出，影响分离效率程度的因素依次为电压幅值、处理量和频率。

表 12-8　极差分析表

项	因子 1（电压幅值）	因子 2（频率）	因子 3（处理量）
K_{a1}	80.71	83.40	81.34
K_{a2}	84.21	83.32	85.25
K_{a3}	86.20	84.58	85.64
K_{a4}	84.47	84.30	83.37
R	5.48	1.25	4.29
水平数量	4	4	4

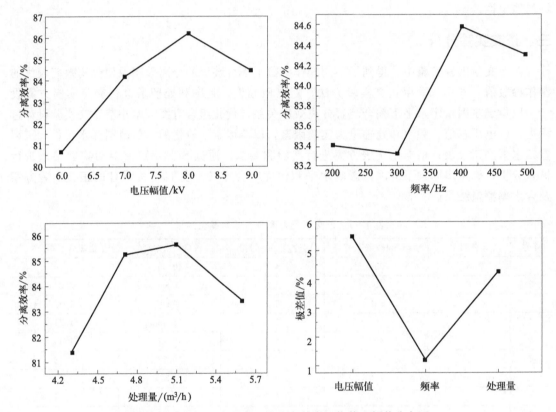

图 12-28　不同因素和水平下分离效率平均值及极差分布图

参 考 文 献

［1］ 王永伟，张杨，王奎升，等. 新型离心-脉冲电场联合破乳装置的设计［J］. 流体机械，2009，37（11）：15-18.

［2］ Hadidi H，Kamali R，Dehghan M K. Numerical simulation of a novel non-uniform electric field design to enhance the electrocoalescence of droplets［J］. European Journal of Mechanics-B Fluids，2020，80：206-215.

［3］ 丁艺，陈家庆. 高压脉冲 DC 电场破乳技术研究［J］. 北京石油化工学院学报，2010，18（02）：27-34.

［4］ Gong H F，Yu B，Dai F，et al. Influence of electric field on water-droplet separated from emulsified oil in a double-field coupling device［J］. Colloids and Surfaces A：Physicochemical and Engineering Aspects，2018，550：27-36.

［5］ 胡康. 旋流电聚结器的研制与聚结特性研究［D］. 青岛：中国石油大学，2017.

［6］ Tienhaaraa M，Lammers F A. Electrostatic coalescer and method for electrostatic coalescence：

US9751092B2 [P]. 2017.

[7] Fjeldly T A, Hansen E B, Nilsen P J. Novel coalescer technology in first-stage separator enables single-stage separation and heavy-oil separation [J]. Spe Projects Facilities & Construction, 2006, 3 (2): 1-5.

[8] 刘家国, 吴奇霖. 绝缘电极脱水技术的研究进展 [J]. 石油化工腐蚀与防护, 2015, 32 (03): 1-5.

[9] 阎军, 毛宗强, 何向明. 静电场和离心力场联合分离水/油型乳状液 [J]. 化工学报, 1998, (01): 17-27.

[10] Kwon W T, Park K, Han S D, et al. Investigation of water separation from water-in-oil emulsion using electric field [J]. Journal of Industrial & Engineering Chemistry, 2010, 16 (5): 684-687.

[11] Ma Z D, Pu Y D, Hamiti D, et al. Elaboration of the demulsification process of W/O emulsion with three-dimensional electric spiral plate-type microchannel [J]. Micromachihines, 2019, 10: 751-764.

[12] Gong H F, Li W, Zhang X M, et al. Effects of droplet dynamic characteristics on the separation performance of a demulsification and dewatering device coupling electric and centrifugal fields [J]. Separation and Purification Technology, 2021, 257: 117905.

[13] Noïk C, Trapy J, Mouret A, et al. Design of a Crude Oil Dehydration Unit [M]. Texas: Society of Petroleum Engineers, 2002.

[14] 潘子彤, 李青, 王奎升, 等. 离心-脉冲电场耦合破乳试验研究 [J]. 石油矿场机械, 2014, 43 (08): 43-46.

[15] Ye P, Yu B, Zhang X, et al. Numerical simulation on the effect of combining centrifugation, electric field and temperature on two-phase separation [J]. Chemical Engineering and Processing-Process Intensification, 2020, 148: 107803.

[16] Hong W, Ye X, Xue R. Numerical simulation of deformation behavior of droplet in gas under the electric field and flow field coupling [J]. Journal of Dispersion Science and Technology, 2017, 39 (1): 26-32.

[17] Podgórska W, Marchisio D L. Modeling of turbulent drop coalescence in the presence of electrostatic forces [J]. Chemical Engineering Research and Design, 2016, 108: 30-41.

[18] Melheim J A, Chiesa M. Simulation of turbulent electrocoalescence [J]. Chemical Engineering Science, 2006, 61 (14): 4540-4549.

[19] Tomar G, Gerlach D, Biswas G, et al. Two-phase electrohydrodynamic simulations using a volume-of-fluid approach [J]. Journal of Computational Physics, 2007, 227 (2): 1267-1285.

[20] Rahmat A, Yildiz M. A multiphase ISPH method for simulation of droplet coalescence and electro-coalescence [J]. International Journal of Multiphase Flow, 2018, 105: 32-44.

[21] Waterman L C. Electrical coalescers [J]. Chemical Engineering Progress, 1965, 61 (10): 51-57.

[22] Tobin T, Ramkrishna D. Modeling the effect of drop charge on coalescence in turbulent liquid-liquid dispersions [J]. Canadian Journal of Chemical Engineering, 2010, 77 (6): 1090-1104.

[23] Guo C H, He L M. Coalescence behaviour of two large water-drops in viscous oil under a DC electric field [J]. Journal of Electrostatics, 2014, 72 (6): 470-476.

[24] Klingenberg D J, Swol F V, Zukoski C F. The small shear rate response of electrorheological suspensions. I. Simulation in the point-dipole limit [J]. Journal of Chemical Physics, 1991, 94 (9): 6170-6178.

[25] He X, Wang S, Yang Y, et al. Electro-coalescence of two charged droplets under pulsed direct current electric fields with various waveforms: A molecular dynamics study [J]. Journal of Molecular Liquids, 2020, 312: 113429.

[26] Song F, Niu H, Fan J, et al. Molecular dynamics study on the coalescence and break-upbehaviors of ionic droplets under DC electric field [J]. Journal of Molecular Liquids, 2020, 312: 113195.

[27] Førdedal H，Schildberg Y，Sjöblom J，et al. Crude oil emulsions in high electric fields as studied by dielectric spectroscopy. Influence of interaction between commercial and indigenous surfactants [J]. Colloids and Surfaces A：Physicochemical and Engineering Aspects，1996，106（1）：33-47.

[28] Eow J S，Ghadiri M，Sharif A O，et al. Electrostatic enhancement of coalescence of water droplets in oil：a review of the current understanding [J]. Chemical Engineering Journal，2001，84（3）：173-192.

[29] 倪玲英，白莉，郭长会，等. 高频电场离心场作用下的乳状液液滴聚合 [C]. 第十三届全国水动力学学术会议暨第二十六届全国水动力学研讨会论文集—B水动力学基础，2014.

[30] Taylor S E. Theory and practice of electrically-enhanced phase separation of water-in-oil emulsions [J]. Chemical Engineering Research and Design，1996，74：526-540.

[31] Mohammadi M，Shahhosseini S，Bayat M. Numerical Study of the Collision and Coalescence of Water Droplets in an Electric Field [J]. Chemical Engineering & Technology，2014，37（1）：27-35.

[32] Atten P. Electrocoalescence of water droplets in an insulating liquid [J]. Journal of Electrostatics，1993，30：259-269.

[33] Pensini E，Harbottle D，Yang F，et al. Demulsification mechanism of asphaltene-stabilized water-in-oil emulsions by a polymeric ethylene oxide-propylene oxide demulsifier [J]. Energy & Fuels，2014，28（11）：6760-6771.

[34] Lundgaard L，Berg G，Ingebrigtsen S，et al. Electrocoalescence for oil-water separation：Fundamental aspects [M]. Boca Raton：CRC Press，2006.

[35] Chiesa M，Melheim J A，Pedersen A，et al. Forces acting on water droplets falling in oil under the influence of an electric field：numerical predictions versus experimental observations [J]. European Journal of Mechanics-B/Fluids，2005，24（6）：717-732.

第十三章

旋流分离过程的磁场耦合强化

第一节　磁场强化多相介质分离技术研究现状

　　磁场强化多相介质分离是指外加磁场对磁性或带电介质的作用，直接将磁性或带电介质与非磁性介质分离，或者利用磁性介质在磁场中的受力运动，间接促进非磁性介质高效分离的技术。其磁场是由金属材料内的正负电荷按一定规律排布形成或者是感应线圈通电后形成的感应磁场，在实际工业中主要用于将固体磁性介质从高黏度或难分离的流体等介质中分离。传统的固体杂质分离设备的分离性能与其使用年限、结构参数等有关，其分离能力具有一定的局限性，外加磁场能增强对磁性固体的吸引力，改变液滴的表面张力[1,2]，在一定程度上可以提高设备分离效率。磁分离技术根据其处理介质类型和分离方法可简要概括为图 13-1，如今该技术被广泛应用于矿产选煤[3-6]、颗粒除杂[7-9]、污水净化[10-14]、结晶提纯[15]等各个领域。在多相分离领域，磁场往往与电场、流场等其他物理场化学场耦合作用来强化对某一介质的分离提纯能力，目前就磁场分离多相介质的发展可以概括为固体磁性颗粒与非磁性颗粒分

图 13-1　磁场强化多相介质分离方法及类别

离、气体与固体磁性颗粒分离、固体磁性颗粒与液体分离等，如图 13-1 所示。具有代表性的磁场辅助分离设备有磁选机、气固分离旋流器、磁盘分离器等。

一、磁选机及涡电流分选器

　　磁选机是一种依靠电磁铁或永磁铁产生的高强度、高梯度磁场处理混有导磁性和非导磁性固体的设备[29,31]。按照工况磁选机分为干式和湿式两种。干式磁选机[30]能适应缺水矿区的矿物分选，其成本低且分离效果与传统的湿式磁选机几乎相同，已经渐渐取代传统湿式磁选机[16-18]；湿式磁选机可以避免磁性颗粒与非磁性颗粒运动产生的相互之间的干扰，相比于干式磁选机无须较大的磁场梯度，水的清洗可以减少磁性颗粒对磁选机筒体的磨损[19]。

磁选机处理的物料形式分为两种：一种是磁性与非磁性固体颗粒，该物料可采用永磁磁选机进行分选[20-24]，其结构如图 13-2 所示[28]；另一种是非磁性金属颗粒，如铜、铝、铅等，而这种物料不具有磁性，通常采用涡电流分选机进行分选，涡电流分选机工作原理如图 13-3 所示，磁性相对的磁极交替排列在滚筒内壁，金属物料以一定速度经过交变磁场产生感应电动势从而形成环状电流，由于物料电阻属性不同，其不同物料产生的电磁力也不同，该设备利用这一特点实现非铁金属的分选。按照磁性元件种类磁选机分为永磁和电磁两种，电磁铁需要持续供电产生稳定磁场并且具有一定安全隐患，而永磁铁不需使用供电装置也能产生同等强度的磁场。当前干式永磁磁选机在非金属矿业应用较为广泛[25]。

图 13-2　磁选机结构简图

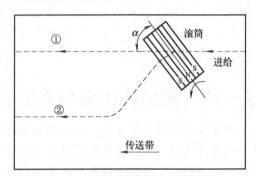

图 13-3　涡电流分选机工作原理
①—非金属颗粒轨迹；②—金属颗粒轨迹

二、气固磁流化床

磁流化床[32,36,37] 是一种外加磁场作用流态化介质用于混合相分离的设备，流化态介质为气体和固体的流化床为气固磁流化床。该设备结构如图 13-4 所示，磁流化床状态如图 13-5 所示。其工作原理：磁场作用于床体内部的磁性颗粒，改变了磁性颗粒间的相互作用力，使不稳定的磁性固体颗粒受磁场作用后稳定排布，从而实现固体与气体分离，因此颗粒的流化态是气固分离的关键因素。目前国内外学者对于影响流化床内颗粒流动状态的因素做了大量试验研究。如 Fabich[38] 通过超短回波磁力共振成像观察到不同粒径气泡的聚结和坍缩

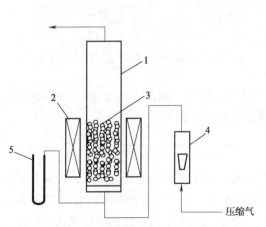

图 13-4　磁流化床的基本结构
1—流化床体；2—磁场发生装置；3—磁性物料；
4—转子流量计；5—U 形压力计

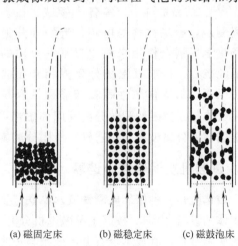

图 13-5　不同磁场强度下磁流化床状态
(a) 磁固定床　　(b) 磁稳定床　　(c) 磁鼓泡床

现象。Sornchamni 等[39] 重点研究了铁磁颗粒在磁流化床内的受力情况，其受力分析如图 13-6 所示，并通过试验发现施加磁场能使流化态更稳定。Hristov 等[40-42] 在此基础上对颗粒的流化态做了深入研究，通过对比有磁场和无磁场流化床颗粒的运动特性发现颗粒流化态在变化的磁场和气体流速中表现为固定态、流动态、鼓泡态，适当增加磁场强

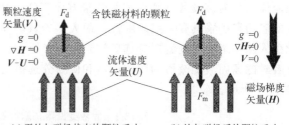

图 13-6　铁磁颗粒在流化床内的受力分析图

度可以减缓流化床的膨胀速率并降低系统的压力损失。

　　在实际应用中，气体与固体流态化会产生气泡，阻碍气体与固体的充分接触，无法满足工业实际作业需求，一些学者对于去除气固磁流化床内的气泡做了大量研究。归柯庭[43] 通过理论与试验研究，发现铁磁颗粒在磁场的作用下引起固相容积密度变化，从而产生应力差，使固体颗粒向气泡中心移动直至消除气泡。王之肖等[44] 研究了磁流化床烟气脱硫的机理，通过试验对比不同磁场大小对脱硫效率的影响，发现铁磁颗粒在酸化条件下利用其自身的铁离子氧化性增强了对亚硫酸根离子的氧化能力，当磁场强度达到一定程度时会发生团聚现象，从而减弱了对硫的氧化和抑制气泡产生的能力，使脱硫效率增势减缓，一定程度上提高了硫的去除效率。

三、磁旋流器

1. 气固旋流器

气固旋流器[33,34] 是一种依靠离心力实现气体和固体分离的设备，对于磁性固体颗粒可通过外加磁场对磁性颗粒的作用，增强其运动速度以提高分离效率。由于该设备处理的含气条件有限，可作为二级分离器与其他气固分离器如干式永磁磁选机串联实现多级分离。目前，国内外学者关于气固旋流器的操作参数和磁场与旋流器的相对位置做了以下研究：如 Zhang 等在气固旋流器内部即溢流管和壁面处增设多组电晕线，利用通电后产生的电磁场增强对细小颗粒的吸引力，从而降低其随气体逃逸的概率；Siadaty 等[35] 设计一种外加磁场源的气固旋流器，针对固体浓度为 0.03% 的气固分离，采用欧拉-拉格朗日模型对固体颗粒进行追踪，基于响应曲面法对磁场强度、水平、垂直方向距离等参数

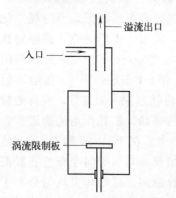

图 13-7　气固柱状分离旋流器结构简图

进行优化；Safikhani 等则在 Siadaty 的基础上设计了新型气固柱状分离旋流器，其结构如图 13-7 所示，增加了对铁、镍、聚苯乙烯三种不同导磁性颗粒的分离特性模拟和试验分析。二者的试验结果对比发现：当磁场强度大于 3T 时，$4\mu m$ 以上铁磁颗粒能 100% 分离，Siadaty 通过敏感度分析得出磁场位置与溢流口中心的轴向距离是分离性能的关键因素，而 Safikhani 通过试验及模拟数据得出磁场位置与溢流口中心的水平距离相比于轴向距离对分离性能的影响程度更大。

2. 固液旋流器

固液旋流器和气固旋流器作用原理类似，都是利用离心力和磁场辅助作用分离固体与其

他流体，目前该设备已经在矿业开采方面广泛应用[55-61]。由于该设备通过离心分离不同密度的矿物和矿浆具有一定局限性，而大部分煤矿成分为铁磁性物质，具有一定的导磁性，因此引入磁场来协助旋流器分选矿物是很有必要的。为了最大程度提高矿物分选能力，国内外学者对磁场固液旋流器的结构设计和矿物分选影响因素做了大量的试验和数值模拟研究，如表13-1所示。

表13-1　固液旋流器在施加磁场前后的参数对比

待提纯介质	入料（混合相）	磁场源位置及作用区域	电流/电压	磁场强度/(A/m)	固体分离效率提高程度
$10\mu m$ 钛铁矿	10g/L 钛铁矿悬浮液	入口	—	—	底流产率 73%→81%
磁种子	30%磁种子絮体溶液	锥段（距底流口100mm）	2A	—	磁种子回收率 88%→98.1%
$12\sim3000\mu m$ 原煤	$1.3\sim2.0g/cm^3$ 粗煤泥	柱锥交界面上下40mm	5A	1300（轴向）	精煤灰分 11.59%→15.79%
		柱锥交界面下120mm处	5A	1977（径向）	底流分选密度 增加$0.22g/cm^3$
$45\sim74\mu m$ 钛铁矿	浓度为15%的钛铁矿浆液	锥段	10A	6349（轴向） 1398（径向）	铁品位61.49%→98.96%，矿浆浓度15%→48.83%
原煤	$1.4g/cm^3$ 粗煤泥	底流段	—	735929（轴向）	底流分选密度 $1.95g/cm^3$→$2.1g/cm^3$
$1\sim100\mu m$ 磁铁矿	$1.5\%\sim30\%$ 固体矿浆	溢流段	60V		矿渣回收率 90%→99.9%
黄铁矿	浓度为66%的黄铁矿浆液	底流段	0.3A	14285（轴向）	磁铁矿品位 66%→67.5%

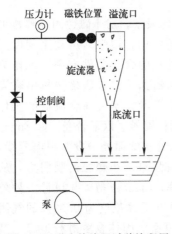

图13-8　磁力旋流器试验流程图

早在1963年，B. B. Троцкцй[62]开展了磁力旋流器和普通旋流器处理矿浆的试验研究。该试验流程如图13-8所示，发现适当增加磁场强度能提高沉砂效果，为磁场强化固液分离旋流器研究奠定基础。后来，人们研究了磁极对数对分选效果的影响。如1983年，Watson等[63]在旋流腔附近设置一对异性电磁铁。1985年，Fricker等[64]在溢流管附近设计U形电磁铁，该结构将铁芯深入溢流管，使得磁极作用间距变小，产生更均匀的强磁场，但其作用的旋流腔区域比较局限。1990年，Shen等[65]在Watson和Fricker结构基础上将原来的1对磁极增加至8对，等间距布置在旋流腔附近，试验结果表明磁极对数越多，磁场能更均匀分布于整个旋流腔，后来郭娜娜等模拟了溢流段2对电磁铁的磁场分布，得到了与Shen相同的结论，并研究了磁场在溢流段的径向分布规律。

固液旋流器在选矿领域中应用较多，为了找到影响磁场强化固液旋流器分选效果的主要因素，最大程度提高分选效果，学者开始对磁场作用位置，如入口[67-69]、旋流腔[70-73]、锥段[45]、底流段[26-27]等展开大量的试验和数值模拟研究。1993年，为了提高普通水力旋流器对固相颗粒的分离效率，褚良银等[66]提出磁力水力旋流器的概念并介绍了其工作原理，后来Freeman尝试在切向入口外围设置永磁铁，磁铁对铁磁颗粒的吸引使进入旋流腔内部的大部分颗粒贴壁移动实现预分离，少量未贴壁颗粒在离心力作用下也甩至边壁面，提高了底流产率。王拴连及金乔等分别在溢流口及底流段施加磁场，发现磁场的施加都能从一定程度上增强固液旋流器分选能力，磁场作用于底流段相比于溢流段可以产生更好的分选效果。

结合前人研究的结果可以发现，磁场是强化固液旋流器分离能力的主要因素，而磁系的结构直接影响磁场在旋流器内部的分布，因此学者们对磁系结构设计也做了大量研究。樊盼盼等通过试验对比单一线圈和组合线圈对底流段磁铁矿的分选效果，发现组合线圈比单一线圈在径向上产生更强的磁场强度，精煤受到径向磁场力作用聚集效果明显；线圈产生的磁场受到匝数和电流限制无法得到可控范围的磁场，在线圈基础上添加导磁结构可以增强磁场强度。如付双成等[46]在线圈基础上增加铁芯和铁管，研究无导磁结构、线圈包裹铁管、线圈包裹铁芯时的磁场分布规律，对比发现包裹铁芯的磁系可以产生高梯度磁场；王拴连等[45]模拟了磁极厚度对磁场分布的影响，发现磁场强度随着磁极厚度增加而增大，精矿回收率大大提高。

综合学者们对磁场强化固液旋流器分选做的试验研究，结果均表明适当的磁场强度能提高旋流器矿渣分选效果，而过小的磁场强度无法提高分选效果，过大的磁场强度不仅不能提高分选效果，反而会导致矿渣过度团聚，以致堵塞出口，使分选效果下降[47,48]。

3. 磁场辅助油水分离研究

液液混合相是石油化工行业及工业生产废水中比较常见的现象，主要表现为油水混合物等[74-78]，许多学者在现有的分离方法基础上，尝试引入磁场来提高其分离效率[49-52]。对于油水混合物，根据磁场作用对象分别采用两种处理方法。一种是化学方法，即向混合液中投入磁性种子，通过施加磁性颗粒，油滴包裹磁粉形成磁性油团并在磁场作用下与水相分离，如王利平等将铁磁颗粒用油酸处理后其表面形成亲油基团，搅拌过程中增强了其与油滴的吸附能力，刘琳与张志柳等分别采用模拟和试验的研究方法发现磁粉与油滴的"碰撞""携带"行为增大小油滴聚结成大油核的概率。另一种是物理方法，即向混合液中投入电解质形成金属离子水溶液，在电场和磁场的共同作用下水相与油相分离，如张庆范等针对海上薄油问题利用不同导电性流体在电磁场的作用下受力分层的原理，对通电油水混合物施加与其运动方向垂直的匀强磁场，带电的水相流体受磁场力作用与油相分层后进入油水分离箱做进一步处理实现油水分离，边江等为了研究电磁场对乳化油的分离特性，在张庆范试验方法基础上增加了静态试验，得到了磁场强度与油水分离的变化规律，发现电场和磁场的同时施加能显著提高油水分离效果。

第二节　不同结构类型磁场耦合旋流器

本节主要介绍磁芯旋流器与同向出流磁旋流器两种磁场耦合旋流器。这两种磁场耦合旋流器的基本原理均是利用固体磁性颗粒同时受到离心力和径向磁力从而对油滴起到"携带"或"推动"作用来实现旋流器的高效分离。

一、磁芯旋流器

油水分离磁芯旋流器的结构及其中的水相、油相和磁性颗粒的分布如图 13-9 所示。其中白色为水滴，灰色为油滴，黑色为磁性颗粒。从图 13-9 可见其主要由旋流器主体及安装在其中由若干线圈绕成的磁芯组成，磁芯中的线圈按一定顺序排列后可提供磁场并对旋流器内的固体磁性颗粒施加指向旋流器中心的径向磁力 F_m，通过控制线圈中的电流大小来控制 F_m 的大小。

二、同向出流磁旋流器

磁芯旋流器结构简单容易实现，但由于中间磁芯较粗，因此旋流器内锥部分锥度较大，

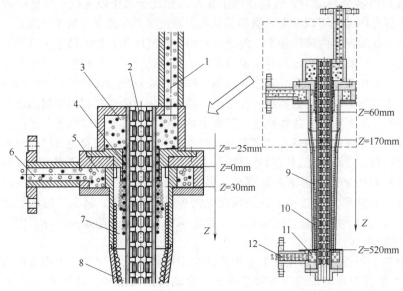

图 13-9　磁芯旋流器

1—溢流口；2—磁芯；3—环形溢流腔；4—环形溢流管；5—入口腔；6—入口管；7—旋流腔；
8—大锥段；9—小锥段；10—环形底流管；11—环形底流腔；12—底流口

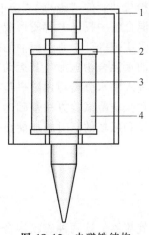

图 13-10　电磁铁结构

1—磁屏蔽罩；2—线圈钢套；
3—铁芯；4—漆包铜线

影响了油滴所受的离心力，为此我们通过结构改进，设计了同向出流磁旋流器。同向出流磁旋流器的锥段是一个流体域逐渐变窄的结构，油和水流经锥段时由于半径逐渐变窄做加速螺旋运动，油相和水相受不同离心力发生分离，同时该结构也是油相聚结概率最大的部位，考虑在锥段附近施加磁场可以增加该区域磁性颗粒相互吸引的作用力，同时磁性颗粒在该区域受到指向中心的磁场力，磁性颗粒与油滴在锥段同时加速增大碰撞的概率，而多个磁性颗粒在该区域获得磁性会发生相互吸引现象，这就形成了多个小油滴被多个磁粉携带并发生聚结形成大油滴包裹磁粉的现象，从而提高油水分离效果。为了保证旋流器旋流分离效果的同时产生径向吸引力，本书采用同向出流磁旋流器，电磁铁基本结构如图 13-10 所示，该电磁铁主要由线圈、线圈套、铁芯、磁屏蔽罩组成，其中铁芯锥段嵌入旋流器锥段空腔，在其锥段流体域产生足够吸引磁粉颗粒的匀强磁场。

第三节　磁场旋流场耦合理论

一、油滴在耦合场中受力分析

1. 油滴径向受力分析

（1）离心力　由于旋流器的分离区域主要在大锥段，故选取旋流器锥段任一截面，油滴在旋流器内运移时，具有切向速度 v_{t0}，其加速度为 a_{t0}，离心力 F_{a0} 的方向沿径向方向指向边壁，可表示为：

$$F_{a0} = m_0 a_{t0} = m_w \frac{v^2}{r} = \frac{\pi}{6} x_0^3 \rho_0 \frac{v_{t0}^2}{r_0}$$ (13-1)

式中，m_0 为油滴质量，kg；m_w 为水相质量，kg；ρ_0 为油滴密度，kg/m³；x_0 为油滴粒径，m；r_0 为油滴位置与轴心的径向距离，m。

（2）径向压力　旋流器流体域内存在组合涡流，分别为外旋流和内旋流，其中内旋流流速较大而外旋流流速较低，外旋流压力大于内旋流形成了一定压力差，而这种压力差能促使油滴向内旋流运移。其径向产生的作用力 F_{P0} 方向沿边壁指向轴心，可表示为：

$$F_{P0} = \frac{\pi}{6} \rho_w x_0^3 \frac{v_{t0}^2}{r_0}$$ (13-2)

式中，ρ_w 为水的密度，kg/m³。

将式（13-1）代入式（13-2）得：

$$F_{P0} = m_0 \frac{\rho_w}{\rho_0} \times \frac{v_{t0}^2}{r_0}$$ (13-3)

常规旋流分离过程中，由于 $\rho_w > \rho_0$，因此 $F_{a0} < F_{P0}$，油滴受到的径向压力大于离心力，因此油滴向内旋流运移。

（3）径向运动阻力　当油滴相对水相沿着径向方向运移时，由于油相与水相存在黏度差，运移过程受到水相的黏性阻力。设油相和水相的相对黏度为 μ_0，则其径向运动阻力可表示为：

$$F_{s0} = 3\pi \mu_0 x_0 v_{r0} = \frac{18 m_0 \mu_0 v_{r0}}{x_0^2 \rho_0}$$ (13-4)

式中，v_{r0} 为油相与水相的径向相对运移速度，m/s；F_{s0} 为油滴所受斯托克斯力，N。

（4）马格纳斯力　马格纳斯力是考虑油相颗粒自转行为，液滴外围连续相之间（水相）存在速度差引起的作用力，该力的方向对油滴分离有利，其具体表达式如下：

$$F_{M0} = k_0 \rho_w x_0^3 \omega_0 v_{r0}$$ (13-5)

式中，F_{M0} 为马格纳斯力，N；k_0 为常数；ω_0 为油相自转角速度，rad/s。

综上所述，油滴所受的径向合力为 $\sum F_0$，可以写成：

$$\sum F_0 = F_{P0} + F_{M0} - F_{a0} - F_{s0}$$ (13-6)

2. 油滴径向速度分析

当不考虑油滴自转，即 $F_{s0} = 0$，由式（13-6）化简得：

$$\sum F_0 = m_0 \frac{\rho_w - \rho_0}{\rho_0} \times \frac{v_{t0}^2}{r_0} - m_0 \frac{18\mu_0 v_{r0}}{x_0^2 \rho_0}$$ (13-7)

当受力平衡时，$\sum F_0 = 0$，令 $\Delta\rho = \rho_w - \rho_0$，式（13-7）化简得到：

$$v_{r0} = \frac{\Delta\rho x_0^2 v_{t0}^2}{18\mu_0 r_0}$$ (13-8)

式中，$\Delta\rho$ 为水与油相的密度差，kg/m³。假设油滴在运移过程中受到磁粉黏附携带作用后体积仍然为球形，油滴粒径变为 x_0'。

则有：

$$v_{r0}' = \frac{\Delta\rho x_0'^2 v_{t0}^2}{18\mu_0 r_0}$$ (13-9)

式中，v_{r0}' 为体积变化后油滴径向速度，m/s；设 Δv_{r0} 为速度增量，则有：

$$\Delta v_{r0} = v_{r0}' - v_{r0} \tag{13-10}$$

式（13-8）和式（13-9）代入式（13-10）得：

$$\Delta v_{r0} = \frac{\Delta\rho(x_0'^2 - x_0^2)v_{t0}^2}{18\mu_0 r_0} \tag{13-11}$$

式（13-11）表明在切向速度和油水密度差等物性参数相同前提下，油滴径向速度与粒径平方差成正比，即油滴粒径的变化程度决定了油滴径向运移速度。

3. 磁粉径向受力分析

（1）流场作用力　由于磁旋耦合分离过程中，磁粉与油相均为离散相，所受离心力为 F_{a1}，径向压力为 F_{P1}，径向运动阻力 F_{s1}，马格纳斯力为 F_{M1}，则有：

$$F_{a1} = m_1 a_{t1} = \frac{\pi}{6}x_1^3 \rho_1 \frac{v_{t1}^2}{r_1} \tag{13-12}$$

式中，m_1 为磁粉颗粒质量，kg；ρ_1 为磁粉密度，kg/m^3；x_1 为磁粉颗粒粒径，m；r_1 为磁粉位置与轴心的径向距离，m；v_{t1} 为磁粉的切向运移速度，m/s。

$$F_{P1} = \frac{\pi}{6}\rho_w x_1^3 \frac{v_{t1}^2}{r_1} \tag{13-13}$$

$$F_{s1} = 3\pi\mu_1 x_1 v_{r1} = \frac{18m_1\mu_1 v_{r1}}{x_1^2 \rho_1} \tag{13-14}$$

式中，v_{r1} 为磁粉颗粒与水相的径向相对运移速度，m/s；μ_1 为磁粉与水的相对黏度，Pa·s；F_{s1} 为磁粉颗粒所受斯托克斯力，N。

$$F_{M1} = k_1 \rho_w x_1^3 \omega_1 v_{r1} \tag{13-15}$$

式中，F_{M1} 为磁粉所受马格纳斯力，N；k_1 为常数；ω_1 为油相自转角速度，rad/s。

（2）磁场力　磁粉除了受到连续相的作用外，还受到磁场力作用、油滴黏附力作用以及磁粉与磁粉间的相互吸引作用，由于油滴黏附力和磁粉相互吸引力对于磁粉径向运移作用较小，故将其忽略。假设大锥段流体域磁感应强度为定值 B，则有：

$$F_B = BV\frac{\sigma_1}{\sigma_0} \tag{13-16}$$

式中，V 为磁粉颗粒体积，m^3；B 为磁感应强度，T；σ_1 为磁粉颗粒磁导率，h/m；σ_0 为真空磁导率，h/m；F_B 为磁粉颗粒受到的磁场力，N。受力方向沿垂直于电磁铁锥段表面法线方向指向轴线中心。当磁粉流经大锥段时，磁感线与锥段表面垂直，设其表面法线与受力方向夹角为 α，则有：

$$F_{Br} = BV\frac{\sigma_1}{\sigma_0}\cos\alpha \tag{13-17}$$

式中，F_{Br} 为径向磁场作用力，N/m；α 为锥段表面法线与受力方向夹角，rad。

4. 磁粉径向速度分析

忽略旋流器内部存在的衍生涡和马格纳斯力，磁粉径向受力可以简化为：

$$\sum F_1 = F_{P1} + F_{Br} - F_{a1} - F_{s1} \tag{13-18}$$

即：

$$\sum F_1 = \frac{\pi}{6}\rho_w x_1^3 \frac{v_{t1}^2}{r_1} + BV\frac{\sigma_1}{\sigma_0}\cos\alpha - \frac{\pi}{6}x_1^3\rho_1 \frac{v_{t1}^2}{r_1} - \frac{18m_1\mu_1 v_{r1}}{x_1^2 \rho_1} \tag{13-19}$$

由式（13-19）化简可得：

$$\Sigma F_1 = m_1 \frac{\rho_w - \rho_1}{\rho_1} \times \frac{v_{t1}^2}{r_1} - m_1 \frac{18\mu_1 v_{r1}}{x_1^2 \rho_1} + m_1 \frac{B}{\rho_1} \times \frac{\sigma_1}{\sigma_0}\cos\alpha \tag{13-20}$$

当磁粉受力平衡时有 $\Sigma F_1 = 0$，令 $\Delta\rho' = \rho_w - \rho_1$ 得：

$$v_{r1} = \frac{\Delta\rho' x_1^2 v_{t1}^2}{18\mu_1 r_1} + \frac{Bx_1^2}{18\mu_1} \times \frac{\sigma_1}{\sigma_0}\cos\alpha = \frac{x_1^2}{18\mu_1}\left(\frac{\Delta\rho' v_{t1}^2}{r_1} + B\frac{\sigma_1}{\sigma_0}\cos\alpha\right) \tag{13-21}$$

式中，$\Delta\rho'$ 为水相与磁粉的密度差。由式（13-21）可知，水的密度与磁粉密度差值越大，磁粉体积越大，磁场强度和材料相对磁导率越高，则磁粉的径向移动速率越大，磁粉向内旋流移动的能力越强，油滴越容易发生携带与聚结。

二、磁场与流场耦合仿真

1. 磁场与流场耦合数值模拟研究进展

随着计算机水平的提高，有限元分析软件的处理能力和分析水平也逐渐增强[53,54]，利用计算机分析复杂的耦合现象能为实验提供参考，是研究磁场强化多相介质分离的一个重要环节。磁场强化多相介质分离是通过引入磁场提高混合介质分离效率的技术，相比于一般的分离方法，磁场的引入增加了分析难度。为了提高模拟的准确性，国内外学者对磁场与其他物理场耦合数值模拟做了大量尝试。为了深入了解磁场的发生和磁场与其他物理场多相耦合的原理，为磁场强化油水分离数值模拟提供依据，将数值模拟研究概括为磁系磁场分布、磁场与磁性颗粒耦合、磁场与流场耦合三个方面的内容，如表 13-2 所示。目前用来模拟磁场分布和流体流动特性的代表性模拟软件有有限元分析软件（ANSYS）、多物理场有限元分析软件（COMSOL）等。

表 13-2 磁场数值模拟方法对比

模拟方向	研究对象	模拟软件	类型（瞬态/稳态）	模拟方法及步骤
磁系磁场分布	盘式永磁铁	—	—	计算机编程
	直角三角形线圈	MATLAB		
	矩形永磁铁	ANSYS	稳态	创建物理环境；建立模型；划分网格；设置激励条件；求解
	组合线圈（变截面形状）			
	电磁铁			
磁场作用下颗粒的运动特性	塑料颗粒	COMSOL	—	—
	磁性颗粒	—	—	计算机编程
		MATLAB		
		COMSOL	瞬态	导入模型；选择物理场并分步模拟；设置磁场边界条件；求解
磁场与流场耦合	导电水溶液	ANSYS	稳态	编程得到自定义程序 UDF；UDF 导入 Fluent；设置边界条件；求解
	金属熔体	ANSYS+ MATLAB	稳态、瞬态	将 ANSYS 模拟磁场数据通过 MATLAB 导入至 Fluent；设置 MHD 模块边界条件；求解

（1）磁系磁场分布数值模拟　1998 年，Watson[79] 通过计算机编程模拟超导盘式永磁铁的磁场沿轴向和径向的分布规律，田欢欢等[80] 则推导了直角三角形线圈的磁场分布规律，将该规律以代码的形式通过 MATLAB 模拟得到了与实际磁场分布较为接近的结果。后来随着计算机水平的提高，基于 Maxwell 规律的磁场模拟软件得到广泛应用。研究者在煤矿分选行业[81,82] 采用 ANSYS 软件模拟磁系磁场分布规律，樊盼盼[55,56] 及郭娜娜[60] 等

模拟了环形电磁铁在固液旋流器各部位磁场强弱的磁场分布，研究了电磁线圈匝数、电流大小对磁场分布的影响，根据模拟和试验结果得到了最优固液旋流器操作参数。Ren 等[83] 模拟了横截面为正三角形、六边形、八边形、十二边形、圆形的磁媒介的分布，发现棱角越小的磁媒介越能产生更大的磁场梯度与磁场强度。磁场在医学领域[84,85] 也有研究，熊平等[86] 模拟了旋转磁场下导磁材料纳米铁的磁场分布规律，在不直接触碰病灶的情况下采用旋转磁场移动具有导磁性能的靶向药物，即控制磁场大小和方向从而间接控制药物的位置实现精确治疗效果，具有重大的医学研究意义。

（2）磁场作用于磁性颗粒的数值模拟　　磁性颗粒在磁场中的运动轨迹分析相比磁场分布模拟得考虑其运动位置的受力情况，比较常用的软件为多物理场分析软件 COMSOL 以及有限元分析软件 ANSYS。目前通过 ANSYS 软件直接模拟磁性颗粒在流场中运动特性是难以实现的，采用自编程方式实现磁场与磁粉颗粒作用的研究相对较多。如刘琳采用自定义函数方法，定义磁粉颗粒的受力和场的关系，模拟出磁粉颗粒在油水分离旋流器中"携带""碰撞"的运动特性；王发辉等[87] 提取磁性颗粒的位置坐标并代入定义好的磁力公式，模拟了磁性颗粒在匀强磁场和多磁介质情况下的运动轨迹；也有研究者将推导磁场规律的表达式导入软件模拟其实际的工况，如磁性纳米颗粒在磁场中运动特性及磁流体在导线通电后的相互作用规律等[88-90]。王彪[91] 将颗粒相磁场力模型嵌入 MFIX 开源代码中，建立了离散软球模型，模拟得出了铁磁颗粒在磁流化床中的运动特性；Dvorsky[92] 分析了亚微米级球形铁磁颗粒间的磁力，模拟了铁磁颗粒在外加磁场管道流中颗粒的磁场分布，为铁磁颗粒受力的理论分析研究提供了理论基础。

相比于 ANSYS，COMSOL 具有自带的多物理场耦合功能，操作简易，模拟结果更为精确[93,94]。如李强等[95] 采用 COMSOL 多场耦合软件模拟了磁性纳米颗粒流体受磁场作用的流动特性，发现磁性纳米颗粒在流经磁场强度较大的区域时会出现絮流现象。Zhang 等为了研究磁场对塑料混合物中磁性颗粒在顺磁溶液中的分离效果，用四种不同材质的塑料颗粒替代混合物，对颗粒进行受力分析，并使用 COMSOL 软件分步计算各个物理场，模拟了磁场分布和颗粒运动轨迹，实验结果与模拟轨迹十分相近，验证了受力分析和模拟的准确性。王鹏凯等采用同样的方法模拟对比了有无磁场的旋流器内磁性颗粒在磁力旋流器内的运动轨迹，并通过正交法设计实验优化了电磁线圈位置、底流口直径、进口压力、磁场强度等操作参数，发现电磁线圈距离底流口 100mm 处、底流口直径为 8mm、电流为 2A、进口压力为 0.18MPa 时具有最大的回收率，磁种子的回收率最大可达 98.1%，较普通旋流器提高了 37%。

Eshaghi 等[96] 根据实验装置建立的磁场力与颗粒追踪公式，模拟了正方体、间隔正方体和外层镀镍间隔正方体三种不同永磁体的磁场力分布和粒径为 $0.2 \sim 7 \mu m$ 微粒与铁磁流体在 T 形管内的运移轨迹，在微粒发射的 5s 内，不同粒径大小的微粒受磁场力和流体阻力共同作用，逐渐发生偏移并最后分别从两个不同出口流出，模拟结果表明管道内粒径大于 $7 \mu m$ 和粒径小于 $0.5 \mu m$ 的颗粒能实现 100% 分离，分离效率与磁场力和双入口的速度比大小有关。王芝伟等[97] 为了简化模拟，将磁力视为定值，对在重介质旋流器中流动的磁性颗粒进行受力分析并建立微分方程，得出了磁粉颗粒在单方向的位移曲线。Sandulyak 等[98] 基于传统力学方法对铁磁颗粒在磁场内的运动进行受力分析，得出颗粒在永磁体磁场内速度随各物性参数的变化规律。Rogers[99] 使用 MATLAB 软件模拟粒径为 $50 \sim 400 nm$ 的 Fe_3O_4 磁性颗粒的移动轨迹和磁场力规律，对比模拟流量为 0.25mL/min 和 50mL/min 时颗粒粒径的分布规律，发现低流速回收的颗粒粒径较高速时更小，该模拟考虑流体内磁性颗粒之间的作用力和磁场力，模拟与实验结果相符。

（3）磁场与流场耦合数值模拟　黄祺洲等[100]结合 MATLAB、ANSYS 软件，将ANSYS磁场模拟结果的文件通过 MATLAB 格式转换为 mag 文件类型，再导入 Fluent 里磁流体力学（magnetichydrodynamics，MHD）模块实现电磁搅拌器内部磁场对金属熔体流动特性的模拟，金属熔体的速度流线呈圆环形状，具有明显的梯度变化，说明该模拟方法能有效地反映磁场与磁性流体之间的相互作用。李茂旺等[101]研究了电磁搅拌器作用下结晶器内部流场和磁场分布情况，将 ANSYS 中 Maxwell 模拟的小方坯磁场参数数据导入至ANSYS Fluent 软件里的 MHD 模块的动量方程，采用有限体积法求解 Navier-Stokes 方程实现了磁场和流场的耦合模拟。徐婷等[102]采用 CFX 软件的 MHD 模块进行磁场和流场的耦合计算，模拟钢水在中间包内部有无磁场条件下的运动状态，杨光等[103]同样采用 Fluent 软件模拟了金属熔体在旋转磁场作用下的流动特性，蒋文明等[104]设计一种电磁场油水分离装置，并针对该装置建立模型，调用 Fluent 软件内 UDF 自定义函数功能施加电磁场，研究电流密度、磁场强度对导电水溶液分离效率的影响。

2. 磁流体力学模型

磁流体力学（MHD）模块是 ANSYS Fluent 标准授权软件的新增模块单元。磁流体力学涉及施加的电磁场与流体的相互作用，或者与导电流体的相互作用。ANSYS Fluent MHD 模型可以分析导电流体在直流电磁场或者交流电磁场下的运动行为，外部磁场的施加可以通过手动设置，也可以文件的形式导入[105]。对于多相流，MHD 模型可以同时兼容DPM（离散相模型）、VOF、Mixture 模型，包括离散相对混合物导电性的影响。

流体域和磁场之间的耦合可以基于两个根本的影响因素：导电材料在磁场中运动产生感应电流，具有电流的导电材料在磁场中运动会受到洛伦兹力作用，电磁感应的现象会被洛伦兹力效应排斥；电感应现象会产生随时间变化的磁场。二者之间作用产生的效果是由洛伦兹力作用产生流体搅拌运动。由于试验对象为含量较低且粒径为 $30\mu m$ 左右的颗粒状铁粉，单个颗粒体积微小，自身感应电流较小，当铁粉之间间距较大时，磁粉与磁粉之间作用可以忽略，此时磁粉颗粒可作为非导电性媒介；而当磁粉距离达到磁力能够相互吸引的范围内时，磁粉颗粒发生连锁反应，彼此吸引形成体积较大的磁粉团，磁粉颗粒团整体的感应电流较单个颗粒明显增强，此时磁粉颗粒可作为导电性介质，模拟计算中铁粉电导率参照了金属铁。

其中电磁场可以用 Maxwell 方程描述：

$$\nabla \cdot \boldsymbol{B} = 0 \tag{13-22}$$

$$\nabla \times \boldsymbol{E} = \frac{\partial \boldsymbol{B}}{\partial t} \tag{13-23}$$

$$\nabla \cdot \boldsymbol{D} = q \tag{13-24}$$

$$\nabla \times \boldsymbol{H} = \boldsymbol{J} + \frac{\partial \boldsymbol{J}}{\partial t} \tag{13-25}$$

式中，$\boldsymbol{B}$（T）和 $\boldsymbol{E}$（V/m）分别为磁感应强度和电场强度；$\boldsymbol{H}$ 和 $\boldsymbol{D}$ 分别为磁场强度和电感应强度；$q(C/m^3)$ 为电荷密度；$\boldsymbol{J}(A/m^2)$ 是电流密度矢量。$\boldsymbol{H}$ 和 $\boldsymbol{D}$ 被定义为：

$$\boldsymbol{H} = \frac{1}{\mu}\boldsymbol{B} \tag{13-26}$$

$$\boldsymbol{D} = \varepsilon \boldsymbol{E} \tag{13-27}$$

式中，μ 和 ε 分别为磁导率和电导率，对于完全导电媒介如液态金属，电荷密度 q 和电场随时间的位移是忽略不计的。Ohm 定律和 Maxwell 方程提供了流体与磁场的耦合关系。

其中，Ohm 定律定义电流密度如下：

$$\boldsymbol{J} = \sigma \boldsymbol{E} \tag{13-28}$$

式中，σ 是媒介的电导率。在磁感应强度为 $\boldsymbol{B}$，流体速度为 $\boldsymbol{U}$，Ohm 定律有以下形式：

$$\boldsymbol{J} = \sigma(\boldsymbol{E} + \boldsymbol{U} \times \boldsymbol{B}) \tag{13-29}$$

由 Ohm 定律和 Maxwell 方程可衍生为：

$$\frac{\partial \boldsymbol{B}}{\partial t} + (\boldsymbol{U} \cdot \nabla)\boldsymbol{B} = \frac{1}{\mu\sigma}\nabla^2\boldsymbol{B} + (\boldsymbol{B} \cdot \nabla)\boldsymbol{U} \tag{13-30}$$

从求解的磁感应强度 $\boldsymbol{B}$，电流密度 $\boldsymbol{J}$ 可以采用 Ampere 关系如下：

$$\boldsymbol{J} = \frac{1}{\mu}\nabla \times \boldsymbol{B} \tag{13-31}$$

在 MHD 模型中，$\boldsymbol{B}$ 可被分解为外加的场 $\boldsymbol{B}_0$ 和由流体运动产生的感应磁场 $\boldsymbol{b}$。

从 Maxwell 方程中，$\boldsymbol{B}_0$ 满足以下方程：

$$\nabla^2\boldsymbol{B}_0 - \mu\sigma'\frac{\partial \boldsymbol{B}_0}{\partial t} = 0 \tag{13-32}$$

式中，σ' 是产生 $\boldsymbol{B}_0$ 媒介的电导率，两种情况需要考虑。一种是外部施加磁场产生于非导电性媒介。

在这种情况下，外部施加磁场 $\boldsymbol{B}_0$ 满足于下面条件：

$$\nabla \times \boldsymbol{B}_0 = 0 \tag{13-33}$$

$$\nabla^2\boldsymbol{B}_0 = 0 \tag{13-34}$$

式中，$\boldsymbol{B} = \boldsymbol{B}_0 + \boldsymbol{b}$，感应方程式（13-32）可以写成：

$$\frac{\partial \boldsymbol{b}}{\partial t} + (\boldsymbol{U} \cdot \nabla)\boldsymbol{b} = \frac{1}{\mu\sigma}\nabla^2\boldsymbol{b} + [(\boldsymbol{B}_0 + \boldsymbol{b}) \cdot \nabla]\boldsymbol{U} - (\boldsymbol{U} \cdot \nabla)\boldsymbol{B}_0 - \frac{\partial \boldsymbol{B}_0}{\partial t} \tag{13-35}$$

电流密度为：

$$\boldsymbol{J} = \frac{1}{\mu}\nabla \times \boldsymbol{b} \tag{13-36}$$

另一种是外部施加磁场产生于导电性媒介。在这种情况下，式（13-33）、式（13-34）是不正确的。假定产生 $\boldsymbol{B}_0$ 的导电性媒介的电导率和流体一样，即 $\sigma = \sigma'$，从式（13-30）和式（13-32）可得出感应方程为：

$$\frac{\partial \boldsymbol{b}}{\partial t} + (\boldsymbol{U} \cdot \nabla)\boldsymbol{b} = \frac{1}{\mu\sigma}\nabla^2\boldsymbol{b} + [(\boldsymbol{B}_0 + \boldsymbol{b}) \cdot \nabla]\boldsymbol{U} - (\boldsymbol{U} \cdot \nabla)\boldsymbol{B}_0 \tag{13-37}$$

电流密度为：

$$\boldsymbol{J} = \frac{1}{\mu}\nabla \times (\boldsymbol{B}_0 + \boldsymbol{b}) \tag{13-38}$$

对于感应方程（13-35）或者式（13-37），感应磁场的边界条件为：

$$\boldsymbol{b} = \{b_n \quad b_{t1} \quad b_{t2}\}^{\mathrm{T}} \tag{13-39}$$

式中，磁场下标代表普通或切向磁场组成部分。对于绝缘边界，如边界电流密度 $\boldsymbol{J}_0 = 0$，根据 Ampere 关系式，在边界上有 $b_{t1} = b_{t2} = 0$。

第四节　同向出流磁旋流器分离性能研究

一、磁场发生装置设计及试验对比

试验磁场发生机理：由环形电流激励产生的感应磁场磁化导磁材料，使导磁材料外围产生足够强的磁场，向外辐射的磁场遇到钢罩时将钢罩磁化，由于钢罩具有一定厚度，其被磁化区域较小，钢罩的存在限制了磁场作用范围，磁力线往返空间减小，故大量磁场从下部锥段表面释放，并在锥段周围产生足够强的磁场。试验实物如图 13-11 所示，该试验相关的设备名称、型号、材料属性如表 13-3 所示。如图 13-12 所示，通过试验对比有无磁屏蔽罩磁场曲线可以发现，施加外罩可大大提高锥段磁场强度，这与数值模拟结果一致，说明使用 ANSYS Maxwell 软件模拟磁场较为准确。

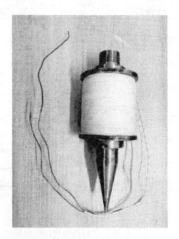

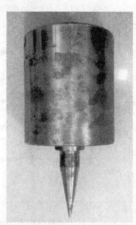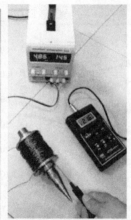

图 13-11　试验连接及测量

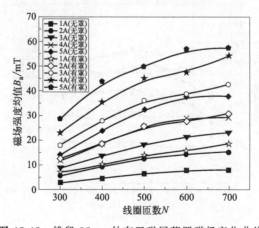

图 13-12　锥段 25mm 处有无磁屏蔽罩磁场变化曲线

表 13-3   试验设备名称及属性

设备类型	名称	型号	测量范围/导磁率
电流激励源	直流稳压电源	MS-3050	0~5A
磁场测量仪器	特斯拉计	HT20	0~100mT
导线	漆包线	铜制,直径0.83mm	—
导磁材料	铁芯	低碳钢 Q235	
屏蔽罩	钢制屏蔽罩		3000H/m
线圈套	线圈钢套		

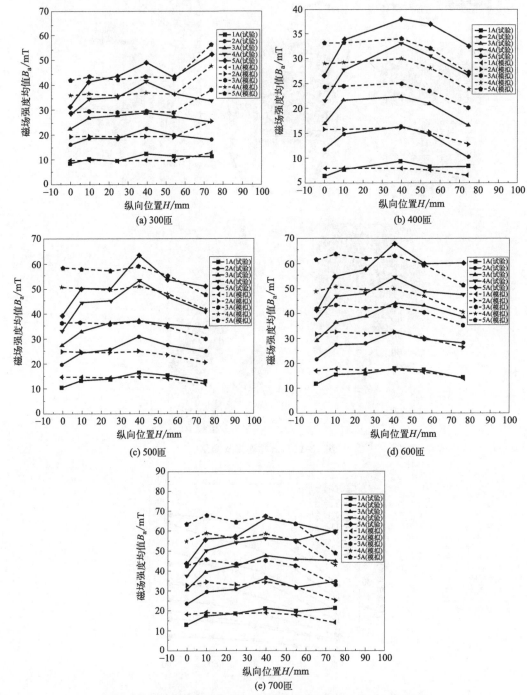

图 13-13   变线圈匝数旋流器大锥段磁场强度随纵向位置变化规律

由于电磁铁结构参数已经确定，因此试验过程中，仅改变线圈电流值和线圈匝数获取电磁铁锥段磁场大小，其中试验数据与对应的模拟数据如图 13-13 所示，发现磁场强度最大值出现在锥段位置 40～50mm 处，磁场强度随着线圈匝数和电流增加而增加，试验与模拟曲线的变化趋势较为一致，验证了 ANSYS Maxwell 软件对磁场模拟的可靠性。

二、数值模拟设置

通过调研国内外相关研究发现，流场的数值模拟部分采用 CFD 模拟软件 Fluent，而磁场与流场耦合可以采用 MATLAB 或 Maxwell 软件模拟，并通过文件的形式导入至 Fluent，或者直接通过 COMSOL 软件模拟。本节采用将 ANSYS Maxwell 软件模拟的磁场文件导入至 Fluent 的方式，模拟外加磁场条件下和磁粉颗粒作用下的油水分离特性。

1. 耦合模块

磁场与流场耦合涉及的 Fluent 自带模型如图 13-14 所示，主要有多相流模型——混合物模型（Mixture）、湍流模型——雷诺应力模型（Reynolds）、离散相模型——DPM、磁流体力学模型——MHD、磁场文件——ANSYS Maxwell。其中，MHD 可以作用于导电流体或者导磁性颗粒，研究导电或导磁介质受磁场作用下的运动特性。该模型与 Mixture 和 DPM 模型兼容，以 DPM 为媒介间接耦合 Mixture，其耦合过程：先采用 ANSYS Maxwell 软件模拟电磁铁的磁场分布，将空间坐标磁场矢量以代码的形式导入 MHD 中，MHD 与 DPM 之间存在体积力"body

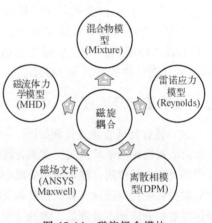

图 13-14　磁旋耦合模块

force"，通过 MHD 与 DPM 模型之间的自定义函数（user define function，UDF）、自定义标量（user define scholar，UDS）约束体积力的大小，再在 DPM 模型中设置"interaction with continuous phase"实现 DPM 与 Mixture 之间的耦合作用。

2. 边界条件设置

（1）介质属性和基本边界条件　根据旋流器的结构特点，分别定义旋流器两切向入口为速度入口（velocity inlet1、velocity inlet2），溢流口及底流口均为自由出口（outflow1、outflow2），模拟在常压 1.01×10^5Pa、温度 298K 状态进行，设置溢流分流比为 30%。混合物介质属性如表 13-4 所示。

表 13-4　混合物介质属性

混合相	黏度 μ/Pa·s	密度 ρ/(kg/m³)	入口体积分数	入口速度 V_0/(m/s)	粒径 d/mm	磁导率 σ/(H/m)
水	1×10^{-3}	998.2	98%	10	—	1.3×10^{-6}
油	1.06	889	2%	10	0.08	1.3×10^{-6}
磁性颗粒	—	900	—	10	0.3	2000

（2）离散相模型边界条件　采用瞬态模拟，选择颗粒的射入类型为"surface"，并选择切向入口表面"velocity inlet1、velocity inlet2"定义好磁粉颗粒的材料属性、入射时间节点、质量流率，由于磁性颗粒为固体，其粒径分布类型选择相同不变的"uniform"，旋流器油水分离稳定需要时长约为 3～5s，于是定义磁性颗粒从 0s 开始入射，5s 时停止，质量流率设为 0.013kg/s。由于模拟过程有 Mixture 存在，勾选"interaction with continuous phase"实现离散相与连续相耦合，考虑湍流扩散需勾选随机游走模型"discrete random walk"。为了实现对磁粉颗粒的追踪，需定义旋流器边界对颗粒的作用类型，认为旋流外壁对颗粒是反弹类型"reflect"，切向入口"velocity inlet1、velocity inlet2"及底流口"outflow3"类型设置为逃逸"escape"，溢流口"outflow4"设置为捕获"trap"，模拟旋流器流场约2s时稳定，故求解设置选项将时间步数设为60，时间步长为0.05s，为保证模拟结果收敛，需将每0.05s迭代步数设置为40左右。

（3）磁流体力学模型边界条件　磁流体力学模型添加磁场方式有磁感应法（magnetic induction）和电势法（electrical potential），由于实际采用电磁铁产生的感应磁场作用于磁性颗粒，故模拟采用磁感应法。模拟需选择求解洛伦兹力以及MHD方程，MHD模拟收敛与松弛因子有关，对于普通磁场而言，松弛因子设为0.8～0.9较为合适，对于强磁场而言，松弛因子应低于0.8。由于旋流器采用亚克力塑料材质，故流体域磁场边界设为绝缘壁面。外界磁场导入有两种方式：其一是对指定流体域施加某一固定方向的磁场；其二是以磁场坐标文件将不规则磁场导入至流体域。而电磁铁在流体域锥段附近所产生的磁场是不均匀的，故采用第二种模拟方法，空间坐标磁场分布文件需通过ANSYS Maxwell模拟得到，并以"mag*"文件格式导入至MHD。

三、试验工艺及流程

试验装置及试验接线分别如图13-15和图13-16所示，分离过程如下：由潜水污泥泵抽吸磁粉水溶液和齿轮油于叶片式油水混合器内充分混合，经过三通分别从旋流器两侧流入，其中磁粉受磁场及离心场作用，油水两相受离心场及磁粉作用，大部分油相及磁粉从溢流口流出，水相及部分磁粉从底流口流出，其试验效果受不同操作参数影响各有不同，采用单因素试验方法，探索操作参数如分流比、处理量、含油浓度对油水分离效果的影响。

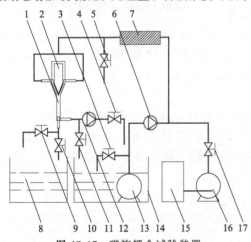

图 13-15　磁旋耦合试验装置

1—旋流器；2—电磁铁；3—旁通阀；4,10,17—流量调节阀；
5,9,11—接样阀；6,12—电子涡轮流量计；7—叶片混合器；
8—废液罐；13—潜水污泥泵；14—水罐；15—油罐；16—油泵

图 13-16　试验线路连接

四、结果分析

1. 分流比对分离效果的影响

图13-17、图13-18分别为变分流比磁旋分离和常规油水分离试验效果。当分流比为20%，磁旋分离时，外旋流区域油水乳化现象严重，常规旋流分离存在较弱乳化现象，此时

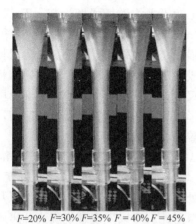

$F=20\%$ $F=30\%$ $F=35\%$ $F=40\%$ $F=45\%$

图 13-17　变分流比油水分布（磁旋）

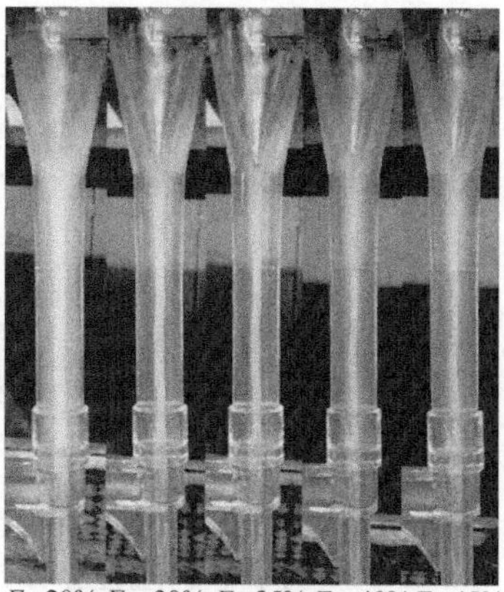

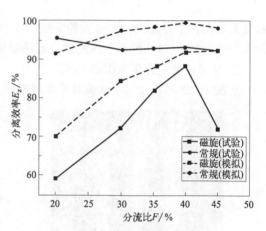

$F=20\%$ $F=30\%$ $F=35\%$ $F=40\%$ $F=45\%$

图 13-18　变分流比油水分布（常规）

旋流分离受磁场与磁粉相互作用的影响，外旋流速度增加，离心力占主导作用，大量磁粉携带油滴从底流排出，不利于油水分离；对比图 13-18 发现，分流比在 $20\%\sim40\%$ 区间变化时，油核聚集效果逐渐明显，外旋流区域逐渐变得清澈，分流比增大意味着溢流口流量增加，内旋流轴向速度增大，外旋流离心力减弱，携带油滴向内旋流运移的磁粉增多，乳化现象减少，磁旋分离效率随着分流比增大而提高。

　　图 13-19 为变分流比常规旋流分离与磁旋耦合分离模拟与试验效率折线图，磁旋和常规油水分离效果最高点均出现在分流比为 40% 左右，常规旋流分离效率变化趋势与磁旋分离相近。

（图例：磁旋(试验)、常规(试验)、磁旋(模拟)、常规(模拟)）

图 13-19　分流比对分离效率的影响

　　2. 处理量对分离效果的影响

　　图 13-20 和图 13-21 分别为磁旋和常规油水分离试验效果，发现当处理量由 10L/min 至 15L/min 变化时，分离效率由 63.1% 增加至 83.9%，而常规旋流分离效率变化不大，均为

10L/min　　20L/min　　30L/min
　　15L/min　　25L/min

图 13-20　变处理量油、磁粉、水分布（磁旋）

10L/min　　20L/min　　30L/min
　　15L/min　　25L/min

图 13-21　变处理量油水分布（常规）

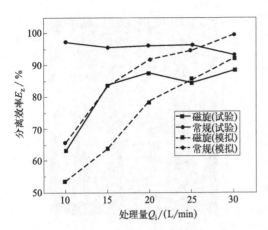

图 13-22　处理量对分离效率的影响

95％以上。当平均磁场强度为 85mT，处理量为 10L/min 左右时，磁粉受到的磁场径向吸引作用强于离心力作用，磁粉被磁化后相互吸引同时吸附于旋流器锥段边壁上，磁粉相继发生连锁反应，相互聚集成磁粉团于锥段周围大量堆积形成堵塞，降低旋流器流场速度，分离效率随着离心场减弱而下降。

图 13-22 是分流比为 40％，含油浓度为 1％，平均磁场强度为 85mT，磁粉浓度为 1％时，变处理量常规旋流与磁旋耦合模拟及试验分离效率对比。可以发现常规旋流分离效率曲线波动幅度较小，受处理量影响较小，而磁旋耦合过程中，处理量小于 15L/min 时，磁粉所受磁场力占主导地位，大量磁粉易吸附于锥段形成堵塞，干扰整体油水旋流分离；当处理量大于 15L/min 时，离心力逐渐大于磁场吸引力，磁粉堵塞现象减弱，油水分离效果增强。

3. 含油浓度对分离效果的影响

从图 13-23 和图 13-24 试验效果可以发现，随着含油浓度增加，旋流器内部油水乳化现

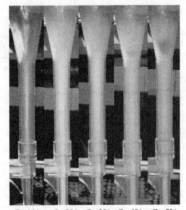

$C_i=1\%$　$C_i=2\%$　$C_i=3\%$　$C_i=4\%$　$C_i=5\%$

图 13-23　变含油浓度油水分布（磁旋）

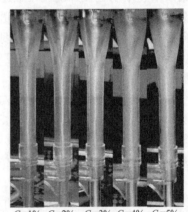

$C_i=1\%$　$C_i=2\%$　$C_i=3\%$　$C_i=4\%$　$C_i=5\%$

图 13-24　变含油浓度油水分布（常规）

象加重。当含油浓度为 1％～2％时，常规旋流分离内旋流油核清晰可辨，外旋流区域基本没有乳化，磁旋分离时，油核变得难以区分，外旋流乳化油增多，底流口含油增加；当含油浓度为 3％～5％时，被剪切破碎的油滴数量增多，常规旋流分离中内旋流油核清晰可辨，而外旋流乳化现象加重，分离效率由 92.5％下降至 67.4％。当含油浓度为 1％～5％时，磁旋分离过程中油核难以分辨，当含油浓度大于 3％时，锥段顶部开始汇聚磁粉，这是因为含油量较大时，磁粉被油滴包裹、携带，受磁场力和

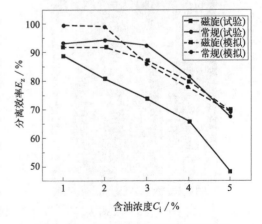

图 13-25　含油浓度对分离效率的影响

离心力作用，向内旋流运移、吸附、聚结，油水乳化现象更为明显，其分离效率低于50%。

图 13-25 为处理量为 30L/min，分流比为 40%，磁粉浓度为 1%，磁场强度为 85mT 时，变含油浓度对分离效率影响折线对比，发现含油浓度较低时，磁旋耦合分离效果相对较好。

参 考 文 献

[1] 赵婷婷. 磁处理油水分离的数值模拟研究 [D]. 青岛：中国石油大学，2018.

[2] Ran C，Yang H，He J，et al. The effects of magnetic fields on water molecular hydrogen bonds [J]. Journal of Molecular Structure，2009，938（1-3）：15-19.

[3] Surthers S P，Nunna V，Tripathy A，et al. Experimental study on the beneficiation of low-grade iron ore fines using hydrocyclone desliming，reduction roasting and magnetic separation [J]. Mineral Processing & Extractive Metallurgy，2014，123（4）：212-227.

[4] Freeman R J，Rowson N A. The development of a magnetic hydrocyclone for processing finely-ground magnetite [J]. Magnetics IEEE Transactions on，1994，30（6）：4665-4667.

[5] Svoboda J，Coetzee C，Campbell Q P. Experimental investigation into the application of a magnetic cyclone for dense medium separation [J]. Minerals Engineering，1998，11（6）：501-509.

[6] 樊盼盼，刘翼洲，董连平，等. 磁场强度对煤泥重介旋流器分选效果影响研究 [J]. 中国矿业，2020，29（04）：163-167.

[7] Song C，Pei B，Jiang M，et al. Numerical analysis of forces exerted on particles in cyclone separators [J]. Powder Technology，2016，294（1）：437-448.

[8] Li W，Zheng A，Liu J，et al. Gas-assisted low-field magnetic separation for efficient recovery of contaminants-loaded magnetic nanoparticles from large volume water solution [J]. Separation and Purification Technology，2020.

[9] Zhang J，Zha Z，Che P，et al. Theoretical study on submicron particle escape reduced by magnetic confinement effect in low inlet speed electrostatic cyclone precipitators [J]. Powder Technology，2018.

[10] Safikhani H，Allahdadi S. The effect of magnetic field on the performance of new design cyclone separators-ScienceDirect [J]. Advanced Powder Technology，2020，31（6）：2541-2554.

[11] 刘琳. 油水分离磁芯旋流器的结构设计与性能研究 [D]. 大庆：东北石油大学，2018.

[12] 王利平，胡原君，陈毅忠，等. 表面改性磁种-磁滤技术处理含油废水的研究 [J]. 水处理技术，2008（02）：50-53.

[13] 张志柳. 磁场强化 MP-MBR 法处理船舶含油污水效能及减缓膜污染研究 [D]. 哈尔滨：哈尔滨工程大学，2016.

[14] 张庆范，赵建平，安伟，等. 电磁流体技术在海面薄油层回收中的应用 [J]. 船海工程，2017，46（05）：130-133+137.

[15] Zou Q，Jie J，Liu S，et al. Effect of traveling magnetic field on separation and purification of Si from Al-Si melt during solidification [J]. Journal of Crystal Growth，2015，429：68-73.

[16] Stener J F，Carlson J E，Palsson，B I，et al. Direct measurement of internal material flow in a bench scale wet low-intensity magnetic separator [J]. Minerals Engineering，2016：55-65.

[17] 周鑫. 干式磁选机在非金属矿磁选中的应用——干式对辊强磁选机 [J]. 中国设备工程，2021（01）：253-254.

[18] Baawuah E，Kelsey C，Addai-Mensah J，et al. Assessing the performance of a novel pneumatic magnetic separator for the beneficiation of magnetite ore [J]. Minerals Engineering，2020，156.

[19] 黄俊玮，程晓峰，李洪潮，等. 新型干式永磁磁选机在非金属矿中的应用 [J]. 矿冶工程，2021，41（02）：44-47.

[20] Ye F, Ren X, Liao G, et al. Mathematical model and experimental investigation for eddy current separation of nonferrous metals [J]. Results in Physics, 2020.

[21] Schlett Z. Vertical drum eddy-current separator with permanent magnets [J]. International Journal of Mineral Processing, 2001.

[22] Schlett Z, Lungu M. Eddy-current separator with inclined magnetic disc [J]. Minerals Engineering, 2002, 15 (5): 365-367.

[23] Lungu M. Separation of small nonferrous particles using an angular rotary drum eddy-current separator with permanent magnets [J]. International Journal of Mineral Processing, 2005, 78 (1): 22-30.

[24] Lungu M. Separation of small nonferrous particles using a two successive steps eddy-current separator with permanent magnets [J]. International Journal of Mineral Processing, 2009, 93 (2): 172-178.

[25] Tripathy S K, Suresh N. Influence of particle size on dry high-intensity magnetic separation of paramagnetic mineral [J]. Advanced Powder Technology, 2017, 28 (3): 1092-1102.

[26] Tripathy S K, Banerjee P K, Suresh N. Separation analysis of dry high intensity induced roll magnetic separator for concentration of hematite fines [J]. Powder Technology, 2014, 264: 527-535.

[27] Zhang Z, Yan G, Zhu G, et al. Using microwave pretreatment to improve the high-gradient magnetic-separation desulfurization of pulverized coal before combustion [J]. Fuel, 2020, 274 (C).

[28] Norrgran D, Shuttleworth T, Rasmussen G. Updated magnetic separation techniques to improve grinding circuit efficiency [J]. Minerals Engineering, 2004, 17 (11-12): 1287-1291.

[29] Kim B J, Kang H C, Chang B, et al. Sequential microwave roasting and magnetic separation for removal of Fe and Ti impurities in low-grade pyrophyllite ore from Wando mine, South Korea [J]. Minerals Engineering, 2019, 140.

[30] 曹丽英, 刘文凯, 汪建新, 等. 新型干式磁选机分选品位影响因素试验研究 [J]. 金属矿山, 2020 (09): 197-201.

[31] Zeng S, Zeng W, Ren L, et al. Development of a high gradient permanent magnetic separator (HG-PMS) [J]. Minerals Engineering, 2015 (71): 21-26.

[32] 曾平, 周涛, 陈冠群, 等. 磁场流化床的研究与应用 [J]. 化工进展, 2006 (04): 371-377.

[33] 谷林鸿. 气固两相流对旋流除砂器壁面磨损影响因素的研究 [D]. 西安: 西安石油大学, 2016.

[34] 王月文. 气液固三相分离旋流器参数优选及流场特性研究 [D]. 大庆: 东北石油大学, 2017.

[35] Siadaty M, Kheradmand S, Ghadiri F. Improvement of the cyclone separation efficiency with a magnetic field [J]. Journal of Aerosol Science, 2017.

[36] Yue Y, Chen K, Liu J, et al. Numerical simulation and deacidification of nanomagnetic enzyme conjugate in a liquid-solid magnetic fluidized bed [J]. Process Biochemistry, 2020, 90: 32-43.

[37] Andre T, Stefan H, Michael S, et al. Electrical conductivity of magnetically stabilized fluidized-bed electrodes-Chronoamperometric and impedance studies [J]. Chemical Engineering Journal, 2020, 396.

[38] Fabich H T, Sederman A J, Holland D J. Study of bubble dynamics in gas-solid fluidized beds using ultrashort echo time (UTE) magnetic resonance imaging (MRI) [J]. Chemical Engineering Science, 2017, 172: 476-486.

[39] Sornchamni T, Jovanovic G N, Reed B P, et al. Operation of magnetically assisted fluidized beds in microgravity and variable gravity: experiment and theory [J]. Advances in Space Research, 2004, 34 (7): 1494-1498.

[40] Hristov J. Magnetically assisted gas-solid fluidization in a tapered vessel: First report with observations and dimensional analysis [J]. The Canadian Journal of Chemical Engineering, 2010, 86 (3): 470-492.

[41] Hristov J. Magnetically assisted gas-solid fluidization in a tapered vessel: Part I. Magnetization-LAST

mode [J]. Particuology, 2009, 7 (001): 26-34.

[42] Hristov J, Yang D, Yang Y, et al. Magnetically assisted gas-solid fluidization in a tapered vessel: Part II: Dimensionless bed expansion scaling [J]. Particuology Science and Technology of Particles, 2009.

[43] 归柯庭, 施明恒. 磁流化床中气泡的湮灭作用 [J]. 应用科学学报, 1999 (03): 349-354.

[44] 王之肖, 张云峰, 归柯庭. 磁流化床强化烟气脱硫的机理研究 [J]. 中国电机工程学报, 2005 (14): 68-72.

[45] 王拴连. 重介旋流器分选密度永磁场调控研究 [D]. 太原: 太原理工大学, 2014.

[46] 付双成, 贾俊贤, 张亚磊, 等. 磁力旋流器磁系的磁场分析 [J]. 化工进展, 2019, 38 (05): 2150-2157.

[47] 孔令帅, 彭海涛, 樊盼盼, 等. 磁力旋流器对磁铁矿的脱泥效果研究 [J]. 矿业研究与开发, 2015, 35 (10): 75-79.

[48] Avdeyev B, Masyutkin E, Golikov S, et al. Calculation of efficiency curve of magnetic hydrocyclone [C]. Young Researchers in Electrical & Electronic Engineering. IEEE, 2017, 1225-1228.

[49] 周筝, 杜涛. 基于磁分离技术快速同步处理污水污泥的新设备 [J]. 成都电子机械高等专科学校学报, 2005 (02): 3-5.

[50] 伍勇, 方善如, 王颖. 稀土永磁 Nd-Fe-B 在固液分离中的应用研究 [J]. 中国稀土学报, 2002 (05): 419-423.

[51] Salinas T, Durruty I, Arciniegas L, et al. Design and testing of a pilot scale magnetic separator for the treatment of textile dyeing wastewater [J]. Journal of Environmental Management, 2018 (218): 562-568.

[52] Kheshti Z, Azodi G K, Moreno A, et al. Investigating the high gradient magnetic separator function for highly efficient adsorption of lead salt onto magnetic mesoporous silica microspheres and adsorbent recycling [J]. Chemical Engineering and Processing-Process Intensification, 2019.

[53] Oka T, Kanayama H, Tanaka K, et al. Waste water purification by magnetic separation technique using HTS bulk magnet system [J]. Physic Superconductivity & Its Applications, 2009, 469 (15-20): 1849-1852.

[54] Li T, Guo C, Yang T, et al. Pilot scale experiment of an innovative magnetic bar magnetic separator for chromium removal from tannery wastewater [J]. Process Safety and Environmental Protection, 2021.

[55] 樊盼盼, 孔令帅, 彭海涛, 等. 置于锥部的轴向电磁场对重介旋流器分选效果的影响 [J]. 煤炭学报, 2015, 40 (07): 1615-1621.

[56] 樊盼盼, 冯聪, 张成安, 等. 组合线圈对重介旋流器分选效果的影响 [J]. 矿山机械, 2016 (1): 71-76.

[57] 冯聪. 磁场作用下外部导磁结构对重介旋流器分选效果的影响研究 [D]. 太原: 太原理工大学, 2017.

[58] 戚威盛, 张悦刊, 刘培坤, 等. 磁力旋流器分离性能试验研究 [J]. 流体机械, 2019, 47 (08): 1-6+11.

[59] 金乔. 底流型磁力旋流器分选铁矿的理论分析与试验研究 [D]. 武汉: 武汉科技大学, 2015.

[60] 郭娜娜, 李茂林, 崔瑞, 等. 溢流型磁力旋流器径向磁场分析 [J]. 矿冶工程, 2013, 33 (05): 59-62.

[61] Walker M S, Devernoe A L. Mineral separations using rotating magnetic fluids [J]. International Journal of Mineral Processing, 1991, 31 (3-4): 195-216.

[62] Троцчкцǔ В В, Несветов В В, 茅志一. 电磁水力旋流器工作的研究 [J]. 国外金属矿选矿, 1965 (09): 37-38.

[63] Watson J L. Cycloning in magnetic fields [C]. Salt Lake City: SME-AIME Fall Meeting and Exhibit, 1983: 335.

[64] Fricker A G, 刘振中. 磁力水力旋流器 [J]. 国外金属矿选矿, 1987 (03): 34-40.

[65] Shen G, Finch J A. Theoretical analysis of multipole magnetic hydrocyclones [J]. Canadian Metallurgical Quarterly, 1990, 29 (3), 171-176.

[66] 褚良银, 罗茜. 磁力水力旋流器 [J]. 中国矿业, 1993 (04): 73-75.

[67] 徐少华, 林恬盛, 张军, 等. 超薄稀土磁盘分离机的研制与应用研究 [J]. 现代矿业, 2020, 36 (02): 84-87.

[68] 陈显利, 焦雨红, 张浩, 等. 超导磁分离在造纸厂污水净化中的应用 [J]. 科技导报, 2009, 27 (03): 61-66.

[69] 燕婧. 超磁分离技术在干河煤矿矿井水处理中的应用 [J]. 山东煤炭科技, 2021, 39 (03): 177-178+181.

[70] 郑利兵, 佟娟, 魏源送, 等. 磁分离技术在水处理中的研究与应用进展 [J]. 环境科学学报, 2016, 36 (09): 3103-3117.

[71] 王哲晓, 吕志国, 张勤. 超磁分离水体净化技术在水环境领域的典型应用 [J]. 中国给水排水, 2016, 32 (12): 34-37.

[72] 中国煤炭加工利用协会. 2010 煤炭工业节能减排与发展循环经济论文集 [C]. 北京: 煤炭加工与综合利用, 2010: 8.

[73] 周建忠, 靳云辉, 罗本福. 超磁分离水体净化技术在北小河污水处理厂的应用 [J]. 中国给水排水, 2012, 28 (06): 78-81.

[74] 边江, 蒋文明, 刘杨, 等. 电磁分离装置内油水分离特性实验研究 [J]. 科学技术与工程, 2015, 15 (27): 143-145+151.

[75] Takeda M, Tanase Y, Kubozono T, et al. Separation characteristics obtained from electrode partitioning MHD method for separating oil from contaminated seawater using high-field superconducting magnet [J]. IEEE Transactions on Applied Superconductivity, 2012, 22 (3).

[76] Ali N, Zhang B, Zhang H, et al. Novel janus magnetic micro particle synthesis and its applications as a demulsifier for breaking heavy crude oil and water emulsion [J]. Fuel, 2015, 141: 258-267.

[77] Peng J, Liu Q, Xu Z, et al. Synthesis of interfacially active and magnetically responsive nanoparticles for multiphase separation applications [J]. Advanced Functional Materials, 2012, 22 (8): 1732-1740.

[78] 张国艳. 磁流体油污海水分离回收装置中流动过程的数值模拟 [D]. 北京: 中国科学院研究生院 (电工研究所), 2006.

[79] Watson J, Younas I. Superconducting discs as permanent magnets for magnetic separation [J]. Materials Science & Engineering B, 1998, 53 (1-2): 220-224.

[80] 田欢欢. 利用 MATLAB 模拟直角三角形恒定电流线圈的磁场分布 [J]. 科技风, 2021 (15): 73-75 +78.

[81] 柴兆赟, 张洋. 磁场作用下重介质旋流器悬浮液密度调控研究 [J]. 洁净煤技术, 2015, 21 (03): 57-59+68.

[82] 张成安. 同轴电磁场对重介质旋流器分选效果的影响 [D]. 太原: 太原理工大学, 2017.

[83] Ren L, Zeng S, Zhang Y. Magnetic field characteristics analysis of a single assembled magnetic medium using ANSYS software [J]. International Journal of Mining Science and Technology, 2015, 25 (3): 479-487.

[84] 刘洪山. 用于禽流感病毒快速检测的纳米磁珠分离器研究 [D]. 广州: 华南农业大学, 2016.

[85] Luo L, Zhang H, Liu Y, et al. Preparation of thermo sensitive polymer magnetic particles and their application in protein separations [J]. Journal of Colloid & Interface Science, 2014, 435: 99-104.

[86] 熊平，董萍，郭萍．旋转磁场中加导磁材料后其磁场分布研究 [J]．中国医学物理学杂志，2008 (01)：469-472.

[87] 王发辉．基于 FLUENT 的干法磁分离机理的数值模拟 [D]．焦作：河南理工大学，2010.

[88] Mehta R P，Kataria H R．Influence of magnetic field，thermal radiation and brownian motion on water-based composite nanofluid flow passing through a porous medium [J]．International Journal of Applied and Computational Mathematics，2021，7 (1).

[89] Trbui M，Gorian V，Bekovi M，et al．An experimental study on magnetic field distribution above a magnetic liquid free surface [J]．Journal of Magnetism and Magnetic Materials，2020 (509)：1-4.

[90] Tzirtzilakis E E，Kafoussias N G．Three-dimensional magnetic fluid boundary layer llow over a linearly stretching sheet [J]．Journal of Heat Transfer，2010，132 (1)：1-8.

[91] 王彪．微重力下磁流化床内颗粒流动特性研究 [D]．哈尔滨：哈尔滨工业大学，2020.

[92] Dvorsky R，Lesnak M，Pistora J，et al．Experimentally verified physical model of ferromagnetic microparticles separation in magnetic gradient inside a set of steel spheres [J]．Separation and Purification Technology，2020.

[93] Zhang X，Gu F，Xie J，et al．Magnetic projection：A novel separation method and its first application on separating mixed plastics [J]．Waste Management，2019，87：805-813.

[94] 王鹏凯．磁力旋流器分离性能及试验研究 [D]．青岛：山东科技大学，2018.

[95] 李强，袁作彬，杨永明，等．磁性液体靶向药物的磁场-流场耦合数值模拟研究 [J]．湖北民族学院学报（自然科学版），2014，32 (03)：305-307+310.

[96] Eshaghi M，Nazari M，Shahmardan M M，et al．Particle separation in a microchannel by applying magnetic fields and nickel sputtering [J]．Journal of Magnetism and Magnetic Materials，2020.

[97] 王芝伟，梁殿印．磁铁矿颗粒在复合力场中的运动轨迹研究 [J]．有色金属（选矿部分），2011 (02)：43-47.

[98] Sandulyak Anna，Sandulyak Alexander，Belgacem F．Special solutions for magnetic separation problems using force and energy conditions for ferro-particles capture [J]．Journal of Magnetism and Magnetic Materials，2016，401：902-905.

[99] Rogers H B，Anani T，Choi Y S，et al．Exploiting size-dependent drag and magnetic forces for size-specific separation of magnetic nanoparticles [J]．International Journal of Molecular Sciences，2015，16 (8)：48-61.

[100] 黄祺洲．多模式磁场电磁搅拌器磁流耦合数值模拟及工艺参数优化 [D]．岳阳：湖南理工学院，2020.

[101] 李茂旺，张国锋，安航航．150 mm×150 mm 断面小方坯结晶器电磁搅拌磁场与流场耦合的数值模拟研究 [J]．工业加热，2018，47 (02)：49-53.

[102] 徐婷，张立华，李晓谦，等．稳恒磁场下中间包温度场流场耦合数值模拟 [J]．特种铸造及有色合金，2015，35 (04)：365-369.

[103] 杨光，薛雄，钦兰云，等．旋转磁场对激光熔凝钛合金熔池的影响 [J]．稀有金属材料与工程，2016，45 (07)：1804-1810.

[104] 蒋文明，边江，石念军，等．电磁分离装置内油水两相流流动分离特性 [J]．工业水处理，2016，36 (01)：21-25.

[105] Krpnar T，Demirkol R C，Krpnar Z．Magnetic helicity and electromagnetic vortex filament flows under the influence of Lorentz force in MHD [J]．Optik-International Journal for Light and Electron Optics，2021，242 (2)：167302.

第十四章

旋流分离过程的动态强化

增大旋流场的切向旋流速度也是强化分散相径向迁移的重要方式之一。代表性的动态旋流强化技术有机筒旋转式动态水力旋流技术、复合式水力旋流技术以及液流驱动式旋转强化技术。在本章中，对各类型动态水力旋流强化技术加以详细介绍，包括发展概况、基本结构、工作原理、优缺点及分离特性等。

第一节　动态旋流强化技术发展历程及特点

一、动态旋流强化技术发展历程

随着人们对旋流分离技术研究的增多，发现静态水力旋流器在运行过程中，自身流场特性存在一定的不利影响，包括：旋流器内的紊流影响，导致高速时入口液滴剪切破碎，油滴向中心油核运动的轨迹延长；与旋流器壁的摩擦使旋转强度降低，削弱了加速度场，因此降低了油滴的运移速度；附加再循环流的存在干扰了油滴的运移轨迹。为了消除这些不利影响以及对海洋平台上含油油田产出水进行处理，1984 年，在欧共体委员会的经济支持下，法国 NEYRTEC & TOTAL CFP 公司首先设计并制造了一台外壳旋转的水力旋流器，并首次提出了动态水力旋流分离技术的概念，指出"旋流分离技术"是未来紧凑型分离技术中的关键技术。动态水力旋流分离技术的离心力场来自高速旋转的机筒。当待分离混合液自轴向进入后，在机筒内表面摩擦力作用下逐渐形成高强度固体涡，从而实现密度差较小的液液不相溶混合物的高效分离。在被研究的处理设备之中，"旋流器"路线得到了极大的推许。最终研究结果发展了动态水力旋流器，其与常规设备相比，重量及总体尺寸减小 1/10～1/20。在此之前，海上石油生产用的水处理设备与陆上设备类似，重量大、占地面积大、费用高，不能满足海上平台的要求。此外，试验也表明该设备在应用上仍受到一定的限制，这是由其操作条件等因素所决定的。

20 世纪 90 年代初，动态旋流分离技术被引入到我国。1997 年，大庆石油学院在静态水力旋流器研究的基础上，针对大庆油田注聚采出液处理难度较大这一新问题，开始了对动态水力旋流器的研究工作，并于当年试制了一台样机。同年 8 月，在大庆某中转站进行了现场试验，取得了满意的效果[1]。当聚合物含量在 400mg/L 左右、水中含油 2000～3000mg/L 时，经水力旋流器一级处理后含油量可达到小于 200mg/L 的指标要求。

二、动态旋流强化技术特点

与静态旋流分离技术相比，动态旋流分离技术在理论上具有以下突出的优点：

（1）对处理量的变化更具灵活性　静态旋流器分离效率受其处理量的影响较大，只有在达到其额定处理量时才能有最佳的处理效果，入口流量减少时其效果明显下降[2]。对于动态水力旋流器而言，在分离机筒长度相同条件下，旋流器内流体的涡流强度随轴向距离的增加而增大，有助于提高旋流分离效率。并且，转速可以根据处理量和待分离混合液的性质进行实时调整，使设备对流量和待分离混合液性质的适应性增强。因此，动态水力旋流器可以在很小的处理量到最大处理量之间运行，并且当流量减小时，其分离效率反而提高。在处理量加大时，其分离效率稍有下降，表现出很大的灵活性。

（2）可分离更细小的油滴　由于静态旋流器内液体运动与器壁的摩擦及在入口进液腔和大锥段内没有形成稳定的涡流运动，会出现紊流与循环流，这些干扰一方面会引起液滴的破碎，另一方面阻碍油滴向中心的运动，影响了分离效率。相比之下，动态水力旋流器较好地克服了这一缺点，仅在稳定锥及旋转筒壁上残留着摩擦力的作用，而且转动方向与液体运动方向一致，对旋流器运动影响很小，而液体旋转速度又可保持恒定，不随长度方向变化，因此其形成的紊流很小，有人将它称为无紊流的旋流器，因此它可以将更细小的油滴分离出去，如静态旋流器很难将 $15\mu m$ 以下的油滴分离，而动态旋流器对 $10\mu m$ 的油滴仍有 75% 左右的分离效率[3]。

（3）压力损失小　静态水力旋流器的工作压力一般都在 $0.5MPa$ 以上，有时甚至达到 $0.8\sim1.0MPa$。此时压力损失可达到 $0.4\sim0.5MPa$，对供液泵提出了较高的要求。而动态旋流器的工作压力较低，$0.3\sim0.4MPa$ 下即可达到最大处理量，其压力损失一般不到 $0.2MPa$。甚至当管线内有一定的压力时可实现无增压方式运行，减少了动力消耗。我们进行的不增压试验，在管线中原有的小于 $0.2MPa$ 的压力下运行，也取得了很好的处理效果。

当然，任何设备都不是完美无缺的，动态水力旋流器也在一定的缺点：

① 外壳转动，结构较静态水力旋流器复杂，除动力设备外，尚需支撑、密封及润滑等。并且，机筒转动过程产生的振动现象，容易导致旋流器内流场不稳定；

② 受出口处结构的限制，在出口附近易产生固体颗粒的聚积而形成污垢；

③ 理论上增大分散相的切向速度将促使其快速分离，但实际运行中，切向速度过高将使高速旋转流动带来的剪应力增大，这种剪应力会使分散相或聚结体破裂，因此避免动态水力旋流器运行过程中对分散相的剪切破碎也是值得关注的主要问题[4]。

第二节　机筒旋转式旋流强化

一、机筒旋转式动态旋流器

图 14-1 给出了一种典型动态水力旋流器结构示意图。处理液由左侧轴向入口流入，经旋转叶片的启旋作用产生旋转流。与此同时，电动机驱动旋转筒高速旋转进一步带动其内部液流进行高速旋转，从而实现旋流分离过程。具体而言，液体进入旋转筒后，由筒壁摩擦力及旋转叶片带动而形成涡流，使油水两相产生离心分离。轻质的油相在离心力的作用下集中在轴线附近形成油核，与水相沿轴向的同一方向运动，最终由中心溢流管将含水污油排出，净化水则从侧面底流管排出。其优点主要体现在：利用外壳旋转带动液体介质运动，旋流室内切向速度基本不受其所在位置影响，克服了静态水力旋流器由于液流流动速度衰减引起的旋转强度下降问题。同时，由于不依靠静态水力旋流器的入口液流能量驱动旋转，湍流效果相对减弱，即使对 $10\mu m$ 的油滴仍有 75% 左右的分离效率[3]。

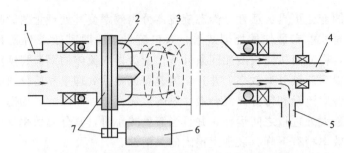

图 14-1 机筒旋转式动态旋流器结构示意图

1—处理液入口；2—旋转叶片；3—旋转筒；4—中心溢流管；5—底流管；6—发动机；7—传动轮

目前，动态水力旋流器已形成系列产品。表 14-1 所示为额定处理量为 $400 \sim 3200 \text{m}^3/\text{d}$ 的单台工业产品系列的主要参数。

表 14-1 动态水力旋流器工业化产品主要参数

最大流量/(m³/d)	400	800	1600	3200
当量直径/mm	101.6	152.4	203.2	304.8
转速/(r/min)	1400	1200	1100	850
压力降(油/水)/MPa	0.385/0.21	0.49/0.28	0.63/0.385	0.91/0.56
存留时间/s	3~6	5~10	6~12	8~15
长度/m	2.13	3.05	3.96	5.49

二、旋流分离性能测试

基于图 14-1 所示的动态水力旋流器结构，开展系统的试验测试。试验用样机直径为 100mm，外壳转速为 $1400 \sim 2800 \text{r/min}$，电机转速足够大时，其处理量最大可达 $15 \text{m}^3/\text{h}$，现场试验是在大庆油田设计院聚合物驱采油试验站进行的。试验在增压与不增压两种工艺流程下进行，如图 14-2 所示。试验时用变频器调节电机转速，使水力旋流器分别在 1680r/min、2000r/min、2240r/min、2500r/min 及 2800r/min 等不同转速下运行，以测试其在不同转速下的分离特性。流量的改变依靠提高泵的输出压力实现。用泵增压时（方案一），随着入口压力的提高，处理量可以达到 $10 \text{m}^3/\text{h}$ 以上，由于泵有一定的乳化作用，因此分离效率有所下降，但一般也超过了 70%。在不增压时（方案二），由于入口压力较低，处理量为 $3 \text{m}^3/\text{h}$ 左右，其分离效率一般都在 90% 以上，最高达 98% 以上。

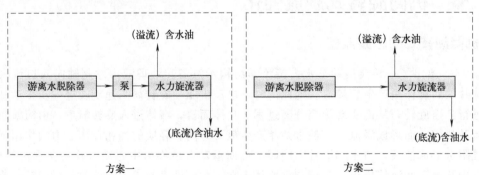

图 14-2 现场试验工艺流程简图

1. 流量及转速对分离性能的影响

通过试验总结出流量与分离效率的关系曲线如图 14-3 所示。可见，在流量低时，分离效率要高一些，但我们都知道，静态水力旋流器流量较小时分离效率却是较低的。这是由于静态水力旋流器存在一个最佳处理量区，在达到最佳处理量之前，液流旋转速度太低，形成的离心力比较小，不足以使油水两相分离开。而对于动态水力旋流器，其旋转速度是由带动外壳的电机转速决定的。因此，在转速一定的前提下，流量越低，液流在水力旋流器腔内的停留时间也越长，那么分离的有效时间越长，从而提高了分离效率。

转速与分离效率的关系曲线如图 14-4 所示。可见，转速越高分离效果越好。这是由于在液量一定的情况下，液流旋转的速度越快，油水两相承受的离心力越大，一般来讲，分离的效果也就会越好。那么是不是转速越大越好呢？并非如此。随着转速的增大，水力旋流器旋转所需的入口压力也提高，这在实际应用中是非常不利的，应当尽可能降低水力旋流器运行所需的入口压力。

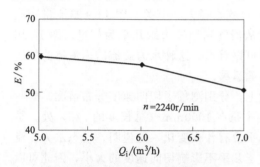

图 14-3　流量与分离效率的关系曲线

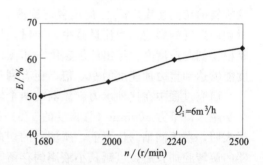

图 14-4　转速与分离效率的关系曲线

2. 转速与压力降 Δp 的关系

转速与入口压力的关系曲线如图 14-5 所示，其与图 14-6 所示的流量与入口压力的关系曲线，在整体趋势上是一致的。也正是由于压力损失 Δp 的提高才导致入口压力 p_i 的增大。因此，在实际运行时，在达到处理要求的前提下应尽可能降低电机的转速，以减小不必要的压力损耗，进而降低入口压力，以便有可能在无泵的情况下使动态水力旋流器正常运转，以减少泵对液体的二次乳化，改善处理效果。

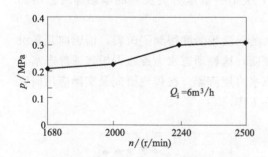

图 14-5　转速与入口压力的关系曲线

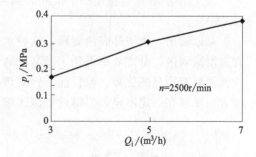

图 14-6　流量与入口压力的关系曲线

3. 入口压力与流量的关系

水力旋流器的入口压力与电机转速的关系曲线如图 14-7 所示，即电机转速越高，入口压力越高，水力旋流器运转的流量越大。这样，在无泵的情况下，由于没经过二次增压，降低了入口压力，进而使得水力旋流器的处理量有所下降。在试验过程中发现，转速为 1680r/min 时，若有泵流量可达到 $7m^3/h$，而无泵，流量不到 $4m^3/h$。因此无论是否采用泵进行增压，若想提高水力旋流器的处理量，就应当尽可能增大其入口压力。另外，关于增压

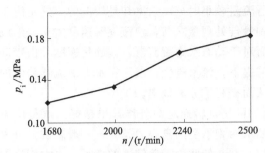

图 14-7　入口压力与电机转速的关系曲线

方式的影响，无泵运行比有泵增压运行时的分离效率要高，这是由于消除了泵对油水混合液的二次乳化，但同时其负面效应使处理量有所降低。

4. 流场特性

P. Schummer 等人为深入了解动态水力旋流器的分离特性，在实验室直接使用 LDA 测量了动态水力旋流器中的切向速度分布图，如图 14-8 所示。可以看出，液体最大切向速度出现在 $R_0/3$ 处（R_0 是中心到水力旋流器壁的半径），达到 $v_{tmax}=1.4v_0$，其中 v_0 指器壁旋转的切向速度。v_{tmax} 的位置与旋流器尺寸及出口的直径大小有关。图 14-9 是流量变化对切向速度的影响。当流量减少一半时，切向速度从器壁到油核边缘几乎为常量。图 14-10 是根据切向速度变化导出的加速度分布图。从图中可以看出，这种水力旋流器内液体的加速度能够达到重力加速度的 900 倍，更有利于小液滴的运移。

研究过程中在这种水力旋流器的两个轴向位置上，分别测量了切向速度分布情况。第一个是距入口下方 500mm（总长度的 1/3）处，第二个是在 1000mm（总长度的 2/3）处。结果表明，在不同轴向位置上，所测得的切向速度几乎没有什么变化。这说明，动态水力旋流器的旋转腔加长后，可延长小液滴的存留时间。由于几乎不影响切向速度的大小，因此可以改善整体分离效果（尤其是小液滴的），但同时也会加大制造难度。

再看这种水力旋流器的轴向速度分布图（如图 14-11 所示），可以看出，与普通水力旋流器相比较，其轴向速度有如下特点：

① 液体在器壁附近有一个高轴向速度区，而在器壁上是一个薄的轴向速度很小的边界层（在器壁上轴向速度为零）；

② 在核心处也存在一个高轴向速度区，但由于这种旋流器入口液流与排出流的方向一致，所以核心处液体的轴向速度与外壁附近液体的轴向速度方向一致；

③ 在中径附近也存在一个很低的轴向速度区，类似一般水力旋流器的零轴速度包络面（LZVV）。

可以看出，由于外壳的旋转，这种水力旋流器的涡流场强度得到了改善，沿轴向几乎没有速度减弱区，分离效率得到了提高。通过试验证明，这种动态水力旋流器较普通静态水力旋流器具有明显的优势。但目前，针对该类型动态水力旋流器，在理论研究及实际应用研究等方面尚存在一定不足，值得进行深入细致的研究工作。

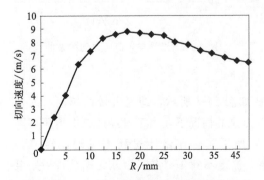

图 14-8　动态水力旋流器切向速度分布图

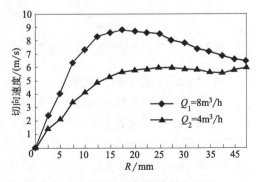

图 14-9　流量对切向速度的影响

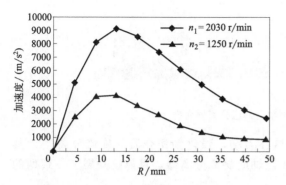

图 14-10 动态水力旋流器切向加速度分布图

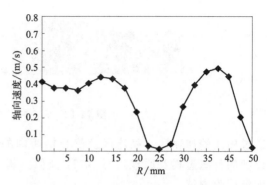

图 14-11 动态水力旋流器轴向速度分布图

第三节 复合式旋流强化

一、复合式动态旋流器

结合静态水力旋流分离技术和动态水力旋流分离技术的特点，美国 Enviro Voraxial Technology（EVTN）公司于 20 世纪 90 年代开发了一种新型管式离心分离技术——轴向涡流分离技术，相应的设备被称为轴向涡流分离器。轴向涡流分离器主要由旋转的涡发生器、静止的分离机筒和轻相收集管等组成。涡发生器为内壁固定焊接一定数量的渐变螺旋形叶片转鼓，叶片的长度和高度小于转鼓的长度和半径，前端有叶片的区域称为加速区，后端无叶片的区域为稳流区。高度较小的叶片又将加速区分为外环叶片区和中心中空区。与涡发生器处于同一轴线上的分离机筒与机座固定连接，内部中心线的末端安装有轻相收集管。

该轴向涡流分离器在工作过程中，内壁焊接有渐变螺旋形叶片的转鼓以恒定角速度高速旋转，使得流入涡发生器的待分离混合液同时产生高速的旋转和轴向加速运动，旋转运动和轴向运动叠加形成轴向涡流。轴向涡流产生的强大离心力（离心力加速度约 $1000g$）使待分离混合液中的重相以一定的径向速度向外运移，轻相向中心汇聚，最终借助轻相收集管实现分离。从该公司网站的相关宣传报道来看，轴向涡流分离技术与静态水力旋流分离技术相比具有以下特点：①涡量来自于涡发生器的高速旋转，因此可以设计出大直径、大处理量的单管分离器，当机筒内径为 8in❶ 时，单个机筒的处理量可达 $450\sim1135\mathrm{m}^3/\mathrm{h}$；②高速旋转的螺旋形叶片产生的轴向推送作用足以使待分离混合液克服其在分离机筒及配套收集元件中流动产生的压力损失，从而在宏观上实现了分离过程的零压力损失；③分离效率高，最高分离效率可达 98％。另一方面，该技术与常规动态水力旋流分离技术相比具有以下特点：①采用转鼓和静止机筒相结合的结构，使得整个分离器的结构更为简单紧凑；②涡发生器为带有中空螺旋形叶片的转鼓，因此涡形成过程剪应力低，且分离过程无死区。图 14-12 为 VAS-4000 型轴向涡流分离器实物。

在国内，姬宜朋等基于轴向涡流分离器的设计思路，优化形成了如图 14-13 所示的轴向涡流分离器。主体结构由驱动机构、涡发生器、静止锥筒、轻质相收集管等组成。其特点是在涡发生器的转鼓内壁固定有高度和长度均小于转鼓半径和长度的渐变螺旋叶片。

---

❶ 英寸，1in=25.4mm。

图 14-12　VAS-4000 型轴向涡流分离器实物

通过构建的加速区、稳流区及静止锥筒内的离心力场，强化多相介质的旋流分离[5]。其详细的分离过程及原理与图 14-12 类似。基于该轴向涡流分离器，目前已开展了一系列的现场试验测试。

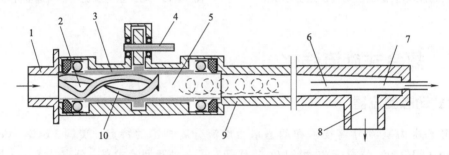

图 14-13　轴向涡流分离器结构示意图

1—入口；2—加速区；3—柱状转鼓；4—驱动机构；5—稳流区；6—轻质相收集管；
7—轻质相出口；8—重质相出口；9—静止锥筒；10—螺旋形叶片

二、复合式动态旋流分离性能测试

　　EVTN 公司在致力于轴向涡流分离器产品标准化、系列化研究的同时，还积极地开拓其应用市场，先后在石油开采、市政污水处理、浮油回收等行业中成功地进行了多次现场应用试验。2004 年，该公司在墨西哥湾 Shell 石油公司的近海石油平台上对 Voraxial 2000 型轴向涡流分离器进行了长达两个月的液液、液固分离试验，取得了较好的试验效果[6,7]。同年，其在美国西北废水再生局采用 Voraxial 4000 型分离器进行污水粗泥沙分离预处理工序的现场应用试验，对于粒径大于 $75\mu m$ 的固体颗粒分离效率高达 85%～89%，连续稳定运行了近 4 个月[8]。面对中国的庞大市场，EVTN 公司也未等闲视之，2005 年曾与中国海洋石油有限公司渤海分公司签署意向合同，但其后再没有相关报道。2008 年，该公司又在新疆克拉玛依市与新疆华易石油工程技术有限公司联合举办了"轴向分离器技术交流会"，以扩大其在中国市场的知名度。EVTN 公司声称，与当前主流撇油器相比，Voraxial 8000 型潜式浮油回收装置 24h 内的收油量提高了 20 倍，其处理量与当前主流撇油器的性能对比见表 14-2。可见，Voraxial 8000 型潜式浮油回收装置具有收油率高、设备体积小和分离过程不需添加任何药剂等优点。Voraxis 叶轮诱导旋流器的典型撬装设备照片如图 14-14 所示。

图 14-14　Voraxis 叶轮诱导旋流器撬装设备照片

表 14-2　Voraxial 8000 型潜式浮油回收装置与主流撇油器主要参数比较

参数	Voraxial 8000 型潜式浮油回收装置	其他常规撇油装置
处理量/(m³/h)	1135.6	56.8
质量/kg	431	2041
尺寸	8in 管道×3.66m(长)	1m×1m×2.2m(长×宽×高)
能耗/kW	37.0	44.4

　　表 14-3 对比了 Voraxial 系列产品的型号参数。该系列产品的处理量最高可达 120000 桶/天，分离器的额定压力高达表压 250psi❶，运行温度能够达到 250°F，Voraxis 分离器能够同时适应陆上和海上工作条件，可用于对两相和三相介质进行连续性高效分离，而不需要对入口含油量、悬浮固相浓度、流量等进行持续性调节。其撬装设备使用独特的无剪切叶轮诱导径向和轴向流动，用于水、油和固体的三相分离。三种标准尺寸的紧凑型和移动装置可用于处理 20～5000US gal❷/min 的容量，以实现高达 120000 桶/天的可靠高速输出。

　　总体而言，美国 EVTN 公司对轴向涡流分离器的应用已经取得了相当大的成功，然而至今尚无其关键技术理论研究的文献报道，缺少内部的结构细节和技术要点等主体结构的详细设计理论和方法。目前，EVTN 公司于 2017 年将其开发的轴向涡流分离技术转让给 Schlumberger 公司[9]，在此基础上，Schlumberger 公司进一步开发形成了三种型号尺寸的紧凑型移动处理装置，处理范围在 5～1100m³/h[10]。

表 14-3　Voraxial 系列产品型号参数对比

参数	Voraxial Separator 2000	Voraxial Separator 4000	Voraxial Separator 8000
入口流量/(US gal/min)	20～60	100～500	1000～5000
最小入口表压/psi	20	20	20
设计表压①/psi	100	100	100
设计温度②/°F	140	140	140
运行表压/psi	100	100	100
运行温度/°F	100	100	100
结构材料	316L 不锈钢	316L 不锈钢	316L 不锈钢
阀门	316 SS 球阀	316 SS 球阀	316 SS 球阀
电力	480 V,3 相,60Hz,8 kW	480 V,3 相,60Hz,41 kW	480 V,3 相,60Hz,82 kW
装置质量/t	2.6	3.5	4.86
系统集成	通过以太网、Wi-Fi 或边缘计算进行数据传输	通过以太网、Wi-Fi 或边缘计算进行数据传输	通过以太网、Wi-Fi 或边缘计算进行数据传输

① 表压最大可以达到 250psi。
② 最大运行温度可以达到 250°F。

　　针对轴向涡流分离器结构，姬宜朋及所在团队在南海流花 11-1 油田，成功开展了正交、单一变量和连续运行的现场应用试验及分析[11]。结果表明，转鼓转速是影响其分离性能的最关键操作工艺参数，稳定、高效运行时的转速范围为 1650～1700r/min。在不添加任何药剂的情况下，设备以最优操作参数稳定运行，当入口污水含油量在 200mg/L 左右时，除油效率可达 80%以上（最高可达 91.8%），旋流器水出口的含油量可降低到 30mg/L 以下，除油效果超过现场安装的其他类型水力旋流器。该技术的成功研发为我国海洋石油工业的增产减污提供了一种可行的技术解决方案，值得进一步开展工程放大应用研究。

　　除了对运行参数的研究之外，姬宜朋等还开展了机筒锥角对分离性能影响的研究[12]，

---

❶ 磅每平方英寸，1psi=6.895kPa。

❷ 美加仑，1US gal=3.78541L。

研究了机筒锥角为20°和90°，分流比为5%、10%和15%时轴向涡流分离器的分离效率随转鼓转速的变化，如图14-15所示。可见，两种锥角的分离效率随转鼓转速的变化趋势类似，均随转鼓转速的增加先升高后迅速降低，当转鼓转速为3100～3900r/min时，分离效率最高达80%。分离效率随分流比的增加而增加，最高分离效率在分流比为15%时出现。与安装有10°锥角机筒的分离器相比，两种角度下的最高分离效率稍低、高效分离区较窄，且分离效率对分流比的变化较敏感。进一步，采用数值模拟方法分析了轴向涡流分离器机筒内液体的流动情况。分析结果表明，采用具有一定锥角的分离器机筒可以有效减小液体切向速度的降低幅度，增加涡核半径的减小幅度，从而大幅提高分离器分离效率。数值模拟结果表明，当机筒锥角为10°时，机筒内液体的涡核半径最小而平均切向速度最大，此时分离效率最高达99%。安装有10°锥角机筒的轴向涡流分离器，最佳转毂转速为3100～4300r/min，在此转速范围内运行时分离器分离效率可达90%以上。

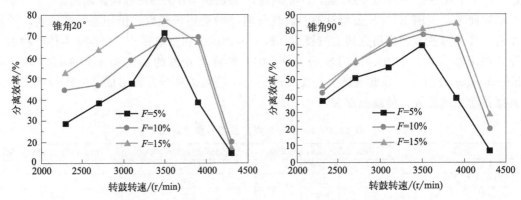

图 14-15　不同机筒锥角分离效率随转鼓转速的变化曲线

第四节　液流驱动式旋转强化

一、溢流管自旋式旋流器

无论是前面介绍的机筒旋转式旋流强化，还是复合式旋流强化，它们的一个共同点是需要外接动力电机，以带动机筒或者转鼓进行高速旋转。由于设计安装了螺旋叶片，也将一定程度上造成对上游来液分散扰流的负面效果。为了延续动态及轴向涡流水力旋流器在稳定旋流场及促进微小粒径分散相高效分离方面的优势，同时降低设备成本及运行能耗，赵立新等进一步设计开发了溢流管自旋式水力旋流器及旋流腔自旋式水力旋流器，能够实现在不依赖外界电机动力情况下，仅依靠液流流经旋流器过程中产生的自身推力，驱动旋流器内部液流进行高速旋转，从而达到强化旋流分离过程的目的。

图14-16为中心溢流管自旋式水力旋流器结构示意图[13]。具体工作原理及过程为：处理液（以油水混合物为例）首先由切向入口沿着切向方向高速流入旋流室内部，并在旋流室内部形成高速旋转流。油水两相在旋流室内高速旋转过程中，密度较大的水相受较大离心力作用，逐渐被甩向旋流室的壁面区域，并沿着旋流室的壁面向下流动，最终由底流切向出口流出。而油相密度小，受到的离心力较小，从而形成使低密度油滴向中心处运移的径向迁移力，使油滴逐渐向中心区域聚集，沿着位于中心区域溢流管外壁处的启旋槽逐渐向下流动，并由溢流管下端的入口向上流入溢流管，而后由溢流管切向出口沿着与溢流管相切的方向高

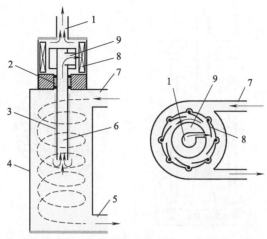

图 14-16　溢流管自旋式水力旋流器结构示意图
1—溢流管；2—旋转轴承；3—翅片；4—旋流腔；5—底流出口；6—自旋溢流管；
7—切向入口；8—可调挡板；9—反推射流口

速喷出。之后，高速喷出的油相流入驱动室的内部，最终由位于驱动室顶部的溢流轴向出口流出。由于由溢流管切向出口高速喷出的液流（主要为油相，也称为富油相）具有较大的喷射动量，根据牛顿第三定律，因此溢流管同时受到与液流喷射方向相反的动量以及较大的反向旋转力矩，从而实现溢流管及溢流管外壁上启旋槽的高速旋转。由于启旋槽采用槽型结构，其高速旋转将进一步带动其周围的液流进行高速旋转，从而大幅增大溢流管附近的液流切向流动速度，其强化切向速度分布的过程及原理如图 14-17。通过以上结构布置，可仅依靠液流在旋流器内部的自身推力驱动溢流管实现高速旋转，从而增大溢流管附近的液流切向速度，大幅增大油滴所受到的向中心区域的径向迁移力，促进油水两相间的分离及提高分离效率。

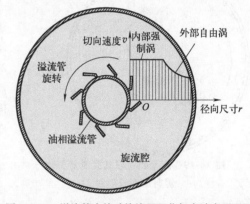

图 14-17　溢流管自旋式旋流器强化切向速度原理图

该旋流器的优点为：借助液流在水力旋流器内部的自身推力驱动溢流管及启旋槽实现高速旋转，并带动其周围的旋转液流进行加速旋转，从而最大程度上增大内部涡液流的切向速度，并进一步带动外部自由涡液流切向速度的增大，有利于增大旋流器各区域内促进两相介质间分离的径向迁移力，从而提高水力旋流器的分离效率。

二、旋流腔自旋式旋流器

图 14-18 为外侧旋流腔自旋式水力旋流器结构示意图[14]。具体工作原理及过程为：处理液由切向入口进入，首先流入入口段壳体与旋转筒形成的空间内，并在入口段壳体与旋转筒内形成高速旋转流。油水两相在高速旋转过程中，发生离心分离。密度较大的水相受较大的离心力作用，逐渐被甩向旋转筒的壁面区域，并沿着旋转筒的壁面向下流动，向下流动的液流（富水相）依次流经液流通道及定叶片，而后与动叶片相遇，并沿着动叶片旋转腔向上流动，最终由底流管流出。在富水相液流流经定叶片后，受定叶片的导向作用，富水相液流

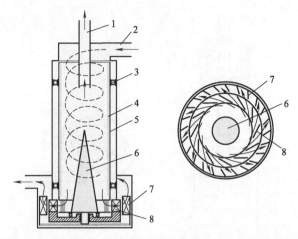

图 14-18 自旋外侧旋流腔自旋式旋流分离器结构示意图

1—溢流管；2—切向入口；3—旋转轴承；4—翅片；5—自旋旋流腔；6—内锥；7—动叶片；8—静叶片

沿着与旋转筒接近相切的方向高速喷出，而后

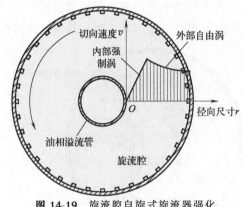

图 14-19 旋流腔自旋式旋流器强化
切向速度原理图

高速喷出的液流直接撞击旋转盘及位于其上的动叶片，从而产生使旋转盘旋转的切向力矩，推动旋转盘高速旋转。旋转盘在高速旋转过程中将通过连接轴，带动稳流锥、连接片、旋转筒及助旋体持续高速旋转。助旋体的高速旋转将同时带动位于外部自由涡的液流进行加速旋转，使该区域的液流切向速度大幅增加，从而增大低密度油滴向中心区域运移的径向迁移力，促进油水两相间的快速及高效分离。该旋流器强化切向速度分布的过程及原理如图 14-19。

该旋流器的优点为：首先，通过旋转筒及助旋体的旋转，实现增大靠近旋转筒区域的液流切向速度的目的，从而大幅增大油滴所受到的向中心区域的整体径向迁移力，提高分离效率；其次，旋转筒及助旋体的旋转不依赖外界动力传动，仅靠液流在水力旋流器内部的自身推力驱动旋转筒及助旋体实现高速旋转。

以上介绍的溢流管自旋式水力旋流器及旋流腔自旋式水力旋流器，具有系统集成性强、结构紧凑及成本低的优点，既可应用于油田生产，又可应用于市政环保等其他领域。但相比于常规静态水力旋流器，自旋式水力旋流器结构要复杂一些，需要后续进一步结合数值模拟及试验测试方法，开展系统性的研究及优化，获得结构紧凑、便于加工、运行可靠且稳定高效的自旋式旋流分离器及优化的运行参数。

参 考 文 献

[1] 贺杰，陈炳仁，蒋明虎，等. 注聚采出水分离用动态水力旋流器特性研究 [J]. 石油机械，1998，26 (7)：24-26.

[2] 贺杰，蒋明虎. 水力旋流器 [M]. 北京：石油工业出版社，1996：105-106.

[3] Gay J C，Triponey G. Rotary cyclone will Improve oil water treatment and reduce space requirement/Weight on offshore platforms [J]. SPE，16571：1-20.

[4] 史仕荧，邓晓辉，吴应湘，等. 操作参数对柱形旋流器油水分离性能的影响 [J]. 石油机械，2011，39（7）：4-8.

[5] 姬宜朋. 轴向涡流分离器的理论与实验研究 [D]. 北京：北京化工大学，2015.

[6] Chris Sheldon. Separator tested for used in offshore oil production [N/OL]. Industrial news, 2004.

[7] Dan Samela. The voraxial separator a treatment technology for the 21st century [R]. Enviro Voraxial Technology, Co., Ft. Lauderdale, Florida, 1997.

[8] Perry A Fischer. New type of water separator could help fill multiple oilfield needs [J]. World Oil, 2005，12：49-52.

[9] None. Enviro voraxial technology seals IP sale with schlumberger [J]. Filtration Industry Analyst，2017, 2017（6）：16.

[10] Schlumberher. Impeller-induced cyclonic separator [DB/OL]. [2020-08-15]. https：//www. slb. com/-/media/files/osf/product-sheet/ voraxial-ps. ashx.

[11] 姬宜朋，陈家庆，蔡小磊，等. BIPTVAS-Ⅱ型轴向涡流分离器工程样机及其在流花 11-1 油田的现场试验 [J]. 中国海上油气，2016，28（1）：133-138.

[12] 姬宜朋，陈家庆，周登来，等. 轴向涡流分离器工作机理及机筒最佳锥角研究 [J]. 石油机械，2012，40（7）：106-112.

[13] 宋民航，赵立新，杨宏燕，等. 一种溢流管自旋式水力旋流器：201911015054.4 [P]. 2020-01-10.

[14] 赵立新，宋民航，杨宏燕，等. 一种旋流室自旋式水力旋流器：201911015061.4 [P]. 2020-01-10.

第十五章
旋流分离系统工艺提效

前面各章节中分别从单一因素出发，探讨了强化水力旋流器自身分离效率的技术思路，而在实际旋流分离工艺中，除了考虑旋流器自身性能外，分离工艺中还包括必要的附属设备，也将对整体分离性能产生一定影响。图15-1为一种典型的单级旋流分离工艺系统。以油水两相分离为例，在该工艺中，油水混合液经泵的增压后，依次流经入口管路、阀门和流量计，进入旋流器内发生旋流分离，而后经分离的富油相和富水相分别由溢流管和底流管流出。为了强化旋流分离效率，将多只单体水力旋流器进行串联，也是一种常用的旋流分离工艺路线。本章将分别对多级串联工艺方案、旋流器一体化串联、低剪切阀、低剪切泵以及其他系统工艺提效方式进行系统的讲解及分析，为旋流分离系统工艺提效提供理论及技术支撑。

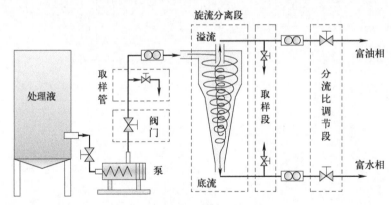

图 15-1 典型单级旋流分离工艺系统

第一节 旋流器多级串联

一、两级串联工艺方案

水力旋流器并联目的是在不改变单个水力旋流器分离性能的基础上加大其处理能力，而串联目的是提高水力旋流器的总体分离效率。这里需要注意的是如何在联合使用时保持单体水力旋流器的分离特性，同时改善整体分离特性。图15-2给出了水力旋流器两级串联的典型工艺布置。入口处理液经第一级旋流器发生分离后，部分未经分离的分散相油滴（以小粒径为主）由底流排出，并进入到第二级旋流器内进行再次分离。通常为了促进对小粒径分散相的分离，第二级旋流器的直径要小于第一级。对轻质分散相的液液分离来说，该工艺可使连续相液体进一步净化。对固液分离而言，当入口处悬浮液浓度很稀时，该工艺可用于两级稠化。

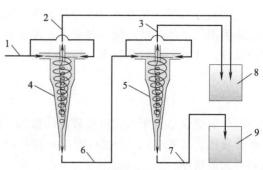

图 15-2　水力旋流器两级串联的典型工艺布置
1—入口处理液；2—一级溢流；3—二级溢流；4—一级水力旋流器；5—二级水力旋流器；6—一级底流；7—二级底流；8—轻质相；9—重质相

1. 底流串联系统

底流串联的两级水力旋流器的总分离效率将是两个效率的乘积，以级效率表示。

$$E_g = E_{g1} E_{g2} \tag{15-1}$$

式中，E_g、E_{g1} 和 E_{g2} 分别为两级串联、第一级和第二级的级效率。

这是从固液分离时，底流稠化角度讨论其总效率。如果是液液分离，底流用于连续相液体净化时，其总效率将是：

$$E_g(x) = E_{g1} + E_{g2} - E_{g1} E_{g2} \tag{15-2}$$

这说明水力旋流器串联后其总效率会有一定的提高。

图 15-3 为第一级水力旋流器的溢流与第二级入口联结的串联方式。这种联结的作用，对固液分离而言是使溢流再次净化，这时串联的总效率应采用式（15-2）进行计算。在这种联结方式中，单个水力旋流器可采用同一尺寸（结构相同的旋流器）。由于第一级底流的分流，第二级入口流量 Q_{i2} 比第一级入口流量 Q_{i1} 有所减少，同时它的入口浓度也比第一级低。第一级可用于除去较粗大固体颗粒，在低压力降下工作，以减少以下各级的磨损。在具有同样级效率曲线的 N 级水力旋流器串联时，其总效率 E_g 的关系式可表示为如下形式：

$$E_g(x) = 1 - (1 - E_{g1})^N \tag{15-3}$$

多级串联时，入口流量是逐级递减的，在实际工作中必须考虑到每一级分流比的作用，而不必串联三个以上具有相同级效率的旋流器，否则会降低旋流器对粒径切割的灵敏度。

2. 溢流串联系统

在图 15-4 所示方案中，第二级的溢流有一条虚线联结到第一级的入口管路，这是另一种可行的方案，作用是当第一级净化效果很好时，可稀释第一级入口而使第二级溢流的一部分循环到回路中。应该指出，式（15-2）和式（15-3）是在溢流无循环下推出的，不适用于这种有循环的情况。

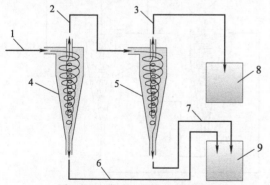

图 15-3　底流串联水力旋流器
1—入口处理液；2—一级溢流；3—二级溢流；
4—一级水力旋流器；5—二级水力旋流器；
6—一级底流；7—二级底流；8—轻质相；9—重质相

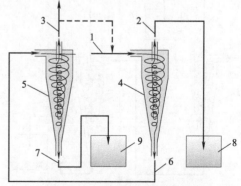

图 15-4　溢流串联水力旋流器
1—入口处理液；2—一级溢流；3—二级溢流；
4—一级水力旋流器；5—二级水力旋流器；
6—一级底流；7—二级底流；8—轻质相；9—重质相

在固液分离时，布置两台水力旋流器，可同时达到底流稠化与溢流净化的要求。这时第一级作为稠化设备，其底流口径较小，得到高浓度的底流。第二级作为净化器，会得到低浓度的底流。这种装置的总效率，即组合效率如下：

$$E_g(x) = \frac{E_{g1}}{1 - E_{g2} + E_{g1}E_{g2}} \tag{15-4}$$

这种装置仅适合于入口浓度较高的情况。同时，为避免稠化时底流口的堵塞，要选取适当的分流比。从式（15-4）也可看出，这种联结方式的分离效率将小于图15-3中没有底流循环方式的效率。

在液液分离时，溢流串联的联结方式可用于轻质相液体的净化。如油水分离时，从第一级溢流口排出的油中，总会含有一定量的水，再经第二级分离后，第二级溢流中含水量会大大减少。这种方式，可用于回收较贵重的轻质分散相介质，其组合效率的计算方法与底流串联时相似。

3. 溢流串联两级循环系统

图15-5所示为溢流串联两级循环系统。第一级底流不再进入二级循环，是装置中最重的介质。而第一级溢流作为第二级的进料进入二级水力旋流器，分离后的溢流则为希望得到的更轻介质，其底流则随装置总进料再循环进入第一级水力旋流器，如此往复。可见，该装置在进行固液分离时主要用于获得更为纯净的液体介质；而在进行液液分离时则主要用于获得更纯净的轻质相液体。当在原油脱水处理工艺中应用时，第一级可采用预分离水力旋流器，第二级采用脱水型水力旋流器。

4. 底流串联两级循环系统

图15-6所示为底流串联两级循环系统。第一级溢流不再进入二级循环，是装置中最轻的介质。而第一级底流作为第二级的进料进入二级水力旋流器，分离后的底流则为希望得到的更重介质，其溢流则随装置总进料再循环进入第一级水力旋流器，如此往复。可见，该装置在进行固液分离时主要用于固体介质的稠化，此时第二级旋流器的分流比不能为了寻求获得更佳的稠化效果而定得过小，否则二级固体颗粒出口容易出现堵塞现象。在进行液液分离时则主要用于连续相液体介质的净化处理。如在污水处理工艺中应用时，第一级可采用预分离水力旋流器，第二级采用脱油型水力旋流器。

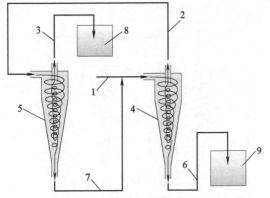

图 15-5　溢流串联两级循环

1—入口处理液；2—一级溢流；3—二级溢流；
4—一级水力旋流器；5—二级水力旋流器；6—一级底流；
7—二级底流；8—轻质相；9—重质相

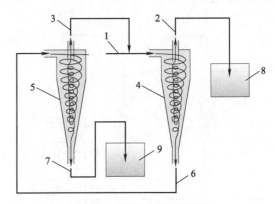

图 15-6　底流串联两级循环

1—入口处理液；2—一级溢流；3—二级溢流；
4—一级水力旋流器；5—二级水力旋流器；6—一级底流；
7—二级底流；8—轻质相；9—重质相

5. 两个出口串联两级循环系统

对旋流器的底流和溢流均需做进一步处理时，可将图15-5和图15-6两个流程进一步结合。Kelsall[1] 等人将该方案应用于澳大利亚某一铅、锌精选机主粉碎回路中，能够将粉碎的金属颗粒进行精选，细颗粒产品由第二个旋流器溢流口排走，较粗大的颗粒由第三个旋流器底流排出后，进入后续磨碎工艺。有时为了保持良好的粒径切割灵敏度及低切割尺寸，需在第一级底流中加入稀释液，这将降低整个级效率。

上述装置还可用于对循环冲洗系统及冲洗液的净化。若用于冲洗，清洗液进入第三个旋流器的底流时，会有一定量的损失，这个损失量近似等于整个装置分流比 F，它由各级的分流比 F_1、F_2、F_3 决定，即：

$$F = \frac{F_1 F_3}{F_1 F_3 + (1-F_2)(1-F_3)} \quad (15\text{-}5)$$

6. 旁路系统

在水力旋流器的应用中，有一种应用是将溢流出口排出的部分液体由旁路引至循环回路中，其目的多是通过稀释进料浓度来改进单级旋流器的效率，或改变切割尺寸。图15-7是一个较典型的旁路系统示意图。这一系统既可在底流很小的情况下工作，也可在底流完全关闭，旋流器仅为一个集砂罐的情况下工作。同时，它还可以在没有任何进料时，反复净化进料罐中的悬浮液，使其浓度逐渐下降。这种系统在进料很小，或间断进料时均可应用，有一定的实用意义。这一旁路系统用于净化进料罐内的液体介质时，罐中的浓度会随时间按指数规律下降。

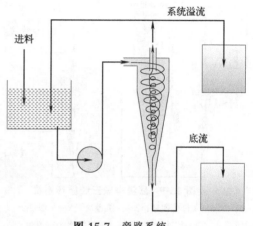

图 15-7　旁路系统

二、三级串联循环系统

图15-8所示为溢流串联三级循环系统[2]，相当于在如图15-5所示的溢流串联两级循环系统的基础上增加了一个三级水力旋流器，将二级溢流进行进一步的净化（固液分离）或纯化（液液分离），但其中第二级的入口进料却有所不同，它是将三级的底流与一级的溢流混合在一起作为二级入口进料的。

图15-9所示为底流串联三级循环系统，相当于在如图15-6所示的底流串联两级循环系统的基础上增加了一个三级水力旋流器，将二级底流进行进一步的净化（液液分离）或稠化（固液分离），同样其中第二级的入口进料有所不同，它将三级的溢流与一级的底流混合在一起。

图15-10所示为两出口串联三级循环系统，在工艺上相当于将图15-5和图15-6结合在一起，一级处理后的底流和溢流同时进入对

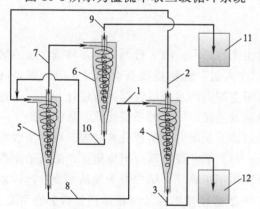

图 15-8　溢流串联三级循环系统

1—入口处理液；2—一级溢流；3—一级底流；
4—一级水力旋流器；5—二级水力旋流器；
6—三级水力旋流器；7—二级溢流；
8—二级底流；9—三级溢流；10—三级底流；
11—轻质相；12—重质相

应的另外一级（在这里分别被称为二级和三级，但实际上二级和三级之间是并列的，并不存在主次之分），目的是使溢流和底流分别得到进一步的处理，使溢流获得更轻的介质，底流获得更重的介质。

由以上介绍可知，几个水力旋流器的并联、串联等方式的联合使用在生产中十分重要，能适应多种工业生产的要求，提高效率，节省投资。同时，这种组合十分灵活，可根据生产条件的变化加以调整，以适应工况要求。只有了解了旋流器组合使用的各种知识，才能在实际中充分发挥旋流器的优势，达到旋流分离系统工艺提效的目的。

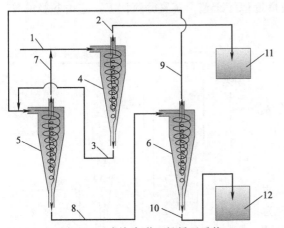

图 15-9　底流串联三级循环系统

1—入口处理液；2——级溢流；3——级底流；
4——级水力旋流器；5—二级水力旋流器；
6—三级水力旋流器；7—二级溢流；8—二级底流；
9—三级溢流；10—三级底流；11—轻质相；12—重质相

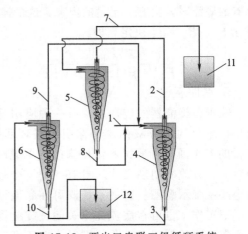

图 15-10　两出口串联三级循环系统

1—入口处理液；2——级溢流；3——级底流；
4——级水力旋流器；5—二级水力旋流器；
6—三级水力旋流器；7—二级溢流；8—二级底流；
9—三级溢流；10—三级底流；11—轻质相；12—重质相

第二节　旋流器一体化串联

一、采油井下一体化串联

在采油井下分离领域，借助油水分离设备对生产层的采出液进行预分离，将低含水的采出液举升至地面，同时，分离出的水直接回注到注入层，能够提高高含水油井的开采经济性。针对该需求，东北石油大学对应用于井下有限空间内的水力旋流器进行设计开发，通过对旋流器单体结构、管柱内流道布置、过渡段结构及连接方式等的系统优化，最终提出了一种由螺旋叶片导流式旋流器与常规型旋流器串联组成的新型井下旋流分离装置。井下两级串联旋流器结构及油相体积分数分布如图 15-11 所示[3]。第一级为预分离旋流器，采用轴向螺旋流道入口结构，并在一级外锥段布置了锥形分流体用于稳流，第二级为脱油型旋流器，采用常规双切向入口水力旋流器。由图 15-11（b）中数值计算得到的油相体积分数分布可见，第一级预分离旋流器首先使混合介质中大部分油相形成中心富油流，并从一级溢流口排出。而后，少量油相伴随着大量水相进入第二级脱油型旋流器进行二次分离，使富水相得到进一步净化。通过对结构及运行参数的系统优化，得到实验室条件下的最佳分流比为 30％～35％，最佳处理量为 4.8～5.1m³/h。在优化参数下，其分离效率可达到 92％以上[3]。在相同物性参数处理液条件下，相比于多种典型水力旋流器单体，分离效率可提升 1％～4％左右。该技术在油田的实际应用结果表明，在产油量基本不变情况下，能够使油井产液量和含水率大幅降低，使含水率超过98％的油井具备经济开采价值。图15-12给出了布置于井下的两级旋流分离装置结构图。

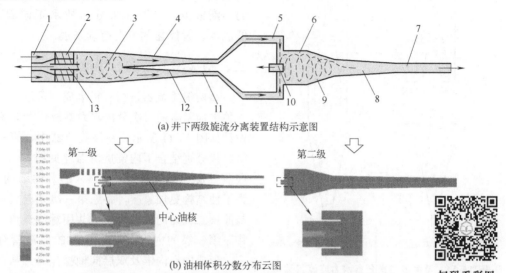

(a) 井下两级旋流分离装置结构示意图

第一级　　　　　　　　　　　　　　第二级

中心油核

扫码看彩图

(b) 油相体积分数分布云图

图 15-11　井下两级串联旋流分离装置结构及油相体积分数分布

1—一级入口；2—螺旋流道；3—一级旋流腔；4—一级外锥段；5—过渡段；6—二级旋流腔；7—二级底流管；
8—二级小锥段；9—二级大锥段；10—二级溢流管；11—一级底流管；12—锥形分流体；13—一级溢流管

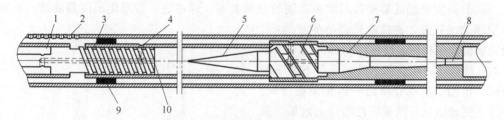

图 15-12　井下两级旋流分离装置结构

1—集油腔；2—进液孔；3—一级旋流器入口；4—混合集油孔；5—一级旋流分流体；6—二级溢流口；
7—二级旋流分流体；8—底流出口腔；9—分隔密封体；10—一级溢流口

　　针对井下油水分离，钟功祥等提出将超亲水分离膜与旋流分离器相结合，把旋流分离器锥段器壁材质更换为膜材料，设计了一种基于膜分离的井下水力旋流器[4,5]。该装置可充分利用膜材料的高效分离特性，通过形成多孔介质错流过滤，来促进水相充分透过膜材料流至出水口，以辅助旋流分离器进行井下油水分离，保证分离出水能够稳定达到井底回注标准。同时，运用数值模拟方法将其内部流场分布与常规旋流分离器进行了对比，因亲水膜材料可促进近壁层处水相的直接渗透，故与常规旋流器相比，膜分离式旋流器切向速度最大值的分布更靠近旋流器壁面，在适当温度范围内，该装置更适用于含水体积分数大于80％的油井作

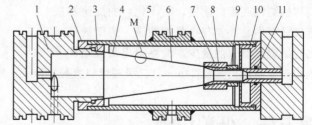

图 15-13　膜分离式旋流器井下分离装置结构

1—圆柱筒；2—上压紧帽；3—不锈钢网内锥筒；4—超亲水/
疏油分离膜；5—外筒；6—不锈钢网外锥筒；7—底流管；
8—下压紧帽；9—并紧螺母；10—外盖；11—密封圈

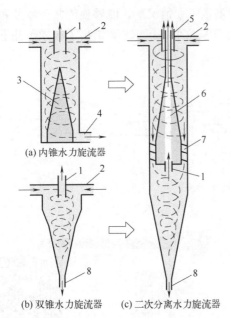

(a) 内锥水力旋流器

(b) 双锥水力旋流器　(c) 二次分离水力旋流器

图 15-14　紧凑型二次分离水力旋流器结构
1—溢流管；2—切向入口；3—内锥；4—切向底流出口；
5—双层同轴溢流管；6—中空内锥；7—螺旋流道；
8—轴向底流出口

业，且样机实验与仿真结果均验证了该装置的可行性[4,5]。膜分离式旋流器井下分离装置结构如图 15-13 所示。目前，随着同井注采技术的不断进步，井下油水分离技术正向着高效、低成本、智能化的方向持续发展。

二、两级出入口融合串联

将两级旋流器进行有机集成，可进一步形成一种更加紧凑的二次分离水力旋流[6]，其结构设计如图 15-14 所示。在该旋流器中，第一级和第二级分别结合了内锥旋流器［见图 15-14（a）］和双锥旋流器［见图 15-14（b）］的结构特点。为了使结构更加紧凑，将原第一级切向底流出口与原第二级切向入口优化为共用螺旋流道，同时将原第一级的内锥与原第二级的溢流管合二为一，形成中空内锥及双层同轴溢流管，从而形成了如图 15-1（c）所示的二次分离水力旋流器。通过该设计，两级串联旋流器的轴向长度缩短了 30% 以上，且无须连接附加管路及装置。

二次分离旋流器能够提高对细小油滴的分离效率，通过进一步净化旋流器底流，从而进一步增强除油效果，提高旋流器的处理效率。与两级旋流设备相比，设备体积得到进一步减小，大大缩减了占用空间，且该设备不限于两相分离，也用于三相介质的一体化旋流分离。赵宇等为更好地提升该旋流器的分离效果，采用正交试验法对旋流器分离效率影响较为明显的结构参数展开了优化分析，优化前后的油相体积分数分布如图 15-15 所示。可以看出，优化后的旋流器在一级溢流口以及二级溢流口处均有大量油核聚集，在距离底流口 10mm 处选取横截面，从底流口横截面云图中也可明显看到初始结构底流口油核，而优化后的旋流器底流口只有中心处含有少量的油滴，边壁处明显比初始旋流器含油量少。最终得出最佳结构参数为一级溢流口直径 24mm、二级溢流口直径 16mm、底流口直径 18mm[7]。

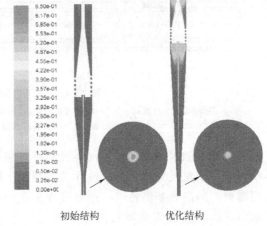

初始结构　　优化结构

图 15-15　优化前和优化后的旋流器油相分布

第三节　低剪切阀

传统旋流分离工艺中多采用市面上常见的闸阀、蝶阀或球阀等对入口流量进行调节，由于这些阀门普遍采用挡板（块）来改变阀内阻力，实现对流量的调节，因此将不可避免地造成混合液流经阀门后，在挡板（块）后方产生流场紊乱，造成分散相液滴的剪切破碎，使液滴粒径减小，增大后续旋流分离的难度。如何实现流量调节的同时，最大程度上避免紊流造成的液滴剪切破碎是水力旋流器入口前端的阀门所急需解决的重要问题。在降低分散相乳化破碎的低剪切阀方面，挪威 Typhonix 公司率先对此开展了研发工作，并推出了旋流阀门（cyclone valve）；荷兰 Duxvalves 公司采用 typhoon 技术推出旋风阀门（typhoon valve）；巴西里约热内卢联邦大学自 2009 年以来，也针对原油输送中的乳化问题开展了基于旋流作用阀门（cyclone-based valve）的相关研究。

一、 Typhonix 旋流阀门

Typhonix 旋流阀门结构如图 15-16 所示，其为轴流式结构，由阀体、阀杆、带切向孔的阀笼、柱塞、密封元件等组成。通过转动阀杆，带动柱塞沿管道轴线滑动，控制节流孔流通的数目来调节流通面积的大小，从而达到调节流量的目的。节流孔为切向分布，阀门出口处为文丘里型旋流室，出口处安装破涡器。流体通过阀门时由切向孔作用绕阀笼轴线旋转，并通过截面面积先增大后减小的文丘里型旋流室，到达破涡器消除旋流，离开节流阀。针对该阀门，分散相液滴直径与平均单位质量能量耗散

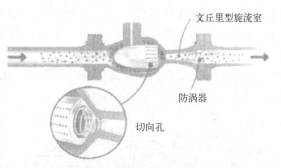

图 15-16 Typhonix 旋流阀门结构示意图

率 ε 的负五分之二次方成正比，因此，对于相同的能量耗散（流速乘以压力降），减小 ε 就等于增大了液滴粒径。唯一能减小 ε 的方法就是增大能量耗散体积。旋流阀门的作用原理是通过旋流室内逐渐增大的能量耗散体积，减小平均单位质量能量耗散率，得到较大粒径的液滴。另一方面，旋流的离心力和流场逐渐扩大的性能促进小液滴聚结。

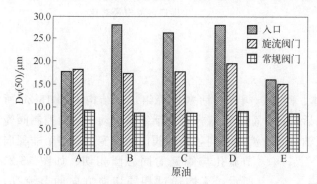

图 15-17 测试结果柱状图 （500mg/L，60℃，6.9bar）

对 Typhonix 旋流阀门的性能进行测试，压力降为 6.9bar❶ 的实验结果如图 15-17 所示，横坐标为原油类型编号，纵坐标 Dv(50) 为体积中位粒径。节流阀对液滴具有破碎作用，原油 A 和原油 E 在旋流阀门前的液滴粒径几乎与入口处相等。结果显示，旋流阀门产生的液滴比常规节流阀大，这种作用对于小液滴尤其显著。图 15-17 所示的 Dv(50) 结果显示，旋流阀门出口的平均液滴粒径范围为 15～20μm，相应常规节流阀为 7～10μm。旋流阀门的平均液滴粒径约为常规节流阀的两倍，而最小液滴粒径约为其三倍，明显降低了对油滴的乳化效果。

二、 Cyclone-based 阀门

在避免液流流经阀门造成的液滴剪切破碎，同时进一步兼顾液滴聚结长大方面，Ty-

---

❶ 1bar＝10^5Pa。

phonix 公司设计了 cyclone-based 低剪切阀，在阀杆上布置导流叶片以形成旋转液流，具体结合了导流叶片、锥形旋流室和阀杆末端圆锥体，用以减轻紊流造成的液滴破碎，同时通过构建高速旋流场促进分散相液滴的聚结增大[8]。如图 15-18 所示，cyclone-based 阀门模型由采用有机玻璃制成的阀套和阀杆组成，阀套末端为圆锥形旋流室。阀杆的主要作用是调节压力，阀杆外表面安装导流片以促进流体的旋流离心作用，末端设计为圆锥体以减轻由湍流和剪切作用引起的液滴破碎，从而促进下游流体的分离。与常规闸阀的对比试验结果表明，在矿物油与水的混合来液条件下，cyclone-based 阀门可使油滴粒径增大约 70%，说明该阀门不仅降低了油滴破碎程度，同时也促进了油滴聚结效果。

在环境温度 22℃、流速 300 L/h 的条件下开展实验测试。图 15-19 为 cyclone-based 阀门与节流阀出口液滴直径对比。低浓度时，节流阀将入口颗粒的中值降低到了 1/1.8，而 cyclone-based 阀门将中值数扩大了 1.2 倍。高浓度时，旋流阀出口处粒径的平均值增加了 1.4 倍。这些结果表明，cyclone-based 阀门可将混合物在重力分离器内的停留时间缩短一半。cyclone-based 阀门出口处颗粒的平均直径比节流阀出口处的直径高 70%。

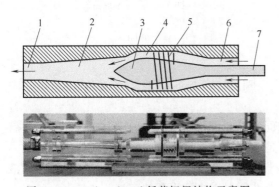

图 15-18 cyclone-based 低剪切阀结构示意图

1—阀门出口；2—锥形旋流室；3—圆锥体；
4—阀笼；5—导流叶片；6—阀门入口；7—阀杆

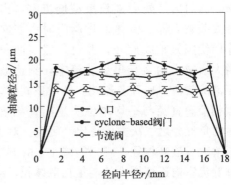

图 15-19 cyclone-based 阀门与节流阀
出口液滴直径对比

三、涡旋阀门

涡旋阀门为轴流式阀门，由活塞体、阀笼、阀杆、活塞杆等组成，结构如图 15-20 所示。通过转动阀杆，阀杆上的齿轮带动活塞杆，而后活塞杆带动活塞体移动，从而控制阀笼流通节流孔的数量来调节流量。与常规轴流式节流阀不同，涡旋阀门的阀笼上有多个非径向节流孔与阀笼的同心圆相切。如图 15-21 所示，流体通过相同切向方向的节流孔，在阀笼内形成连贯的旋流运动，旋流核心的总压力沿着流动路径逐渐减小。涡旋阀门通过减小旋流核心的总压力，减小流动过程中的剪切率，从而避免了液滴的过度破碎。同时，旋流的离心力使微米级大小的液滴集中，密度增大，促进液滴聚结成粒径较大、容易分离的液滴。2008 年 9 月到 11 月，测试人员在荷兰石油公司的 SMSM 气液分离器上对涡旋阀门进行现场

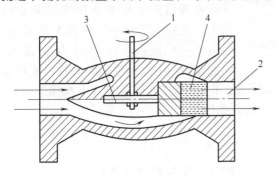

图 15-20 涡旋阀门结构示意图

1—阀杆；2—活塞体；3—活塞杆；4—阀笼

测试，在标准状态、100000m³/d、600000m³/d、650000m³/d 和大于 70000m³/d 的流量条件下，对比了涡旋阀门和 Mokveld 轴流式阀门对下游流体分离效果的影响，测试结果表明涡旋阀门可以突破 SMSM 气液分离设备的流量瓶颈，使生产能力提高 20%。

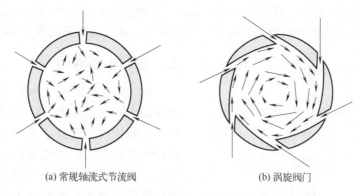

(a) 常规轴流式节流阀　　　　　　　　(b) 涡旋阀门

图 15-21　常规轴流式节流阀与涡旋阀门流动状态图

四、低剪切节流阀门

将旋流聚结思路应用于原油开采的节流阀设计中，刘鹏等[9]通过在阀笼侧壁开设多组切向节流孔，实现液流的切向旋转，促进分散相液滴的聚结长大。阀体采用组合式结构，降低了加工难度，保证了阀体加工质量。包括阀笼、旋流室在内的部件通过阀体出口装入，并采用螺纹连接的方式固定，轴向方向固定精度高且可调。在阀体内部流线锥的端部钻有通孔，方便阀体加工，锥端端盖采用螺纹与阀体连接。锥端端盖用于密封锥体，同时定位活塞杆轴套。阀笼参照 Typhonix 公司与 Twister BV 公司产品，节流孔设计为切向孔，并结合切向与轴向方向，使流体通过节流孔后既有绕流道轴线旋转的运动速度，又有沿流道轴线方向的运动速度。阀杆与活塞杆选择 20°斜齿轮齿条传动，保证传动的平稳性。低剪切节流阀阀体结构见图 15-22。

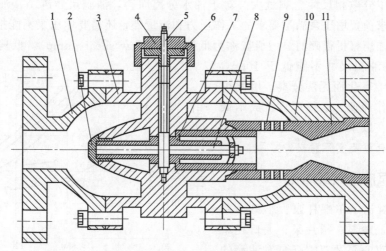

图 15-22　低剪切节流阀阀体结构主视图
1—阀体一；2—锥端端盖；3—阀体二；4—阀帽；5—阀杆；6—填料压盖；
7—活塞杆轴套；8—活塞杆；9—阀笼；10—阀体三；11—旋流室

针对该低剪切节流阀的实验结果表明，低剪切节流阀能够显著减轻对油水混合物的剪切乳化作用，促进后续的油水分离，降低水层中的油含量。对取样静置分离 10 h 的实验结果显示，低剪切节流阀在压力降为 0.5 MPa 时，测得特定水层含油量比常规轴流阀低约 58.6%，甚至高达 67.49%，压力降为 0.6MPa。静置分离 10 min 的实验结果显示，低剪切节流阀在整个实验压力降范围内均能降低水层含油率，降低的比例范围为 32%~58%。

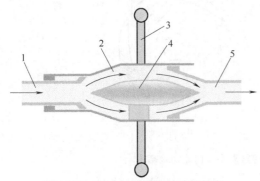

图 15-23　防止液滴湍流破碎的轴向
内芯阀门结构示意图
1—处理液入口；2—阀体；3—旋转手柄；
4—流线型内芯；5—液流出口

五、轴向内芯阀门

图 15-23 给出了一种防止液滴湍流破碎的轴向内芯阀门结构[10]，区别于传统阀门挡板，在阀体内部设置了流线型内芯，用以降低液流与阀芯间的硬性碰撞，通过调整内芯与出口间的过流面积调节液体流量。通过该结构设计，最大程度避免了混合液流经阀门过程中产生的紊流及由此造成的液滴剪切破碎，有助于后续旋流分离效率的提升。

简单回顾与液滴破碎相关的理论及研究，不难发现液滴破碎的实质与机理。只要设法降低最大能量耗散率和流体内部速度梯度，即可增大液滴粒径，显著减小后续油水分离的时间。

第四节　低剪切泵

一、低剪切泵结构类型

水力旋流器一般要配备前置增压泵以补偿旋流器的流体压降。并且，水力旋流器的分离性能受采出液中分散相尺寸影响最大。对于油水分离而言，油滴尺寸越小，油水分离越困难。因此除要求前置增压泵满足要求的工作压力和流量外，还需要增压泵不能把油滴打得很碎。这种不把油滴打得很碎的泵一般被称为低剪切泵（low shear pump）。低剪切泵造成油滴破碎的平均油粒尺寸不能低于 $10\mu m$，否则将引起原油乳化而无法分离。由此可见，开发出操作简便、运行可靠、成本低的低剪切泵，在以水力旋流器为主的油水分离工艺中具有重要实际意义。

二、低剪切泵应用效果对比

图 15-24 对比了单螺杆泵、小口径单螺杆泵、双轮凸轮泵、滑片泵、大口径单螺杆泵、单级离心泵及双螺杆泵对油滴的剪切效果。其中，横坐标表示泵出口与进口的流体能量差，即扬程。扬程与泵转速有关，所以横坐标可以理解为泵的转速，

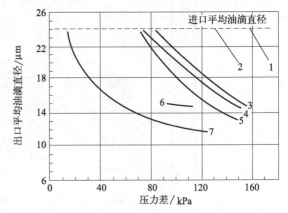

图 15-24　不同类型泵对油粒的剪切效果
1—单螺杆泵；2—小口径单螺杆泵；3—双轮凸轮泵；4—滑片泵；
5—大口径单螺杆泵；6—单级离心泵；7—双螺杆泵

纵坐标表示泵出口处油滴的粒径。实验最大流量为 $28.5\text{m}^3/\text{h}$，最小流量为 $11.3\text{m}^3/\text{h}$[11]，具体参数如表 15-1 所示。总体上可见，容积式泵对油粒的剪切程度由小到大的顺序为：① 单螺杆泵；② 双轮凸轮泵；③ 滑片泵；④ 双螺杆泵。在相同压差条件下，单级离心泵对油粒的剪切仅低于双螺杆泵。因此降低离心泵对油粒的剪切是值得进一步研究的重要课题。

表 15-1 不同类型泵转速及流量范围

泵类型	转速/(r/min)	流量/(m³/h)	泵类型	转速/(r/min)	流量/(m³/h)
单螺杆泵	122~512	22.8	大口径单螺杆泵	122~200	28.5
小口径单螺杆泵	244~1024	11.3	单级离心泵	3600	13.9
双叶凸轮泵	122~512	21.4	双螺杆泵	600~1000	22.8
滑片泵	122~512	11.3			

在多种类型的泵中，离心泵在工业部门中应用最为广泛。它具有结构简单、操作方便、成本低等突出优点。普通离心泵具有的低剪切性已经引起了泵制造厂的注意。目前，在油井采出液流量为 $1590\text{m}^3/\text{h}$ 的陆地油田中，已经采用离心低剪切泵作为水力旋流器的增压泵。当旋流器进口原油浓度在 $300\sim500\text{mg/L}$ 范围时，旋流器出口原油浓度低于 20mg/L。说明离心低剪切泵对油滴的剪切程度较小。图 15-25 是某离心低剪切泵出口与进口油滴直径比随泵流量的变化情况。当进口油粒直径为 $25\mu\text{m}$ 时，出口最大油粒直径约为 $17.5\mu\text{m}$，最小油粒直径约为 $10\mu\text{m}$[11]。

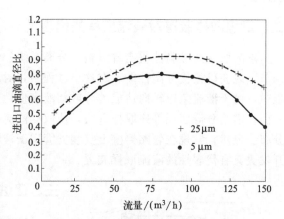

图 15-25 油滴直径比与泵流量的关系

离心低剪切泵应开展的研究为：探讨油粒在离心低剪切泵中的破碎机理，限制泵扬程，合理选择蜗壳形式，正确选择泵转速，以及合理计算叶轮直径。李文广等[11] 根据已形成的离心泵三元叶轮优化设计的判定准则，重新设计了低剪切增压泵叶轮，其水力设计思想如下：

① 选取较低的转速（不超过 1500r/min）实现增压效果，这是由于较高的转速会导致强烈的剪切而使油滴破碎，降低分离效率。

② 避免或减小低剪切泵叶轮出口脱流区域范围。泵内流场的激光测速结果表明，由于泵旋转及叶片曲率的复合效应，在叶轮出口一般都存在附面层脱流区，形成强烈的"射流尾迹"结构，这是叶片式叶轮机械内流动剪切最为剧烈的区域，也将是低剪切增压泵的水力改进设计需要重点注意的问题。

③ 在保证泵的设计工况参数前提下，尽可能拓宽内部流道，这样两叶片之间的压力梯度小，能够避免液流与固壁过多撞击而使油粒破碎。

④ 尽量使低剪切泵在高效工作区工作。实验证明高效区工作时剪切作用最小，效率高。

基于以上设计准则，对原叶轮和改进叶轮进行对比实验，结果表明在各种流量下改进叶轮均比原叶轮出口油滴平均粒径高出 10% 左右[11]。

第五节 其他系统工艺提效方式

在整个旋流分离工艺中，为了确定最佳的运行参数，常通过位于出、入口管路上的取样管对液流进行取样以测量油相浓度，从而计算分离效率，之后通过对操作参数的反复调节，达到最优的旋流分离效率。其中，降低弯管处的紊流效果、增强取样代表性以及促进更加快速准确的操作参数调节等，均是值得深入思考的问题。

一、降低弯管处的紊流效果

旋流分离工艺中，由于管道布置需求，难免会遇到弯管或弯头等使液流流向发生急速转向的结构。液流的突然急速转向，将影响两相或多相液流的流动特性，产生严重的紊流。对于分散相颗粒团簇或者液滴而言，容易造成剪切破碎或乳化效果，影响系统整体的分离性能。因此，应对弯管结构进行优化设计，以改进其对分散相颗粒团簇或者液滴造成的剪切破碎。

二、增强取样装置对液流取样的代表性

液流取样的准确性决定着对整个分离系统的性能评价，并直接指导系统运行参数的优化调节，以获得最优分离性能。在这个过程中，对取样装置的要求，一方面要防止液流取样过程中，由于液流急速转向造成的分散相液滴惯性分离及流场紊乱产生的液滴剪切破碎，另一方面，需结合等面积等速取样方法，使取样液流更能准确反映取样管路的分散相含量及粒径分布。显然，常规在管路侧壁上安装支管用于液流取样的结构很难满足上述要求，需要设计开发更具有代表性的液流取样装置。

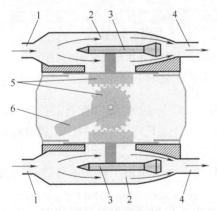

图 15-26　分流比调节阀门结构示意图
1—液流入口；2—阀体；3—内芯；
4—液流出口；5—齿轮和齿条；6—旋转手柄

三、促进快速准确的操作参数调节

入口流量及溢（底）流分流比是系统优化过程中的常用调整参数。其中，分流比调整是通过对入口、溢流及底流管路上的阀门开度进行协同调节，以实现对各股液流间的流量比调整。而在实际分流比调整过程中，对单根管路流量进行调节时，系统阻力也将发生改变，会直接影响到其他管路内的液流流量，往往需要进行反复调节以获得目标分流比。为了优化这一问题，形成了如图 15-26 所示用于分流比快速调节的阀门[12]，在该结构中，上、下腔体分别用于连通溢流管和底流管，通过同时调整上、下内芯的相对位置，可以对溢流与底流间的流量分配进行灵活调节。并且，阀体出口端的内壁准线为抛物线形设计，可以保证不同分流比下溢流和底流间的总过流面积相等，最大程度上降低分流比调节过程中对旋流器入口流量的影响。

参 考 文 献

[1] Kelsall D F, et al. A practical multiple cyclone arrangement for improved classification [J]. BHRA Fluid Engineering, 1974, E5-83-E5-93.

[2] Mark Klima, et al. Multi-stage wide-angle cyclone circuits for removing high density par-ticles from a low density soil matrix [J]. Journal of Environ Sci. Health. 1997, A32 (3): 715-733.

[3] 王兼. 井下两级串联旋流分离技术研究 [D]. 大庆：东北石油大学，2014.

[4] 钟功祥，吴陈，严鹏，等. 井下油水膜分离装置设计与性能研究 [J]. 石油机械，2020，48（9）：93-100.

[5] 钟功祥，谢锐，严鹏，等. 井下油水膜分离器设计与仿真分析 [J]. 流体机械，2020，48（9）：35-43.

[6] 赵立新，蒋明虎，李枫，等. 一种二次分离旋流器：201210345243. X [P]. 2013-08-21.

[7] 赵宇. 一体化二次分离旋流器分离特性的研究 [D]. 大庆：东北石油大学，2015.

[8] Fernandes C A，Ribeiro R F，R Loureiro J B，et al. Drop sizes of emulsions in cyclonic-based valves [C]. Presentation at the European Turbulence Conference Held in Lyon，2013.

[9] 刘鹏. 油气开采用井口低剪切节流阀的理论与实验研究 [D]. 北京：北京化工大学，2014.

[10] 赵立新，宋民航，杨宏燕，等. 一种降低液滴破碎的轴向内芯式阀门：201811186225.5 [P]. 2019-01-08.

[11] 李文广. 油田油水分离工艺中的低剪切泵简介 [J]. 水泵技术，1998（4）：23-25.

[12] 宋民航，赵立新，杨宏燕，等. 一种调节旋流分离器分流比的双腔室阀门：201811224612.3 [P]. 2020-08-25.